中国科学技术经典文库·数学卷

数论的方法

闵嗣鹤 著

科学出版社
北京

内 容 简 介

本书是闵嗣鹤编著的《数论的方法》上册(1958年第一版)、下册(1981年第一版)的合订本. 全书分三篇. 第一篇介绍数论中几种重要的初等方法, 包括Шнирельман的密率论及由此发展而成的渐近密率与本性分量的理论, Brun的筛法与更精密的Selberg筛法, 素数定理的初等证明与弱型Goldbach问题的初等解法等; 第二篇介绍解析数论的一些基本理论与方法,包括关于黎曼 ζ 函数与狄氏L函数的一些基本理论及应用这些理论来研究自然数串中或一般算术级数中的素数分布的方法等; 第三篇系统地论述了三角和方法, 包括有理型三角和、素变数三角和及二维三角和方法等. 三角和方法是数论中最重要的方法之一. 作者以较少的篇幅, 阐明了三角和方法的基本内容, 并且给出了在哥德巴赫问题、除数问题等方面的应用.

本书适合高等院校数学系大学生、研究生、教师阅读, 可作为大学数学和物理专业的教学参考书, 也可供相关的数学工作者阅读参考.

图书在版编目(CIP)数据

数论的方法/闵嗣鹤著. —北京: 科学出版社, 2011
(中国科学技术经典文库・数学卷)
ISBN 978-7-03-030247-2

I. ①数… II. ①闵… III. ①数论方法 IV. ①O156

中国版本图书馆CIP数据核字(2011)第021750号

责任编辑: 张鸿林 杜小杨 陈玉琢/责任校对: 林青梅
责任印制: 赵 博/封面设计: 王 浩

科学出版社出版
北京东黄城根北街16号
邮政编码: 100717
http://www.sciencep.com

三河市春园印刷有限公司印刷

科学出版社发行 各地新华书店经销

*

1958年7月第 一 版 开本: B5 (720 × 1000)
2025年4月第六次印刷 印张: 22 1/4
字数: 433 000

定价: 158.00 元

(如有印装质量问题, 我社负责调换)

序

在 1955—1957 年, 作者曾两度于北京大学数学力学系讲授数论专门化的课程, 这本书的内容就是根据当时的讲义加以补充整理而写成的. 本来讲义包含三部分, 即初等的方法、解析的方法与三角和的方法三篇. 由于第三部分还需要更彻底的改写与补充, 一时还没能够整理到比较令人满意的地步, 所以先把前两部分整理出来, 写成这一本书.

这本书的目的与作用和原来的讲义是一样的, 那就是使得仅仅具有数论初步知识的读者(例如读过裘光明所译 Виноградов 的《数论基础》)藉着本书逐渐提高水平, 使在不长的时间内能够阅读近代数论在若干方面的文献, 以至独立地或在适当辅导下进行科学研究. 因此, 本书的性质仍然是一种阶梯或导引, 并不能也不想对数论的各个分支都作深入与全面的讨论. 至于材料的选择当然一方面不免受到个人研究范围的影响, 另一方面也考虑到不要与已有写得很好的书有不必要的重复.

在写这本书时, 作者参考了不少的数论名著(华罗庚先生著的《数论导引》附有很好的一个参考书目). 通过了实际教学, 已经把不少的材料融化成为自己的形式.但由于时间关系, 即在本书中, 仍有不少的材料未能如意予以改写. 在作者讲课与改写的时候, 两届数论专门化的学生曾给我很大的帮助. 其中尹文霖同志参与写了 Шнирельман 的密率论及渐近密率与本性分量二章, 这里面也包括他的毕业论文中的一个结果. 潘承洞同志参与写了 Selberg 的筛法及算术级数中的素数分布二章, 他在讨论班上的报告也给我以写稿的便利. 他们在写稿时都曾参考中国科学院数学研究所的一份讲义, 特在此致谢. 此外, 还有不少同志对于旧讲义或做过文辞的润色或给以式子的更正或改正印刷的错误. 这一切都给我很大的便利, 衷心在此致谢.

闵嗣鹤
1957 年 10 月

符 号 说 明

本书中除用到一般初等数论所常用的符号以外，还时常用到集论中的符号. 如 $a \in A$ 表 a 属于 A，$a \notin A$ 表 a 不属于 A，$A \subset B$ 表 A 是 B 的部分集合(可以是 B 本身)，$A \bigcup B$ 表 A 与 B 的联合，$A \bigcap B$ 表 A 与 B 的交界等. 其他比较特殊的符号，都在用到时给以定义.

目　　录

上　　册

第一篇　初等的方法

第二篇 解析的方法

下　册

第三篇　三角和的方法

上　　册

第一篇 初 等 的 方 法

第一章 Шнирельман 的密率论

§1. 堆垒数论的问题

Waring 问题与 Goldbach 问题是堆垒数论中有代表性的两个著名问题, Waring 问题所要讨论的是: 是不是能找到一个只与 n 有关的常数 C_n, 使当 $k > C_n$ 时, 每一个正整数都可以表成 k 个非负整数的 n 次方幂之和. Goldbach 问题所要讨论的是: (1) 是不是每一个大于 4 的偶数都能表成两个奇素数之和, (2) 是不是每一个大于 7 的奇数都能表成三个奇素数之和.由于 Goldbach 问题的解决是非常难的, 我们退一步讨论一个比较容易的问题(弱型 Goldbach 问题): 是不是每一个自然数都可以表成不超过一定个数的素数之和. Waring 问题和弱型 Goldbach 问题都包含在下列更带一般性的问题之中.

设有 k 个递增的整数序列所组成的集合:

$$
\begin{array}{ll}
(A^{(1)})\ 0=a_0^{(1)}\quad a_1^{(1)}\cdots,\quad a_n^{(1)},\ \cdots & \\
(A^{(2)})\ 0=a_0^{(2)}\quad a_1^{(2)}\cdots,\quad a_n^{(2)},\ \cdots & \\
\qquad\vdots & (a_v^{(k)} < a_{v+1}^{(k)}) \\
(A^{(k)})\ 0=a_0^{(k)}\quad a_1^{(k)}\cdots,\quad a_n^{(k)},\ \cdots &
\end{array}
\tag{1.1}
$$

我们要问是不是每一个非负整数 n 都可以表成下列形式:

$$n = a_{n_1}^{(1)} + a_{n_2}^{(2)} + \cdots + a_{n_k}^{(k)}. \tag{1.2}$$

在这里, 我们最好引进集合 $A^{(1)}, A^{(2)}, \cdots, A^{(k)}$ 的和的概念. 我们把所有能表成(1.2)的形式的非负整数所组成的集合称为 $A^{(1)}$, $\cdots$, $A^{(k)}$ 的 Шнирельман 和, 或简称它们的和, 记作

$$A = A^{(1)} + \cdots + A^{(k)} = \sum_{i=1}^{k} A^{(1)}. \tag{1.3}$$

有了以上的定义，我们的一般性问题就可以叙述为：是不是 k 个集合(1.1)的和(1.3)包含全体自然数. 在本书里面，以后所谓集合都指非负整数的集合.

§2. 密率的引进

为了研究上述一般性的问题，首先 Л. Г. Шнирельман 引进了密率的概念. 考虑任何一个集合:

$$(A)\ \ 0=a_0,a_1,a_2,\cdots,a_n,\cdots\ (a_n<a_{n+1}, a_n \text{ 是整数}).$$

用 $A(n)$ 代表 A 中不超过 $n(n\geqslant 1)$ 的正整数的个数(注意 0 不计算在内)，即

$$A(n)=\sum_{\substack{1\leqslant \nu<n\\ \nu\in A}}1,$$

则 $0\leqslant A(n)\leqslant n$ 而

$$0\leqslant \frac{A(n)}{n}\leqslant 1.$$

我们定义 $\frac{A(n)}{n}(n=1,2,\cdots)$ 的下确界为 A 的密率，记作 $d(A)$，即

$$d(A)=\inf_{n\geqslant 1}\frac{A(n)}{n}. \tag{2.1}$$

从这个定义立刻可以推出以下的一些简单结果:

1. 当 $a_1>1$ (即 A 不包含 1)时，$d(A)=0$，
2. 当 $a_n=1+r(n-1)$ [即 A 从 a_1 起是以 1 为首项，r 为公差的等差级数]时，

$$d(A)=\frac{1}{r}.$$

3. 每一个等比级数所成集合的密率是 0.
4. 所有完全平方所组成集合的密率是 0.
5. 若 $d(A)=0$，而 A 包含 1，则任给 $\varepsilon>0$ 一定可找到 $N\geqslant 1$ 使得

$$A(N)<\varepsilon N.$$

6. 集合 A 包含自然数全体的充要条件是 $d(A)=1$.

从以上最后一条性质看来，我们就知道上节最后所提出的问题，就是要问 k 个集合之和 A 的密率 $d(A)$ 是不是 1. 因此，下面的定理有着重要的意义:

定理 2.1(Шнирельман)　设 A,B 是两个集合，则

$$d(A+B) \geqslant d(A)+d(B)-d(A)d(B). \tag{2.2}$$

证 设$A+B=C$，而

$$A(n)=\sum_{\substack{1\leqslant\nu\leqslant n\\ \nu\in A}}1, B(n)=\sum_{\substack{1\leqslant\nu\leqslant n\\ \nu\in B}}1, C(n)=\sum_{\substack{1\leqslant\nu\leqslant n\\ \nu\in C}}1$$

及

$$d(A)=\alpha, d(B)=\beta, d(C)=\gamma.$$

在自然数的一段$(1,n)$中含有A内的$A(n)$个整数.设用a_k及a_{k+1}表其中大小最近的两个数，则在这两数之间有$a_{k+1}-a_k-1=l$个数不属于A，它们是

$$a_k+1, a_k+2, \cdots, a_k+l=a_{k+1}-1.$$

以上各数中间凡可以写成$a_k+\gamma(\gamma\in B)$这种形式的数都是属于C的，它们的个数等于B在$(1,l)$一段中所包含整数的个数，这当然就是$B(l)$.

因此，在A的每相邻两数之间，如果所包含的一段自然数的长度(即个数)是l，就至少有$B(l)$个数属于C．因此在自然数的一段$(1,n)$中，C所包含整数的个数$C(n)$至少是

$$A(n)+\sum B(l),$$

上式中$\sum$ 的各项通过$(1,n)$中不含A内整数的一段一段的自然数. 但根据密率的定义，$B(l)\geqslant\beta l$，故

$$C(n)\geqslant A(n)+\beta\sum l=A(n)+\beta\{n-A(n)\}.$$

上面最后一个等式的成立是由于$\sum l$等于$(1,n)$中不落在A内的整数的个数，当然它等于$n-A(n)$．又$A(n)\geqslant\alpha n$，故

$$C(n)\geqslant A(n)(1-\beta)+\beta n\geqslant\alpha n(1-\beta)+\beta n.$$

由此立刻得到

$$\frac{C(n)}{n}\geqslant\alpha+\beta-\alpha\beta.$$

上式对于所有正整数n都成立，故

$$\gamma=d(C)\geqslant\alpha+\beta-\alpha\beta.$$ [证完]

上面的不等式又可以写成

$$1-d(A+B)\leqslant\{1-d(A)\}\{1-d(B)\}.$$

用归纳法即可推广成

$$1-d(A_1+\cdots+A_k)\leqslant\prod_{i=1}^{k}\{1-d(A_i)\}.$$

故得下面的

推论

$$d(A_1+\cdots+A_k)\geqslant 1-\prod_{i=1}^{k}\{1-d(A_i)\}.$$

从 Шнирельман 的不等式, 可以推出一系列值得称道的结果, 其中居首要地位的是下面的定理 2.2. 在叙述这个定理之前, 我们先引进一个定义并证明一个引理.

定义　如果一个集合 A 本身与本身相加至一定次数 k 时就包含自然数全体, 则称 A 是自然数的一个基.

引理 2.1　若 $A(n)+B(n)>n-1$, 则 $n\in A+B$.

证　若 n 在 A 或 B 中, 引理显然成立. 设 n 既不在 A 中又不在 B 中, 于是

$$A(n)=A(n-1),\quad B(n)=B(n-1)$$

而

$$A(n-1)+B(n-1)>n-1.$$

设在 $(1,n-1)$ 一段内, A 与 B 所包含的数分别为

$$a_1,a_2,\cdots,a_r,$$

$$b_1,b_2,\cdots,b_s.$$

则 $r=A(n-1),s=A(n-1)$ 而

$$a_1,a_2,\cdots,a_r,$$

$$n-b_1,n-b_2,\cdots,n-b_s$$

都在 $(1,n-1)$ 一段内, 它们的总个数是 $r+s=A(n-1)+B(n-1)>n-1$, 所以其中至少有两个相等, 设为 $a_i=n-b_k$, 则 $n=a_i+b_k$, 故 n 在 $A+B$ 中.

从上面的引理很容易推出下面的

推理　若 $C=A+B$ 而 $d(A)+d(B)\geqslant 1$, 则 $d(C)=1$.

定理 2.2(Шнирельман)　每一个密率是正的集合都是自然数的基.

证　设 $d(A)=\alpha>0$, 而

$$A_k = A + A + \cdots + A\ (\text{共 } k \text{ 项}),$$

则由定理 2.1 的推论,

$$d(A_k) \geqslant 1 - (1-\alpha)^k .$$

显然当 k 充分大时,

$$d(A_k) > \frac{1}{2} .$$

故

$$A_k(n) > \frac{1}{2}n > \frac{1}{2}(n-1),$$

即

$$A_k(n) + A_k(n) > n - 1 .$$

由引理 2.1, $n \in A_k + A_k = A_{2k}$. 但 n 是任意自然数, 故定理成立.

从这个简单的定理出发 Шнирельман 得出了一系列有趣的定理. 例如, 他证明了由 0, 1 及一切素数组成的序列 P 是自然数的一个基(参看第二章第 7 节). 其实这个序列 P 的密率是 0, 但他却证明了 $P+P$ 的密率是正的, 因而推出了: 存在一个充分大的 k 使得每一个大于 1 的自然数都可以表成不超过 k 个素数之和.

§3. Landau-Шнирельман 的假说及其证明

所谓 Landau-Шнирельман 假说就是: 在显然必要的条件 $d(A)+d(B) \leqslant 1$ 之下, 可以用不等式

$$d(A+B) \geqslant d(A) + d(B) \tag{3.1}$$

代替前证的

$$d(A+B) \geqslant d(A) + d(B) - d(A)d(B) .$$

从(3.1), 在 $\sum\limits_{i=1}^{k} d(A_i) \leqslant 1$ 的条件下, 容易推出

$$d(\sum_{i=1}^{k} A_i) \geqslant \sum_{i=1}^{k} d(A_i) . \tag{3.2}$$

上面的假说最初是通过具体的例子, 在 1931 年由 Шнирельман 和 Landau 推想出来的, 看起来这个假说很简单其实很难证明. Хинчин 在 $d(A_1) = \cdots = d(A_k)$ 的

条件之下, 首先证明了这个假说的成立. 接着有不少的数学家企图证实这个假说, 但是都只得到部分的结果. 直到 1942 年才由 Mann 完全地证明了这个假说的成立. 在 1943 年 Artin 与 Scherk 给出了比较简单的证明. 1954 年 Kemperman 与 Scherk 给了新的更简单的证明, 并有所推广, 本章的陈述即以他们的论文为根据. 但为简单明确起见, 只涉及整数.

令 n 为任一固定整数, I 为小于或等于 n 的非负整数的集合, A, B, C 是 I 的子集. 定义

$$A \oplus B = (A + B) \cap I . \tag{3.3}$$

特别当 A (或 B)只包含一个元素 d 时, 我们常把 $A \oplus B$ 写作 $d \oplus B$ (或 $A \oplus d$). 依照 Hadiwiger, 我们又定义 $C \ominus A$ 为满足次述条件的元素 d 的集合, 即 $d \in I$ 且 $A \oplus d \subset C$. 这样, $C \ominus A$ 就是满足 $A + D \subset C$ 的 I 的最大子集 D . 显然有(我们用 $\leftrightarrow$ 表示可以彼此互推)

$$A \oplus B \subset C \leftrightarrow B \subset C \ominus A . \tag{3.4}$$

现在叙述我们的基本引理如下:

基本引理 设 $A \oplus B \subset C, 0 \in A, 0 \in B, n \notin C$, 则一定有 $m \in I$ 存在, 具有下列性质

$$C(n) - C(n-m) \geqslant A(m) + B(m) , \tag{3.5}$$

$$m = n \quad 或 \quad 0 < 2m < n , \tag{3.6}$$

$$n - m \in C \ominus A , \qquad n - m \in C \ominus B . \tag{3.7}$$

摆在我们面前的有两件事, 第一是证明这个基本引理, 第二是从基本引理导出不等式(3.1). 比较起来, 第二件容易得多, 因此我们先作第二件.

显然, 如果基本引理已建立. 则立即推得下面的命题:

对任意自然数 n , 存在一数 m $(1 \leqslant m \leqslant n)$ 使得

$$C(n) - C(n-m) \geqslant (\alpha + \beta) m ,$$

式中 α, β 分别表 A, B 的密度 $d(A)$ 及 $d(B)$.换句话说, 从数列 $(1, n)$ 中可以截下一段 $(n-m+1, n)$ [我们用 (a, b) 表数列 $a, a+1, \cdots, b$]. 使得在这一段中 C 的平均密度(即 $\dfrac{C(n) - C(n-m)}{m}$)至少是 $\alpha + \beta$.

上述命题成立是因为当 $n \in C$ 时

$$C(n)-C(n-1)=1\geqslant(\alpha+\beta)\cdot 1,$$

而当 $n\notin C$ 时，由基本引理，有 m 存在满足

$$C(n)-C(n-m)\geqslant A(m)+B(m)\geqslant(\alpha+\beta)\cdot m.$$

利用上述命题，我们可以从 $(1,n)$ 中截取一段 $(n-m+1,n)$ 使得在这段里面 C 的平均密度至少是 $\alpha+\beta$，又同样的可以截下一段 $(n-m-m'+1,n-m)$ 使其中 C 的平均密度至少是 $\alpha+\beta$. 如此反复进行，经有限步骤分 $(1,n)$ 成有限段，每段平均密度至少是 $\alpha+\beta$，故对数列 $(1,n)$ 而言 C 的平均密度至少是

$$\frac{m(\alpha+\beta)+m'(\alpha+\beta)+\cdots}{m+m'+\cdots}=\alpha+\beta.$$

又因 n 是任意的，故

$$d(C)\geqslant\alpha+\beta.$$ [证完]

剩下只有证明基本引理这一件事，但这是很复杂的一件工作，所以另立一节来讨论.

§4. 基本引理的证明

由于 $B\subset C\ominus A$，只需在较强条件

$$B=C\ominus A \tag{4.1}$$

的情况下证明基本引理.

设

$$A_0=A,\quad B_0=B. \tag{4.2}$$

又设 $e_1\in A_0$ 是能使下列方程有解的最小元素，

$$e_1+b_1+b_1'=\overline{c}\begin{cases}\leqslant n,\\ \notin C,\end{cases} \tag{4.3}$$

其中 b_1,b_1' 均需属于 B_0. (若无此类元素存在，则在下面的(4.8)式中取 h 为 0.) 取定 e_1 以后，b_1 与 b_1' 一般不是唯一的. 设 B_1^* 表全部解 b_1,b_1' 的集合而 $A_1^*=e_1\oplus B_1^*$. 于是 $B_1^*\subset B_0$. $A_0\cap A_1^*=0$，这因为若 $a_1\in A_1^*$ 则有 $a_1=e_1+b_1$，由集合的构成知必有 b_1' 存在，使得 $e_1+b_1+b_1'=\overline{c}$，即 a_1+b_1' 不属于 C. 由此推出 $a_1\notin A_0$ (否则 a_1+b_1'

属于 C).

设 B_1 是 B_1^* 在 B_0 中的余集(即属于 B_0 而不属于 B_1^* 的元素的集合). 又设 $A_1 = A_0 \cup A_1^*$. 由(4.3)有

$$0 \notin B_1^*, \tag{4.4}$$

$$0 \in A_1, \quad 0 \in B_1. \tag{4.5}$$

引理 4.1 $B_1 = C \ominus A_1$.

证 由(4.1)及 A_1 与 B_1 的定义有

$$C \ominus A_1 \subset C \ominus A_0 = B_0, \tag{4.6}$$

$$B_1 \subset B_0. \tag{4.7}$$

若 $b_1 \in B_1^*$ 则有 b_1' 满足(4.3), 即 $e_1 + b_1 + b_1' = \overline{c}$ 而 $e_1 + b_1' \in A_1^* \subset A_1$. 故 $b_1 \notin C \ominus A_1$. 由此推知 $C \ominus A$ 包含于 B_1^* 的余集 B_1 中, 即 $C \ominus A \subset B_1$.

反之, 设 $b_1 \in B_0$, 且 $b_1 \notin C \ominus A_1$, 则有 $a_1 \in A_1$ 使 $a_1 + b_1 = \overline{c}$. 由于 $A_0 \oplus b_1 \subset C$, 故 $a_1 \in A_1^*$ 即 $a_1 = e_1 + b_1', b_1' \in B_1^*$. 由 $a_1 + b_1 = e_1 + b_1' + b_1 = \overline{c}$ 推知 $b_1 \in B_1^*$, 故 $b_1 \notin B_1$. 由此

$$B_1 \subset C \ominus A. \qquad \text{[证完]}$$

用 A_1, B_1 代替前面的 A_0, B_0, 我们可以仿前定义 $e_2, B_2^*, A_2^*, B_2, A_2$, 重复运用这种步骤, 我们可以定义 $e_3, B_3^*, A_3^*, B_3, A_3, \cdots$. 容易看出 B_ν 较 $B_{\nu-1}$ 中确实减少了若干元素, 由于 B_ν 中元素的有限性, 这一系列的步骤进行至有限次后必将停止, 设次数为 $h \geqslant 0$. 此时有

$$A_h \oplus B_h \oplus B_h \subset C. \tag{4.8}$$

此外按归纳法易证

$$B_\nu = C \ominus A_\nu, \tag{4.9}$$

$$0 \notin B_\nu^*, \quad 0 \in B_\nu \quad (\nu = 1, 2, \cdots, h) \tag{4.10}$$

故

$$B_h \subset B_h \oplus B_h \subset C \ominus A_h = B_h.$$

由此有

$$B_h \oplus B_h = B_h. \tag{4.11}$$

引理 4.2

$$e_1 < e_2 < \cdots < e_h. \tag{4.12}$$

证 只需证 $e_1 < e_2$. 由定义 $e_2 \in A_1 = A_0 \cup A_1^*$. 若 $e_2 \in A_0$, 则由 e_1 的极小性及 B_1^* 的定义即得 $e_1 < e_2$. 若 $e_2 \in A_1^*$ 则

$$e_2 = e_1 + b_1, b_1 \in B_1^*. \quad \text{又} \ 0 \notin B_1^* \ \text{故} \ e_1 < e_2.$$ [证完]

据(4.10), B_h 非空集. 设 $n-m$ 是它的最大元素, 我们将证 m 具有(3.5)—(3.7)所要求的性质.

由(4.11)及 $n-m$ 的定义, 我们有

$$2(n-m) = n-m \ \text{或} \ 2(n-m) > n. \tag{4.13}$$

但 $B_h \subset B = 0 \oplus B \subset A \oplus B \subset C$. 故由 $n \notin C$ 推知 $n \notin B_h$ 故有

$$n - m \neq n \tag{4.14}$$

结合(4.13)导出(3.6). 显然 $n-m \in B_h \subset B = C \ominus A$. 即(3.7)的前一部分成立. 又由 $n-m \in B_h$ 推知

$$n - m \notin B_1^*. \tag{4.15}$$

再由 e_1 的极小性, 我们可以推出没有 $b_1' \in B_0$ 能满足

$$0 + (n-m) + b_1' \begin{cases} \in I, \\ \notin C, \end{cases}$$

这因为否则将得出 $n-m \in B_1^*$. 这又验证了(3.7)的后一部分: $n-m \in C \ominus B$.

下面我们用几个引理来证明(3.5)这个唯一待验证的性质.

引理 4.3

$$B(m) = \sum_{\nu=1}^{h} B_\nu^*(m).$$

证 $B = B_h \cup B_1^* \cup \cdots \cup B_h^*$. 又 B_ν^* 不相交, 故只需证 $B_h(m) = 0$.

设 $b \in B_h$ 及 $b > 0$. 由(4.11), $b + (n-m) \in B_h$ 或大于 n. 由 $n-m$ 的极大性, 第一个可能性不存在. 故 $b > m$ 即 $B(m) = 0$ [证完]

引理 4.4 $C(n)-C(n-m) \geqslant A(m)+\sum_{\nu=1}^{h} A_{\nu}^{*}(m)$.

证 $A_h \oplus (n-m) \subset A_h \oplus B_h \subset C$. 故若 $0 \subset a \leqslant m, a \in A_h$, 则可推出

$$n-m < a+(n-m) \leqslant n, a+(n-m) \in C.$$

由此

$$C(n)-C(n-m) \geqslant A_h(m) = A(m)+\sum_{\nu=1}^{h} A_{\nu}^{*}(m).$$

这因为 $A_h = A \cup A_1^* \cup \cdots \cup A_h^*$ 且 $A, A_1^*, \cdots, A_h^*$ 彼此不相交. [证完]

引理 4.5 $A_{\nu}^{*}(m) = B_{\nu}^{*}(m)$ $(\nu = 1,2,\cdots,h)$.

证 $A_{\nu}^{*} = e_{\nu} \oplus B_{\nu}^{*}$, 故只需证在

$$b \in B_{\nu}^{*}, \quad 0 < b \leqslant m, \tag{4.16}$$

的条件下, 可推出 $e_{\nu}+b \leqslant m$. 设

$$t = n-m+b, \tag{4.17}$$

问题化为证明

$$e_{\nu}+t \leqslant n.$$

情形 1. $t \notin B_{\nu-1}$. 由(4.9)知存在 $a \in A_{\nu-1}$ 使

$$a+t = a+(n-m)+b \begin{cases} \leqslant n \\ \notin c \end{cases}.$$

又 $n-m \in B_h \subset B_{\nu-1}, b \in B_{\nu}^{*} \subset B_{\nu-1}$ 由 e_v 的极小性推知 $a \geqslant e_{\nu}$, 故 $e_{\nu}+t \leqslant a+t \leqslant n$.

情形 2. $t \in B_{\nu-1}$. 据(4.16),(4.17)我们有 $t > n-m$, 故 $t \notin B_h$. 由此对某一 $\mu(\nu \leqslant \mu \leqslant h)$, 可得 $t \in B_{\mu}^{*}$. 即有 $b' \in B_{\mu}^{*}$ 存在, 使 $e_{\mu}+t+b' \begin{cases} \leqslant n \\ \in c \end{cases}$. 由引理 4.2, $n \geqslant e_{\mu}+t+b' > e_{\mu}+t > e_{\nu}+t$. [证完]

结合引理 4.4, 4.5, 4.3, 我们就得到(3.5).

第二章　Brun 的筛法

§1. 引　　论

在素数分布的理论中，挪威数学家 Brun 所建立的筛法是有它的特色的. 这个方法虽然有其复杂性但却是很初等的. 用这个方法所得到的结果，一般说来，都不是最好的，然而它的应用范围却很广泛，甚至超过深邃的解析方法.

我们知道，如果从自然数串

$$1, 2, \cdots, n, \cdots$$

内，于不超过 x 的一段中用 Eratosthenes 的筛法筛去一切不超过 $\sqrt{x}$ 的素数的倍数，那么所剩下的都是素数，其个数显然是 $\pi(x) - \pi(\sqrt{x}) \sim \pi(x)$. Brun 的筛法所要处理的是比上述问题更广泛的一些问题. 首先，我们不考虑自然数的全体，而只考虑以 $a > 0$ 为首项，$d > 0(a < d)$ 为公差的一个等差级数 F；其次，我们不从 F 内不超过 x 的各项 n，筛去一切不超过 $\sqrt{x}$ 的一切素数的倍数，而要筛去一切包含在一些指定的等差级数中的项. 这样筛剩下来满足某些特定性质的自然数的个数，正是我们借以处理某些数论问题时所需要的.

这些等差级数，通常可以如下规定：考虑三个数列

$$q_1, q_2, q_3, \cdots (q_1 < q_2 < \cdots),$$

$$a_1, a_2, a_3, \cdots (0 \leqslant a_i < q_i),$$

$$b_1, b_2, b_3, \cdots (0 \leqslant b_i < q_i),$$

其中 $q_1, q_2, q_3, \cdots$ 是从全体素数所组成的序列中删去了 2，d 的素因数及有限个(个数可以是 0)其他任意指定的素数后所剩下的素数. 我们利用每一个 q_i 作公差，可以造出两个等差级数：

$$\begin{matrix} a_i + mq_i, \\ b_i + mq_i \end{matrix} \quad (m = 0, 1, 2, \cdots),$$

我们考虑满足 $q_i \leqslant y$ 的 q_i，并用 $\pi'(y)$ 表示这些 q_i 的个数.我们要从等差级数 F 内不超过 x 的一段里筛去一切包含在上述 $2 \cdot \pi'(y)$ 个等差级数中的项.显然所筛剩下

来的 n 满足: $n \leqslant x$ 及

$$n \not\equiv a_i (\bmod q_i), \quad n \not\equiv b_i (\bmod q_i) \qquad (i \leqslant \pi'(y)).$$

令用 $N(d,x,y)$ 表示如此筛剩下来的个数, 我们的目的就是要适当地估计 $N(d,x,y)$. 将来可以看到所得的结果, 实际上是与 a, a_i, b_i 无关的. 因此现在在记号 $N(d,x,y)$ 中, 我们并没有把这些字母显明地写出来.

举个例来说明一下: 设 $a=1, d=2, q_1=3, q_2=5, \cdots, q_i=p_{i+1}$ (即第 $i+1$ 个素数), $\cdots$; 又设

$$a_i = 0 \quad (i=1,2,\cdots),$$

$$b_i \equiv x (\bmod q_i) \quad (i=1,2,\cdots),$$

则 $N(2,x,x^{\frac{1}{u}})$(u 表示某一个正整数)就是满足下列条件的数 n 的个数:

(i) n 是不超过 x 的奇数;

(ii) n 及 $x-n$ 的每一个素因数都超过 $x^{\frac{1}{u}}$.

从上面第二个条件可以看出 n 及 $x-n$ 的素因数的个数都至多是 $u-1$, 因此, 如果能证明当 x 是大于 4 的偶数时, 总有 $N(2,x,x^{\frac{1}{2}}) \geqslant 2$ 的话, 那么就可以把 x 表成

$$x = n + (x-n),$$

其中 n 及 $x-n$ 都是素数, 换句话说 Goldbach 的一个猜测就成立了(注意, 另一个猜测可以从此推出).

§2. 一个代数递推公式

令先假定 $a_i \not\equiv b_i (\bmod q_i), i=1,2,\cdots,k$. 我们容易看出 $N(d,x,q_{k-1}) - N(d,x,q_k)$ 就是满足下列条件的 m 的个数:

$$m \leqslant x, m \equiv a (\bmod d), \quad m \equiv a_k \text{或} \equiv b_k (\bmod q_k),$$

$$(m-a_i)(m-b_i) \not\equiv 0 (\bmod q_i) (i=1,2,\cdots,k-1).$$

根据孙子定理, 我们可以找到 a' 及 a'' $(0 \leqslant a' < dq_k, 0 \leqslant a' < dq_k)$ 使得以上的条件可以改写成下面的形式:

$$m \leqslant x, \qquad m \equiv a' \text{或} a'' (\bmod dq_k),$$

$$(m-a_i)(m-b_i)\not\equiv 0 \pmod{q_i} \qquad (i=1,2,\cdots,k-1). \tag{2.1}$$

如果用 $N(dq_k,x,q_{k-1},a')$ 及 $N(dq_k,x,q_{k-1},a'')$ 分别表示当 $m\equiv a'$及$m\equiv a''(\operatorname{mod} dq_k)$时(2.1)的解数，那么(2.1)的总解数就是

$$N(dq_k,x,q_{k-1},a')+N(dq_k,x,q_{k-1},a''). \tag{2.2}$$

但是由于我们所要推出的结果，实际上并不受a'及a''不同的影响. 因而我们可以更笼统的用下面的符号去表示(2.1)的总解数:

$$2N(dq_k,x,q_{k-1})(2_k N(dq_k,x,q_{k-1})).$$

当然我们可以这样去理解，就是上面的 2 字(更精密些可以写成2_k)并不是两倍的意思，而是表示两个未明显写出来的项(即(2.2))的和的意思，(又如$a_k\equiv b_k(\operatorname{mod} q_k)$则应该把$2_k$当作是 1)，于是我们有

$$N(d,x,q_k)=N(d,x,q_{k-1})-2N(dq_k,x,q_{k-1}). \tag{2.3}$$

当$k=1$时，右边应写作$N(d,x)-2N(dq_k,x)$，其中$N(d,x)$表示某一公差是d的等差级数中不超过x的项数，不论首项是什么，都有

$$N(d,x)=\frac{x}{d}+\vartheta \qquad (|\vartheta|\leqslant 1). \tag{2.4}$$

由于我们有着递推公式(2.3)，显然我们可以逐步把$N(d,x,q_k)$化成一些形式如(2.4)的项之和，因而不论a,a_i,d_i是什么，都可以得到同一个适当的估计.

为简便计，今后用$N(y,x)$代表$N(y,x,q_0)$，首先从(2.3)得:

$$\begin{aligned}N(d,x,q_k)&=N(d,x,q_{k-2})-2N(dq_{k-1},x,q_{k-2})-2N(dq_k,x,q_{k-1})\\&=\cdots=N(d,x)--2\sum_{r_1\leqslant k}N(dq_{r_1},x,q_{r-1}).\end{aligned} \tag{2.5}$$

其次，同样地处理(2.5)右端$\sum$号下每一项，结果得到

$$N(d,x,q_k)=N(d,x)-2\sum_{r_1\leqslant k}N(dq_{r1},x)+4\sum_{r_1\leqslant k}\sum_{r_2<r1}N(dq_{r_1},q_{r2},x,q_{r_{2-1}}). \tag{2.6}$$

一般地说，当$t\leqslant k$时，有

$$\begin{aligned}N(d,x,q_k)=&N(d,x)-2\sum_{r_1\leqslant k}N(dq_{r_1},x)+4\sum_{r_1\leqslant k}\sum_{r_2<r_1}N(dq_{r_1},q_{r_2},x)\\&-8\sum_{r_1\leqslant k}\sum_{r_2<r_1}\sum_{r_3<r_2}N(dq_{r_1},q_{r_2},q_{r_3},x)+\cdots\end{aligned}$$

$$+(-2)^t \sum_{r_2 \leqslant k} \cdots \sum_{r_t < r_{t-1}} N(dq_{r_1} \cdots q_{rc}, x, q_{rt-1}). \tag{2.7}$$

取 $t=k+1$，把(2.4)代入上式，容易得出

$$N(a,x,q_k) = \frac{x}{d}\prod_{r=1}^{k}(1-2q_r^{-1}) + R. \tag{2.8}$$

(又当 $a_r \equiv b_r (\bmod q_r)$ 时，式中的 $2q_r^{-1}$ 应改成 q_r^{-1}.)比较上式右边第一项的展开式与当 $t=k+1$ 时(2.7)右边的形式不难看出在一般情形下.对于 R 只能得到如下的估计:

$$|R| \leqslant (1+2)^{k+1} + 2^{k+1} < 2 \cdot 3^{k+1}. \tag{2.9}$$

我们要说明利用(2.8)去估计 $N(d,x,x^{\frac{1}{u}})$ 是什么也得不到的.

根据素数定理(证明见第三章)我们得到

$$k = \pi'\left(x^{\frac{1}{u}}\right) \sim \pi\left(x^{\frac{1}{u}}\right) \sim \frac{ux^{\frac{1}{u}}}{\log x} \tag{2.10}$$

但

$$\prod_{2<p\leqslant x}(1-\frac{2}{p}) = \frac{A+o(1)}{\log^2 x}, \tag{2.11}$$ ①

其中 A 是一常数，故得

$$\prod_{r=1}^{k}(1-2q_r^{-1}) \sim \frac{Ku^2}{\log^2 x} \quad (K\ 是一常数). \tag{2.12}$$

这表明我们所估计出来的 R 的一个上界，其阶比(2.8)右边首项(用(2.10)代入后)的阶还要高的多. 因此，上面估计 $N(d,x,q_k)$ 的办法完全失去了作用. 虽然如此，Viggo Brun 却发现了很巧妙的补救方法.他观察到：R 的上界所以太大是因为(2.7)式右边当 $t=k+1$ 时，所包含的项(每一项又包含许多项，我们考虑总的项数)太多

---

① (2.11)可以从下式推出:

$$\log\prod_{2<p\leqslant x}\left(1-\frac{2}{p}\right) = \sum_{2<p\leqslant x}\log\left(1-\frac{2}{p}\right) = -2\sum_{2<p\leqslant x}\frac{1}{p} + A_1 + O(1) = -2\log\log x + A_2 + O(1).$$

(参考裘光明译 Виноградов 的《数论基础》第二章习题 9d，或 Hardy-Wright. Introduction to Theory of Numbers, 第三版. p351 定理 427.)

了. 因此, 我们宁愿从(2.7)的右边($t=k+1$)删去相当多的正项得到一个不等式, 这样项数大大地减少, 结果误差就比主要项小了, 就是这个简单的处理方法产生了应用很为广泛的 Brun 的筛法.

§3. 筛数 k_j 的引进

现在, 我们从上节(2.7)式内取 $t=3$, 即得

$$\begin{aligned}N(d,x,q_k)=&N(d,x)-2\sum_{r_1\leqslant k}N(dq_{r_1},x)\\&+4\sum_{r_1\leqslant k}\sum_{r_2<r_1}N(dq_{r_1},q_{r_2},x)\\&-8\sum_{r_1\leqslant k}\sum_{r_2<r_1}\sum_{r_3<r_2}N(dq_{r_1}q_{r_2}q_{r_3},x,q_{r_3-1}).\end{aligned}\tag{3.1}$$

为了减少(3.1)内各项所包含的总项数, 我们用不等式 $r_3\leqslant k_1$ 去限制 r_3 的变化, 结果得到(因为删去的每一项 $\leqslant 0$)

$$\begin{aligned}N(d,x,q_k)\leqslant&N(d,x)-2\sum_{r_1\leqslant k}N(dq_{r_1},x)\\&+4\sum_{r_1\leqslant k}\sum_{r_2<r_1}N(dq_{r_1},q_{r_2},x)\\&-8\sum_{r_1\leqslant k}\sum_{r_2<r_1}\sum_{\substack{r_3<r_2\\ r3\leqslant k1}}N(dq_{r_1}q_{r_2}q_{r_3},x,q_{r_3-1}).\end{aligned}\tag{3.2}$$

利用(2.6), 我们可以把上面最后一项改变一下, 得到

$$\begin{aligned}N(d,x,q_k)\leqslant&N(d,x)-2\sum_{r_1\leqslant k}N(dq_{r_1},x)+4\sum_{r_1\leqslant k}\sum_{r_2<r_1}N(dq_{r_1}q_{r_2},x)\\&-8\sum_{r_1\leqslant k}\sum_{r_2<r_1}\sum_{\substack{r_3<r_2\\ r_3\leqslant k_1}}N(dq_{r_1}q_{r_2}q_{r_3},x)\\&+16\sum_{r_1\leqslant k}\sum_{r_2<r_1}\sum_{\substack{r_3<r_2\\ r_3\leqslant k_1}}\sum_{r_4<r_3}N(dq_{r_1}q_{r_2}q_{r_3}q_{r_4},x)\\&-32\sum_{r_1\leqslant k}\sum_{r_2<r_1}\sum_{\substack{r_3<r_2\\ r_3\leqslant k_1}}\sum_{r_4<r_3}\sum_{\substack{r_5<r_4\\ r_5\leqslant k_2}}N(dq_{r_1}q_{r_2}q_{r_3}q_{r_4}q_{r_5},x,q_{r_5-1}).\end{aligned}\tag{3.3}$$

注意我们已经仿照以前的办法在 $r_5<r_4$ 下面加上了 $r_5\leqslant k_2$ 的限制, 这个限制只有使二式右边加大, 因此不等式是成立的.

同样, 我们又可以利用(2.6)去改变(3.3)式最后一项, 同时, 我们又加上

$r_7 \leqslant k_3$ 的限制，这种办法显然可以继续进行，只要 $2s+1 \leqslant k$，就可以得到

$$\begin{aligned} N(d,x,q_k) \leqslant N(d,x) &- 2\sum_{r_1 \leqslant k} N(dq_{r_1},x) + \cdots \\ &+ 2^{2\nu}\sum_{r_1\leqslant k}\sum_{r_2<r_1}\cdots\sum_{\substack{r_{2\nu-1}\leqslant r_{2\nu-2}\\ r_{2\nu-1}\leqslant k_{\nu-1}}}\sum_{r_{2\nu}<r_{2\nu-1}} N(dq_{r1}\cdots q_{r_{2\nu+1}},x) \\ &- 2^{2\nu+1}\sum_{r_1\leqslant k}\sum_{r_2<r_1}\cdots\sum_{r_{2\nu}<r_{2\nu-1}}\sum_{\substack{r_{2\nu+1}<r_{2\nu}\\ r_{2\nu+1}\leqslant k_\nu}} N(dq_{r_1}\cdots q_{2\nu+1},x) + \cdots \\ &- 2^{2s+1}\sum_{r_1\leqslant k}\sum_{r_2<r_1}\cdots\sum_{r_{2s}<r_{2s-1}}\sum_{\substack{r_{2s+1}<r_{2s}\\ r_{2s+1}\leqslant k_s}} N(dq_{r_1}\cdots q_{r_{2s+1}},x,q_{r_{2s+1}-1}). \end{aligned} \tag{3.4}$$

最后，假定 $2s+2\leqslant k$ 我们就可以利用(2.5)来改变上面最后一项成为(注意 $2s+2 \leqslant k$)

$$\begin{aligned} &-2^{2s+1}\sum_{r_1\leqslant k}\sum_{r_2<r_1}\cdots\sum_{r_{2s}<r_{2s-1}}\sum_{\substack{r_{2s+1}<r_{2s}\\ r_{2s+1}\leqslant k_s}} N(dq_{r_1}\cdots q_{r_{2s+1}},x) \\ &+2^{2s+2}\sum_{r_1\leqslant k}\sum_{r_2<r_1}\cdots\sum_{\substack{r_{2s+1}<r_{2s}\\ r_{2s+1}\leqslant k_s}}\sum_{r_{2s+2}<r_{2s+1}} N(dq_r\cdots q_{r_{2s+2}},x,q_{r_{2s+2}-1}). \end{aligned} \tag{3.5}$$

上面第二项是正的，因此，利用(2.5)可以把 $N(dq_{r_1}\cdots q_{r_{2s+2}},x,q_{r_{2s+2}-1})$ 换成 $N(dq_r\cdots q_{r_{2s+2}},x)$，终于获得了

$$N(d,x,q_k) < \frac{x}{d}E + R,$$

其中

$$\begin{aligned} E = 1 &- \sum_{r_1\leqslant k}(2q_{r_1}^{-1}) + \sum_{r_1\leqslant k}\sum_{r_2<r_1}(2q_{r_1}^{-1})(2q_{r_2}^{-1}) + \cdots \\ &+ (-1)^{2s-2}\sum_{r_1\leqslant k}\sum_{r_2<r_1}\cdots\sum_{\substack{r_{2s+1}<r_{2s}\\ r_{2s+1}\leqslant k_s}}\sum_{r_{2s+2}<r_{2s+1}}(2q_{r_1}^{-1})\cdots(2q_{r_{2s+2}}^{-1}). \end{aligned} \tag{3.6}$$

我们有

$$\begin{gathered} r_{2j+2} \leqslant k_j, r_{2j+1} \leqslant k_j \ (j=0,1,2,\cdots,s), \\ \mathrm{J} < r_{2s+2} < r_{2s+1} < \cdots < r_2 < r_1 \leqslant k. \end{gathered} \tag{3.7}$$

我们还假定

$$1 \leqslant k_s \leqslant k_{s-1} \leqslant \cdots \leqslant k_1 \leqslant k_0 = k. \tag{3.8}$$

显然 E 的各项都包含在下列乘积的展开式中:

$$(1-2\sum_{r_1\leqslant k}q_r^{-1})(1-2\sum_{r_2\leqslant k}q_{r_2}^{-1})\cdots(1-2\sum_{r_{2s+1}\leqslant k_s}q_{r_{2s+1}}^{-1})\times(1-2\sum_{r_{2s+2}\leqslant k_s}q_{r_{2s+2}}^{-1}).$$

因此，不难看出

$$|R|\leqslant(2k_0+1)^2(2k_1+1)^2\cdots(2k_s+1)^2. \tag{3.9}$$

§4. 主要项 E 的结构

我们现在用 $E^{(i)}$ 来表示(3.6)式右边的 i 重和数，即

$$E^{(i)}=\sum_{r_1}\sum_{r_2}\cdots\sum_{r_i}(2q_{r_1}^{-1})\cdots(2q_{r_i}^{-1}), \tag{4.1}$$

其中 $r_1,\cdots,r_2$ 满足上节的条件(3.7)，令 $E^{(0)}=1$，又用 E_m 表(3.6)式右边满足条件

$$r_\mu>k_m \quad (\mu=1,2,\cdots,\nu) \tag{4.2}$$

的各项 $(2q_{r_1}^{-1})\cdots(2q_{r_\nu}^{-1})$ 之和：由(3.7)知道只有 $\mu\leqslant 2m$ 时(4.2)才有可能成立. 因此，当 $i>2m$ 时，$E^{(i)}$ 不包含满足条件(4.2)的项. 今用 $E_m^{(i)}$ 表示出现在 E_m 内及 $E^{(i)}$ 中的各公共项之和，则有

$$E_m^{(i)}=0 \quad (\text{当}\, i>2m)$$

及

$$E_m=\sum_{i=o}^{2m}(-1)^iE_m^{(i)} \quad (\text{这儿}\, E_m^{(0)}=1). \tag{4.3}$$

为便利计，令 $k_{s+1}=0$，则

$$E=E_{s+1}. \tag{4.4}$$

本节的目的就是研究 E 的结构，作为估计 E 的准备，为了这个目的，我们先要求出 E_{m+1} 与 E_m 的大小关系.

根据 E_m 的定义，$q,\cdots,q_{k_m}$ 诸素数是不在 E_m 中出现的. 因此，从 E_m 过渡到 E_{m+1} 时，必须添进 $N=k_m-k_{m+1}$ 个素数 $q_z(k_{m+1}\leqslant k_m)$ 到里面去，今用 $S_{m+1}^{(\mu)}$ 表示这 N 个数 $2q_z^{-1}$ 的第 μ 个初等函数，即

$$S_{m+1}^{(\mu)}=\sum_{k_m\geqslant z_1>z_2>\cdots>z_\mu>k_{m+1}}\cdots\sum(2q_{z_1}^{-1})\cdots(2q_{z_\mu}^{-1}).$$

我们有

$$E_{m+1}^{(i)}=\sum_{r_1}\cdots\sum_{r_i}^{(m+1)}(2q_{r_1}^{-1})\cdots(2q_{r_i}^{-1}),$$

其中$\sum$上面的$(m+1)$表示$r_1,\cdots,r_i$满足下列不等式[看(3.7)及(4.2)].

$$1<r_j<r_{j-1}<r_1\quad(j=3,4,\cdots),\tag{4.5$_1$}$$

$$k_{m+1}<r_j\leqslant k_{[1/2(j-1)]}.\tag{4.5$_2$}$$

当$j\leqslant 2m+2$时，由$k_{m+1}<r_j\leqslant k_m$可推出(4.5_2)，故当$i\leqslant 2m+2$时,

$$E_{m+1}^{(i)}=\sum_{\nu=0}^{i}S_{m+1}^{(i-\nu)}E_m^{(\nu)},$$

$$E_{m+1}=\sum_{i=0}^{2m+2}\sum_{\nu=0}^{i}(-1)^iS_{m+1}^{(i-\nu)}E_m^{(\nu)},\tag{4.6}$$

其中，当$\mu>N$时，$S_{m+1}^{(\mu)}=0$，另一方面，我们有

$$E_m\prod_{k_{m+1}<z\leqslant k_m}(1-2q_z^{-1})=\sum_{\alpha=0}^{2m}\sum_{\beta=0}^{N}(-1)^{\alpha+\beta}E_m^{(\alpha)}S_{m+1}^{(\beta)}$$

$$=\sum_{i=0}^{N+2m}\sum_{\nu=0}^{i}(-1)^iE_m^{(\nu)}S_{m+1}^{(i-\nu)}.$$

比较(4.6)，令$\tau=i-2m$并注意当$\nu>2m$时，$E_m^{(\nu)}=0$.即得

$$E_{m+1}=E_m\prod_{k_{m+1}<z\leqslant k_m}(1-2q_z^{-1})-\sum_{\tau=3}^{N}(-1)^\tau\sum_{\nu=0}^{2m}E_m^{(\nu)}S_{m+1}^{(2m+\tau-\nu)}.\tag{4.7}$$

上面暗中假定了$N\geqslant 3$，这由于当$N=2$时，显然有

$$E_{m+1}=E_m\prod_{k<z\leqslant k_m}(1-2q_z^{-1}).\tag{4.8}$$

又当$N=1$时，不难看出(4.6)内第二等式右边相当于$i=2m+2$的项都等于 0，因此，(4.8)仍成立.

我们要证明，可以适当地选择筛数 k_j 使得(4.7)式内二重和中相当于 $\tau=3,4,\cdots,N$ 的各单重和的绝对值是递减的，这样一来，二重和的绝对值就小于第一个单重和(即相当于 $\tau=3$ 的那一项)，因而

$$E_{m+1}<E_m\prod_{k_{m+1}<z\leqslant k_m}(1-2q_z^{-1})+\sum_{\nu=0}^{2m}E_m^{(\nu)}S_{m+1}^{(2m+3-\nu)}\,. \tag{4.9}$$

由(4.8)可以看出上式当 $N(=k_m-k_{m+1})=1$ 或 2 时，便可以省去右边第二项，剩下的问题只有选择筛数 k_j 使得(4.7)式内二重和中相当于 $\tau=3,4,\cdots,N$ 的各单重和的确是递减的. 由于 $S_{m+1}^{(g)}$ 内每一项都可以表成 $S_{m+1}^{(1)}$ 中的一项与 $S_{m+1}^{(g-1)}$ 中的一项之积，表示方法的个数是 g，因此

$$gS_{m+1}^{(g)}\leqslant S_{m+1}^{(1)}S_{m-1}^{(g-1)}$$

即

$$S_{m+1}^{(g)}\leqslant\frac{S_{m+1}^{(1)}}{g}S_{m+1}^{(g-1)}\,. \tag{4.10}$$

今后要选定筛数 k_j 使得

$$S_{m+1}^{(1)}=\sum_{k_{m+1}<z\leqslant k_m}2q_z^{-1}<1\,. \tag{4.11}$$

如此就可以得到 $S_m^{(g)}<S_{m+1}^{(g-1)}$，从而立刻可以看出(4.7)式内二重和中各单重和的递减性.

从(4.10)及(4.11)还可以看出

$$S_{m+1}^{(g)}\leqslant\frac{(S_{m+1}^{(1)})g}{g!}\,. \tag{4.12}$$

这个不等式要在下节特别用到.

§5. 筛数的决定与 E 及 R 的估计

我们先取定 ρ,ρ_0 两个数，使得

$$\rho_0>\rho>1\,,\quad 0<2\log\rho_0<1\,. \tag{5.1}$$

设当 $m\leqslant M$ 时(M 要在以后再来决定)，我们令(以后要看到怎么满足(4.11)的要求):

$$k_m = \pi'\left(q_k^{\frac{1}{\rho^n}}\right), \tag{5.2}$$

则当 $k_{m+1} < z \leqslant k_m$ 时,

$$q_k^{\frac{1}{\rho^{m+1}}} < q_z \leqslant q_k^{\frac{1}{\rho^m}}. \tag{5.3}$$

由(2.10)及§2 各附注中所引的公式, 我们不难看出, 当 $k_m \to \infty$ 时,

$$\frac{1}{2}S_{m+1}^{(1)} = \frac{1}{2}\sum_{k_{m+1}<z\leqslant k_m} q_z^{-1} = \log\rho + O(1),$$

$$P_{m+1} \equiv \prod_{k_{m+1}<z\leqslant k_m}(1-2q_z^{-1}) = \frac{1+O(1)}{\rho^2}, \tag{5.4}$$

注意, 我们在这里用到了§1.所说 $q_1, q_2, \cdots$ 是从一切素数中删去有限个而得到的.

因此, 我们可以找到只与 ρ 及 ρ_0 有关的 ω, 同时就找到一个正整数 M, 使得当 $q_{k_m} > q_{k_{m+1}} > \omega$ 时或者说当 $m \leqslant M$ 时(5.4)内的两个 $O(1)$ 都相当小, 以致

$$S_{m+1}^{(1)} < 2\log\rho_0 < 1, P_{m+1} > \rho_0^{-2}, \tag{5.5}$$

这说明当 $m \leqslant M$ 时, 我们满足了(4.11)的要求.我们还需考虑一下不超过 ω 的有限个素数 q_i (这也就是满足 $i \leqslant k_{m+1}$ 的 q_i).我们把指标 i 依下列方法分段:

$$k_{c+1} < i \leqslant k_c, c \geqslant M+1,$$

$$k_c - k_{c+1} = 1 \text{或} 2.$$

在这种情况下(4.11)已经不起作用, 因为(4.9)右边第二项已经可以略去了(参看(4.9)下面的话).

首先, 让我们来估计 $E = E_{s+1}$ [看(4.4)]. (4.9)右面第二项是

$$\sum = \sum_{\nu=0}^{2m} E_m^{(\nu)} S_{m+1}^{(2m-3-\nu)},$$

其中

$$E_m^{(\nu)} = \sum_{r_1}\cdots\sum_{r_\nu}^{(m+1)}(2q_{r_1}^{-1})\cdots(2q_{r_\nu}^{-1}) \quad (\text{当} v \leqslant 2m).$$

$(m+1)$ 表示

$$1 < r_j < r_{j-1} < r_1 (j = 3, 4, \cdots),$$

$$k_m < r_j \leqslant k_{[\frac{1}{2}(j-1)]} \qquad (\text{有 } 0 \leqslant [\frac{1}{2}(j-1)] \leqslant m-1)$$

而

$$S_{m+1}^{(\mu)} = \sum_{k_m \geqslant z_1 > z_2 > \cdots > z_\mu > k_{m+1}} \cdots \sum (2q_{z_1}^{-1}) \cdots (2q_{z_\mu}^{-1}).$$

注意到，当 $\nu > 2m$ 时 $E_m^{(\nu)} = 0$ 及 $E_0^{(\nu)} = 0$，于是有

$$\begin{aligned}
\sum &= \sum_{\nu=0}^{2m} E_m^{(\nu)} S_{m+1}^{(2m+3-\nu)} \\
&= \sum_{\nu=0}^{2m} S_{m+1}^{2m+3-\nu} \sum_{j=0}^{\nu} S_m^{(\nu-j)} E_{m-1}^{(j)} \\
&= \sum_{\nu=0}^{2m} S_{m+1}^{(2m+3-\nu)} \sum_{j=0}^{\nu} S_m^{(\nu-j)} \sum_{l=o}^{j} S_{m-1}^{(j-l)} E_{m-2}^{(l)} \\
&= \cdots \\
&= \sum_{\nu_1=0}^{2m} S_{m+1}^{(2m+3-\nu_1)} \sum_{\nu_2=0}^{\nu_1} S_m^{(\nu_1-\nu_2)} \cdots \sum_{\nu_{m+1}=0}^{\nu_m} S_1^{(\nu_m-\nu_{m+1})} E_0^{(\nu_{m+1})} \\
&= \sum_{\nu_1+\nu_2+} \sum_{\cdots+\nu_{m+1}} \cdots \sum_{=2m+3} S_{m+1}^{(\nu_1)} S_m^{(\nu_2)} \cdots S_1^{(\nu_m+1)}
\end{aligned}$$

又

$$S_{m+1}^{(g)} \leqslant \frac{(S_{m+1}^{(1)})^g}{g!},$$

故

$$\begin{aligned}
\sum &\leqslant \sum_{\nu_1+\cdots+\nu_{m+1}=2m+3} \frac{(S_{m+1}^{(1)})^{\nu_1} (S_m^{(1)})^{1/2} \cdots (S_1^{(1)})^{\nu_{m+1}}}{\nu_1! \cdots \nu_{m+1}!} \\
&= \frac{1}{(2m+3)!} (S_1^{(1)} + \cdots + S_{m+1}^{(1)})^{2m+3}.
\end{aligned}$$

利用不等式

$$\frac{1}{\nu!} < \frac{1}{\nu^\nu} \mathrm{e}^\nu \ (\text{此处 } \mathrm{e} = 2.718\cdots \text{是自然对数的底})$$

即得

$$\sum < \frac{1}{(2m+3)^{2m+3}} \mathrm{e}^{2m+3}((m+1)2\log\rho_0)^{2m+3}$$

$$= \left(\frac{2(m+1)\mathrm{e}\log\rho_0}{(2m+3)}\right)^{2m+3} < (\mathrm{e}\log\rho_0)^{2m+3} = \tau^{2m+3},$$

这里

$$\tau = \mathrm{e}\log\rho_0 .$$

因此，当(5.5)成立时，由(4.9)得

$$E_{m+1} < E_m \prod_{k_{m+1} < z \leqslant k_m} (1 - 2q_z^{-1}) + \tau^{2m+3}$$

$$< P_{m+1}(E_m + \tau^{2m+3}\rho_0^2) .$$

接连运用上述不等式[同时用到(5.5)]，即得(注意 $E_0 = 1$)

$$E_{m+1} < P_{m+1}P_m \cdots P_1\{1 + \tau^3\rho_0^3 + \cdots + \tau^{2m+3}\rho_0^{2m+2}\} .$$

选择 ρ_0 时，若同时满足 $\tau\rho_0 = e\rho_0\log\rho_0 < 1$，则

$$E_{m+1} < \delta P_{m+1}P_m \cdots P_1, \quad \delta = \frac{\tau^3\rho_0^2}{1 - \tau^2\rho_0^2} + 1 . \tag{5.6}$$

当 $c \geqslant M+1$ 时，由于前面对 k_c 及 k_{c+1} 的选择，我们可以得到 $E_{c+1} < E_c P_{c+1}$，这时(5.5)虽然不见得成立，但也并没有关系了．总之，我们得到了

$$E = E_{s+1} < \delta\prod_{\nu=1}^{k}(1 - 2q_\nu^{-1}), \quad \delta = 1 + \frac{\tau^3\rho_0^2}{1 - \tau^2\rho_0^2} . \tag{5.7}$$

其次要估计 R，因 $q \geqslant 3$，故 $2m+1 \leqslant q_m$ 常成立，由(3.8)即得

$$|R| \leqslant q_{k_0}^2 q_{k_1}^2 \cdots q_{k_m}^2 q_{k_{m+1}}^2 \cdots q_{k_s}^2$$

$$\leqslant q_k^Q q_{k_{m+1}}^2 \cdots q_{k_s}^2 = q_k^Q A ,$$

其中 A 只与 ρ, ρ_0 有关，而因 $q_{k_m} \leqslant q_k^{1/\rho_m}$ [看(5.3)]，这里

$$Q = 2 + 2\rho^{-1} + \cdots + 2\rho^{-M} = \frac{2(\rho - \rho^{-M})}{\rho - 1} < \frac{2\rho}{\rho - 1} .$$

因此

$$|R| < A q_k^{2\rho/(\rho-1)} .$$

§6. 用筛法所得的结果

今取 $h=\pi'\left(\frac{1}{x^u}\right)$,则由(5.8)得

$$|R|\leqslant A\frac{2\rho}{x(\rho-1)^u}=Ax^f,\quad f=\frac{2\rho}{(\rho-1)^u}.$$

又由(5.8)及(2.10)得

$$E\leqslant\frac{\delta A_1u^2}{\log^2 x}\quad(A_1\text{ 为一常数}).$$

因此由§3 得

$$N\left(d,x,x^{\frac{1}{u}}\right)<\frac{A_1\delta u^2}{d}\frac{x}{\log^2 x}+Ax^f$$

$$=A_1\frac{\delta u^2}{d}\frac{x}{\log^2 x}\left\{1+\frac{Ad}{A_1\delta u^2}\frac{\log^2 x}{x^{1-f}}\right\}.\tag{6.1}$$

若 $f<1$，则上面花括号中的式子是 $1+O(1)$，例如，我们取 $\rho=\frac{5}{4}=1.25, u=11$，即得 $f<1$，如果再取 $\rho_0=1.2501$，则 $\tau\rho_0=\mathrm{e}\rho_0\log\rho_0\approx0.758$，而以前两节中所有的要求都已满足. 又由计算可得 $\delta\approx1.82$，显然(6.1)式右边花括号内的数值当 $u\geqslant11$ 时是随 x 的增大而趋近于 1 的.反过来看，假定 x 先固定而 u 的值减少，那么由于筛子用的素数 q_i 增多了，所以 $N\left(d,x,x^{\frac{1}{u}}\right)$ 绝不会随 u 的减少而增多.因此，我们可以断言：当 $u\geqslant2$ 及 $x>x_0$(某一相当大的整数)时，有

$$N\left(d,x,x^{\frac{1}{u}}\right)\leqslant\frac{A_2x}{\log^2 x},\tag{6.2}$$

式中 A_2 当然随 u 而定，又用 Brun 的筛法，我们还可以证明当 $u\geqslant10$ 时，

$$N\left(d,x,x^{\frac{1}{u}}\right)\geqslant\frac{A_3x}{\log^2 x}\quad(A_3>0),\tag{6.3}$$

因此，至少当 $u\geqslant10$ 时，我们知道 $N\left(d,x,x^{\frac{1}{u}}\right)$ 的正确的阶是 $\frac{x}{\log^2 x}$.

上面一直假定了 $a_i \neq b_i (i=1,2,\cdots)$，如果对应于一些“例外的素数” q_σ 有 $a_\sigma = b_\sigma$，当然 $N\left(d, x, x^{\frac{1}{u}}\right)$ 的值就要相应地增大.这时 R 的估计还是照旧，但在(5.7)右边的乘积就应该写成

$$\prod_{\nu=1}^{k}(1-2_\nu q_\nu^{-1}) \leqslant \prod_{\nu=1}(1-q_\nu^{-1})^{2\nu}$$

$$= \prod_{\nu=1}^{k}(1-q_\nu^{-1})^2 \prod_{\sigma}(1-q_\sigma^{-1})^{-1},$$

其中，σ 通过满足 $a_\sigma = b_\sigma$ 的 σ 的序列.由于

$$\prod_{p \leqslant x}\left(1-\frac{1}{p}\right) = \frac{A_4 + O(1)}{\log x} \quad (A_4 > 0, \text{常数}),$$

(上式可以用第二章第 1 节脚注中的方法来证明，见于数论基础第二章习题 9c.)另一方面

$$\prod_{\sigma}(1-q_\sigma^{-2})^{-1} < \sum_{n=1}^{\infty}\frac{1}{n^2} < \infty .$$

我们(注意到，q_k 是不超过 x 的最大素数.)有

$$\prod_{\nu=1}^{k}(1-2_\nu q_\nu^{-1}) = O\left\{(\log x)^{-2}\prod_{\sigma}(1+q_\sigma^{-1})(1-q_\sigma^{-2})^{-1}\right\}$$

$$= O\left\{(\log x)^{-2}\prod_{\sigma}(1+q_\sigma^{-1})\right\}.$$

因此

$$N\left(d, x, x^{\frac{1}{u}}\right) = O\left\{x(\log x)^{-2}\prod_{\sigma}(1+q_\sigma^{-1})\right\}. \tag{6.4}$$

§7. Brun 筛法的几个应用

Brun 筛法的用处很多，本节只举出几个有代表性的例子.

1. 孪生素数问题.像 3, 5; 5, 7; 11, 13; … 都是相差为 2 的素数，称为孪生素数，我们至今还不知道这种孪生素数是否有无穷多对. Brun 在 1920 年曾证明了下

面的定理:

定理 7.1 用所有孪生素数的倒数所组成的级数不是仅含有限项就是收敛的.

证 我们要估计不超过 x 的奇数(即取 $a=1,d=2$)中所含孪生素数的个数,也就是说,我们要估计满足下列条件的个数 $z(x)$.

$$n \leqslant x, \quad n \equiv 1 \pmod 2.$$

$$n \not\equiv 0 \pmod{p_i}, \quad n-2 \not\equiv 0 \pmod{p_i}, 2 < p_i \leqslant \sqrt{x}.$$

取 $a_i = 0, bi = 2, q_i = p_{i+1}, x > x_0$, 则由(6.2)

$$Z(x) = N(d,x,x^{1/2}) + Z(\sqrt{x}+2)$$

$$< \frac{A_2 x}{\log^2 x} - \sqrt{x} + 2 < \frac{A_2' x}{\log^2 x},$$

式中 A_2, A_2' 都是正的常数.

若令 t_m 表第 m 对孪生素数中的较大者, 则

$$m < \frac{A_2' t_m}{\log^2 t_m} \text{或} \frac{1}{t_m} < \frac{A_2'}{m\log^2 t_m} < \frac{A_2'}{m\log^2 m}.$$

因 $\sum\limits_{m=2}^{\infty} \frac{1}{m\log^2 m}$ 收敛. 故定理随之成立.

关于相差是 $k > 2$ 的素数对也有相仿的结果.

2. 把自然数分成两个素数之和的表法个数.

设 $x \geqslant 4$ 是偶数, 今用 $D(x)$ 表示把 x 表成两个素数之和

$$x = p + p'$$

的表法个数. 当 $p \neq p'$ 时, $p + p'$ 与 $p' + p$ 应看成不同的表法. 显然有 $p < x$, 若限定 $p < \sqrt{x}$ 或 $p' < \sqrt{x}$, 则表法个数 $\leqslant 2\sqrt{x}$,今考虑 $p > \sqrt{x}$, $p' > \sqrt{x}$ 的情形, 取 $a = 1, d = 2, a_i = 0, b_i \equiv x \pmod{q_i}$, 则 x 的素因数就是前节所谓"倒外素数". 于是(参考一下第二章§1.中的例子):

$$D(x) < A_2'' \frac{x}{\log^2 x} \prod_{p|x} (1 - p^{-1}) \tag{7.1}$$

式中 $a \mid b$ 表示 a 整除 b.

3. 弱型 Goldbach 问题.根据第一章定理 2.2, 我们只要证明下面的定理就可以解决弱型 Goldbach 问题.

定理 7.2　由 0, 1 及所有素数和 $p+p'$ 所组成数列的密率是正的.

证　今用 $M(x)$ 表示在 $4\leqslant n\leqslant x$ 内能表成素数和 $p+p'$ 的整数 n 的个数, 并用 $D(n)$ 代表把固定的 n 表成素数和的不同表法的个数, 则由 Буняковский-Schwarz 不等式(即 $\left(\sum a_n b_n\right)^2\leqslant\sum a_n^2\sum b_n^2$)可以得到

$$\left\{\sum_{n=4}^{[x]}1\cdot D(n)\right\}^2=\left\{\sum_{\substack{n=4\\D(n)>0}}^{[x]}1\cdot D(n)\right\}\leqslant M(x)\sum_{n=a}^{[x]}D2(n)$$

或

$$M(x)\geqslant\frac{\left(\sum\limits_{n=a}^{[x]}D(n)\right)^2}{\sum\limits_{n=a}^{[x]}D^2(n)}. \tag{7.2}$$

为了估计(7.2)式右边的分子, 我们可以证明

$$\sum_{n=a}^{[x]}D(n)\geqslant\pi^2\left(\frac{x}{2}\right)>\frac{cx^2}{\log^2 x}\quad (c\text{是正的绝对常数}). \tag{7.3}$$

这是因为 $\sum\limits_{n=4}^{[x]}D(n)$ 代表把一个不超过 x 的数表成素数和的方法总数, 但对于每一对不超过 $\frac{x}{2}$ 的素数 p,p' 都有一个表示法. 因此, 由 Чебышев 关于 $\pi(x)$ 的不等式①可以推出(7.3).

现在估计(7.2)式右边的分母, 由(7.1)得

$$\sum_{n=4}^{[x]}D^2(n)<A_2''^2\frac{x^2}{\log^4 x}\sum_{n=4}^{[x]}\prod_{p|n}(1-p^{-1})^2\ . \tag{7.4}$$

但

$$\sum_{n=4}^{[x]}\prod_{p|n}(1+p^{-1})^2<\sum_{n=1}^{[x]}\sum_{a|n}|\mu(a)|a^{-1}\sum_{b|n}|\mu(b)|b^{-1}$$

$$=\sum_{a=1}^{[x]}\sum_{b=1}^{[x]}\frac{|\mu(a)\mu(b)|}{ab}\left[\frac{x}{\{a,b\}}\right]$$

① 参考下一章公式(1.2).

式中 $\{a,b\}$ 表 a 与 b 的最小公倍数，因 $\{a,b\}$ 不小于 a 及 b，故 $\{a,b\} \geqslant \sqrt{ab}$，而上式右边不超过

$$\sum_{1\leqslant a\leqslant x}^{x}\sum_{1\leqslant b\leqslant x}^{x}\frac{x}{(ab)^{3/2}} < x\sum_{a=1}^{\infty}\frac{1}{a^{3/2}}\sum_{b=1}^{\infty}\frac{1}{b^{3/2}} < c_1 x,$$

故由(7.4)

$$\sum_{n\leqslant x} D^2(n) < C_2\frac{x^3}{\log^4 x}, \tag{7.5}$$

把(7.3)及(7.5)代入(7.2)即得 $M(x) > c_3 x$. 定理随之成立.

从上定理可以推出

定理 7.3 存在一个常数 k，使得每一个正整数都可以表成不超过 k 个素数的和.

证 根据定理 7.2，存在 k_1，使当 $n > 2$ 时，可以把 $n-2$ 表成

$$n-2=\sum 1+\sum (p+p'),$$

其中 p 及 p' 表素数，而两个和数的总项数是 k_1，因此

$$n=2+\sum 1+\sum p+\sum p',$$

但上式右边前两项之和可以写成 $2h$ 或 $2h+3$ 的形式，因而可以表成不超过 $k=2k+1$ 个素数之和.

第三章　素数定理的初等证明

§1. 引　　论

Legendre 与 Gauss 曾经猜测到不超过 x 的素数个数 $\pi(x)$ 满足

$$\pi(x) \sim \frac{x}{\log x}(x \to \infty), \tag{1.1}$$

即

$$\lim_{x\to\infty} \frac{\pi(x)}{\dfrac{x}{\log x}} = 1, \tag{1.1$'$}$$

在这方面首先获得重要结果的是 Чебышев，他用初等方法证明：可以找到两个正数 A 及 B 使得

$$\frac{Ax}{\log x} < \pi(x) < \frac{Bx}{\log x} \qquad (x \geqslant 2). \tag{1.2}$$

直到 1896 年，Hadamard 与 de la Vallée Poussin 才同时证明了(1.1)，这就是所谓素数定理，他们的成就大大促进了解析数论的发展．他们都用到复变函数论的方法．尤其是黎曼 ζ 函数的理论．在这以后 Wiener 利用他的陶伯型定理(Tauberian theorem)给予新的证明．他的证明避开了复变函数论，但方法仍然不是初等的.在 1949 年 Selberg 与 Erdös 才分别给出(1.1)的初等证明．他们的证明都依靠一个不等式，就是所谓 Selberg 不等式，本章的最后目的就是给出(1.1)的初等证明.

Selberg 运用他的初等方法还证明了下面的结果：

设 $(a,k)=1$，而 $\pi(x,k)$ 表示算术级数 $a+kn(n=0,1,\cdots)$ 中不超过 x 的素数个数，则

$$\pi(x,k) \sim \frac{1}{\varphi(k)} \cdot \frac{x}{\log x} \qquad (x \to \infty), \tag{1.3}$$

其中 $\varphi(k)$ 系 Euler 函数.

在本书中不拟给出(1.3)的初等证明．但在第二篇第四章将用解析方法证明比

(1.3)更为精密的结果.

§2. 若干简单结果

为了完备起见，我们要证明几个比较简单的结果.与 $\pi(x)$ 有密切关系的是 Чебышев 所引进的两个函数:

$$\vartheta(x)=\sum_{p\leqslant x}\log x \tag{2.1}$$

$$\psi(x)=\sum_{p\leqslant x}\left[\frac{\log x}{\log p}\right]\log p\sum_{\substack{p \\ p^m\leqslant x}}\sum_{m}=\sum_{n\leqslant x}\Lambda(n) \tag{2.2}$$

式中 p 通过素数而 m 通过正整数，又

$$\Lambda(n)=\begin{cases}\log p & \text{当 } n=p^m, \\ 0 & \text{其他情形}.\end{cases} \tag{2.3}$$

我们很容易证明下面三个定理.

定理 2.1

$$\psi(x)=\vartheta(x)+O\left\{x^{\frac{1}{2}}(\log x)^2\right\}. \tag{2.4}$$

证 由定义，$\vartheta(x)=O(x\log x)$，而

$$\begin{aligned}\psi(x)&=\vartheta(x)+\vartheta(x^{\frac{1}{2}})+\cdots+\vartheta(x^{\frac{1}{k}}) \quad \left(k=\left[\frac{\log x}{\log 2}\right]\right)\\ &=\vartheta(x)+O(x^{\frac{1}{2}}\log^2 x).\end{aligned}$$

定理 2.2 从 $\psi(x)>Ax$ 或 $\vartheta(x)>Ax$ (A 是一个正的常数)可以推出

$$\pi(x)\sim\frac{\vartheta(x)}{\log x}\sim\frac{\psi(x)}{\log x} \qquad (x\to\infty). \tag{2.5}$$

证 由定理 2.1 知道本定理中两个假定是等价的，同时可以看出只须证明(2.5)的前半，由定义，

$$\vartheta(x)=\sum_{p\leqslant x}\log p\leqslant\log x\sum_{p\leqslant x}1=\pi(x)\log x,$$

故

$$\pi(x) \geqslant \frac{\vartheta(x)}{\log x}. \tag{2.6}$$

另一方面，当 $0<\delta<1$ 时，

$$\begin{aligned}\vartheta(x) &\geqslant \sum_{x^{1-\delta}<p\leqslant x} \log p \geqslant (1-\delta)\log x \sum_{x^{1-\delta}<p\leqslant x} 1 \\ &= (1-\delta)\log x\{\pi(x)-\pi(x^{1-\delta})\} \\ &\geqslant (1-\delta)\log x\{\pi(x)-x^{1-\delta}\}.\end{aligned} \tag{2.7}$$

故

$$\pi(x) \leqslant x^{1-\delta} + \frac{\vartheta(x)}{(1-\delta)\log x}, \tag{2.8}$$

由(2.6)与(2.8)得

$$1 \leqslant \frac{\pi(x)\log x}{\vartheta(x)} \leqslant \frac{x^{1-\delta}\log x}{\vartheta(x)} + \frac{1}{1-\delta}. \tag{2.9}$$

任给 $\varepsilon>0$，可取 δ 使上式右边第二项与 1 之差 $\leqslant \frac{\varepsilon}{2}$，取定 δ 后，由于 $\vartheta(x)>Ax$，当 x 充分大时，上式右边第一项也 $\leqslant \frac{\varepsilon}{2}$. 因此，

$$1 \leqslant \frac{\pi(x)\log x}{\vartheta(x)} \leqslant 1+\varepsilon.$$

定理随之成立.

推论　素数定理与 $\vartheta(x) \sim x$ 及 $\psi(x) \sim x$ 都是等价的.

定理 2.3

$$\psi(x) = O(x).$$

证　由定理 2.1，我们只需证明

$$\vartheta(x) = O(x) \quad (x \geqslant 2).$$

显然，当 $n \geqslant 1$ 时，

$$\vartheta(2n)-\vartheta(n) = \sum_{n<p\leqslant 2n} \log p = \log \prod_{n<p\leqslant 2n} p$$

$$\leqslant \log\frac{(2n)!}{n!n!} \leqslant \log(1+1)^{2n} = 2n\log 2\,,$$

因此，当 $r = 1,2,\cdots,m$ 时，

$$\vartheta(2^r) - \vartheta(2^{r-1}) \leqslant 2^r \log 2\,.$$

把这 m 个等式加起来就得到

$$\vartheta(2^m) \leqslant \left(\sum_{r=1}^{m} 2^r\right)\log 2 < 2^{m+1}\log 2\,.$$

设 $2^{m-1} \leqslant x < 2^m$，则

$$\vartheta(x) \leqslant 4x\log 2\,.$$ [证完]

我们还要用到下面两个定理:

定理 2.4 $\sum_{n\leqslant x}\frac{1}{n} = \log x + r + O\left(\frac{1}{x}\right)$，其中 r 是一个常数，即所谓 Euler 常数.

证 不妨假定 x 是正整数，于是

$$\begin{aligned}\sum_{n\leqslant x}\frac{1}{n} - \log x &= \sum_{n\leqslant x}\frac{1}{x} - \int_1^x \frac{\mathrm{d}t}{t}\\ &= \sum_{n\leqslant x}\frac{1}{n} - \sum_{n\leqslant x-1}\int_n^{n+1}\frac{\mathrm{d}t}{t}\\ &= \sum_{n\leqslant x-1}\int_n^{n+1}\left(\frac{1}{n}-\frac{1}{t}\right)\mathrm{d}t + O\left(\frac{1}{x}\right),\end{aligned}$$

上式右边和数的一般项是正的且 $= O\left(\frac{1}{n^2}\right)$. 因此，这和数是有界的递增函数. 由此可知它有一极限 r. 又和数与 r 的差是

$$O\left(\sum_{n=x}\frac{1}{n^2}\right) = O\left(\frac{1}{x}\right).$$

故定理成立

用类似的方法可以证明

定理 2.5 $\sum_{n\leqslant x}\log n = x\log x - x + O(\log x)$.

§3. Selberg 不等式

Selberg 不等式有若干彼此等价的形式，本节所采用的形式是其中之一. 又证明系根据日本数学家 Tikao Tatuzawa 与 Kanesiroo Iseki 合写的一篇论文. 这是现在所知道的最简单的一个证明. 我们先证明几个引理.

引理 3.1

$$\sum_{n\leqslant x}\psi\left(\frac{x}{n}\right)=x\log x-x+O(\log x). \tag{3.1}$$

证

$$\sum_{n\leqslant x}\psi\left(\frac{x}{n}\right)=\sum_{mn\leqslant x}\Lambda(m)=\sum_{n\leqslant x}\sum_{d|n}\Lambda(d)=\sum_{n\leqslant x}\log n.$$

由定理 2.5 立得(3.1).

引理 3.2

$$\sum_{n\leqslant x}\frac{\Lambda(n)}{n}=\log x+O(1). \tag{3.2}$$

证 显然不妨假定 x 是整数. 由一个已知的公式(参看数论基础第二章第 1 节)

$$\begin{aligned}\log x!&=\sum_{p\leqslant x}\left(\sum_{v\leqslant k_p}\left[\frac{x}{p^v}\right]\right)\log p\left(k_p=\left[\frac{\log x}{\log p}\right]\right)\\&=\sum_{p\leqslant x}\sum_{v\leqslant k_p}\frac{x}{p^v}\log p+O\left(\sum_{p\leqslant x}\left[\frac{\log x}{\log p}\right]\right)\\&=x\sum_{n\leqslant x}\frac{\Lambda(n)}{n}+O(\psi(x)).\end{aligned}$$

由定理 2.3, 上式右边的 O 项是 $O(x)$. 又由定理 2.5, 上式左边是 $x\log x+O(x)$.因此,

$$\sum_{n\leqslant x}\frac{\Lambda(n)}{n}=\log x+O(1).$$ [证完]

引理 3.3 设 $F(x)$ 是确定在 $x\geqslant 1$ 的任意一个函数, 而

$$G(x) = \sum_{n \leqslant x} F\left(\frac{x}{n}\right) \log x \qquad (x \geqslant 1)\,. \tag{3.3}$$

则

$$\sum_{n \leqslant x} \mu(n) G\left(\frac{x}{n}\right) = F(x) \log x + \sum_{n \leqslant x} F\left(\frac{x}{n}\right) \Lambda(n)\,. \tag{3.4}$$

证

$$\begin{aligned}
\sum_{n \leqslant x} \mu(n) G\left(\frac{x}{n}\right) &= \sum_{n \leqslant x} \mu(n) \sum_{m \leqslant \frac{x}{n}} F\left(\frac{x}{mn}\right) \log \frac{x}{n} \\
&= \sum_{n \leqslant x} F\left(\frac{x}{n}\right) \sum_{d|n} \mu(d) \log \frac{x}{d} \\
&= \sum_{n \leqslant x} F\left(\frac{x}{n}\right) \log x \sum_{d|n} \mu(d) - \sum_{n \leqslant x} F\left(\frac{x}{n}\right) \sum_{d|n} \mu(d) \log d \\
&= F(x) \log x + \sum_{n \leqslant x} F\left(\frac{x}{n}\right) \Lambda(n)\,.
\end{aligned}$$

上式最后一步的成立是由于:

(1) $\sum_{d|n} \mu(d) = \begin{cases} 1, & n = 1, \\ 0, & n > 1, \end{cases}$

(2) 显然从 $\Lambda(n)$ 的定义可得

$$\sum_{d|n} \Lambda(d) = \log n\,.$$

因此, Möbius 反转公式(参考数论基础第二章第 3 节及习题 17c),

$$\Lambda(n) = \sum_{d|n} \mu(d) \log \frac{n}{d} = -\sum_{d|n} \mu(d) \log d\,.$$

[证完]

现在可以证明 Selberg 不等式:

定理 3.1 当 $x \geqslant 1$ 时

$$\psi(x) \log x + \sum_{n \leqslant x} \psi\left(\frac{x}{n}\right) \Lambda(n) = 2x \log x + O(x)\,. \tag{3.5}$$

证 在引理 3.3 内令 $F(x) = \psi(x) - x + r + 1$, 其中 r 为 Euler 常数. 我们要证

明(3.4)的左边是$O(x)$. 显然,

$$
\begin{aligned}
G(x) &= \sum_{n\leqslant x} F\left(\frac{x}{n}\right)\log x \\
&= \sum_{n\leqslant x} \psi\left(\frac{x}{n}\right)\log x - \sum_{n\leqslant x}\frac{x}{n}\log x + \sum_{n\leqslant x}(r+1)\log x . \qquad (3.6)
\end{aligned}
$$

由引理 3.1, (3.6)右边第一项等于

$$x\log^2 x - x\log x + O(\log^2 x) .$$

由定理 2.4, (3.6)右边第二项等于

$$-x\log^2 x - rx\log x + O(\log x) .$$

最后显然(3.6)右边第三项是

$$(r+1)x\log x + O(\log x) .$$

把以上三式加起来, 就得到

$$G(x) = O(\log^2 x) = O(\sqrt{x}) ,$$

因此,

$$\sum_{n\leqslant x}\mu(x)G\left(\frac{x}{n}\right)\sum_{n\leqslant x} O\left(\sqrt{\frac{x}{n}}\right) = O\left(\sqrt{x}\int_1^x \frac{\mathrm{d}t}{\sqrt{t}}\right) = O(x) .$$

故由(3.4)得

$$F(x)\log x + \sum_{n\leqslant x} F\left(\frac{x}{n}\right)\Lambda(n) = O(x) .$$

把$F(x) = \psi(x) - x + r + 1$代入上式即得

$$(\psi(x) - x + r + 1)\log x + \sum_{n\leqslant x}\left(\psi\left(\frac{x}{n} - \frac{x}{n} + r + 1\right)\right)\Lambda(n) = O(x) . \qquad (3.7)$$

这也可以写成

$$\psi(x)\log x + \sum_{n\leqslant x}\psi\left(\frac{x}{n}\right)\Lambda(n)$$

$$=x\log x+\sum_{n\leqslant x}\frac{x}{n}\Lambda(n)-(r+1)\cdot\left(\log x+\sum_{n\leqslant x}\Lambda(n)\right)+O(x).$$

利用引理 3.2 及定理 2.3 可以把上式右边写成 $2x\log x+O(x)$. 定理随之成立.

由(3.7)还可以推出下面有用的定理.

定理 3.2 设 $R(x)=\psi(x)-x$, 则

$$R(x)\log x+\sum_{n\leqslant x}R\left(\frac{x}{n}\right)\Lambda(n)=O(x). \tag{3.8}$$

§4. Selberg 不等式的推论

从 Selberg 不等式可以推出下面的定理.

定理 4.1 设 $R(x)=\psi(x)-x$ 则

$$|R(x)|\log^2 x\leqslant 2\int_1^x\left|R\left(\frac{x}{t}\right)\right|\log t\mathrm{d}t+O(x\log x). \tag{4.1}$$

证 1) 由定理 3.2,

$$R(x)\log x+\sum_{n\leqslant x}\Lambda(n)R\left(\frac{x}{n}\right)=O(x). \tag{4.2}$$

用 $\frac{x}{n}$ 及 m 分别代替 x 与 n 即得

$$R\left(\frac{x}{n}\right)\log\frac{x}{n}+\sum_{m\leqslant\frac{x}{n}}\Lambda(m)R\left(\frac{x}{mn}\right)=O\left(\frac{x}{n}\right). \tag{4.3}$$

用 $\log x$ 乘(4.2), 用 $\Lambda(n)$ 乘(4.3), 取 $n=1,2,\cdots,[x]$, 并且加起来就得到

$$\log x\left\{R(x)\log x+\sum_{n\leqslant x}\Lambda(n)R\left(\frac{x}{n}\right)\right\}-\sum_{n\leqslant x}\Lambda(n)R\left(\frac{x}{n}\right)\log\frac{x}{n}-\sum_{n\leqslant x}\Lambda(n)\left\{\sum_{n\leqslant\frac{x}{n}}\Lambda(m)R\left(\frac{x}{mn}\right)\right\}$$

$$=O(x\log x)+O\left(x\sum_{n\leqslant x}\frac{\Lambda(x)}{n}\right).$$

由引理 3.2, 上式右边是 $O(x\log x)$. 因此, 化简后就得到

$$R(x)\log^2 x + \sum_{n\leqslant x} \Lambda(n)R\left(\frac{x}{n}\right)\log n + \sum_{mn\leqslant x} \Lambda(m)\Lambda(n)R\left(\frac{x}{mn}\right) = O(x\log x).$$

这又可以写成

$$|R(x)|\log^2 x \leqslant \sum_{n\leqslant x} a_n \left|R\left(\frac{x}{n}\right)\right| + O(x\log x), \tag{4.4}$$

其中

$$a_n = \Lambda(x)\log n + \sum_{hk=n} \Lambda(h)\Lambda(k).$$

根据 Selberg 不等式

$$\begin{aligned}\sum_{n\leqslant x} a_n &= \sum_{n\leqslant x} \Lambda(n)\log n + \sum_{mn\leqslant x} \Lambda(m)\Lambda(n)\\ &= \psi(x)\log x + \sum_{n\leqslant x} \psi\left(\frac{x}{n}\right)\Lambda(n)\\ &\quad + \sum_{n\leqslant x} \Lambda(n)\log\frac{n}{x} = 2x\log x + O(x) + \sum,\end{aligned}$$

而由定理 2.3,

$$\begin{aligned}\sum &= \sum_{n\leqslant x} (\psi(n) - \psi(n-1))\log\frac{n}{x}\\ &= \sum_{n\leqslant x} \psi(n)\log\frac{n}{n+1} + O(x)\\ &= O\left(\sum_{n\leqslant x} \frac{\psi(n)}{n}\right) + O(x) = O(x)\end{aligned}$$

故

$$\sum_{n\leqslant x} a_n = 2x\log x + O(x). \tag{4.5}$$

要证明(4.1),显然只需证明

$$\sum_{n\leqslant x} a_n \left|R\left(\frac{x}{n}\right)\right| - 2\int_1^x \left|R\left(\frac{x}{t}\right)\right| \log t\mathrm{d}t = O(x\log x). \tag{4.6}$$

这又只需顺次证明下面两个式子:

$$\sum_{n\leqslant x} a_n \left|R\left(\frac{x}{n}\right)\right| - 2\sum_{2\leqslant n\leqslant x}\left|R\left(\frac{x}{n}\right)\right|\int_{n-1}^{n}\log t\mathrm{d}t = O(x\log x), \tag{4.7}$$

$$\sum_{2\leqslant n\leqslant x}\left|R \geqslant \left(\frac{x}{n}\right)\right|\int_{n-1}^{n}\log t\mathrm{d}t = \int_{1}^{x}\left|R\left(\frac{x}{t}\right)\right|\log t\mathrm{d}t + O(x\log x). \tag{4.8}$$

2) 为了证明(4.7), 先考虑: 当$t > t' \geqslant O$时,

$$\begin{aligned}
\big||R(t)| - |R(t')|\big| &\leqslant |R(t) - R(t')| \\
&= |\psi(t) - \psi(t') + t' - t| \leqslant |\psi(t) + t - \psi(t') - t'| \\
&= |F(t) - F(t')|,
\end{aligned}$$

其中$F(t) = \psi(t) + t = O(t)$, 并且是非负的递增函数.

令$c_n = a_n - 2\int_{n-1}^{n}\log t\mathrm{d}t (n > 1)$, 则由(4.5),

$$S(x) = \sum_{2\leqslant n\leqslant x} c_n = \sum_{n\leqslant x} a_n - 2\int_{1}^{[x]}\log t\mathrm{d}t = O(x).$$

而

$$S(1) = 0.$$

于是

$$\begin{aligned}
\sum_{2\leqslant n\leqslant x} c_n R\left(\frac{x}{n}\right) &= \sum_{2\leqslant n\leqslant x}(S(n) - S(n-1))\left|R\left(\frac{x}{n}\right)\right| \\
&= \sum_{2\leqslant n\leqslant x} S(n)\left(\left|R\left(\frac{x}{n+1}\right)\right| - \left|R\left(\frac{x}{n}\right)\right|\right) + O(x) \\
&= O\left\{\sum_{2\leqslant n\leqslant x} n\left(F\left(\frac{x}{n}\right) - F\left(\frac{x}{n+1}\right)\right)\right\} + O(x) \\
&= O\left\{\sum_{n\leqslant x} F\left(\frac{x}{n}\right)\right\} + O(x) \\
&= O(x\log x) \qquad (\text{根据引理 3.1}).
\end{aligned}$$

这证明了(4.7).

3) 不难看出

$$\left|\left|R\left(\frac{x}{n}\right)\right|\int_{n-1}^{n}\log t\mathrm{d}t-\int_{n-1}^{n}\left|R\left(\frac{x}{t}\right)\right|\log t\mathrm{d}t\right|\leqslant\int_{n-1}^{n}\left|\left|R\left(\frac{x}{n}\right)\right|-\left|R\left(\frac{x}{t}\right)\right|\right|\log t\mathrm{d}t$$

$$\leqslant\int_{n-1}^{n}\left(F\left(\frac{x}{n-1}\right)-F\left(\frac{x}{n}\right)\right)\log t\mathrm{d}t$$

$$\leqslant(n-1)\left(F\left(\frac{x}{n-1}\right)-F\left(\frac{x}{n}\right)\right).$$

(最后一步是由于 $n<(1+1)^{n-1}=2^{n-1}\leqslant e^{n-11}$，即 $\log n\leqslant n-1$.)因此，由引理 3.1 及定理 2.3,

$$\sum_{2\leqslant n\leqslant x}\left|\left|R\left(\frac{x}{n}\right)\right|\int_{n-1}^{n}\log t\mathrm{d}t-\int_{n-1}^{n}\left|R\left(\frac{x}{t}\right)\right|\log t\mathrm{d}t\right|\leqslant\sum_{2\leqslant n\leqslant x}(n-1)\left(F\left(\frac{x}{n-1}\right)-F\left(\frac{x}{n}\right)\right)$$

$$\leqslant\sum_{n\leqslant x}F\left(\frac{x}{n}\right)+O(x)=O(x\log x).$$

这证明了(4.8). 结合(4.7)与(4.8)即得(4.6)，因而(4.1)成立. [证完]

我们可以把定理 4.1 改成下面的形式:

定理 4.2 令 $V(\xi)=\mathrm{e}^{-\xi}R(\mathrm{e}^{\xi})=\mathrm{e}^{-\xi}\psi(\mathrm{e}^{\xi})-1$ 则

$$\xi^2|V(\xi)|\leqslant2\int_0^{\xi}\mathrm{d}\zeta\int_0^{\zeta}|V(\eta)|\mathrm{d}\eta+O(\xi). \tag{4.9}$$

证 在(4.1)中令 $\mathrm{e}^{\xi},t=x\,\mathrm{e}^{-\eta}$ 则

$$\int_1^{x}\left|R\left(\frac{x}{t}\right)\right|\log t\mathrm{d}t=x\int_0^{\xi}|V(\eta)|(\xi-\eta)\mathrm{d}\eta$$

$$=x\int_0^{\xi}V(\eta)\mathrm{d}\eta\int_{\eta}^{\xi}\mathrm{d}\xi$$

$$=x\int_0^{\xi}\mathrm{d}\zeta\int_0^{\zeta}|V(\eta)|\mathrm{d}\eta.$$

故从(4.1)容易推出(4.9).

§5. 几个一般性的定理

在本节，我们假定 $V(\xi)$ 是任意确定在 $\xi \geqslant 0$ 的实函数.

定理 5.1 设

$$\begin{aligned} \alpha &= \overline{\lim} \mid V(\xi) \mid < \infty, \\ \beta &= \overline{\lim} \frac{1}{\xi} \int_0^{\xi} \mid V(\eta) \mid \mathrm{d}\eta \end{aligned} \tag{5.1}$$

且

$$\xi^2 \mid V(\xi) \mid \leqslant 2\int_0^{\xi} \mathrm{d}\varsigma \int_0^{\varsigma} \mid V(\eta) \mid \mathrm{d}\eta + O(\xi), \tag{5.2}$$

则

$$\alpha \leqslant \beta. \tag{5.3}$$

证 由(5.1),

$$\begin{aligned} &\mid V(\xi) \mid \leqslant \alpha + O(1), \\ &\int_0^{\xi} \mid V(\eta) \mid \mathrm{d}\eta \leqslant \beta\xi + O(\xi). \end{aligned} \tag{5.4}$$

因此，由(5.2)得

$$\xi^2 \left|V(\xi)\right| \leqslant 2\int_0^{\xi} (\beta\zeta + O(\zeta))\mathrm{d}\xi + O(\xi)$$

$$= \beta\xi^2 + O(\xi^2),$$

故

$$\left|V(\xi)\right| = \beta + O(1).$$

因而

$$\alpha \leqslant \beta.$$ [证完]

定理 5.2 设 $V(\xi)$ 是逐段连续的函数且在连续点总是递减的而在不连续点则是递增的. 设当 $\eta_0(>0)$ 是 $V(\xi)$ 的零点时，有

$$\left|V(\eta_0 + \tau)\right| \leqslant \tau + O\left(\frac{1}{\eta_0}\right) \qquad (\tau > 0, \eta_0 \to \infty). \tag{5.5}$$

最后设对于任何正数 ξ_1, ξ_2 都得

$$\left|\int_{\xi_1}^{\xi_2} V(\eta)\mathrm{d}\eta\right| < A_1, \tag{5.6}$$

其中 A_1 与 ξ_1,ξ_2 无关, 则当 $\alpha > 0$ 时,

$$\beta < \alpha\,,$$

式中 α 与 β 系由(5.1)决定.

证 1) 我们只需证明有 $\alpha' < \alpha$ 存在, 使得

$$\int_0^{\xi} |V(\eta)|\mathrm{d}\eta \leqslant \alpha'\xi + O(\xi)\,. \tag{5.7}$$

我们先证明有两个常数 $\delta > \alpha$ 及 $\alpha' < \alpha$ 存在使得, 对于任何的正数 ζ , 都有

$$\int_{\varsigma}^{\varsigma+\delta} |\,V(\eta)\,|\mathrm{d}\eta \leqslant \alpha'\xi + O(1) \qquad (\varsigma \to \infty)\,. \tag{5.8}$$

当 $\delta > \alpha$ 时, $V(\eta)$ 在 $[\zeta,\zeta+\delta-\alpha]$ 上只可能有两种情形, 即有零点或无零点, 今分别讨论如下:

a) 在 $[\zeta,\zeta+\delta-\alpha]$ 上有 η_0 存在使得 $V(\eta_0)=0$.此时, 由 α 的定义及(5.5)得:当 $\zeta\to\infty$ 时,

$$\int_{\zeta}^{\zeta+\delta} |V(\eta)|\mathrm{d}\eta = \left\{\int_{\zeta}^{\eta_0} + \int_{\eta_0}^{\eta_0+\alpha} + \int_{\eta_0+\alpha}^{\zeta+\delta}\right\}|V(\eta)|\,\mathrm{d}\eta$$

$$\leqslant \alpha(\eta_0-\varsigma) + \frac{1}{2}\alpha^2 + O\left(\frac{1}{\eta_0}\right) + \alpha(\varsigma+\delta-\eta_0-\alpha) + O(1)$$

$$= -\frac{1}{2}\alpha^2 + \alpha\delta + O(1)$$

$$= \delta\alpha\left(1-\frac{\alpha}{2\delta}\right) = \alpha'\delta\,,$$

其中

$$\alpha' = \alpha\left(1-\frac{\alpha}{2\delta}\right) < \alpha\,. \tag{5.9}$$

b) 在 $[\zeta,\zeta+\delta-\alpha]$ 上, $V(\eta_0)\neq 0$. 此时, 可能 $V(\eta)$ 在这区间上一点 η_1 处变号, 由于 $V(\eta)$ 在连续点是递减的而在不连续点则是递增, 因此, 顶多有一个这样的 η_1 . 如果 η_1 存在, 则由(5.6)

$$\int_{\zeta}^{\zeta+\delta-\alpha}|V(\eta)|\,\mathrm{d}\eta=\left|\int_{\zeta}^{\eta_1}V(\eta)\,\mathrm{d}\eta\right|+\left|\int_{\eta_1}^{\zeta+\delta-\alpha}V(\eta)\mathrm{d}\eta\right|<2A_1,$$

又如 η_1 不存在，则

$$\int_{\zeta}^{\zeta+\delta-\alpha}|V(\eta)|\,\mathrm{d}\eta=\left|\int_{\zeta}^{\zeta+\delta-\alpha}V(\eta)\,\mathrm{d}\eta\right|<A_1.$$

因此，在两种情形下都得(用到 α 的定义)

$$\begin{aligned}\int_{\zeta}^{\zeta+\delta}|V(\eta)|\,\mathrm{d}\eta&=\int_{\zeta}^{\zeta+\delta-\alpha}|V(\eta)|\,\mathrm{d}\eta+\int_{\zeta+\delta-\alpha}^{\zeta+\delta}|V(\eta)|\,\mathrm{d}\eta\\&<2A_1+\alpha^2+O(1)\\&=\alpha'\delta+O(1),\end{aligned}$$

其中 α' 见(5.9)而 δ 要由下式来决定:

$$\alpha\left(1-\frac{\alpha}{2\delta}\right)\delta=2A_1+\alpha^2$$

即

$$\delta=\frac{3\alpha^2+4A_1}{2\alpha}>\alpha. \tag{5.10}$$

综合以上的结果，可以知道(5.8)成立.

2) 剩下只有从(5.8)推(5.7).令 $M=\left[\dfrac{\xi}{\delta}\right]$，则

$$\begin{aligned}\int_0^{\xi}|V(\eta)|\,\mathrm{d}\eta&=\sum_{m=1}^{M-1}\int_{\xi-m\delta}^{\xi-(m-1)\delta}|V(\eta)|\,\mathrm{d}\eta+\int_0^{\xi-(M-1)\delta}|V(\eta)|\,\mathrm{d}\eta\\&\leqslant\alpha'M\delta+O(M)+O(1)=\alpha'\xi+O(\xi).\end{aligned}$$

定理证毕.

结合以上二定理，立刻得到

定理 5.3 设 $V(\xi)$ 是确定在 $\xi\geqslant 0$ 的逐段连续的函数满足以下各条件:

(a) $V(\xi)$ 在连续点总是递减的. 而在不连续点则是递增的.

(b) $\alpha=\overline{\lim}|V(\xi)|<\infty$.

(c) 对任意正数 ξ_1,ξ_2 都有与他们无关的常数 A_1 使得

$$\left|\int_{\xi_1}^{\xi_2} V(\eta)\,\mathrm{d}\eta\right| < A_1 .$$

(d) $\xi 2\,|\,V(\xi)\,|\leqslant 2\int_0^{\xi} 2\varsigma\int_0^{\varsigma}|\,V(\eta)\,|\mathrm{d}\,\eta + O(\xi).$

(e) 设 $\eta_0 > 0$ 是 $V(\xi)$ 的零点，则

$$\left|V(\eta_0+\tau)\right| \leqslant \tau + O\left(\frac{1}{\eta_0}\right) \quad (\tau > 0, \eta_0 \to \infty).$$

在以上条件下必得 $\alpha = 0$.

§6. 素 数 定 理

有了以上各节的准备，素数定理的证明可以说只剩下很简单的验算了.

定理 6.1　当 $x \to \infty$ 时，

$$\pi(x) \sim \frac{x}{\log x}. \tag{6.1}$$

证　由定理 2.2 的推论，我们只须证明 $\psi(x) \sim x$ ，如 3 节及 4 节一样，我们令 $R(x) = \psi(x) - x$ 及 $V(\xi) = \mathrm{e}^{-\xi}R(\mathrm{e}^{\xi}) = \mathrm{e}^{-\xi}\psi(\mathrm{e}^{\xi}) - 1$ ，于是我们的问题变为证明 $R(x) = O(x)$ 即 $V(\xi) = O(1)$，亦即

$$\alpha = \varlimsup_{\xi\to\infty} V(\xi) = 0 . \tag{6.2}$$

显然，只需验证定理 5.3 中的条件((a)–(e))即得(6.2)

由 $V(\xi)$ 的定义及定理 2.3, (a)及(b)显然成立，要验证(c)，只需证明

$$\int_0^{\xi} V(\eta)\,\mathrm{d}\eta = O(1). \tag{6.3}$$

令 $x = \mathrm{e}^{\xi}, t = \mathrm{e}^{\eta}$ 即得

$$\begin{aligned}\int_0^{\xi} V(\eta)\mathrm{d}\eta &= \int_1^x \left(\frac{\psi(t)}{t^2} - \frac{1}{t}\right)\mathrm{d}t \\ &= \int_1^x \frac{\psi(t)}{t^2}\mathrm{d}t - \log x \\ &= \int_1^x \left(\sum_{n\leqslant t} \Lambda(n)\right)\frac{\mathrm{d}t}{t^2} - \log x\end{aligned}$$

$$= \sum_{n \leqslant x} \Lambda(n) \int_n^x \frac{\mathrm{d}t}{t^2} - \log x$$

$$= \sum_{n \leqslant x} \Lambda(n) \left(\frac{1}{n} - \frac{1}{x} \right) - \log x$$

$$= \sum_{n \leqslant x} \frac{\Lambda(n)}{n} - \frac{\psi(x)}{x} - \log x + O(1).$$

由引理 3.2 及定理 2.3，上式右边是$O(1)$. (6.3)因之成立.

显然定理 4.2 保证(d)的成立. 因此剩下只有验证(e)，利用 Selberg 不等式:

$$\psi(x) \log x + \sum_{mn \leqslant x} \Lambda(m) \Lambda(n) = 2x \log x + O(x).$$

容易推出

$$\psi(x) \log x - \psi(x_0) \log x_0 + \sum_{x_0 < mn \leqslant x} \Lambda(m) \Lambda(n) = 2(x \log x - x_0 \log x_0) + O(x).$$

因而利用 $\Lambda(n) \geqslant 0$ 可以看出，当 $x \geqslant x_0$ 时

$$0 \leqslant \psi(x) \log x - \psi(x_0) \log x_0$$

$$\leqslant 2(x \log x - x_0 \log x_0) + O(x).$$

令 $\psi(x) = x + R(x)$，即得

$$|R(x) \log x - R(x_0) \log x_0| \leqslant x \log x - x_0 \log x_0 + O(x). \tag{6.4}$$

再令 $x = \mathrm{e}^{\eta_0 + \tau}, x_0 = \mathrm{e}^{\eta_0} \ (\tau > 0)$，则 $R(x_0) = 0$. 代入(6.4)即得

$$|R(x)| \log x \leqslant x \log x - x_0 \log x_0 + O(x).$$

因此,

$$\frac{|R(x)|}{x} \leqslant 1 - \frac{x_0 \log x_0}{x \log x} + O\left(\frac{1}{\log x} \right),$$

即

$$|V(\eta_0 + \tau)| \leqslant 1 - \frac{\eta_0}{\eta_0 + \tau} \mathrm{e}^{-\tau} + O\left(\frac{1}{\eta_0} \right)$$

$$= 1 - \mathrm{e}^{-\tau} + \left(1 - \frac{\eta_0}{\eta_0 + \tau} \right) \mathrm{e}^{-\tau} + O\left(\frac{1}{\eta_0} \right)$$

$$
\begin{aligned}
&= 1 - \mathrm{e}^{-\tau} + \frac{1}{\eta_0 + \tau}\frac{\tau}{\mathrm{e}^{\tau}} + O\left(\frac{1}{\eta_0}\right) \\
&\leqslant \tau + O\left(\frac{1}{\eta_0}\right).
\end{aligned}
$$

最后一步由于从 e^{τ} 的展开式可看出 $\mathrm{e}^{\tau} - 1 \leqslant \tau\mathrm{e}^{\tau}$，即 $1 - \mathrm{e}^{-\tau} \leqslant \tau$. 这验证了(e).定理证毕.

第四章　Selberg 的筛法

§1. Selberg 筛法的引进

我们在第三章已经介绍了 Brun 的筛法, 并且用实例说明了 Brun 筛法用途的广泛性. 但是Brun 筛法有它的缺点, 就是用这种方法所得的上界或下界一般都不是最好的, 也就是因为这个缘故, 我们常常只用 Brun 的方法证明一些上下界的存在, 而不去计算所包含常数的值. Selberg 的筛法可以看成是Brun 方法的一个很好的改进, 用 Selberg 筛法所得到的常数要比用 Brun 方法所得到的好得多. 本章的目的, 就是介绍这个方法并借助一些例子来说明它的优点.

我们考虑包含 N 个正整数 n 的一个数列 F, 我们要求出其中没有 $\leqslant\xi$ 的素因数的数的个数. 今用 N_ξ 表示这个个数, 则

$$N_\xi=\sum_{n}\left\{\sum_{d|n}\mu(d)\right\},\tag{1.1}$$

其中 n 通过 F 中的 N 个数, d 通过一切没有超过 ξ 的素因数的正整数, $d|n$ 表 d 整除 n 而 $\mu(d)$ 表 Möbius 函数. 显然

$$N_\xi=\sum_{d}\mu(d)\sum_{d|n}1.\tag{1.2}$$

假定我们对于能被 d 除尽的 n 已经得到一个近似的表达式如

$$\sum_{d|n}1=\frac{1}{f(d)}\cdot N+R_d,\tag{1.3}$$

其中 R_d 为余项，且假定 $f(d)$ 是正值的积性函数. 把(1.3)代入(1.2)即得

$$\begin{aligned}N\xi&=N\sum_{d}\frac{\mu(d)}{f(d)}+\sum_{d}\mu(d)R_d\\&=N\sum_{p\leqslant\xi}\left(1-\frac{1}{f(p)}\right)+O\left(\sum_{d}R_d\right).\end{aligned}$$

举一个最简单的例, 假定 F 就是自然数全体, 则(1.3)的左边是 $\left[\frac{N}{d}\right]=\frac{N}{d}+\left\{\frac{N}{d}\right\}$. 因此, 可取 $f(d)=d$, $R_d=\left\{\frac{N}{d}\right\}$, 而

$$N_\xi = N\sum_{p\leqslant\xi}\left(1-\frac{1}{p}\right)+O\left(\sum_d 1\right).$$

正与在第二章引论中所碰到的情形一样, 除了 ξ 比起 N 来非常之小以外, $\sum_d |R_d|$ 所含的项都很多. 以致其值常常超过主要项, 因而公式便毫无用处.

为了克服这个困难, 我们不再直接利用表达 N_ξ 的式子而用下法去求 N_ξ 的上下界. 我们选取一组实数 ρ_d, 其中 $\rho_1=1$ 如求上界可选 ρ_d 使(参看(1.1))

$$\sum_{d|n}\rho_d \geqslant \sum_{d|n}\mu(d). \tag{1.4}$$

对于一切正整数 n 都成立. 又如求下界, 则使

$$\sum_{d|n}\rho_d \leqslant \sum_{d|n}\mu(d). \tag{1.4′}$$

实际上, 我们只需要(1.4)或(1.4′)对于 F 内的 N 个数成立就够了. 但若是这样的话, 所得到的 ρ_d 将只适用于某一个别的问题, 而不能用到所有同类的问题上. 在那种情况下, 所得到的筛法称为局部筛法, 我们不在这里讨论它.

在本章中, 我们只求 N_ξ 的上界. 至于 N_ξ 的下界则不拟加以讨论.

在(1.4)的情况下, 我们得到

$$\begin{aligned} N_\xi &\leqslant \sum_n\sum_{d|n}\rho_d=\sum_d\rho_d\sum_{d|n}1 \\ &=N\sum_d\frac{\rho_d}{f(d)}+O\left(\sum_d|\rho_d||R_d|\right). \end{aligned} \tag{1.5}$$

这就是 N_ξ 的一个上界.

为了求出一个最好的上界, 问题虽然是如何确定各 ρ_d 使得

$$\sum_d\frac{\rho_d}{f(d)} \tag{1.6}$$

越小越好, 同时要使得 $\sum_d|\rho_d R_d|$ 也不太大, 免得我们的计算变成无用.

在许多应用中，$|R_d|$常常小于某一常数. 另一方面，ρ_d的值常常取得与$\mu(d)$接近，因此也不大. 所以要想$\sum_d |\rho_d R_d|$不大，只要项数不多就成了. 为了达到这个目的，我们可以适当选定一个正数 X, 并假定当 $d>X$ 时，$\rho_d=0$.

在 Brun 的筛法中，我们按照一定的规律取$\rho_d=\mu(d)$或 0，这种取法当然是很受限制的，在前面我们说过，理想的方法乃是取ρ_d使得(1.6)最小，同时满足(1.4)的要求. 但这个极值问题是很难解决的. Selberg 的筛法就是对于ρ_d加以比 Brun 筛法较宽的限制，使得极值问题可以解出来.

§2. Selberg 定理

下面的定理称作 Selberg 定理.

定理 2.1 设给定一个包含 N 个正整数的集合[1]$\{n\}$，其中能被正整数 d 所整除的个数是

$$\sum_{d|n} 1=\frac{N}{f(d)}+R_d,$$

式中R_d为余项，$f(d)$为正值的积性函数.

令N_ξ表示$\{n\}$内不能被$\leqslant \xi$的素数所整除的 n 的个数而 z 是一正数. 又设

$$g(d)=\sum_{k|d}\mu(k)f\left(\frac{d}{k}\right)\neq 0 \quad (d\leqslant z)$$

而

$$\lambda_d=\mu(d)\frac{f(d)}{g(d)}\frac{\sum\limits_{\substack{m\leqslant z|d\\(m,d)=1}}\frac{|\mu(m)|}{g(m)}}{\sum\limits_{m\leqslant z}\frac{|\mu(m)|}{g(m)}} \quad (d\leqslant z),$$

则

$$N\xi\leqslant\frac{N}{\sum\limits_{d\leqslant z}\frac{\mu(d)}{g(d)}}+O\left(\sum_{d_1,d_2\leqslant z}\left|\lambda_{d_1}\lambda_{d_2}R_{\{d_1,d_2\}}\right|\right),$$

其中$\{d_1,d_2\}$表d_1与d_2的最小公倍数.

---

① 我们用$\{n\}$表示一个集合，其一般元素表作 n，这样，下面碰到 n 时，都指这一集合中的元素（引理 2.1 及引理 2.2 内的 n 不受这个限制）.

在证明这个定理以前，我们先证明两个引理.

引理 2.1 设 $a_i>0$ 及 $b_i(i=1,2,\cdots,n)$ 是 $2n$ 个固定的实数，则在条件 $\sum_{i=1}^{n}b_ix_i^2=1$ 之下，$\sum_{i=1}^{n}a_ix_i^2$ 的最小值是

$$\left(\sum_{i=1}^{n}b_i^2a_i^{-1}\right)^{-1},$$

且当(并且只当) $x_i=b_ia_i^{-1}\left(\sum_{i=1}^{n}b_i^2a_i^{-1}\right)^{-1}(i=1,\cdots,n)$ 时，$\sum_{i=1}^{n}a_ix_i^2$ 达到最小值. 又若只假定 $a_i\neq 0$ 而不假定 $a_i>0$，仍有当 $x_i=b_ia_i^{-1}\left(\sum_{i=1}^{n}b_i^2a_i^{-1}\right)^{-1}(i=1,\cdots,n)$ 时，

$$\sum_{i=1}^{n}a_ix_i^2=\left(\sum_{i=1}^{n}b_i^2a_i^{-1}\right)^{-1},$$

只是所达到的不一定是最小值.

证 由 Schwarz 不等式得

$$\left(\sum_{i=1}^{n}a_ix_i^2\right)\left(\sum_{i=1}^{n}b_i^2a_i^{-1}\right)\geqslant\left(\sum_{i=1}^{n}b_ix_i\right)^2=1. \tag{2.1}$$

故

$$\sum_{i=1}^{n}a_ix_i^2\geqslant\frac{1}{\sum_{i=1}^{n}b_i^2a_i^{-1}}.$$

又(2.1)式前一个等号仅在

$$a_i^{\frac{1}{2}}x_i=t_0b_ia_i^{-\frac{1}{2}}\,(i=1,\cdots,n)$$

即

$$x_i=b_ia_i^{-1}t_0$$

时成立，其中 t_0 是一个实数. 此时 $\sum_{i=1}^{n}b_ix_i=\left(\sum_{i=1}^{n}b_i^2a_i^{-1}\right)t_0$ 即 $t_0=\left(\sum_{i=1}^{n}b_i^2a_i^{-1}\right)^{-1}$. 由此立得

$$x_i = \frac{b_i a_i^{-1}}{\sum_{i=1}^{n} b_i^2 a_i^{-1}} (i = 1, 2, \cdots, n).$$

引理的其余部分极易验证.

引理 2.2　若$G(n) = \sum_{\substack{n|d \\ d\leqslant k}} F(d)$, 则

$$F(n) = \sum_{\substack{n|d \\ d\leqslant k}} \mu\left(\frac{d}{n}\right) G(d).$$

证

$$\sum_{\substack{n|d \\ d\leqslant k}} \mu\left(\frac{d}{n}\right) G(d) = \sum_{\substack{n|d \\ d\leqslant k}} \mu\left(\frac{d}{n}\right) \cdot \sum_{\substack{d|m \\ m\leqslant k}} F(m)$$

$$= \sum_{\substack{m\leqslant k \\ n|m}} F(m) \sum_{\substack{d|m \\ n|d}} \mu\left(\frac{d}{n}\right) = \sum_{\substack{m\leqslant k \\ n|m}} F(m) \sum_{t|\frac{m}{n}} \mu(t)$$

$$= F(n).$$

现在回到 Selberg 定理的证明. 在这里我们先假定 λ_d 是任意的实数, 以后再定出它们的值. 由§1.的讨论知道: 要求 N_ξ 的上界, 只要适当选择 ρ_d 使(1.4)成立, 然后求出

$$\sum_d \frac{\rho_d}{f(d)}$$

的极小值就行了.

首先, 我们不难观察到两个像 $\sum_{d|n} \rho_d$ 的式子的乘积, 仍然是一个新的类似的式子, 如

$$\sum_{d|n} \lambda_d \sum_{d|n} \lambda'_d = \sum_{d|n} \rho_d,$$

其中 λ_d 是任意的实数　　而

$$\rho_d = \sum_{d=\frac{d_1 d_2}{(d_1, d_2)}} \lambda_{d_1} \lambda_{d_2}. \ ((d_1, d_2)\text{表 } d_1, d_2 \text{ 的最大公因数.})$$

若取 $\lambda_d = \lambda'_d, \lambda_1 = 1$, 就不难看出(1.4)的要求

$$\sum_{d|n} \rho_d \geqslant \sum_{d|n} \mu(d)$$

是满足了. (这因为当 n 没有 $\leqslant \xi$ 的素因数时两边是 1. 当 n 有那种素因数时左边 $\geqslant 0$, 右边是 0.)

当 $d > z$ 时, 我们取 $\lambda_d = 0$, 则由(1.5)得到一个上界:

$$N_\xi \leqslant N \sum_{d_1, d_2 \leqslant z} \frac{\lambda_{d_1} \lambda_{d_2}}{f\left(\dfrac{d_1 d_2}{(d_1, d_2)}\right)} + O\left(\sum_{d_1, d_2 \leqslant z} \left|\lambda_{d_1} \lambda_{d_2} R\left(\frac{d_1 d_2}{d_1, d_2}\right)\right|\right)$$

$$= N \sum_{d_1, d_2 \leqslant z} \frac{\lambda_{d_1} \lambda_{d_2}}{f(d_1) f(d_2)} f((d_1, d_2)) + O\left(\sum_{d_1, d_2 \leqslant z} \left|\lambda_{d_1} \lambda_{d_2} R_{\{d_1, d_2\}}\right|\right) \tag{2.2}$$

令

$$g(d) = \sum_{k|d} \mu(k) f\left(\frac{d}{k}\right),$$

则由 Möbius 反转公式得

$$f(d) = \sum_{k|d} g\left(\frac{d}{k}\right) = \sum_{k|d} g(k).$$

故

$$\sum_{d_1, d_2 \leqslant z} \frac{\lambda_{d_1} \cdot \lambda_{d_2}}{f(d_1) f(d_2)} f((d_1, d_2)) = \sum_{d_1, d_2 \leqslant z} \frac{\lambda_{d_1} \cdot \lambda_{d_2}}{f(d_1) f(d_2)} \cdot \sum_{d|(d_1, d_2)} g(d)$$

$$= \sum_{d_1, d_2 \leqslant z} \frac{\lambda_{d_1} \cdot \lambda_{d_2}}{f(d_1) f(d_2)} \sum_{\substack{d|d_1 \\ d|d_2}} g(d)$$

$$= \sum_{d \leqslant z} g(d) \sum_{\substack{d_1 \leqslant z \\ d|d_1}} \frac{\lambda_{d_1}}{f(d_1)} \sum_{\substack{d_2 \leqslant z \\ d|d_2}} \frac{\lambda_{d_2}}{f(d_2)}$$

$$= \sum_{d \leqslant z} g(d) \left(\sum_{\substack{k \leqslant z \\ d|k}} \frac{\lambda_k}{f(k)}\right)^2. \tag{2.3}$$

在引理 2.1 内令 $n=[z]$, $a_i=g(i)$ 及 $b_i=\mu(i)\left(1\leqslant i\leqslant[Z]\right)$, 则当 $x_i=\sum\limits_{\substack{k\leqslant z\\ i|k}}\frac{\lambda_k}{f(k)}$ $\left(i=1,\cdots,[Z]\right)$ 时,

$$\sum_{i\leqslant z}b_ix_i=\sum_{i\leqslant z}\mu(i)\sum_{\substack{k\leqslant z\\ i|k}}\frac{\lambda_k}{f(k)}$$

$$\sum_{k\leqslant z}\frac{\lambda_k}{f(k)}\sum_{\substack{i\leqslant z\\ i|k}}\mu(i)=\frac{\lambda_1}{f(1)}=1\,.$$

故由引理 2.1, 知道当

$$\sum_{\substack{k\leqslant z\\ i|k}}\frac{\lambda_k}{f(k)}=\frac{\mu(d)}{g(d)\sum\limits_{k\leqslant z}\frac{\mu^2(k)}{g(k)}}$$

时, (2.3)的值是

$$\left(\sum_{k\leqslant z}\frac{\mu^2(k)}{g(k)}\right)^{-1}\,.$$

由引理(2.2)得

$$\frac{\lambda_d}{f(d)}=\sum_{\substack{d|n\\ n\leqslant z}}\frac{\mu\left(\frac{n}{d}\right)\mu(n)}{g(n)}\left(\sum_{n\leqslant z}\frac{\mu^2(n)}{g(n)}\right)^{-1}$$

$$=\frac{\mu(d)}{g(d)}\cdot\sum_{\substack{n\leqslant z|d\\ (n,d)=1}}\frac{\mu^2(n)}{g(n)}\left(\sum_{n\leqslant z}\frac{\mu^2(n)}{g(n)}\right)^{-1}.$$

上面最后一步用到 $g(n)$ 的积性, 关于这一点可以证明如右: 当 $n=p_1^{\alpha_1}\ldots p_s^{\alpha_s}$ ($p_1,\cdots,p_s$ 表不同素因数)时, 容易看出 $g(d)=\prod\limits_{v=1}^{s}\left(f\left(p_v^{a_v}\right)-f\left(p_v^{a_v-1}\right)\right)$, 因此 $g(n)$是积性函数. 定理随之成立.

值得注意的是: 若假定 $f\left(p^{\alpha}\right)>f\left(p^{\alpha-1}\right)$, 则 $g(d)>0$. 在这种情形下, 所得到的值 $\left(\sum\limits_{k\leqslant z}\frac{\mu^2(k)}{g(k)}\right)^{-1}$ 的确是(2.3)的最小值.

又如我们不问 λ_d 的来历, 则可用直接代入的方法更简单地证明上定理.

§3. Selberg 筛法的应用之一: 算术级数中的素数分布

像 Brun 筛法一样, Selberg 筛法的应用是很广的, 在本节和下节, 我们要看到两个完全不同的应用.

我们用 $\pi(x,A,k,l)$ 表示在区间 $A \leqslant m \leqslant A+x$ 内算术级数 $kn+l(n=0,1,\cdots)$ 所包含的素数的个数. 不妨假定 $(k,\ l)=1$, 否则个数不会超过 1, 这就没有讨论的价值了. 用 Selberg 筛法可以证明

定理 3.1　若 $(k,l)=1$, 而 δ 是满足 $0<\delta<1$ 的常数, 则当 $k \leqslant x^{\delta}$ 时,

$$\pi(x,A,k,l) \leqslant \frac{2x}{\varphi(k)\log\frac{x}{k}}\left(1+O\left(\frac{(\log\log x)^2}{\log x}\right)\right),$$

且 O 中常数仅与 δ 有关而与 $A,\ k,\ l$ 都无关.

在证明这个定理之前, 先要证明几个引理:

引理 3.1

$$\sum_{p|x}\frac{\log p}{p} = O(\log\log x),$$

$$\prod_{p|x}\left(1+\frac{1}{p}\right) = O(\log\log x).$$

证　用 $\omega(x)$ 表 x 的不同素因数的个数, 则 $2^{\omega(x)} \leqslant x$. 故 $\omega(x) \leqslant \frac{\log x}{\log 2}$. 又若用 p_n 表第 n 个素数, 则由 Chebyshev 的一个定理[即第三章公式(1.1)], $\frac{p_n}{\log p_n}=O(n)$,因此, $p_n=O\left(n^2\right)$ 且 $p_n=O(n\log p_n)=O\left\{n\left(\log n+\log\log n^2\right)\right\}=O(n\log n)$. 结合前面的不等式, 即得

$$p_{\omega(x)} = O(\log x\log\log x).$$

显然, 由上式及第三章引理 3.2 得

$$\sum_{p|x}\frac{\log p}{p} \leqslant \sum_{p\leqslant p_{\omega(x)}}\frac{\log p}{p} \leqslant \sum_{n\leqslant p_{\omega(x)}}\frac{\Lambda(n)}{n} = O(\log\log x).$$

引理中另一个式子可以用证明第二章中(2.11)的方法去证明. 定理证毕.

引理 3.2　若 $x \geqslant 3$, 则

$$\sum_{d|x}\frac{\mu(d)\log(d)}{d}=O(\log\log x).$$

证

$$\sum_{d|x}\frac{\mu(d)\log d}{d}=\sum_{d|x}\frac{\mu(d)}{d}\sum_{p|d}\log p$$

$$=\sum_{p|x}\log p\sum_{\substack{d|x\\ d\equiv 0(p)}}\frac{\mu(d)}{d}=-\sum_{p|x}\frac{\log p}{p}\left(\sum_{\substack{t|x\\ p\nmid t}}\frac{\mu(t)}{t}\right)$$

$$=-\sum_{p|x}\frac{\log p}{p}\left(\sum_{t|x}\frac{\mu(t)}{t}-\sum_{\substack{t|x\\ p|x}}\frac{\mu(t)}{t}\right)$$

$$=-\sum_{p|x}\frac{\log p}{p}\left(\frac{\varphi(x)}{x}+\frac{1}{p}\sum_{\substack{t|x\\ (t,p)=1}}\frac{\mu(t)}{t}\right)\tag{3.1}$$

显然当 $p|x$ 时,

$$\sum_{\substack{t|x\\ (p,t)=1}}\frac{\mu(t)}{t}=\prod_{\substack{q|x\\ q\neq p}}\left(1-\frac{1}{q}\right)=\frac{\varphi(x)}{x}\frac{1}{1-\dfrac{1}{p}},\tag{3.2}$$

式中 q 通过素数. 故由(3.1),(3.2)及引理 3.1,

$$\sum_{d|x}\frac{\mu(d)\log d}{d}=-\sum_{p|x}\frac{\log p}{p}\left(\frac{\varphi(x)}{x}\frac{1}{1-\dfrac{1}{p}}\right)$$

$$=-\frac{\varphi(x)}{x}\sum_{p|x}\frac{\log p}{p-1}=O\left(\sum_{p|x}\frac{\log p}{p}\right)=O(\log\log x).$$

引理 3.3 若 $x\geqslant 3$ 是整数而 $N\geqslant 1$, 则

$$\sum_{\substack{t\leqslant N\\ (t,x)=1}}\frac{1}{t}=\frac{\varphi(x)}{x}\log N+O(\log\log x).$$

证

$$\sum_{\substack{t\leqslant N\\(t,x)=1}}\frac{1}{t}=\sum_{t\leqslant N}\frac{1}{t}\sum_{d|(t,x)}\mu(d)=\sum_{d|x}\mu(d)\sum_{\substack{d|t\\t\leqslant N}}\frac{1}{t}$$

$$=\sum_{d|x}\frac{\mu(d)}{d}\sum_{t\leqslant\frac{N}{d}}\frac{1}{t}$$

$$=\sum_{d|x}\frac{\mu(d)}{d}\left(\log\frac{N}{d}+O(1)\right)$$

$$=\frac{\varphi(x)}{x}\log N-\sum_{d|x}\frac{\mu(d)\log d}{d}+O\left(\sum_{d|x}\frac{|\mu(d)|}{d}\right).$$

故由引理 3.2 及引理 3.1

$$\sum_{\substack{t\leqslant N\\(t,x)=1}}\frac{1}{t}=\frac{\varphi(x)}{x}\log N+O(\log\log x)+O\left\{\prod_{p|x}\left(1+\frac{1}{p}\right)\right\}$$

$$=\frac{\varphi(x)}{x}\log N+O(\log\log x).$$ [证完]

现在可以证明定理了. 作下面的整数集合:

$$M=\{kn+l,A\leqslant kn+l\leqslant A+x\}\left[(k,l)=1\right].$$

首先, 当$(d,k)=1$时,

$$\sum_{\substack{A\leqslant kn+l\leqslant A+x\\d|kn+l}}1=\left[\frac{x}{k}\right]\frac{1}{d}+R_d\quad(|R_d|\leqslant 1).$$

因此, 可以在定理 2.1 中令 $Z=\xi=z$ 及 $f(d)=d$,

$$g(d)=\sum_{d'|d}\frac{\mu(d')}{d'}\cdot d=\varphi(d).$$

于是

$$\sum_{1\leqslant d\leqslant z}\frac{|\mu(d)|}{g(d)}\geqslant\sum_{\substack{1\leqslant d\leqslant z\\(d,k)=1}}\frac{|\varphi(d)|}{\varphi(d)}=\sum_{\substack{1\leqslant d\leqslant z\\(d,k)=1}}\frac{|\mu(d)|}{d\prod_{p|d}\left(1-\frac{1}{p}\right)}$$

$$= \sum_{\substack{1 \leqslant d \leqslant z \\ (d,k)=1}} \frac{|\mu(d)|}{d} \prod_{p|d} \left(\sum_{\alpha=0}^{\infty} \left(\frac{1}{p} \right)^{\alpha} \right) \geqslant \sum_{\substack{1 \leqslant d \leqslant z \\ (d,k)=1}} \frac{1}{d}$$

$$= \frac{\varphi(k)}{k} \log z + O\big(\log\log(k+3)\big).$$

上面最后一步系根据引理 3.3.

现在来估计定理 2.1 中的误差项:

$$h_z \leqslant \left(\sum_{\substack{1 \leqslant d \leqslant z \\ (d,k)=1}} |\lambda_d| \right)^2 \leqslant \left(\sum_{\substack{1 \leqslant d \leqslant z \\ (d,k)=1}} \frac{|\mu(d)|}{|g(d)||f(d)|} \right)^2$$

$$\leqslant \left(\sum_{1 \leqslant d \leqslant z} \frac{|\mu(d)|}{\prod_{p|d} \left(1 - \frac{1}{p} \right)} \right) \leqslant \left(\sum_{1 \leqslant d \leqslant z} 2^{\omega(d)} \right)^2$$

$$\leqslant \left(\sum_{1 \leqslant d \leqslant z} \tau(d) \right)^2 = O\left(z^2 \log^2 z\right).$$

取 $z = \dfrac{\left(\frac{x}{k}\right)^{1/2}}{\log^2 x}$, 则由 Selberg 定理及引理 3.1 立得[此处用到 $k < x^{\delta}, 0 < \delta < 1$]

$$N_z \leqslant \frac{\frac{x}{k}}{\frac{\varphi(k)}{k} \log z \left(1 + O\left(\frac{k}{\varphi(k)} \frac{\log\log(k+3)}{\log z} \right) \right)} + O\left(z^2 \log^2 z\right)$$

$$\leqslant \frac{2x}{\varphi(k) \log \frac{x}{k}} \left(1 + O\left(\frac{(\log\log x)^2}{\log x} \right) \right) .$$

另一方面,

$$\pi(x, A, k, l) = \sum_{\substack{A \leqslant kn+l \leqslant A+x \\ p=kn+l > A+z}} 1 + \sum_{\substack{A \leqslant kn+l \leqslant A+x \\ p=kn+l \leqslant A+z}} 1$$

$$\leqslant N_{z+A} + z \leqslant N_z + z\,,$$

故定理成立.

定理 3.2 对于任意 $\varepsilon < 0$，存在 $c = c(\varepsilon)$，当 $k \leqslant x$ 时有

$$\pi(x,k,l) \leqslant \frac{cx}{\left[\varphi(k)\right]^{1-\varepsilon} \log x}.$$

证 对任意的 $\varepsilon > 0$，可取 $\varepsilon = 2\delta$，则有下列二种情况:

1) $k \leqslant x^{1-\delta}$. 由定理 3.1 可推出本定理.

2) $x^{1-\delta} \leqslant k \leqslant x$. 当 $x > x_0$ 时，有

$$\left[\varphi(k)\right]^{1-2\delta} < x^{1-2\delta} < \frac{x^{1-\delta}}{\log x}.$$

故

$$\pi(x,k,l) < \frac{x}{k} \leqslant \frac{x}{x^{1-\delta}} = x^{\delta} < \frac{x}{\left[\varphi(k)\right]^{1-2\delta} \log x}$$

$$= \frac{x}{\left[\varphi(k)\right]^{1-\varepsilon} \log x} (x > x_0)\,,$$

由 1)及 2)定理得证.

§4. Selberg 筛法的应用之二：表充分大偶数成两个素数之和

我们用 $r(y)$表示把 y 表成两个素数之和的方法数，即

$$r(y) = \sum_{p_1 + p_2 = y} 1.$$

本节的目的是证明:

定理 4.1 当 y 是偶数时，

$$\lim_{y \to \infty} \frac{r(y)}{\dfrac{y}{\log^2 y} \prod\limits_{\substack{p \mid y \\ p > 2}} \dfrac{p-1}{p-2}} \leqslant 16 \prod_{p > 2} \left(1 - \frac{1}{(p-1)^2}\right).$$

在证明这个定理之前先要证明若干引理. 为便利计，我们用 $a \nmid b$ 表 a 不能整除 b.

引理 4.1 若 $x \geqslant 3$, 则

$$\sum_{d|x}\frac{\mu(d)\log^2 d}{d} = O\left((\log\log x)^2\right).$$

证明仿引理 3.1.

引理 4.2 若 $x \geqslant 3$ 是整数而 $N \geqslant 1$, 则

$$\sum_{\substack{t\leqslant N\\(t,x)=1}}\frac{\log\frac{N}{t}}{t} = \frac{1}{2}\frac{\varphi(x)}{x}\log^2 N + O(\log N\ \log\log x) + O\left((\log\log x)^2\right).$$

证明仿引理 3.3.

引理 4.3 设 $x \geqslant 3$ 是整数而 $N \geqslant 1$, 则

$$\sum_{\substack{t\leqslant N\\(t,x)=1}}\frac{|\mu(t)|}{t} = \frac{\varphi(x)}{x}\prod_{p+x}\left(1-\frac{1}{p^2}\right)\log N + O(\log\log x)$$

$$\cdot\sum_{\substack{t\leqslant N\\(t,x)=1}}\frac{|\mu(t)|}{t}\log\frac{N}{t} = \frac{1}{2}\frac{\varphi(x)}{x}\prod_{p+x}\left(1-\frac{1}{p^2}\right)\log^2 N$$

$$+O(\log N\ \log\log x) + O\left((\log\log x)^2\right).$$

证 由引理 3.3,

$$\sum_{\substack{t\leqslant N\\(t,x)=1}}\frac{|\mu(t)|}{t} = \sum_{\substack{t\leqslant N\\(t,x)=1}}\frac{1}{t}\sum_{s^2|t}\mu(s)$$

$$= \sum_{s\leqslant N^{1/2}}\mu(s)\sum_{\substack{t\equiv O(s^2)\\t\leqslant N\\(t,x)=1}}\frac{1}{t} = \sum_{\substack{s\leqslant N^{1/2}\\(s,x)=1}}\frac{\mu(s)}{s^2}\sum_{\substack{(m,x)=1\\m\leqslant N/s^2}}\frac{1}{m}$$

$$= \sum_{\substack{s\leqslant N^{1/2}\\(s,x)=1}}\frac{\mu(s)}{s^2}\left\{\frac{\varphi(x)}{x}\log\frac{N}{s^2} + O(\log\log x)\right\}$$

$$= \sum_{\substack{s\leqslant N^{1/2}\\(s,x)=1}}\frac{\mu(s)}{s^2}\cdot\frac{\varphi(x)}{x}\log N + O(\log\log x)$$

$$=\frac{\varphi(x)}{x}\log N\cdot\sum_{\substack{s=1\\(s,x)=1}}^{\infty}\frac{\mu(s)}{s^2}+O\left(\log N\cdot\sum_{s>N^{1/2}}\frac{1}{s^2}\right)+O(\log\log x)$$

$$=\frac{\varphi(x)}{x}\prod_{p\nmid x}\left(1-\frac{1}{p^2}\right)\log N+O(\log\log x).$$

另外一式可用同法证明.

引理 4.4 设 $x\geqslant 3$ 是整数而 $N\geqslant 1$，则

$$\sum_{\substack{n\leqslant N\\(n,x)=1}}\frac{|\mu(n)|^{2\omega(n)}}{n}=\frac{1}{2}\prod_{p|x}\frac{p}{p+2}\prod_{p}\left(1-\frac{1}{p}\right)^2\left(1+\frac{2}{p}\right)$$

$$\cdot\log^2 N+O(\log N\log\log xN)+O\left((\log\log x)^2\right).$$

证 当 m 无平方因数时，$2^{\omega(m)}=\tau(m)$，故

$$\sum_{\substack{m\leqslant N\\(m,x)=1}}\frac{|\mu(m)|2^{\omega(m)}}{m}=\sum_{\substack{m\leqslant N\\(m,x)=1}}\frac{|\mu(m)|}{m}\cdot\sum_{uv=m}1.$$

由引理 4.3

$$\sum_{\substack{m\leqslant N\\(m,x)=1}}\frac{|\mu(m)|}{m}\sum_{n\nu=m}1=\sum_{\substack{n\leqslant N\\(n,x)=1}}\frac{|\mu(n)|}{n}\sum_{\substack{\nu\leqslant\frac{N}{n}\\(v,nx)=1}}\frac{|\mu(\nu)|}{\nu}$$

$$=\sum_{\substack{n\leqslant N\\(n,x)=1}}\frac{|\mu(n)|}{n}\left\{\frac{\varphi(xn)}{xn}\prod_{p\nmid nx}\left(1-\frac{1}{p^2}\right)\log\frac{N}{n}+O(\log\log nx)\right\}$$

$$=\prod_{p\nmid x}\left(1-\frac{1}{p^2}\right)\frac{\varphi(x)}{x}\sum_{\substack{n\leqslant N\\(n,x)=1}}\frac{|\mu(n)|\varphi(n)}{n^2\prod_{p|n}\left(1-\frac{1}{p^2}\right)}\log\frac{N}{n}$$

$$+O(\log N\cdot\log\log Nx),$$

但

$$\sum_{\substack{n\leqslant N\\(n,x)=1}}\frac{|\mu(n)|\varphi(n)}{n^2\prod\limits_{p|n}\left(1-\dfrac{1}{p^2}\right)}\log\frac{N}{n}=\sum_{\substack{n\leqslant N\\(n,x)=1}}\frac{|\mu(n)|}{n}\cdot\frac{\prod\limits_{p|n}\left(1-\dfrac{1}{p}\right)}{\prod\limits_{p|n}\left(1-\dfrac{1}{p^2}\right)}\log\frac{N}{n}$$

$$=\sum_{\substack{n\leqslant N\\(n,x)=1}}\frac{|\mu(n)|}{n}\prod_{p|n}\left(1-\frac{1}{p+1}\right)\log\frac{N}{n}$$

$$=\sum_{\substack{n\leqslant N\\(n,x)=1}}\frac{|\mu(n)|}{n}\sum_{q|n}\frac{\mu(q)}{V(q)}\log\frac{N}{n}\quad \left(\text{其中} V(q)=\prod_{p|q}(p+1)\right)$$

$$=\sum_{\substack{q\leqslant n\\(q,x)=1}}\frac{\mu(q)}{qV(q)}\sum_{\substack{t\leqslant \frac{N}{q}\\(t,qx)=1}}\frac{|\mu(t)|}{t}\log\frac{N}{qt}\quad .$$

由引理 4.3, 上式等于

$$\sum_{\substack{q\leqslant N\\(q,x)=1}}\frac{\mu(q)}{qV(q)}\left\{\frac{1}{2}\prod_{p\nmid qx}\left(1-\frac{1}{p^2}\right)\frac{\varphi(x)\varphi(q)}{xq}\log^2\frac{N}{q}\right.$$

$$\left.+O(\log N\operatorname{loglog} qx)+O\left((\operatorname{loglog} xq)^2\right)\right\}$$

$$=\frac{1}{2}\frac{\varphi(x)}{x}\prod_{p\nmid x}\left(1-\frac{1}{p^2}\right)\sum_{\substack{q\leqslant N\\(q,x)=1}}\frac{\mu(q)}{qV(q)}\frac{\prod\limits_{p|q}\left(1-\dfrac{1}{p}\right)}{\prod\limits_{p|q}\left(1-\dfrac{1}{p^2}\right)}\log^2\frac{N}{q}$$

$$+O(\log N\operatorname{loglog} qx)+O\left((\operatorname{loglog} x)^2\right)$$

$$=\frac{1}{2}\frac{\varphi(x)}{x}\prod_{p\nmid x}\left(1-\frac{1}{p^2}\right)\sum_{\substack{q\leqslant N\\(q,x)=1}}\frac{\mu(q)}{qV(q)}\cdot\frac{1}{\prod\limits_{p|q}\left(1+\dfrac{1}{p}\right)}\log^2\frac{N}{q}$$

$$+O(\log N\operatorname{loglog} qx)+O\left((\operatorname{loglog} x)^2\right).$$

故

$$\sum_{\substack{m\leqslant N\\(m,x)=1}}\frac{|\mu(m)|}{m}\cdot 2^{\omega(m)}=\frac{1}{2}\frac{\varphi^2(x)}{x^2}\prod_{p+x}\left(1-\frac{1}{p^2}\right)^2\log^2 N$$

$$\cdot\sum_{\substack{q\leqslant N\\(q,x)=1}}\frac{\mu(q)}{V^2(q)}+O(\log N\ \mathrm{loglog}\ Nx)+O\left((\mathrm{loglog}\ x)^2\right)$$

$$=\frac{1}{2}\frac{\varphi^2(x)}{x^2}\prod_{p+x}\left(1-\frac{1}{p^2}\right)^2\prod_{p+x}\left(1-\frac{1}{(p+1)^2}\right)\log^2 N$$

$$+O(\log N\ \mathrm{loglog}\ Nx)+O\left((\mathrm{loglog}\ x)^2\right)\ .$$

再将上式略为化简，定理就证明了.

引理 4.5　若$2\mid y, z\leqslant y$,则

$$\sum_{\substack{n\leqslant z\\(n,y)=1}}\frac{|\mu(n)|2^{\omega(n)}}{n}\prod_{p|n}\frac{p}{p-2}$$

$$=\frac{1}{8}\prod_{p>2}\frac{(p-1)^2}{p(p-2)}\prod_{\substack{p|y\\p>2}}\frac{p-2}{p}\log^2 z+O(\mathrm{loglog}(y+1)\log y).$$

证

$$\sum_{\substack{n\leqslant z\\(n,y)=1}}\frac{|\mu(n)|2^{\omega(n)}}{n}\prod_{p|n}\frac{p}{p-2}=\sum_{\substack{n\leqslant z\\(n,y)=1}}\frac{|\mu(n)|2^{\omega(n)}}{n}\cdot\prod_{p|n}\left(1+\frac{2}{p-2}\right)$$

$$=\sum_{\substack{n\leqslant z\\(n,y)=1}}\frac{|\mu(n)|2^{\omega(n)}}{n}\sum_{r|n}\frac{2^{\omega(r)}}{\psi(r)}\cdot$$

$$\left(\psi(q)=\prod_{p|q}(p-2)\right).$$

令$n=\gamma s$得(用到引理 4.4)

$$\sum_{\substack{n\leqslant z\\(n,y)=1}}\frac{|\mu(n)|2^{\omega(n)}}{n}\sum_{r|n}\frac{2^{\omega(r)}}{\psi(r)}=\sum_{\substack{r\leqslant z\\(\gamma,y)=1}}\frac{|\mu(\gamma)|2^{2\omega(r)}}{\psi(r)\cdot r}\sum_{\substack{s\leqslant z|r\\(s,y\gamma)=1}}\frac{|\mu(s)|2^{\omega(s)}}{s}$$

$$= \sum_{\substack{\gamma \leqslant z \\ (r,y)=1}} \frac{2^{2\omega(r)} |\mu(r)|}{r\psi(r)} \left\{ \frac{1}{2} \prod_{p} \frac{(p-1)^2 (p+2)}{p^3} \prod_{p|ry} \frac{p}{p+2} \right.$$

$$\left. \cdot \log^2 \frac{z}{r} + O\left(\log \frac{z}{r} \mathrm{loglog} yz \right) + O\left((\mathrm{loglog}\, yr)^2 \right) \right\}$$

$$= \frac{1}{2} \prod_{p} \frac{(p-1)^2 (p+2)}{p^3} \prod_{p|y} \frac{p}{p+2} \log^2 z \sum_{\substack{r \leqslant z \\ (r,y)=1}} \frac{4^{\omega(\gamma)} |\mu(\gamma)|}{\prod\limits_{p|r} (p^2 - 4)}$$

$$+ O\left(\log y \cdot \mathrm{loglog}\,(y+1) \right)$$

$$= \frac{1}{16} \prod_{p>2} \frac{(p-1)^2 (p+2)}{p^3} \prod_{p|y} \frac{p}{p+2} \log^2 z \cdot \prod_{p+y} \frac{4}{p^2 - 4}$$

$$+ O\left(\log y \cdot \mathrm{loglog}(y+1) \right)$$

$$= \frac{1}{8} \prod_{p>2} \frac{(p-1)^2}{p(p-2)} \prod_{\substack{p|y \\ p>2}} \frac{p-2}{p} \log^2 z + O\left(\log y \cdot \mathrm{loglog}(y+1) \right).$$

引理 4.6 设 k 无平方因数, 则

$$\sum_{\substack{n \leqslant y \\ n(y-n) \equiv O(k)}} 1 = \left(\prod_{\substack{p|k \\ p+y}} \frac{2}{p} \prod_{\substack{p|y \\ p|k}} \frac{1}{p} \right) y + R(k),$$

其中 $R(k) \leqslant 2.2^{\omega(k)}$.

证 令 $M(k)$表示 $n(y-n) \equiv O(k) (0 \leqslant n \leqslant k)$ 的解数, 则

$$\sum_{\substack{n \leqslant y \\ n(y-n) \equiv O(k)}} 1 = \left[\frac{y}{k} \right] M(k) + T(k), 0 \leqslant T(k) \leqslant M(k).$$

故得

$$\sum_{\substack{n \leqslant y \\ n(y-n) \equiv O(k)}} 1 = \frac{M(k)}{k} y + R(k), \quad R(k) \leqslant 2M(k).$$

且 $M(k)$为 k 的积性函数, 有

$$M(p)=\begin{cases}1, & p\mid y,\\ 2, & p\nmid y.\end{cases}$$

故在 Selberg 定理中之 $f(k)$可由下式确定:

$$f(p)=\begin{cases}p, & p\mid y,\\ \dfrac{p}{2}, & p\nmid y,\end{cases}$$

且

$$M(k)\leqslant\prod_{p\mid k}2\leqslant 2^{\omega(k)}.$$

由此引理得证.

现在可以证明定理 4.1 了. 设 $z<y$, 作集合$\{n(y-n),n\leqslant y\}$. 若 $y=p_1+p_2$, 而 $p_1\neq p_2$ 且 $p_1>z,p_2>z$, 则 $p_1(y-p_1)=p_2(y-p_2)=p_1p_2$ 不能被$\leqslant z$ 的素数所除尽. 故

$$\sum_{\substack{p_1+p_2=y\\ p_1,p_2>z}}1\leqslant N_z,$$

故得

$$\begin{aligned}\gamma_2(y)&=\sum_{\substack{p_1+p_2=y\\ p_1,p_2>z}}1+\sum_{\substack{p_1+p_2=y\\ p_1\leqslant z}}+\sum_{\substack{p_1+p_2=y\\ p_2\leqslant z}}-\sum_{\substack{p_1+p_2=y\\ p_1,p_2\leqslant z}}1\\ &\leqslant N_z+2z.\end{aligned}$$

现在用 Selberg 定理来估计 N_z. 由引理 4.6 得(设 k 无平方因子)

$$\begin{aligned}g(k)&=\sum_{d\mid k}\mu(d)f\left(\frac{k}{d}\right)=\prod_{p\mid k}\big(f(p)-1\big)\\ &=\prod_{\substack{p\mid k\\ p\mid y}}(p-1)\cdot\prod_{\substack{p\mid k\\ p\nmid y}}\left(\frac{p}{2}-1\right).\end{aligned}$$

故

$$\sum_{k\leqslant z}\frac{|\mu(k)|}{g(k)}=\sum_{k\leqslant z}|\mu(k)|\cdot\prod_{\substack{p\mid k\\ p\mid y}}\frac{1}{p-1}\prod_{\substack{p\mid k\\ p\nmid y}}\frac{2}{p-2}$$

$$=\prod_{p\mid y}\left(1+\frac{1}{p-1}\right)\sum_{\substack{k\leqslant z\\(k,y)=1}}|\mu(k)|\prod_{p\mid k}\frac{2}{p-2}$$

$$=\sum_{\substack{k\leqslant z\\(k,y)=1}}\frac{|\mu(k)|\cdot 2^{\omega(k)}}{k}\prod_{p\mid k}\frac{p}{p-2}$$

$$=\frac{1}{8}\prod_{p>2}\frac{(p-1)^2}{p(p-2)}\prod_{\substack{p\mid y\\p>2}}\frac{p-2}{p}\cdot\prod_{p\mid y}\left(1+\frac{1}{p-1}\right)\log^2 z$$

$$+O\big(\log y\cdot\operatorname{loglog}(y+1)\big).$$

上面用到引理 4.5. 现在来估计 R_z:

$$R_z=\sum_{k_1,k_2\leqslant z}\lambda_{k_1}\lambda_{k_2}R\left(\frac{k_1k_2}{(k_1,k_2)}\right).$$

因为

$$\sum_{k\leqslant z}|\lambda_k|2^{\omega(k)}\leqslant\sum_{k\leqslant z}\frac{|\mu(k)|}{f(k)g(k)}\cdot 2^{\omega(k)}\leqslant\sum_{k\leqslant z}\frac{k|\mu(k)|}{g(k)}$$

$$=\sum_{k\leqslant z}|\mu(k)|\prod_{p\mid k}\frac{2p}{p-2}\leqslant\sum_{k\leqslant z}6^{\omega(k)}\leqslant\sum\tau^3(k)$$

$$=O\left(z\log^7 z\right).$$

故

$$R_z=O\left(z^2\log^{14}z\right).$$

因此由 Selberg 定理得到

$$N_z\leqslant y\left\{\frac{1}{8}\prod_{p>2}\frac{(p-1)^2}{p(p-2)}\prod_{\substack{p\mid y\\p>2}}\frac{p-2}{p}\prod_{p\mid y}\left(1+\frac{1}{p-1}\right)\log^2 z\right.$$

$$\left.+O\big(\log y\operatorname{loglog}(y+1)\big)\right\}^{-1}+O\left(z^2\log^{14}z\right).$$

取 $z=y^{\frac{1}{2}-\varepsilon}$ $(\varepsilon>0)$, 则得

$$\gamma_2(y) \leqslant (16+\varepsilon')\frac{y}{\log^2 y}\omega\prod_{\substack{p|y\\p>2}}\frac{p-1}{p-2} + O\left(\frac{y}{\log^3 y}\log\log y\right) + O\left(y^{1-\varepsilon}\log^{14} y\right),$$

其中 $\varepsilon' = \varepsilon'(\varepsilon)$ 随 $\varepsilon \to 0$ 而 $\to 0$，由此定理得证.

利用这个结果再加上渐近密率的一些定理可证明充分大的整数能表成不超过 18 个素数之和. 这结果是尹文霖同志得到的将在下一章给出其证明.

第五章 渐近密率与本性分量

§1. 渐 近 密 率

我们在第一章里面引进了密率的概念. 但在不少问题中, 我们所着重的是一个集合中充分大的自然数, 一些小的自然数常常不起作用. 在这种情况下, 上述密率的概念就不十分合用, 而应该代之以渐近密率的概念. 这可以定义如下: 设 A 是非负整数集, 则 A 的渐近密率是

$$\delta^*(A)=\varliminf_{n\to\infty}\frac{A(n)}{n}.$$

这里我们沿用了第一章的记号, 即用 $S(n)$表示一个自然数集合 S 中不超过 n 的正整数个数. 我们又用 $S(m, n)$表示 S内满足 $m<x\leqslant n$ 的元素个数, 因此, 当 $0\in S$时, $S(-1, n)=S(n)+1$ 而当 $0\notin S$ 时, $S(-1,n)=S(n)$.

关于渐近密率, 有若干与 Шнирельман 密率相对应的结果. 下面我们将逐步加以讨论. 首先让我们讨论两个集合 A 与 B 相加的情形. 为方便, 我们令 $V=A\cup B$, $D=A\cap B$. 我们引进函数

$$J(x)=A(x)+B(x)-x,$$

并称之为集合 A 与 B 的特征函数, 这也可以记作 $J(x,A,B)$. 对于正整数 k, 我们用 j_k 表示满足 $J(x)=-k$ 的最小整数 x. 显然 $J(x+1)-J(x)\geqslant -1$. 因此, $0=j_0<j_1<\cdots<j_k<\cdots$, 而

$$J(x)>-k \text{ 当 } k<j_k,\ J(j_k)=-k \quad (k=0, 1, 2, \cdots), \tag{1.1}$$

又当 $x\in[j_k, j_{k+1}-1]$时, $J(x)\geqslant -k$, 序列 j_0, j_1, …可能只含有限项, 也可能含无穷项. 当 j_λ 不存在时, 以 ∞ 表之.

在每一个形如$[j_k, j_{k+1}-1]$. $k>0$ 的区间中, 用 x^*表示一切满足了 $J(x^*)=-k$ 的元素. 显然当 $J(x^*+1)>-k$ 时, $x^*+1\in D=A\cap B$. 按递增顺序列出这些(即满足 $J(x^*)=-k, J(x^*+1)>-k$ 的 x^*+1)并用 j_{k1}, j_{k2},…表之. 很明显 $J(j_{k\lambda})=-k+1$且 $j_{k\lambda}\in D$. 又用 $\overline{j}_{k\lambda}$ 记最小的 $x^*>j_{k\lambda}$ (其中 x^*满足 $J(x^*)=-k$), 而当 $\overline{j}_{k\lambda}$ 不存在时, 用 $\overline{j}_{k\lambda}=\infty$ 表之. 于是当 $x\in[j_k, j_{k+1}-1]$时,

$$J(x)\begin{cases}>-k, & x\in\left[j_{k\lambda},j_{k\lambda}-1\right], k>0,\\ =-k, & x\notin\left[j_{k\lambda},j_{k\lambda}-1\right], k>0\end{cases}$$

$$\left(\lambda=1,2,\cdots;x\in\left[j_k j_{k+1}-1\right]\right), \tag{1.2}$$

其中

$$j_{k\lambda}\in D, j_{k\lambda}\notin V=A\bigcup B,\quad j_k<j_{k\lambda}<j_{k\lambda}\leqslant j_{k+1}-1,$$

$$\left[j_{k\lambda},\overline{j}_{k\lambda}\right]\bigcap\left[j_{k\mu},\overline{j}_{k\mu}\right]=0(\lambda\neq\mu).$$

而且

若 $$j_k<x\leqslant j_{k+1}-1 \text{ 及 } x\notin\bigcup_{\lambda\geqslant 1}\left[j_{k\lambda},\overline{j}_{k\lambda}\right], \tag{1.3}$$

则 $x\in V(k\geqslant 1)$.

我们又形式的定义 $\left[j_{0,1}\overline{j}_{0,1}\right]=\left[0,j_1\right]$. 递增的列出 $j_{k\lambda},(k\geqslant 0,\lambda\geqslant 1)$ 并用归纳法定义序列 $z_1,z_2,\cdots,z_n,\cdots$ 如右: $z_1=0$; z_{n+1} 为满足下面两个条件的最小的 $j_{k\lambda}$, 即 $j_{k\lambda}>z_n$ 且 $[j_{k\lambda}, j_{k\lambda}]$ 的长度比所有前面说的类似的区间都要大些. 序列 z_n 有尽或无穷, 由此就完全确定了. 令 $\overline{z}_n=z_{n+1}-1$, 又当 z_{n+1} 不存在时, 记 $\overline{z}_n$ 为∞. 最后, 令 $Z_\nu=[z_\nu, \overline{z}_\nu]$, $\nu\geqslant 1$.

由序列 $z_1,z_2,\cdots$ 的定义立刻得知, 全体在 Z_ν 中形如 $\left[j_{k\lambda},\overline{j}_{k\lambda}\right]$ 的区间的长度至多达到以 z_ν 作为左端点的第一个同一类型的区间.

定义　那些在 Z_ν ($\nu=1, 2, \cdots$) 中形如上述的区间 $[j_{k\mu}, \overline{j}_{k\mu}]$, $k\geqslant 0$, 即全体达到最大长度的区间, 都简称作 M 区间. $G_\nu=\{g_{\nu 1},g_{\nu 2},\cdots\}$ 是 Z_ν 中所有 M 区间的左端点的集合, 这些 M 区间以 $[g_{\nu\lambda},g_{\nu\lambda}]$ 记之. G 是所有 G_ν 的联合.

由定义立即得知, z_ν 本身是某一 M 区间的左端点, 且 $g_{\nu 1}=z_\nu\in G_\nu,\nu\geqslant 1$. 由(1.2)进一步得知

$$G\leqslant D. \tag{1.4}$$

由(1.1)及(1.2)表明的性质具有另一表达形式, 下面就要叙述出来: 以 $\overline{V}$ 记 V 的补集, 则有

$$\begin{aligned}J(x)&=A(x)+B(x)-x=D(x)+V(x)-x\\&=D(x)-\overline{V}(x)\\&=D(-1,x)-\overline{V}(-1,x)-1,\quad x\geqslant 0.\end{aligned} \tag{1.5}$$

由(1.1)

$$J(x)+k=D(-1,x)-\bar{V}(-1,x)-1-J(j_k)$$
$$=D(-1,x)-\bar{V}(-1,x)-D(-1,j_k)+\bar{V}(-1,j_k)(k\geqslant 0),$$

当 $x\geqslant j_k$ 时得到

$$J(x)+k=D(j_k,x)-\bar{V}(j_k,x),$$

因而(1.1)可表为下列形式:

若 $x<j_{k+1}$，则

$$D(j_k,x)\geqslant \bar{V}(j_k,x). \tag{1.6}$$

由于 $J(j_{k\lambda}-1)=-k$，结合(1.5)，我们有

$$J(x)+k=D(j_{k\lambda}-1,x)-\bar{V}(j_{k-1},x),\quad x\geqslant j_{k-1},$$

于此，令 $x=j_{k\lambda}+y$，由(1.2)得

$$D(j_{k\lambda}-1,j_{k\lambda}+y)>\bar{V}(j_{k\lambda}-1,j_{k\lambda}+y),$$
$$0\leqslant y<\bar{j}_{k\lambda}-j_{k\lambda},\ k\geqslant 1,$$
$$D(j_{k\lambda}-1,\bar{j}_{k\lambda})=\bar{V}(j_{k\lambda}-1,\bar{j}_{k\lambda}). \tag{1.7}$$

又此结果亦适用于 k=0，这不难由 j_1 定义及 $\bar{j}_{0,1}=j_1$ 直接道出；特别说来，这一性质为一切 M 区间所具有.

定理 1.1 若 $0\leqslant n\leqslant \bar{z}_\nu,\nu\geqslant 1$，则使 $g_{\nu\rho}+n$ 不在 V+D 中的必要条件是 $n=j_k\,(k\geqslant 2)$ 或 $n=\bar{g}_{\nu\mu}$. (1.8)

特别对 $\rho=1$，即 $g_{\nu 1}=z_\nu$ 上式成立.

证 选择 k 使 $n\in[j_k,j_{k+1}-1]$，由于 $g_{\nu\rho}+n\notin V+D$，故 $n\in\bar{V}$. 结合(1.3)当 $n\neq j_k$ 时，必有 λ 存在，使 $n\in[j_{k\lambda},\bar{j}_{k\lambda}]$，后面我们将要证明，若 $n=\bar{j}_{k\lambda}$，则 n 必为 $\bar{g}_{\nu\mu}$，今设

$$j_{k\lambda}\leqslant n<\bar{j}_{k\lambda} \tag{1.9}$$

又设 $y=n-j_{k\lambda}$，由(1.7)

$$D(j_{k\lambda}-1,n)>\bar{V}(j_{k\lambda}-1,n). \tag{1.10}$$

令 $d_1=j_{k\lambda},d_2,\cdots,d_s$ 为 D 在 $[j_{k\lambda},n]$ 中的全体元素. 由于 $g_{\nu\rho}+n\notin V+D$，故必有

$g_{vp} + n - d_\sigma \in \bar{V}(\sigma = 1,2,\cdots,s)$，又

$$\bar{V}\left(g_{v\rho} + n - d_s - 1, g_{v\rho} + n - d\right) \geqslant s = D\left(j_{k\lambda} - 1, n\right). \tag{1.11}$$

由于 $d_s<n$，故

$$g_{v\rho} + n - d_s > g_{v\rho}. \tag{1.12}$$

另一方面，由(1.9)

$$g_{v\rho} + n - d_1 = g_{v\rho} + n - j_{k\lambda} \leqslant g_{v\rho} + \bar{j}_{k\lambda} - j_{k\lambda} - 1. \tag{1.13}$$

又因$\left[g_{v\rho}, \bar{g}_{v\rho}\right]$为 M 区间，故必有

$$\bar{j}_{k\lambda} - j_{k\lambda} \leqslant \bar{g}_{v\rho} - g_{v\rho}$$

(此处用了 $n \leqslant \bar{z}_v$)；由(1.13)有

$$g_{v\rho} + n - d_1 \leqslant g_{v\rho} + \bar{g}_{v\rho} - g_{v\rho} - 1 = \bar{g}_{v\rho} - 1. \tag{1.14}$$

于(1.7)中令 $y = n - d_1$，$j_{k\lambda} = g_{v\rho}$，得

$$\begin{aligned} \bar{V}\left(g_{v\rho} + n - d_s - 1, g_{v\rho} + n - d_1\right) &\leqslant \bar{V}\left(g_{v\rho} - 1, g_{v\rho} + n - d_1\right) \\ &< D\left(g_{v\rho} - 1, g_{v\rho} + n - d_1\right) \\ &= D\left(g_{v\rho} - 1, g_{v\rho} + n - j_{k\lambda}\right). \end{aligned} \tag{1.15}$$

从(1.11)及(1.15)得出

$$D\left(j_{k\lambda} - 1, n\right) < D\left(g_{v\rho} - 1, g_{v\rho} + n - j_{k\lambda}\right). \tag{1.16}$$

又将$\left[g_{v\rho}, g_{v\rho} + n - j_{k\lambda}\right]$中 D 的元素列为 $d_1', d_2', \cdots, d_t'$. 由于 $g_{v\rho} + n$ 不在 $V+D$ 中，故 $g_{v\rho} + n - d_\tau' \in \bar{V}(\tau = 1,2,\cdots,t)$，由此有

$$\begin{aligned} t &= D\left(g_{v\rho} - 1, g_{v\rho} + n - j_{k\lambda}\right) \\ &\leqslant \bar{V}\left(g_{v\rho} + n - d_t' - 1, g_{v\rho} + n - d_1'\right), \end{aligned} \tag{1.17}$$

此处

$$g_{v\rho} + n - d_1' = g_{v\rho} + n - g_{v\rho} = n,$$

$$g_{v\rho} + n - d_\tau' \geqslant g_{v\rho} + n - \left(g_{v\rho} + n - j_{k\lambda}\right) = j_{k\lambda}.$$

故(1.17)可改写为

$$D\left(g_{\nu\rho}-1, g_{\nu\rho}+n-j_{k\lambda}\right) \leqslant \bar{V}\left(j_{k\lambda}-1, n\right).$$

又由(1.7)及 $n<\bar{j}_{k\lambda}$ 有

$$\bar{V}\left(j_{k\lambda}-1, n\right)<D\left(j_{k\lambda}-1, n\right),$$

即

$$D\left(g_{\nu\rho}-1, g_{\nu\rho}+n-j_{k\lambda}\right)<D\left(j_{k\lambda}-1, n\right); \tag{1.18}$$

这与(1.16)矛盾, 按照反证法的假设条件必有 $n=\bar{j}_{k\lambda}$, 且有

$$\bar{j}_{k\lambda}-j_{k\lambda}<\bar{g}_{\nu\rho}-g_{\nu\rho},$$

代入(1.13)得

$$g_{\nu\rho}+n-d_1 \leqslant g_{\nu\rho}+\left(\bar{j}_{k\lambda}-j_{k\lambda}\right)<g_{\nu\rho}+\left(\bar{g}_{\nu\rho}-g_{\nu\rho}\right)=\bar{g}_{\nu\rho},$$

即有

$$g_{\nu\rho}+n-d_1 \leqslant \bar{g}_{\nu\rho}-1.$$

这就得到了(1.14), 因之一切(1.14)的推论, 特别是(1.16)与(1.18)均可得到, 这是不可能的. 因此证明了定理 1.1.

令 H_ν 表所有不为 $j_k(k\geqslant 2)$或 $\bar{g}_{\nu\mu}$(同一υ) 的整数 n, $0\leqslant n\leqslant \bar{z}_\nu$ 的集合.

定义 设 G_ν 为前一定义中所说的集合, H_ν 为方才定义的集合. 则集合偶的序列$(G_1,H_1),(G_2,H_2)$, $\cdots,(G_\upsilon,H_\upsilon),\cdots$称作$(A,B)$的分解, 或称把$(A,B)$分解成集合偶.

分解(A,B)成集合偶, 可以是有尽的, 也可以是无穷的.

定理 1.1 显然是说

$$\left\{g_{\nu\rho}\right\}+H_\upsilon \leqslant V+D \leqslant C.$$

由此立刻得到

定理 1.2 若分解(A,B)成集合偶, 则

$$\bigcup_{\nu\geqslant 1}\left(G_\nu+H_\nu\right) \subset V+D \subset C. \tag{1.19}$$

特别的

$$\bigcup_{\nu\geqslant 1}\left(\left\{z_\nu\right\}+H_\nu\right) \subset V+D \subset C.$$

故

$$C\left(Z_\nu-1, Z_\nu+x\right) \geqslant H_\nu(-1, x)(\upsilon \geqslant 1, x \geqslant 0). \tag{1.20}$$

显然分解(V,D)与分解(A,B)所得的序列(G_ν, H_ν)是相同的.

我们可以把(1.20)看作对于$C(n)$(亦即$C(-1,n)$)的初步估计. 显然如果能用$A(x)$及$B(x)$直接去代替依赖于n的$H_k(x), k=k(x)$, 这样来得到对于$C(n)$的估计, 自然是很好的, 但是我们目前还没有具备用$A(x)$及$B(x)$来表示$H_k(n)$的条件(参看下面的(1.25)及(1.26)).令

$$W=\{j_0=0, j_1, j_2, \cdots\}.$$

注意到

$$\overline{g}_{\nu\rho}-g_{\nu\rho}=\overline{g}_{\nu1}-g_{\nu1}=\overline{g}_{\nu1}-Z_\nu .$$

则由H_ν的定义立刻得知

$$\begin{aligned}H_\nu(-1,n)&=n+1-W(j_1,n)-G_\nu(Z_\nu-1, n-\overline{g}_{\nu1}+Z_\nu)\\&=\begin{cases}n+1, & n<j_1,\\ n+2-W(n)-G_\nu(Z_\nu-1, Z_\nu+n-\overline{g}_{\nu1}), & j_1\leqslant n\leqslant \overline{z}_\nu .\end{cases}\end{aligned}\tag{1.21}$$

或者较弱一些

$$H_\nu(-1,n)\begin{cases}\geqslant n+2-W(n)-G_\nu(Z_\nu-1,n), & j_1\leqslant n\leqslant \overline{z}_\nu,\\ \left.\begin{array}{l}\geqslant n+1-W(n)-G_\nu(n)\\ H_\nu(n)\geqslant n-W(n)-G_\nu(n)\end{array}\right\} & 0\leqslant n\leqslant \overline{z}_\nu .\end{cases}\tag{1.22}$$

(1.21)及(1.22)可以用另一形式来表达. 显然, 当$n\in[j_k, j_{k+1}-1]$时,

$$W(n)=k=-J(j_k).$$

又由(1.2)对一切不在形如$[j_{k\lambda}, \overline{j}_{k\lambda}-1]$中的$n$而言, 我们有(注意$J(x)$的定义)

$$W(n)=-J(n)=n-A(n)-B(n),$$

$$W(x)=-\operatorname*{Min}_{0\leqslant y\leqslant x} J(y)\geqslant x-A(x)-B(x), x=0,1,2,\cdots.\tag{1.23}$$

对使$W(n)=-J(n)$的n必有$n\geqslant j_1$,(1.21)((1.22)仿此)变为

$$\begin{aligned}H_\nu(-1,n)&=n+2-(n-A(n)-B(n))-G_\nu(z_\nu-1, z+n-\overline{g}_{\nu1})\\&\geqslant A(-1,n)+B(-1,n)-G(z_\nu-1,n)\ \left(j_1\leqslant n\leqslant \overline{z}_\nu, n\notin[j_{k\lambda}, j_{k\lambda}-1]\right).\end{aligned}\tag{1.24}$$

特别的, 对一切$n\notin H_v(n\leqslant \overline{z}_v)$上式成立.

若$n\in[j_{k\lambda}, \overline{j}_{k\lambda}-1]$, 则有

$$W(n)=k=-J(j_{k\lambda}-1)$$

$$=j_{k\lambda}-1-A(j_{k\lambda}-1)-B(j_{k\lambda}-1),$$

故当 $n\geqslant j_1$, 代替(1.24)有

$$H_\nu(-1,n)\geqslant A(j_{k\lambda}-1)+B(j_{k\lambda}-1)+2$$

$$+(n+1-j_{k\lambda})-G_\nu(z_\nu-1,z_\nu+n-\overline{g}_{\nu 1})$$

$$\geqslant A(-1,j_{k\lambda}-1)+B(-1,j_{k\lambda}-1)$$

$$+z(j_{k\lambda}-1,n)-G_\nu(z_\nu-1,n), \tag{1.25}$$

其中 $z(j_{k\lambda}-1,n)$ 表非负整数集 Z 在 $[j_{k\lambda},n]$ 中元素个数，今有 $G_\nu=\{g_{\nu 1},g_{\nu 2,}\cdots\}$. 我们令

$$m_\nu=\inf_{\lambda\geqslant 1}\Big(A\big(g_{\nu\lambda}-1,g_{\nu,\lambda+1}-1\big)+B\big(g_{\nu\lambda}-1,g_{\nu,\lambda+1}-1\big)\Big),$$

式中 $\inf\limits_{\lambda\geqslant 1}\ \Phi(\lambda)$表 $\Phi(\lambda)$当$\lambda\geqslant 1$ 时的下确界，又对于某些给定的$\lambda\geqslant 1$，$g_{v,\lambda+1}$ 可能不存在，此时我们定义 $g_{\nu,\lambda+1}=z_{\nu+1}$. 考虑到从 Z_ρ 到 $Z_{\rho+1}$ 时 M 区间的长度至少增加 1，且 $g_{1,1}-g_{1,1}=j_1$，故由

$$A\big(g_{\nu\lambda}-1,g_{\nu,\lambda+1}-1\big)+B\big(g_{\nu\lambda}-1,g_{\nu,\lambda+1}-1\big)\geqslant A\big(g_{\nu\lambda}-1,\overline{g}_{\nu\lambda}\big)+B\big(g_{\nu\lambda}-1,\overline{g}_{\nu\lambda}\big)$$

$$=\overline{g}_{\nu\lambda}-g_{\nu\lambda}+1=\overline{g}_{\nu 1}-g_{\nu 1}+1.$$

可以得到

$$m_\nu\geqslant\overline{g}_{\nu 1}-g_{\nu 1}+1\geqslant j_1+v\geqslant j_1+1.$$

显然，当 $g_{\nu\lambda}\leqslant n\leqslant g_{\nu,\lambda+1}-1$ 时，我们有

$$m_\nu G_\nu(z_\nu-1,n)\leqslant A(z_\nu-1,g_{\nu\lambda}-1)+B\big(z_\nu-1,g_{\nu,\lambda}-1\big)+m_\nu$$

$$\leqslant A(z_\nu-1,n)+B(z_\nu-1,n)+m_\nu.$$

由此，对一切 $n\geqslant 0$(注意 G_ν 仅在$\left[Z_\nu,\overline{Z}_\nu\right]$中才有元素)

$$G_\nu(z_\nu-1,n)\leqslant\frac{A(z_\nu-1,n)+B(z_\nu-1,n)}{m_\nu}+1(n\geqslant 0). \tag{1.26}$$

定理 1.3 设 $n\geqslant 0$，又设 $k=k(n)$为由不等式 $n\leqslant z_k+\overline{z}_k\,(\leqslant\infty)$ 所确定的最小整

数 k, 则

$$
\begin{aligned}
(A+B)(-1,n) &\geqslant (V+D)(-1,n) \\
&\geqslant H_k(-1,n-z_k)+H_k(-1,z_k-1)-G(-1,z_k-1) \\
&= H_k(-1,n-z_k)+H_k(-1,z_k)-G(-1,z_k),
\end{aligned} \tag{1.27}
$$

$$
\begin{aligned}
(A+B)(n) &\geqslant (V+D)(n) \\
&\geqslant H_k(n-z_k)+H_k(z_k)-G(z_k) \quad (k=k(n)).
\end{aligned}
$$

证　由 k 的定义立刻得知

$$z_k+z_{k-1}\leqslant n\leqslant z_k+\overline{z}_k,$$

故

$$n\in\{z_k\}+(Z_{k-1}\cup Z_k)(k\geqslant 2).$$

而当 $k=1$ 时 $n\in Z_1$.

情形 1　$n\in\{z_k\}+Z_{k-1},k\geqslant 2$, 我们有

$$[0,n]=\bigcup_{k=2}^{k-1}(\{z_k\}+Z_{k-1})\bigcup\bigcup_{k=1}^{k-1}(\{z_k\}+z_k)\bigcup[z_k+z_{k-1}n].$$

容易看出, 这里同时有 $2k$–2 个互不相交的区间, 故

$$C(-1,n)=C(z_k+z_{k-1}-1,n)+\sum_{k=2}^{k-1}C(\{z_k\}+Z_{k-1})+\sum_{k=1}^{k-1}C(\{z_k\}+Z_k) \tag{1.28}$$

由定理 2 得到

$$C(-1,n)\geqslant H_k(z_{k-1}-1,n-z_k)+\sum_{k=2}^{k-1}H_k(Z_{k-1})+\sum_{k=1}^{k-1}H_k(Z_k). \tag{1.29}$$

由 H_ν 的定义推知

$$H_\nu\bigcap[0,z_\nu-1]=H_{\nu+\rho}\bigcap[0,Z_\nu-1](\rho\geqslant 0).$$

结合(1.29)即得

$$C(-1,n)\geqslant H_k(z_{k-1}-1,n-z_k)$$

$$+\sum_{k=2}^{k-1}H_k(Z_{k-1})+\sum_{k=2}^{k-1}(H_k(Z_k)-G(Z_k))$$

$$=H_k(-1,n-z_k)+H_k(-1,\overline{z}_{k-1})-G(-1,\overline{z}_{k-1}).$$

由于 $k \geqslant 2$, 故 $\overline{z}_{k-1}$ 有定义即 z_k-1；由此得到(1.27).

情形 2 $n \in \{z_k\}+z_k, k \geqslant 1$，仿上有

$$C(-1,n)=C(z_k+z_k-1,n)+\sum_{k=2}^{k}C(\{z_k\}+Z_{z-1})+\sum_{k=1}^{k-1}C(\{z_k\}+Z_k)$$

$$\geqslant H_k(z_k-1,n-z_k)+\sum_{x=2}^{k}H_k(Z_{k-1})+\sum_{k=1}^{k-1}H_k(Z_k)$$

$$=H_k(-1,n-z_k)+H_k(-1,z_k-1)-G(-1,z_k-1),$$

此结果对 $k=1$ 亦成立，因此时 $\sum_{k=2}^{k}$ 及 $\sum_{k=1}^{k-1}$ 均 为空集，故其值为零，而最后等式右边的第二项及第三项亦均如此，这就证明了定理 1.3.

令

$$\delta^*(A_1,A_2,\cdots,A_n)=\lim_{x=1,2,\cdots}\frac{\sum_{v=1}^{n}A_v(x)}{x},$$

$$\overline{\delta}^*(A_1,A_2,\cdots,A_n)=\lim_{x=1,2,\cdots}\frac{\sum_{v=1}^{n}A_v(x)}{x}.$$

应用前面讨论的结果，可以道出关于渐近密率的主要公式:

定理 1.4(Ostman) 若 $\delta^*(A,B) \leqslant 1$，则

$$\delta^*(A+B) \geqslant \delta^*(V+D) \geqslant \lim_{x=1,2,\cdots}\frac{A(x)+B(x)-G(x)}{x}$$

$$\geqslant \delta^*(A,B)-\overline{\delta}^*(G) \geqslant \delta^*(A)+\delta^*(B)-\overline{\delta}^*(G). \tag{1.30}$$

证 由定理 1.3 有

$$(V+D)(n) \geqslant H_k(n-z_k)+H_k(z_k)-G(z_k),$$

$$k=k(n).$$

下面分成两种情形来讨论:

情形 1 若(A,B)的分解序列(G_ν, H_ν)是有限的，记作$(G_1,H_1),(G_2,H_2),\cdots,(G_k,H_k)$，令$\overline{z}_k=\infty$，故对一切$n\geqslant z_k$，由(1.22)得

$$\frac{(V+D)(n)}{n}\geqslant\frac{H(n-z_k)-G(z_k)}{n}$$

$$\geqslant\frac{n-z_k-W(n-z_k)-G(n-z_k)-G(z_k)}{(n-z_k)+z_k}\ . \tag{1.31}$$

令$n\to\infty$, k及z_k均为常数, 则由(1.23)

$$\lim_{x=1,2,\cdots}\frac{(V+D)(x)}{x}\geqslant\lim_{x=1,2,\cdots}\frac{x-W(x)-G(x)}{x}$$

$$\geqslant\lim_{x=1,2,\cdots}\frac{A(x)+B(x)-G(x)}{x}. \tag{1.32}$$

这就证明了(1.30).

情形 2 序列$(G_1,H_1),(G_2,H_2),\cdots$是无穷的, 由$k$=$k(n)$的定义得知

$$\lim_{nx\to\infty}k(n)=\infty \tag{1.33}$$

仿照情形 1,

$$\frac{(V+D)(n)}{n}\geqslant\frac{H_k(n-z_k)+H_k(z_k)-G(z_k)}{n-z_k+z_k}$$

$$\geqslant\mathrm{Min}\left(\frac{H_k(n-z_k)}{n-z_k},\frac{H_k(z_k)-G(z_k)}{z_k}\right). \tag{1.34}$$

又由$k=k(n)$的定义有

$$z_{k-1}+\overline{z}_{k-1}<n\leqslant z_k+\overline{z}_k\,,$$

即

$$z_{k-1}\leqslant n-z_k\leqslant\overline{z}_k\,,$$

由此

$$\lim_{n\to\infty}(n-z_k)=\infty\,.$$

我们在不等式(1.34)中令$n\to\infty$. 于此当z_k及$n-z_k$仅为有限时, 可以不必考虑. 这样, 模仿(1.31)与(1.32)的方法, 不难得到

$$\varliminf_{n=1,2,\cdots}\frac{(U+D)(n)}{n}\geqslant \mathrm{Min}\left(\varliminf_{x=1,2,\cdots}\frac{A(x)+B(x)}{x},\ \varliminf_{n=1,2,\cdots}\frac{A(z_k-1)+B(z_k-1)-G(z_k-1)}{z_k-1}\right)$$

$$\geqslant \varliminf_{x=1,2,\cdots}\frac{A(x)+B(x)-G(x)}{x}. \tag{1.35}$$

定理 1.5 若$(A,\ B)$的分解序列$(G_1,H_1),(G_2,H_2),\cdots$是无穷的——这等于说，$M$区间的长度无限增加——则$\overline{\delta}^*(G)=0$，

这就是说定理 1.4 的估计可以改进为:

$$\delta^*(H+B)\geqslant\delta^*(V+D)\geqslant\delta^*(A,B).$$

又显然的，上式对 G 为有限集时成立.

证 M 区间的长度是单调上升的，又按照假定这序列无限增加，故若 $G=\{g_0,g_1,\cdots\}$，则

$$\lim_{\nu\to\infty}(g_v-g_{v-1})=\infty;$$

由此不难看出，$\overline{\delta}^*(G)=0$.

对$(G_1,H_1),(G_2,H_2),\cdots$有限，但 G 有无穷多元素的情形，有下面的

定理 1.6 若$\delta^*(A,B)\leqslant 1$，则必有$\nu\geqslant 1$存在使

$$\delta^*(A+B)\geqslant\delta^*(V+D)\geqslant\frac{m_\nu-1}{m_\nu}\delta^*(A,\ B)$$

$$\geqslant\frac{\overline{g}_{\nu1}-g_{\nu1}}{\overline{g}_{\nu1}-g_{\nu1}+1}\delta^*(A,\ B)\geqslant\frac{j+\nu-1}{j+\nu}\delta^*(A,B)$$

$$\geqslant\frac{j}{j+1}\delta^*(A,\ B).$$

证 由定理 1.5 只需讨论分解序列有限的情形，设分解序列为

$$(G_1,\ H_1),(G_2,\ H_2),\cdots,(G_k,\ H_k).$$

又由定理 1.5 不妨假定 G(因而 G_k)所含的元素个数无穷. 由于v只取$1,2,\cdots,k$诸值，故只需对$\nu=k$证明本定理. 由(1.33)

$$G_k(z_k-1,n)\leqslant\frac{A(z_k-1,n)+B(z_k-1,n)}{m_k}+1,$$

即

$$n \geqslant z_k,$$

$$A(z_k - 1, n) + B(z_k - 1, n) - G(z_k - 1, n)$$

$$\geqslant \frac{m_k - 1}{m_k}\big(A(z_k - 1, n) + B(z_k - 1, n)\big) - 1.$$

由此

$$\lim_{x=1,2,\cdots} \frac{A(x) + B(x) - G(x)}{x} = \lim_{n=1,2,\cdots} \frac{A(z_k - 1, n) + B(z_k - 1, n) - G(z_k - 1, n)}{n}$$

$$\geqslant \frac{m_k - 1}{m_k} \delta^*(A, B).$$

定理的其余部分不难由

$$m_\nu \geqslant \overline{g}_{\nu 1} - g_{\nu 1} + 1 \geqslant j + \nu \geqslant j + 1$$

得出, 式中 j 为 j_1 的缩写(该式见(1.26)的证明).

定理 1.7 若 V 中至少包含 k 个连续整数, 则

$$\delta^*(A+B) \geqslant \delta^*(V+D) \geqslant \frac{k}{k+1}\delta^*(A,B)$$

$$\geqslant \frac{k}{k+1}\big(\delta^*(A) + \delta^*(B)\big).$$

证 设 V 中 k 个连续数为 $\{v, v+1, v+2, \cdots, v+k-1\}$. 令 $V_1 = V \cap [v, \infty]$, 不难看出, $j(V_1, D) \geqslant k$. 故由定理 1.6 可推出本定理.

下面让我们建立一个与第一章引理 2.1 的推论相似的结果.

定理 1.8 若 $\delta^*(A) + \delta^*(B) > 1$, 则 $A+B$ 中元素除有限个外, 与自然数全同, 即

$$A+B \sim Z.$$

证 由定义, 任给 $\varepsilon > 0$, 有充分大 n_0 存在, 使当 $n > n_0$ 时 $\frac{A(n)}{n} > \delta^*(A) - \varepsilon, \frac{B(n)}{n} > \delta^*(B) - \varepsilon$, 取 $\varepsilon = \frac{1}{2}\big(\delta^*(A) + \delta^*(B) - 1\big)$, 则有

$$A(n) + B(n) > n.$$

由第一章引理 2.1，$n \in A+B$. 这就证明了定理.

§2. 本 性 分 量

前面我们对具有正密率集合的相加，作了初步的但具有一定深度的讨论：本节中，我们将进一步研究密率为零的集合. 更明确地说，我们要讨论下面的问题：什么样的集合(特别是零密率的集合)加在任意正密率的集合上，均使和集的密率较原集合的密率为大.

定义 集合 B 称作本性分量，如果对于任意集合 A，当 $0<d(A)<1$ 时，恒有 $d(A+B)>d(A)$，集合 B 称作渐近本性分量，如果对于任意集合 A，当 $0<\delta^*(A)<1$ 时，恒有 $\delta^*(A+B)>\delta^*(A)$.

显然，零属于任何本性分量 B，否则当 $0 \notin A$ 时，$1 \notin A+B$，因而 $d(A+B)=0$，与定义矛盾.

在第一章§2 中，我们已经引入了自然数集的基的定义，类似地，我们在这里引入自然数的渐近基的概念，并更进一步引入基的阶与平均阶，为方便计，我们设 $Z=\{0,1,\cdots\}$ 及 $Z^0=\{1,z,\cdots\}$，又设

$$hA=\sum_{\nu=1}^{h}A \quad (h \in Z^0).$$

定义 若

$$Z \subset hB,\ 0 \leqslant h \leqslant \infty,$$

但

$$Z \not\subset lB,\ 0 \leqslant l < h,$$

则称 B 为 h 阶基.

为方便计，我们用 $A \sim B$ 表示集合 A 与 B 除有限元素外彼此相同. 又若 $A \sim B$ 不成立就写作 $A \nsim B$.

定义 若

$$Z \sim hB,\ 0 \leqslant h \leqslant \infty,$$

但

$$Z \nsim lB,\ 0 \leqslant l < h.$$

则称 B 为 h 阶渐近基.

显然零属于任何基.

设 B 为任意自然数集合，当

$$m \in Z^0 \tag{2.1}$$

时，恒有

$$m = b_1 + \cdots + b_l\,,\ \ b_i \in B\,,$$

这种形式的表达式可能不止一个，我们用 $l(m)$ 表示这种表达式中 l 的最小值.令

$$\lambda = \sup_{n=1,2,\cdots} \frac{1}{n}\sum_{m=1}^{n} l(m)\,,$$

则称 λ 为 B 的平均阶，此处 $\sup\limits_{n=1,2,\cdots}$ 表 $\Phi(n)$ 当 n=1, 2, …, 时的上确界.

又若更换条件(2.1)为

$m \in Z\,, m > n_0$ (n_0 表某一个固定的自然数)，而 $l(m)$ 意义同前；并令

$$\lambda^* = \varlimsup_{n=1,2,\cdots} \frac{1}{n}\sum_{m=1}^{h} l(m)$$

则称 λ^* 为 B 的平均渐近阶.

定理 2.1(Erdös)　每一有限阶基均为本性分量，确切地说，我们有

$$\begin{aligned} d(A+B) &\geqslant d(A) + \frac{d(A)(1-d(A))}{2\lambda} \\ &\geqslant d(A) + \frac{d(A)(1-d(A))}{2h}\,, \end{aligned}$$

式中 λ 表 B 的平均阶, h 表 B 的阶.

证　不妨假定 $0 \notin A$. 设 $0 \leqslant m \leqslant x$. 令 A_m 表示具有性质 $a \in A$ 及 $a + m \in A$ 的元素 a 所成的集合. 显然 $A_m \in A$. 又令 A'_m 表示 A_m 在 A 中的余集，则

$$A(x-m) = A_m(x-m) + A'_m(x-m)\,.$$

又有

$$\begin{aligned} \sum_{m=0}^{x} A(x-m) &= \sum_{m=0}^{x} A(x-m) + \sum_{m=0}^{x} A'_m(x-m) \\ &= \sum_{m=0}^{x} A_m(x-m) + \sum_{m=1}^{x} A'_m(x-m)\,. \end{aligned} \tag{2.2}$$

令 $a + m = a_1$ ，则 $\sum\limits_{m=0}^{x} A_m(x-m)$ 为适合下列条件组

$$0 \leqslant a_1 - a = m \leqslant x, \{a, a_1\} \leqslant A \cap [1, x]$$

的整数对(a,a_1)的个数. 此数等于在$A(x)$个元素中取两个不同的或相同的元素的组合数，故得

$$\sum_{m=0}^{x} A_m(x-m)=\frac{1}{2}\big(A(x)+1\big)A(x). \tag{2.3}$$

设$a'\in A_m'$，又设$m=b_1+b_2+\cdots+b_{l(m)}$为 m 的某一固定的分解式，其中$b_i\,(1\leqslant i\leqslant m)$属于基 B．由于$a'+m\notin A$，故对每一个属于$A_m'\cap[1,x]$的元素a'，恒可定出最小的整数$i=i(a')$，使得

$$a'+b_1+\cdots+b_{i-1}\in A \text{ 且 } a'+b_1+\cdots+b_i\notin A.$$

现在把A_m'中元素分类，使$i(a')$相同者为一类，则显然类数不超过$l(m)$，而对应于数i的类中元素的个数又不超过$A_{bi}'(x-b_i)$. 但(下面用$\overline{A}$表A在Z^0内的余集)

$$\begin{aligned}A_{bi}'(x-b_i)&=\big((A+b_i)\cap\overline{A}\big)(x)\\&\leqslant\big((A+\{0,b_i\})\cap\overline{A}\big)(x)\\&\leqslant(A+B)(x)-A(x).\end{aligned} \tag{2.4}$$

(上面最后一步用到每一有限基都含 0 这一事实.)故

$$\begin{aligned}A_m'(x-m)&\leqslant\sum_{i=1}^{l(m)}A_{bi}'(x-m)\\&\leqslant l(m)\big[(A+B)(x)-A(x)\big].\end{aligned}$$

结合(2.2)及(2.3)得

$$\sum_{m=0}^{x}A(x-m)\leqslant\frac{1}{2}\big(A^2(x)+A(x)\big)+\big((A+B)(x)-A(x)\big)\sum_{m=1}^{x}l(m),$$

即

$$A(x)+\sum_{m=1}^{x-1}A(m)\leqslant\frac{1}{2}\big(A^2(x)+A(x)\big)+\big((A+B)(x)-A(x)\big)\lambda x.$$

由此,

$$\frac{(A+B)(x)}{x} \geqslant \frac{A(x)}{x} + \frac{1}{2}\frac{A(x)-A^2(x)}{\lambda x^2} + d(A)\frac{x(x-1)}{2\lambda x^2}$$

$$\geqslant \xi - \frac{1}{2\lambda}\xi^2 + \frac{1}{2\lambda}d(A)\left(\xi = \frac{A(x)}{x} \geqslant d(A)\right).$$

又在$(-\infty,\lambda)$区间上$\xi - \dfrac{\xi^2}{2\lambda}$单调上升，故

$$d(A+B) \geqslant d(A) + \frac{d(A)(1-d(A))}{2\lambda}$$

$$\geqslant d(A) + \frac{d(A)(1-2d(A))}{2h}.$$

定理 2.2(Rohrbach 与 I.Shur) 每一含 0 的有限阶渐近基均为渐近本性分量，确切说来，假定$0 \in B$则有

$$\delta^*(A+B) \geqslant \delta^*(A) + \frac{\delta^*(A)(1-\delta^*(A))}{2\lambda^*}$$

$$\geqslant \delta^*(A) + \frac{\delta^*(A)(1-\delta^*(A))}{2h^*}$$

式中λ^*表B的平均渐近阶，h^*表B的渐近阶.

证 对任意$\varepsilon > 0$. 令n_0为由下列诸关系式确定的充分大的整数.

$$l(n) \geqslant 1, \text{当} n > n_0,$$

$$\sum_{n=n_0+1}^{\infty} l(n) < (\lambda^* + \varepsilon)x, \text{ 当} x > n_0,$$

$$A(x) > (a^* - \varepsilon)x. \text{ 当} x > n_0$$

$$(a^* = \delta^*(A)).$$

不妨假定$0 \notin A$. 沿用定理 2.1 证明中的符号，则(2.2)—(2.4)各公式仍然成立. 由(2.2),(2.3)及$A'_m(x-m) \leqslant A(x-m)$这一事实，可以导出

$$\sum_{m=0}^{n_0} A(x-m) + \sum_{m=n_0+1}^{x} A(x-m)$$

$$\leqslant \frac{1}{2}\left(A^2(x)+A(x)\right)+\sum_{m=0}^{n_0} A(x-m)+\sum_{m=n_0+1}^{x} A'_m(x-m),$$

$$\frac{A^2(x)+A(x)}{2}+\sum_{m=n_0+1}^{x} A'm(x-m) \geqslant \sum_{m=n_0+1}^{x} A(x-m)$$

$$=\sum_{m=0}^{x} A(m)-\sum_{m=x-n}^{x} A(m)$$

$$\geqslant \sum_{m=0}^{x} A(m)-(n_0+1)x > \sum_{m=n_0+1}^{x} A(m)-(n_0+1)x$$

$$>\left(a^*-\varepsilon\right)\sum_{m=n_0+1}^{x} m-(n_0+1)x,$$

即

$$\sum_{m=n_0+1}^{x} A'_m(x-m) > \left(a^*-\varepsilon\right)\frac{x^2}{2}-\frac{A^2(x)}{2}+O(x).$$

由(2.4)及 n_0 定义, 我们有

$$\sum_{m=n_0+1} A'_m(x-m) < \left((A+B)(x)-A(x)\right)\left(\lambda^*+\varepsilon\right)x.$$

故

$$\frac{(A+B)(x)}{x} > \frac{A(x)}{x}+\frac{\left(\alpha^*-\varepsilon\right)}{2\left(\lambda^*+\varepsilon\right)}-\frac{A^2(x)}{2\left(\lambda^*+\varepsilon\right)x^2},$$

取极限即得

$$\delta^*(A+B) \geqslant \delta^*(A)+\frac{\delta^*(A)\left(1-\delta^*(A)\right)}{2\lambda^*}$$

$$\geqslant \delta^*(A)+\frac{\delta^*(A)\left(1-\delta^*(A)\right)}{2h^*}.$$

关于本性分量这方面的结果, Kasch 已经证明了下面的定理, 并指出在 α 较小的情况下有更精确的估计, 但证明很复杂, 这里就略去了.

定理 2.3 在定理 2.1 及定理 2.2 中的估计式可改进为

$$d(A+B) \geqslant d(A)+\frac{d(A)\left(1-d(A)\right)}{\lambda},$$

$$\delta^*(A+B) \geqslant \delta^*(A) + \frac{\delta^*(A)\left(1-\delta^*(A)\right)}{\lambda^*},$$

式中符号意义同前.

§3. 表充分大的整数为素数和

作为 Selberg 筛法, 渐近密率及本性分量等的一个应用, 本节中将证明

定理 3.1 充分大的整数, 可表为不超过 18 个素数的和. 确切地说, 充分大的奇数, 可表为不超过 17 个素数的和. 充分大的偶数, 可表为不超过 18 个素数的和.

首先, 我们要证明若干引理及定理, 作为证明定理 3.1 的准备.

引理 3.1 设 $\xi \geqslant 2$, 记 $B(\xi, j) = \sum\limits_{\substack{1 \leqslant y \leqslant \xi \\ y \equiv 0 (\bmod j)}} r(y)$, 其中 $r(y) = \sum\limits_{p=p'=y} 1$, 即把 y 表成两个素数之和的方法数, 我们有

1) 对于固定的 $j, B(\xi, j) \sim \dfrac{1}{2\varphi(j)} \dfrac{\xi^2}{\log^2 \xi}$;

2) 对于任何的 $j \leqslant \xi, B(\xi, j) < \dfrac{c_1}{\varphi(j)^{1/2}} \dfrac{\xi^2}{\log^2 \xi}$, c_1 为绝对常数.

证 1) 当 $(a, j) > 1$ 时, $\sum\limits_{\substack{p+p' \leqslant \xi \\ p \equiv -p' \equiv a (\bmod j)}} 1 \leqslant 1$. 故固定 j 时, 有

$$B(\xi, j) = \sum_{a=1}^{j} \sum_{\substack{p+p' \leqslant \xi \\ p \equiv -p' \equiv a (\bmod j)}} 1 = \sum_{\substack{(a,j)=1 \\ 1 \leqslant a \leqslant j}} \sum_{\substack{p+p' \leqslant \xi \\ p \equiv -p' \equiv a (j)}} + O(1). \tag{3.1}$$

若 $(a, j) = 1$, 则

$$\sum_{\substack{p+p' \leqslant \xi \\ p \equiv -p \equiv a (\bmod j)}} 1 = \sum_{\substack{p \leqslant \xi \\ p \equiv a (\bmod j)}} \sum_{\substack{p' \leqslant \xi - p \\ p' \equiv -a (\bmod j)}} 1$$

$$= \sum_{\substack{p \leqslant \frac{1}{2}\xi \\ p \equiv a (\bmod j)}} \sum_{\substack{p' \leqslant \xi - p \\ p' \equiv -a (\bmod j)}} 1 + \sum_{\substack{\frac{\xi}{2} < p \leqslant \xi \\ p \equiv a (\bmod j)}} \sum_{\substack{p' \leqslant \xi - p \\ p' \equiv -a (\bmod j)}} 1$$

$$= \sum_{\substack{p \leqslant \xi/2 \\ p \equiv a (\bmod j)}} \sum_{\substack{p' \leqslant \xi - p \\ p' \equiv -a (\bmod j)}} 1 + \sum_{\substack{p \leqslant \xi/2 \\ p' \equiv -a (\bmod j)}} \sum_{\substack{p \leqslant \xi - p' \\ p \equiv a (j)}} 1 - \sum_{\substack{p' \leqslant \frac{1}{2}\xi \\ p' \equiv -a (\bmod j)}} \sum_{\substack{p \leqslant \xi/2 \\ p \equiv a (\bmod j)}} 1$$

$$= \sum_{\substack{p \leqslant \xi/2 \\ p \equiv a (\bmod j)}} \pi(\xi - p; j, -a) + \sum_{\substack{p' \leqslant \xi/2 \\ p' \equiv -a (\bmod j)}} \pi(\xi - p'; j, a) - \pi(\xi/2; j, -a) \cdot \pi(\xi/2; j, a). \tag{3.2}$$

利用第三章的(1.3)并注意当 $p \leqslant \frac{1}{2}\xi$ 时 $\log(\xi - p) \sim \log\xi$，就得到

$$\begin{aligned}\sum_{\substack{p \leqslant \frac{1}{2}\xi \\ p \equiv a (\bmod j)}} \pi(\xi - p; j, -a) &\sim \frac{1}{\varphi(j)} \sum_{\substack{p \leqslant \frac{1}{2}\xi \\ p \equiv a (\bmod j)}} \frac{\xi - p}{\log(\xi - p)} \\ &\sim \frac{1}{\varphi(j)} \frac{\xi}{\log\xi} \sum_{\substack{p \leqslant \frac{1}{2}\xi \\ p \equiv a (\bmod j)}} 1 - \frac{1}{\varphi(j)\log\xi} \sum_{\substack{p \leqslant \xi/2 \\ p \equiv a (\bmod j)}} p \\ &\sim \frac{1}{2\varphi(j)^2} \frac{\xi^2}{\log^2\xi} - \frac{1}{8\varphi(j)^2} \frac{\xi^2}{\log^2\xi} = \frac{3}{8\varphi(j)^2} \frac{\xi}{\log\xi^2}.\end{aligned}$$ ①

同理

$$\sum_{\substack{p' \leqslant \frac{1}{2}\xi \\ p' \equiv -a (\bmod j)}} \pi(\xi - p'; j, a) \sim \frac{3}{8\varphi(j)^2} \cdot \frac{\xi^2}{\log\xi^2}.$$

又

$$\pi\left(\frac{1}{2}\xi; j, -a\right) \pi\left(\frac{1}{2}\xi; j, a\right) \sim \frac{1}{4\varphi(j)^2} \cdot \frac{\xi^2}{\log^2\xi},$$

故由(3.2)得

$$\sum_{\substack{p + p' \leqslant \xi \\ p \equiv -p' \equiv a (\bmod j)}} 1 \sim \frac{1}{2\varphi(j)^2} \frac{\xi^2}{\log^2\xi}, \quad (a, j) = 1.$$

代入(3.1)就得到：当 j 固定时

$$B(\xi, j) \sim \frac{1}{2\varphi(j)^2} \frac{\xi^2}{\log^2\xi}.$$

2) 由 $B(\xi, j)$ 的定义及第三章定理 3.2 知道，当 $j \leqslant \xi$ 时，

① 于此用到 $p_n(k,l) \sim \varphi(k) n \log n$，此处 $p_n(k,l)$ 表算术级数 $km+l((k,l)=1, m=1,2, \cdots)$ 内第 n 个素数. 这容易由第三章的(1.3)导出.

$$B(\xi,j)\sum_{p\leqslant\xi}\pi(\xi,j,-p)\leqslant\sum_{p\leqslant\xi}\frac{c}{\varphi(j)^{1/2}}\frac{\xi}{\log\xi}$$

$$\leqslant\frac{c_1}{\varphi(j)^{1/2}}\frac{\xi^2}{\log^2\xi},$$

式中 c_1 为绝对常数.

引理 3.2

1) 对于固定的正整数 a, $\sum\limits_{\substack{y\leqslant x\\ y\equiv0(\mathrm{mod}\,a)}}\frac{r(y)\log^2 y}{y}\sim\frac{x}{\varphi(a)}$;

2) 对于任何正整数 $a\leqslant x$, $\sum\limits_{\substack{y\leqslant x\\ y\equiv0(\mathrm{mod}\,a)}}\frac{r(y)\log^2 y}{y}<c_2\frac{x}{\varphi(a)^{\frac{1}{2}}}$.

证　1) 当 a 固定时,

$$\sum_{\substack{y\leqslant x\\ y\equiv0(\mathrm{mod}\,a)}}\frac{r(y)\log^2 y}{y}=\sum_{y\leqslant x}\frac{(B(y,a)-B(y-1,a))\log^2 y}{y}$$

$$=\sum_{y\leqslant x-1}B(y,a)\left\{\frac{\log^2 y}{y}-\frac{\log^2(y+1)}{y+1}\right\}+B([x],a)\frac{\log^2[x]}{[x]}.$$

运用引理 3.1 并注意 $\frac{\log^2 y}{y}-\frac{\log^2(y+1)}{y+1}\sim\frac{\log^2 y}{y^2}$, 就得到

$$\sum_{\substack{y\leqslant x\\ y\equiv0(\mathrm{mod}\,a)}}\frac{r(y)\log^2 y}{y}\sim\sum_{y\leqslant x-1}\frac{1}{2\varphi(a)}+\frac{x}{2\varphi(a)}\sim\frac{x}{\varphi(a)}.$$

2) 由引理 3.1 可知, 当 $a\leqslant x$ 时

$$\sum_{\substack{y\leqslant x\\ y\equiv0(\mathrm{mod}\,a)}}\frac{r(y)\log^2 y}{y}=\sum_{y\leqslant x-1}B(y,a)\left\{\frac{\log^2 y}{y}-\frac{\log^2(y+1)}{y+1}\right\}+B(x,a)\frac{\log^2 x}{x}$$

$$\leqslant\sum_{y\leqslant x-1}\frac{c_1}{\varphi(a)^{\frac{1}{2}}}\cdot\frac{y^2}{\log^2 y}\cdot c'\frac{\log^2 y}{y^2}+c_1\frac{1}{\varphi(a)^{\frac{1}{2}}}\frac{x^2}{\log^2 x}\frac{\log^2 x}{x}$$

$$<\frac{c_2 x}{\varphi(a)^{\frac{1}{2}}},$$

式中 c' 及 c_2 是绝对常数.

定理 3.2

$$\sum_{\substack{y<x\\ y\equiv 0(\mathrm{mod}2)}} \frac{r(y)}{w\dfrac{y}{\log^2 y}\prod\limits_{\substack{p|y\\ p\neq 2}}\dfrac{p-1}{p-2}} \sim x,$$

式中

$$w=\prod_{p>2}\left(1-\frac{1}{(p-1)^2}\right).$$

证 令

$$F(q)=|\mu(q)|\prod_{p|q}\left(1-\frac{1}{p-1}\right)$$

则

$$S=\sum_{\substack{y\leqslant x\\ y\equiv U(\mathrm{mod}2)}} \frac{r(y)}{\dfrac{y}{\log^2 y}\prod\limits_{\substack{p|y\\ p\neq 2}}\dfrac{p-1}{p-2}} = \sum_{\substack{y\leqslant x\\ y\equiv 0(\mathrm{mod}2)}} \frac{r(y)\log^2 y}{y}\prod_{\substack{p|y\\ p\neq 2}}\left(1-\frac{1}{p-1}\right)$$

$$=\sum_{\substack{y\leqslant x\\ y=0(\mathrm{mod}2)}} \frac{r(y)\log^2 y}{y}\sum_{\substack{q|y\\ 2+q}}F(q)$$

$$=\sum_{\substack{q\leqslant x\\ 2+q}}F(q)\sum_{\substack{y\leqslant x\\ y\equiv 0(\mathrm{mod}2q)}} \frac{r(y)\log^2 y}{y},$$

由引理 3.2 可知对于所有正数 x 及正整数 q, 都有

$$\left|F(q)\sum_{\substack{y\leqslant x\\ y\equiv 0(\mathrm{mod}2q)}} \frac{r(y)\log^2 y}{xy}\right| \leqslant c_2\frac{|F(q)|}{\varphi(q)^{1/2}},$$

因 $\sum\limits_{q=1}^{\infty}\dfrac{|F(q)|}{\varphi(q)^{1/2}}$ 收敛, 故级数

$$\sum_{\substack{q=1\\ 2+q}}^{\infty}F(q)\sum_{\substack{y\leqslant x\\ y\equiv 0(\mathrm{mod}2q)}} \frac{r(y)\log^2 y}{xy}.$$

对于 x 一致收敛. 因而由引理 3.1, 我们有

$$\lim_{x\to\infty}\frac{S}{x}=\lim_{x\to\infty}\sum_{\substack{q=1\\2+q}}F(q)\sum_{\substack{y\leqslant x\\y\equiv0(\bmod 2q)}}\frac{r(y)\log^2 y}{xy}$$

$$=\sum_{\substack{q=1\\2+q}}^{\infty}\frac{F(q)}{\varphi(q)}=\prod_{p>2}\left(1-\frac{1}{(p-1)^2}\right)=w\,.$$

故得

$$S\sim wx\,.$$

定理 3.3 设 $g(y)(1\leqslant y<\infty)$ 是整数 y 的有限函数且满足

$$\overline{\lim_{y\to\infty}}\,g(y)\leqslant A \tag{3.3}$$

及

$$\sum_{y\leqslant x}g(y)\sim x\,. \tag{3.4}$$

则

$$\underline{\lim}=\frac{\sum\limits_{\substack{y\leqslant x\\g(y)\neq0}}1}{x}\geqslant\frac{1}{A}. \tag{3.5}$$

证 任给 $\varepsilon>0$, 可找到 y_0, 使得当 $y>y_0$ 时, $g(y)<A+\varepsilon$, 因此

$$\sum_{y\leqslant x}g(y)=\sum_{y\leqslant y_0}g(y)+\sum_{y_0<y<x}g(y)$$

$$<C+(A+\varepsilon)\sum_{\substack{y_0<y\leqslant x\\g(y)\neq0}}1,$$

式中 c 是只与 ε 有关的常数. 又因为 $\sum\limits_{\substack{y\leqslant x\\g(y)\neq0}}1\to\infty$ (当 $x\to\infty$), 所以有 $x_0(\varepsilon)$ 存在, 使得

$$\sum_{y\leqslant x}g(y)<(A+2\varepsilon)\sum_{\substack{y\leqslant x\\g(y)\neq0}}1\quad(x>x_0)\,.$$

因此,

$$\lim_{x\to\infty}\frac{\sum\limits_{\substack{y\leqslant x\\ g(y)\neq 0}}1}{x}=\lim_{x\to\infty}\frac{\sum\limits_{\substack{y\leqslant x\\ g(y)\neq 0}}1}{\sum\limits_{y\leqslant x}g(y)}\geqslant\frac{1}{A+2\varepsilon},$$

令 $\varepsilon\to 0$，就得到(3.5).

有了以上的准备，就可以进入定理 3.1 的证明了.在本节下面的讨论中我们只用 p及p' 表奇素数. 设 M 为素数和 $p+p'$ 所组成的偶数集. 又在定理 3.3 中取

$$g(y)=\begin{cases}0, & 2\nmid y,\\ \dfrac{r(y)}{w\dfrac{y}{\log^2 y}\prod\limits_{p\mid y}\dfrac{p-1}{p-2}}, & 2\mid y,\end{cases}$$

$$\left[w=\prod_{p>2}\left(1-\frac{1}{(p-1)^2}\right)\right].$$

则由第四章定理 4.1 有

$$\overline{\lim_{y\to\infty}}g(y)\leqslant 16,$$

又由定义立刻推知

$$M(x)=\sum_{\substack{y\leqslant x\\ g(y)\neq 0}}1,$$

结合定理 3.2 有

$$\delta^*(M)=\underline{\lim}\frac{M(x)}{x}\geqslant\frac{1}{16}. \tag{3.6}$$

现在让我们引进偶数的渐近密率. 考虑全体偶数，它们组成一个加群与全体整数同构，这也就是说，不仅有一一对应 $2n\leftrightarrow n$，而且对应元素的和与差仍为对应元素. 令 $\{2n,n=0,1,2,\cdots\}$，及 $A\subset\Sigma$，则可以定义 A 的偶数渐近密率为

$$\delta^*_{\Sigma}(A)=\underline{\lim}_{n\to\infty}\frac{A(2n)}{\sum(2n)}=\underline{\lim}_{x\to\infty}\frac{A(2n)}{n},$$

利用同构关系可以把关于 δ^* 的许多定理推成关于 δ^*_{Σ} 的类似定理，如定理 1.6, 1.7 及 2.2, 都是例子.

由(3.6)有

$$\delta_{\Sigma}^{*}(M) \geqslant \frac{1}{8}, \tag{3.7}$$

据直接验算知 6, 8, ⋯, 52 均属于 M, 反复应用类似于定理 1.7 的定理, 即得

$$\delta_{\Sigma}^{*}(8M) \geqslant \frac{26}{27}\left\{2 \cdot \frac{25}{26} 2 \cdot \frac{24}{25}\left(\frac{1}{8}+\frac{1}{8}\right)\right\}=\frac{24}{27}.$$

故

$$\delta_{\Sigma}^{*}(8M)+\delta_{\Sigma}^{*}(M)>1,$$

由定理 1.7 的类似定理, $9M \sim \Sigma$, 即充分大的偶数可表为不超过 18 个素数的和.

考虑 $P^{*}=\{p-3\}$ 及 $M^{*}=P^{*}+P^{*}$.由直接验算知

$$2n \in M^{*}, \quad 2n \in M, \quad 0 \leqslant n \leqslant 1000. \tag{3.8}$$

仿上有

$$\delta_{\Sigma}^{*}(8M^{*})+\delta_{\Sigma}^{*}(M^{*})>1$$

即 P^{*} 对 Σ 的平均渐近阶 $\lambda^{*} \leqslant 18$. 由定理 2.2 的类似定理

$$\delta_{\Sigma}^{*}(M+P^{*}) \geqslant \frac{1}{8}\left(1+\frac{1}{2} \frac{1-\frac{1}{8}}{18}\right)=\frac{1}{8}+\frac{7}{2 \cdot 8 \cdot 8 \cdot 18}>\frac{1}{8}+\frac{3}{1000}.$$

另一方面

$$\begin{aligned}
\delta_{\Sigma}^{*}(7M) & \geqslant \frac{k_1}{k_1+1}\left(\frac{1}{8}+\delta_{\Sigma}^{*}(6M)\right) \\
& \geqslant \frac{k_1}{k_1+1}\left(\frac{1}{8}+\frac{k_2}{k_2+1}(\delta_{\Sigma}^{*}(2M)+\delta_{\Sigma}^{*}(4M))\right) \\
& \geqslant \frac{k_1}{k_1+1}\left(\frac{1}{8}+\frac{k_2}{k_2+1}\left(\frac{k_3}{k_3+1}\left(\frac{1}{8}+\frac{1}{8}\right)+\frac{k_4}{k_4+1} \frac{k_3}{k_3+1} \frac{1}{2}\right)\right),
\end{aligned}$$

令

$$k=k_4, \quad k_3=k_4+1, \quad k_2=k_3+1, \quad k_1=k_2+1.$$

上式化为

$$\delta_{\Sigma}^{*}(7M) \geqslant \frac{1}{8} \frac{k+3}{k+4}+\frac{1}{4} \frac{3k+2}{k+3}.$$

由(3.8)可取 $k=1000$, 于是

$$\delta_{\Sigma}^{*}(7M)+\delta_{\Sigma}^{*}(M+P^{*})\geqslant\frac{1}{8}\frac{1003}{1004}+\frac{1}{4}\frac{3002}{1003}+\frac{1}{8}+\frac{3}{1000}>1\,.$$

即

$$8M+P^{*}\sim\sum,$$

亦即

$$8M+P\sim\overline{\sum},$$

式中 $P=\{p\}$. 至此已证充分大的奇数可表为不超过 17 个素数的和.

最后, 应该说明一下: 苏联数学家 Виноградов 利用较高深的方法, 早已证明每一充分大的奇数, 是三个素数之和, 从此立刻可以推出充分大的偶数可以表成四个素数之和. 本节讨论问题的意义在于判明使用初等方法, 仅目前能力所及可以得到什么结果. 这里的结果是属于尹文霖的, 这改进了 Shapiro 此前用初等方法所得到的结果.

第二篇　解析的方法

第六章　狄 氏 级 数

§1. 引　　论

所谓狄氏级数就是形如

$$\sum_{n=1}^{\infty}\frac{a_n}{n^s} \tag{1.1}$$

的级数, 式中 a_n 是常数(可以是复数)而 $s=\sigma+\mathrm{i}t$ 是复变数. 更一般些, 形如

$$\sum_{n=0}^{\infty}a_n\mathrm{e}^{-\mu_n s} \tag{1.2}$$

的级数也称为狄氏级数, 式中 μ_n 是常数. 为区别起见, 我们可以称(1.1)为寻常(或狭义)狄氏级数, 称(1.2)为广义狄氏级数. 如果在(1.2)内令 $a_0=0$ 及 $\mu_0=0$, $\mu_n=\log n(n\geqslant 1)$ 即得(1.1). 又如令 $\mu_n=n$ 并设 $z=\mathrm{e}^{-s}$ 就得到一个幂级数.

特别地, 令 $a_n=1,(n=1, 2, \cdots)$, 则(1.1)变为

$$\zeta(s)=\sum_{n=1}^{\infty}\frac{1}{n^s}. \tag{1.3}$$

这就是所谓黎曼 ζ 函数. 显然上式右边当 $\sigma>1$ 时绝对收敛.

应该在这里说明一下 z^s 的意义. 在一般情形下我们规定: 当 $z\neq 0$ 时,

$$z^s=\mathrm{e}^{s\log z},$$

而 $\log z$ 当 $z>0$ 时取实数值. 换句话说, 当 $z=r\mathrm{e}^{\mathrm{i}\varphi}(-\pi\leqslant\varphi<\pi)$ 时

$$\log z=\log r+\mathrm{i}\varphi.$$

并不是一般的解析函数都能表成寻常狄氏级数, 因而比起幂级数来, 寻常狄氏级数在数学分析上的用途是比较狭的. 另一方面这种级数在数论上的用处却很大, 因此值得特别加以讨论, 又狄氏级数的理论比起幂级数的理论要复杂得多.

我们知道幂级数的收敛圆, 绝对收敛圆及其所表函数的正则圆, 三者是合一的. 在狄氏级数方面, 对应于圆的是半面, 而三个半面一般是各不相同的.

§2. 收敛半面与绝对收敛半面

在讨论狄氏级数的收敛区域之前, 我们最好先证明下面的

引理 2.1 设

$$\lambda_1 \leqslant \lambda_2 \leqslant \cdots \lambda_n \leqslant \cdots,\ \lambda_n \to \infty\ (n \to \infty),$$

而

$$C(x) = \sum_{\lambda_n \leqslant x} c_n\ (c_n \text{ 可以是复数}),$$

又设 $\Phi(x)$ 有连续一级导数, 则当 $x \geqslant \lambda_1$ 时,

$$\sum_{\lambda_n \leqslant x} C_n \phi(\lambda_n) = -\int_{\lambda_1}^{x} C(t)\Phi'(t)\mathrm{d}t + C(x)\Phi(x). \tag{2.1}$$

证 用 S 代表上式左端, 则

$$\begin{aligned} C(x)\Phi(x) - S &= \sum_{\lambda_n \leqslant x} c_n(\Phi(x) - \Phi(\lambda_n)) \\ &= \sum_{\lambda_n \leqslant x} \int_{\lambda_n}^{x} c_n \Phi'(t)\,\mathrm{d}t = \int_{\lambda_1}^{x} \sum_{\lambda_n \leqslant x} c_n \Phi'(t)\mathrm{d}t \\ &= \int_{\lambda_1}^{x} C(t)\Phi'(t)\mathrm{d}t. \end{aligned}$$

推论 1 若再假定当 $x \to \infty$ 时, $c(x)\Phi(x) \to 0$, 则只要下式两端之一收敛, 等式即成立:

$$\sum_{n=1}^{\infty} c_n \Phi(\lambda_n) = -\int_{\lambda_1}^{\infty} C(x)\Phi'(x)\mathrm{d}x. \tag{2.2}$$

这推论是很明显的.

推论 2 若在引理 2.1 的假设之外再假设当 $x \geqslant \lambda_1$ 时, 有一常数 c 存在, 使得 $|c(x)| < c$, 并设 $\Phi(x)$ 当 $x \geqslant \lambda_1$ 时是不小于 0 的单调函数, 则

$$\left|\sum_{\lambda_n \leqslant x} c_n \Phi(\lambda_n)\right| \leqslant \begin{cases} c\Phi(\lambda_1), & \text{假若 } \Phi(x) \text{ 单调减少,} \\ 2c\Phi(x), & \text{假若 } \Phi(x) \text{ 单调增加.} \end{cases} \tag{2.3}$$

证 当$\Phi(x)$单调减少时,

$$\left|\sum_{\lambda_n \leqslant x} c_n \Phi(\lambda_n)\right| \leqslant -c\int_{\lambda_1}^{x} \Phi'(u)\mathrm{d}u + c\Phi(x) = c\Phi(\lambda_1).$$

又当$\Phi(x)$单调增加时,

$$\left|\sum_{\lambda_n \leqslant x} c_n \Phi(\lambda_n)\right| \leqslant c\int_{\lambda_1}^{x} \Phi'(u)\mathrm{d}u + c\Phi(x) \leqslant 2c\Phi(x).$$ [证完]

今后我们只考虑下列形式的狄氏级数.

$$f(s) = \sum_{n=1}^{\infty} a_n \lambda_n^{-s}, \tag{2.4}$$

其中a_n是常数(可以是负数), 而λ_n满足

$$1 \leqslant \lambda_1 \leqslant \lambda_2 \leqslant \cdots \leqslant \lambda_n \leqslant \cdots, \lambda_n \to \infty\ (\text{当}\ n \to \infty). \tag{2.5}$$

这种级数显然是(1.2)的特例(可令$\lambda_n = \mathrm{e}^{\mu_n}$).

我们要证明下面与幂级数的第一 Abel 定理相类似的

定理 2.1 若狄氏级数(2.4)当$s = s_0 = \sigma_0 + \mathrm{i}t_0$时收敛, 则(i)在半面$\sigma > \sigma_0$上, (2.4)常收敛; (ii)在区域

$$|t - t_0| \leqslant A(\sigma - \sigma_0)H^{\sigma - \sigma_0}, \quad \sigma \geqslant \sigma_0 \tag{2.6}$$

上, (2.4)一致收敛, 式中A及H是可以任意指定的正的常数; 及(iii)(2.4)所代表的函数在$\sigma > \sigma_0$时是正则的.

证 设

$$S(s,x,u) = \sum_{\lambda_u \leqslant \lambda_n \leqslant x} a_n \lambda_n^{-s}$$

并假定$\lambda_u \leqslant \lambda_v \leqslant x < \lambda_{v+1}$.

我们先建立$S(s,x,u)$与$S(s_0,x,u)$之间的关系, 在引理 2.1 内, 令

$$c_n \begin{cases} = 0, & \text{当}\ n = 1,2,\cdots,u-1, \\ = a_n \lambda_n^{-s_0}, & \text{当}\ n = u,u+1,\cdots,v \end{cases}$$

及

$$\Phi(x) = x^{s_0 - s},$$

即得

$$S(s,x,u)=(s-s_0)\int_{\lambda_1}^{x}c(y)y^{s_0-s-1}\mathrm{d}y+S(s_0,x,u)x^{s_0-s},$$

其中

$$C(y)=\sum_{\lambda_n\leqslant y}c_n=\begin{cases}0, & 当\ y<\lambda_u\\ S(s_0,y,u), & 当\ y\geqslant\lambda_u.\end{cases}$$

因此

$$S(s,x,u)=(s-s_0)\int_{\lambda_u}^{x}S(s_0,y,u)y^{s_0-s-1}\mathrm{d}y+S(s_0,x,u)x^{s_0-s}. \tag{2.7}$$

由于(2.4)在 $s=s_0$ 收敛，所以 $S(s_0,y,u)$ 当 $y\geqslant\lambda_n$ 时是有界的. 故

$$\begin{aligned}\left|S(s,x,u)\right| &\leqslant\left|s-s_0\right|\max_{y\geqslant\lambda_u}\left|S(s_0,y,u)\right|\int_{\lambda_u}^{x}y^{\sigma_0-\sigma-1}\mathrm{d}y+\max_{y\geqslant\lambda_u}\left|S(s_0,y,a)\right|x^{\sigma_0-\sigma}\\ &\leqslant\frac{\left|s-s_0\right|}{\sigma-\sigma_0}\lambda_u^{\sigma_0-\sigma}\max_{y\geqslant\lambda_n}\left|S(s_0,y,u)\right|.\end{aligned} \tag{2.8}$$

由于当 $u\to\infty$ 时 $\lambda_n\to\infty$，显然当 $\sigma>\sigma_0$ 而 $u\to\infty$ 时 $S(s,x,u)\to 0$，这证明了定理的第一部分(i). 又在(2.6)的条件下也不难看出(2.8)式右边当 $u\to\infty$ 时，一致地趋于 0. 因此定理的其余部分(ii)及(iii)随之成立.

我们考虑所有能使狄氏级数(2.4)收敛的点 S 的横标 σ 的集合. 我们称这集合的确界 α 为级数(2.4)的收敛横标，并称 $\sigma>\alpha$ 为这级数的收敛半面. 若(2.4)到处收敛则 $\alpha=-\infty$，若到处发散则 $\alpha=+\infty$. 我们很容易从定理 2.1 推出下面的定理:

定理 2.2 狄氏级数(2.4)在收敛半面 $\sigma>\alpha$ 内处处收敛，并且代表一个正则函数，又(2.4)在即 $\sigma>\alpha$ 时，处处发散.

若在 $S=\sigma+\mathrm{i}t$ 点(2.4)是绝对收敛的，我们就称 S 为(2.4)的一个绝对收敛点，简称绝敛点. 一切绝敛点 S 的横标 σ 的集合如果有下确界 β，我们就称 β 为(2.4)的绝敛横标，并称 $\sigma>\beta$ 为绝敛半面. 如果上述集合无下确界，我们就写作 $\beta=-\infty$. 又如那集合是空集，我们就写作 $\beta=+\infty$.

我们很容易证明下面的定理:

定理 2.3 狄氏级数(2.4)在绝敛半面 $\sigma>\beta$ 上处处绝对收敛，而在半面 $\sigma<\beta$ 上，处处不绝对收敛.

关于 α 与 β 之间的关系，我们有下面的定理:

定理 2.4 狄氏级数(2.4)的收敛横标 α 与绝敛横标 β 满足下列不等式:

$$0\leqslant\beta-\alpha\leqslant\varlimsup_{n\to\infty}\frac{\log n}{\log\lambda_n},$$

其中当 $\alpha=\beta=\pm\infty$ 时，我们认为 $\beta-\alpha=0$，而当 $\alpha\neq\beta$，但其中有一个是 $\pm\infty$ 时，我们认为 $\beta-\alpha=+\infty$.

证　由定义，显然 $\alpha\leqslant\beta$，设

$$L=\varlimsup_{n\to\infty}\frac{\log n}{\log\lambda_n}.$$

当 $L=+\infty$ 时，定理显然成立．今假定 $L<+\infty$．因为当 n 充分大时 $\log n$ 与 $\log\lambda_n$ 都是正的，故 $L\geqslant 0$.

任给 $\varepsilon>0$，我们可以找到 $n_0=n_0(\varepsilon)$，使当 $n\geqslant n_0$ 时，

$$\frac{\log n}{\log\lambda_n}<L+\frac{\varepsilon}{2},$$

即

$$\lambda_n>n^{\frac{1}{L+\frac{1}{2}\varepsilon}}.$$

另一方面，当 $\sigma>\alpha$ 时，(2.4)收敛，故当 $n\geqslant n_1\geqslant n_0$ 时，

$$\left|\frac{\alpha_n}{\lambda_n^s}\right|<1,$$

即

$$|\alpha_n|<\lambda_n^{\sigma}.$$

因此，当 $S'=S+L+\varepsilon$ 时，

$$\left|\frac{a_n}{\lambda_n^{s'}}\right|=\frac{|a_n|}{\lambda_n^{\sigma+L+\varepsilon}}\leqslant\frac{1}{\lambda_n^{L+\varepsilon}}<n^{-\frac{L+\varepsilon}{L+\frac{1}{2}\varepsilon}}.$$

因为 $\dfrac{L+\varepsilon}{L+\dfrac{\varepsilon}{2}}>1$，所以上式右边是收敛级数的一般项，故

$$\sum_{n=1}^{\infty}\frac{|a_n|}{\left|\lambda_n^{s'}\right|}=\sum_{n=1}^{\infty}\frac{|a_n|}{\left|\lambda_n^{s+L+\varepsilon}\right|}$$

收敛，这表明

$$\beta\leqslant\sigma+L+\varepsilon.$$

若 $\alpha=-\infty$，则 S 可以是任意负数，故 $\beta=-\infty$，若 $\alpha>-\infty$ 则可取 $S=\sigma=\alpha+\varepsilon$ 而对任意 $\varepsilon>0$ 都有

$$\beta \leqslant \alpha + L + 2\varepsilon .$$

故

$$\beta - \alpha \leqslant L .$$

推论 当 $\lambda_n = n$，即当(2.4)是寻常狄氏级数时

$$\beta \leqslant \alpha + 1 .$$

§3. 狄氏级数所表示函数的阶

我们先引进一个定义:

定义 若当 $\sigma = \sigma_0$ 时，存在一个常数 A 使得

$$f(s) = O(|t|^A),$$

我们就说 $f(s)$ 对于 σ_0 是有限阶的，若当 $\sigma_1 \leqslant \sigma \leqslant \sigma_2$ (或 $\sigma \geqslant \sigma_1$)时，上列条件一致地(即 A 及 0 所隐含的常数都只与 σ_1，σ_2 有关)成立.我们就说 $f(s)$ 在带形域 $\sigma_1 \leqslant \sigma \leqslant \sigma_2$ (或半面 $\sigma \geqslant \sigma_1$)上是有限阶的.

我们要证明狄氏级数所表示的函数在半面 $\sigma \geqslant \alpha + \varepsilon$ (α 是收敛横标而 ε 是任意正数)上是有限阶的.

定理 3.1 若狄氏级数

$$f(s) = \sum_{n=1}^{\infty} \frac{a_n}{\lambda_n^s} \tag{3.1}$$

的收敛横标及绝敛横标分别是 α 及 β，则

(i) 当 $\sigma \geqslant \beta_1 > \beta$ 时 $f(s)$ 有界;

(ii) 当 $\alpha < \alpha_1 \leqslant \sigma \leqslant |t| \geqslant t_0 > 0$ 时,

$$|f(s)| \leqslant A|t|, \tag{3.2}$$

其中 A 是与 α 及 t_0 有关而与 σ 及 t 无关的常数;

(iii) 对于寻常狄氏级数(即当 $\lambda_n = n$ 时), (3.2)可以改成

$$|f(s)| \leqslant A|t|^{1-(\sigma-\alpha)+\varepsilon}, \tag{3.3}$$

其中 ε 是任意正数，$\alpha + \varepsilon \leqslant \sigma \leqslant \alpha + \varepsilon + 1, |t| \geqslant t_0 > 0$，并且 A 是与 t_0 及 ε 有关而与 σ 及 t 无关的常数.

证 1) 当 $\sigma \geqslant \beta_1$ 时，显然有

$$f(s) \leqslant \sum_{n=1}^{\infty} \frac{|a_n|}{\lambda_n^{\beta_1}}.$$

2) 令 $\alpha < \sigma_0 < \alpha_1$，则当 $\sigma \geqslant \alpha_1$ 时，由(2.8)得

$$|f(s)| \leqslant \sum_{n=1}^{M-1} \frac{|a_n|}{\lambda_n^{\sigma}} + \frac{s-s_0}{\sigma-\sigma_0} \lambda_M^{\sigma_0-\sigma} \max_{y \geqslant \lambda_M} |S(\sigma_0)y, M|. \tag{3.4}$$

取 M 充分大使 $\lambda_M \geqslant 1$，即得

$$|f(s)| \leqslant \sum_{n=1}^{M-1} \frac{|a_n|}{\lambda_n^{\alpha_1}} + A_1 |t| \leqslant A|t| \quad (|t| \geqslant t_0)$$

式中 A_1 及 A 是与 α_1 及 t_0 有关而与 σ 及 t 无关的常数.

3) 当 $\lambda_n = n$ 时，可在(3.4)内取 $M = [|t|]$ 即得

$$\begin{aligned}|f(s)| &\leqslant \sum_{n=1}^{[|t|]-1} \frac{|a_n|}{n^{\sigma_0}} \frac{1}{n^{\sigma-\sigma_0}} + A_2 \frac{s-s_0}{\sigma-\sigma_0} |t|^{\sigma_0-\sigma} \\ &\leqslant A_3 \int_1^{|t|} \frac{du}{u^{\sigma-\sigma_0}} + A_4 |t|^{1-\sigma-\sigma_0} \leqslant |t|^{1-(\sigma-\sigma_0)} \text{（各}A\text{表常数）}.\end{aligned}$$

上面假定了 $\alpha_1 \leqslant \sigma \leqslant \sigma_0 + 1$ 取 $\alpha_1 = \alpha + \varepsilon . \sigma_0 = \alpha + \frac{\varepsilon}{2}$ 并注意 $\sigma_0 + 1 > \alpha + 1 \geqslant \beta$ (看定理 2.4 推论)，不难结合(t)推出(3.3). [证完]

§4. Perron 公式

我们先证明一个比较普遍的定理.

定理 4.1 设 λ_n 是趋于 0 的单调增加的正数序列而

$$f(s) = \sum_{n=1}^{\infty} \frac{a_n}{\lambda_n^s}, \tag{4.1}$$

则当 $\sigma > \beta - c$（β 是上列狄氏级数的绝敛横标而 $c > 0$）而 x 不等于任何的 λ_n 时，

$$\sum_{\lambda_n < x} \frac{a_n}{\lambda_n^s} = \frac{1}{2\pi i} \int_{c-i\infty}^{c+i\infty} f(s+w) \frac{x^w}{v} \mathrm{d}w. \tag{4.2}$$

又当(4.1)是寻常狄氏级数时，只要$\sigma > \alpha - c$（α 是(4.1)的收敛横标而$c > 0$），(4.2)就成立.

证 1) 若$\sigma > \beta - c$，则当$Rw = c$时（Rw表w的实数部分).

$$f(s+w) = \sum_{n=1}^{\infty} \frac{a_n}{\lambda_n^{s+w}}$$

是绝对收敛及一致收敛的. 因此

$$\frac{1}{2\pi i}\int_{c-iT'}^{c+iT} f(S+w)\frac{x^w}{w}\mathrm{d}w = \frac{1}{2\pi i}\sum_{n=1}^{\infty}\frac{a_n}{\lambda_n^s}\int_{c-iT'}^{c+iT}\left(\frac{x}{\lambda_n}\right)^w \frac{\mathrm{d}w}{w} \tag{4.3}$$

让我们先证明(当$c > 0$时)

$$\frac{1}{2\pi i}\int_{c-i\infty}^{c+i\infty}\left(\frac{x}{\lambda_n}\right)^w \frac{\mathrm{d}w}{w} \begin{cases} = 1, & \lambda_n < x, \\ = 0, & \lambda_n > x. \end{cases} \tag{4.4}$$

式中积分取 Cauchy 主值.

设$n < x$，考虑

$$I = \int_{c-iT}^{c+iT}\left(\frac{x}{\lambda_n}\right)^w \frac{\mathrm{d}w}{w} + \int_{\Gamma}\left(\frac{x}{\lambda_n}\right)\frac{\mathrm{d}w}{w}, \tag{4.5}$$

其中Γ是用反钟方向画出的一个半圆，其中心是$w = c$，半径是 T，而全部位于$\sigma = c$的左边. 当T充分大时，在直线$\sigma = c$与半圆Γ之间恰有积分函数的一个奇点$w = 0$，其相当的残数是 1. 故由残数定理得

$$I = 2\pi i\ .$$

由于$x > n$，不难看出当$T \to \infty$时(4.5)式右边第二个积分趋于零，这证明了(4.4)式的一半. (4.4)式的另一半也可以仿此证明，只要把(4.5)式中的半圆的位置改到直线$\sigma = c$的左边. 这时由于半圆与直线之间没有积分函数的奇点. 故$I = 0$. (4.4)式的另一半随之成立.

当x一定时,

$$\int_{c+iT}^{c+i\infty}\left(\frac{x}{\lambda_n}\right)^w \frac{\mathrm{d}w}{w} = -\left(\frac{x}{\lambda_n}\right)^{c+iT} \frac{1}{\left(\log\dfrac{x}{\lambda_n}\right)(c+iT)} + \frac{1}{\log\dfrac{x}{\lambda_n}}.$$

$$\int_{c+iT}^{c+i\infty}\left(\frac{x}{\lambda_n}\right)^w \frac{\mathrm{d}w}{w^2} = O\left(\frac{1}{\lambda_n^c T}\right) + O\left(\frac{1}{\lambda_n^c}\int_T^{\infty}\frac{dv}{c^2+v^2}\right) = O\left(\frac{1}{\lambda_n^c T}\right).$$

故

$$\sum_{n=1}^{\infty}\frac{a_n}{\lambda_n^s}\int_{c+\mathrm{i}T}^{c+\mathrm{i}\infty}\left(\frac{x}{\lambda_n}\right)^w\frac{\mathrm{d}w}{w}=O\left(\frac{1}{T}\sum_{n=1}^{\infty}\frac{|\alpha_n|}{\lambda^{\sigma+c}}\right).$$

因此当 $T\to\infty$ 时，上式左边趋于 0，仿此可证. 当 $T'\to\infty$ 时，

$$\sum_{n=1}^{\infty}\frac{a_n}{\lambda_n^s}\int_{c-\mathrm{i}\infty}^{c-\mathrm{i}T'}\left(\frac{x}{\lambda_n}\right)^w\frac{\mathrm{d}w}{w}\to 0.$$

定理的前半随之成立.

2) 现在讨论 $\lambda_n=n$ 的情形.设 $\alpha-c<\sigma\leqslant\beta-c$ 及 $c'>\beta-\sigma$，并设 $w=u+\mathrm{i}v$. 考虑由下列直线所围成的矩形

$$R: u=0,\quad u=c',\quad v=-T,\quad v=T$$

及积分

$$\int_R f(s+w)\frac{x^w}{w}\mathrm{d}w.$$

根据定理 2.1(iii)，在 R 的上下两侧有

$$f(s+w)\frac{x^w}{w}=0\left(T^{-(\sigma+c-\alpha)+\varepsilon}\right).$$

故积分沿 R 上下两侧的部分当 $T\to\infty$ 时趋于 0，又因积分函数在 R 内正则，故

$$\frac{1}{2\pi\mathrm{i}}\int_{c-\mathrm{i}\infty}^{c+\mathrm{i}\infty}f(s-w)\frac{x^w}{w}\mathrm{d}w=\frac{1}{2\pi i}\int_{c'+\mathrm{i}\infty}^{c'+\mathrm{i}\infty}f(s+w)\frac{x^w}{w}\mathrm{d}w.$$

因 $\sigma>\beta-c'$,故由 1)，上式右边的值是

$$\sum_{n<x}a_n n^{-s},$$

定理随之成立.

推论(Perron 公式)　当 $c>\beta$ 而 x 不是整数时，

$$\sum_{n<x}\alpha_n=\frac{1}{2\pi\mathrm{i}}\int_{c-\mathrm{i}\infty}^{c+\mathrm{i}\infty}f(w)\frac{x^w}{w}\mathrm{d}w. \tag{4.6}$$

对于寻常狄氏级数而言，只要 $c>\alpha$ 上式即成立. [证完]

公式(4.6)是著名的 Perron 公式，但由实际运用这公式的结果，人们发现最好把形式改一下，用起来才方便. 为简单计，我们只讨论 $\lambda_n=n$ 的情形.

定理 4.2 设

$$f(s)=\sum_{n=1}^{\infty}\frac{a_n}{n^s}$$

当 $\sigma>\beta$ 时绝对收敛，其中 $a_n=O\{\psi(n)\},\psi(n)$ 是不减少的，但 $\sigma\to\beta^+$ 时

$$\sum_{n=1}^{\infty}\frac{|a_n|}{n^{\sigma}}=C\left\{\frac{1}{(\sigma-\beta)^{\alpha}}\right\}.$$

则当 $c>0$，$\sigma+c>\beta$，x 不是整数，而 N 是离 x 最近的整数时，

$$\sum_{n<x}\frac{a_n}{n^s}=\frac{1}{2\pi\mathrm{i}}\int_{c-\mathrm{i}T}^{c+\mathrm{i}T}f(s+w)\frac{x^w}{w}\mathrm{d}w+C\left\{\frac{x^c}{T(\sigma+c-\beta)^{\alpha}}\right\}$$

$$+O\left\{\frac{\varphi(2x)x^{1-\sigma}\log x}{T}\right\}+O\left\{\frac{\varphi(N)x^{1-\sigma}}{T|x-N|}\right\}. \tag{4.7}$$

又若 x 是整数. 则公式应改成

$$\sum_{n-1}^{x-1}\frac{a_n}{n^s}+\frac{a_x}{2x^3}=\frac{1}{2\pi\mathrm{i}}\int_{c-\mathrm{i}T}^{c+\mathrm{i}T}f(s+w)\frac{x^w}{w}\mathrm{d}w+O\left\{\frac{x^c}{T(\sigma+c-\beta)^{\alpha}}\right\}$$

$$+O\left\{\frac{\varphi(2x)x^{1-\sigma}\log x}{T}\right\}+O\left\{\frac{\varphi(x)x^{-\sigma}}{T}\right\}. \tag{4.8}$$

证 1)首先设 x 不是整数. 若 $n<x$，则由残数定理得

$$\frac{1}{2\pi\mathrm{i}}\left(\int_{-\infty\mathrm{i}T}^{c-\mathrm{i}T}+\int_{c-\mathrm{i}T}^{c+\mathrm{i}T}+\int_{c+\mathrm{i}T}^{-\infty+\mathrm{i}T}\right)\left(\frac{x}{n}\right)^w\frac{\mathrm{d}w}{w}=1,$$

但

$$\int_{-\infty+\mathrm{i}T}^{c+\mathrm{i}T}\left(\frac{x}{n}\right)^w\frac{\mathrm{d}w}{w}=\left[\frac{(x/n)^w}{w\log x/n}\right]_{-\infty+\mathrm{i}T}^{c+\mathrm{i}T}+\frac{1}{\log x/n}\int_{-\infty+\mathrm{i}T}^{c+\mathrm{i}T}\left(\frac{x}{n}\right)^w\frac{\mathrm{d}w}{w^2}$$

$$=O\left\{\frac{(x/n)^c}{T\log x/n}\right\}+O\left\{\frac{(x/n)^c}{\log x/n}\int_{-\infty}^{\infty}\frac{\mathrm{d}u}{u^2+T^2}\right\}$$

$$=O\left\{\frac{(x/n)^c}{T\log x/n}\right\}.$$

仿此，

$$\int_{c+iT}^{-\infty+iT}\left(\frac{x}{n}\right)^w\frac{dw}{w}=O\left\{\frac{1(x/n)^c}{T\log x/n}\right\}.$$

故

$$\frac{1}{2\pi i}\int_{c-iT}^{c+iT}\left(\frac{x}{n}\right)^w\frac{dw}{w}=E_n+O\left\{\frac{(x/n)^c}{T\log x/n}\right\},\tag{4.9}$$

其中，当 $n<x$ 时 $E_n=1$.

若 $n>x$，则应该用 $+\infty$ 代替上面的 $-\infty$，此时无含残数的项，因此仍然得上面的结果，只是 $E_n=0$. 用 $\alpha_n n^{-s}(n=1,2,\cdots)$ 乘上面的式子并加起来就得到(根据定理 2.1(ii))

$$\frac{1}{2\pi i}\int_{c-iT}^{c+iT}f(s+w)\frac{x^w}{w}dw=\sum_{n<x}\frac{a_n}{n^s}+O\left\{\frac{x^c}{T}\sum_{n=1}^{\infty}\frac{|a_n|}{n^{\sigma+c}|\log x/n|}\right\}.$$

若 $n<\frac{1}{2}x$ 或 $n>2x$，则 $|\log x/n|>A$（A 是一个正的常数），

因此关于这一部分的和是

$$O\left(\sum_{n=1}^{\infty}\frac{|a_n|}{n^{\sigma+c}}\right)=O\left\{\frac{1}{(\sigma+c-\beta)^{\alpha}}\right\}.$$

若 $N<n\leqslant 2x$，可设 $n=N+r(r\geqslant 1)$，从而

$$\log\frac{n}{x}\geqslant\log\frac{N+r}{N+\frac{1}{2}}>\frac{Ar}{N}>\frac{Ar}{x},$$

因此关于这一部分的和是

$$O\left\{\psi(2x)x^{1-\sigma-c}\sum_{1\leqslant r\leqslant x}\frac{1}{r}\right\}=O\left\{\psi(2x)x^{1-\sigma-c}\log x\right\}.$$

用相仿的方法可以估计满足 $\frac{1}{2}x\leqslant n<N$ 的各项之和.最后

$$\frac{|\alpha_N|}{N^{\sigma+c}|\log x/N|}=O\left\{\frac{\psi(N)}{N^{\sigma+c}\log\{1+(x-N)/N\}}\right\}=O\left\{\frac{\psi(N)x^{1-\sigma-c}}{|x-N|}\right\}.$$

故(4.7)成立.

2) 若 x 是整数, 则一切演算都如前, 只是最后要考虑下面一项

$$\frac{a_x}{2\pi i x^s}\int_{c-iT}^{c+iT}\frac{dw}{w}=\frac{a_x}{2\pi i x^s}\log\frac{c+iT}{c-iT}=\frac{a_x}{2\pi i x^s}\left\{i\pi+O\left(\frac{1}{T}\right)\right\}.$$

因此(4.8)成立. [证完]

§5. 均 值 公 式

在本节中我们要证明下面的均值公式.

定理 5.1 设 $f(s)=\sum_{n=1}^{\infty}\frac{a_n}{n^s}$ 以 β 为绝敛横标, 则当 $\sigma>\beta$ 时,

$$\lim_{T\to\infty}\frac{1}{2T}\int_{-T}^{T}\left|f(\sigma+it)\right|^2 dt=\sum_{n=1}^{\infty}\frac{\left|a_n\right|^2}{n^{2\sigma}}. \tag{5.1}$$

证 $$\left|f(s)\right|^2=\sum_{m=1}^{\infty}\frac{a_m}{m^{\sigma+it}}\sum_{n=1}^{\infty}\frac{\overline{a}_n}{n^{\sigma-it}}=\sum_{n=1}^{\infty}\frac{\left|a_n\right|}{n^{2\sigma}}-\sum_{m\neq n}\sum\frac{a_m\,\overline{a}_n}{m^{\sigma}n^{\sigma}}\left(\frac{n}{m}\right)^{it}.$$

上面的级数是当 $-T\leqslant t\leqslant T$ 时一致收敛, 故

$$\frac{1}{2T}\int_{-T}^{T}\left|f(\sigma+it)\right|^2 dt=\sum_{n=1}^{\infty}\frac{\left|a_n\right|^2}{n^{2\sigma}}+\sum_{m\neq n}\sum\frac{a_m\overline{a}_n}{m^{\sigma}n^{\sigma}}\frac{\sin(T\log\frac{n}{m})}{T\log\frac{n}{m}}. \tag{5.2}$$

今用 S 代替上式右边第二项, 则

$$|S|\leqslant\left|\sum_{\substack{m=n\\ m\leqslant M\\ n\leqslant M}}\frac{a_m\,\overline{a}_n}{m^{\sigma}n^{\sigma}}\frac{\sin(T\log\frac{n}{m})}{T\log\frac{n}{m}}\right|+\sum_{\substack{m\neq n\\ m>M\\ \text{或}n>M}}\frac{\left|a_m a_n\right|}{m^{\sigma}n^{\sigma}}. \tag{5.3}$$

当 $\varepsilon>0$, 而 M 充分大时

$$\sum_{\substack{m\neq n\\ m>M\\ \text{或}n>M}}\frac{\left|a_m a_n\right|}{m^{\sigma}n^{\sigma}}\leqslant 2\sum_{m>M}\sum_{n=1}^{\infty}\frac{\left|a_m\right|}{m^{\sigma}}\frac{\left|a_n\right|}{n^{\sigma}}=2\left(\sum_{m=M+1}^{\infty}\frac{\left|a_m\right|}{m^{\sigma}}\right)\left(\sum_{n=1}^{\infty}\frac{\left|a_n\right|}{n^{\sigma}}\right)<\frac{\varepsilon}{2}.$$

选定 M 后, 再令 $T\to+\infty$, 即由(5.2)时

$$\varlimsup_{T\to\infty}\left|\frac{1}{2T}\int_{-T}^{T}|f(\sigma+\mathrm{i}t)|^2\,\mathrm{d}t-\sum_{n=1}^{\infty}\frac{|a_n|^2}{n^{2\sigma}}\right|\leqslant\frac{\varepsilon}{2}.$$

但 ε 是任意小的正数, 定理随之成立.

§6. 黎曼 ζ 函数及与之有关的狄氏级数

当 $\sigma>1$ 时, 黎曼 ζ 函数是可以用狄氏级数来定义的, 在下面我们要证明它在 $\sigma>1$ 时还可以表成无穷乘积, 即所谓 Euler 乘积.

定理 6.1(Euler)　当 $\sigma>1$ 时

$$\zeta(s)=\sum_{n=1}^{\infty}\frac{1}{n^s}=\prod_{p}\left(1-\frac{1}{p^s}\right)^{-1}, \tag{6.1}$$

式中 p 通过一切素数 p.

Euler 的等式(6.1)是有其重要意义的. 这式左右的相等表明每一个整数可以唯一地分解成素数幂的连乘积. 因此它解析地表示了整数的一个最基本的性质. 利用这个等式我们还可以证明许多数论函数都是一些与 $\zeta(s)$ 有关的狄氏级数的系数. 下面先证明一个带一般性的定理:

定理 6.2　若 $a(n)$ 是 n 的乘性函数, 则在

$$f(s)\sum_{n=1}^{\infty}\frac{a(n)}{n^s}$$

的绝敛半面 $\sigma>\beta$ 上等式

$$\sum_{n=1}^{\infty}\frac{a(n)}{n^s}=\prod_{p}\left(1+\frac{a(p)}{p}+\frac{a(p)}{p^2}+\cdots\right) \tag{6.2}$$

成立并且右边的无穷乘积绝对收敛.

证　显然当 $\sigma>\beta$ 时,

$$\sum_{p}\sum_{m=1}^{\infty}\left|\frac{a(p^m)}{p^{ms}}\right|<\sum_{n=1}^{\infty}\left|\frac{a(n)}{n^s}\right|<\infty,$$

式中 p 通过一切素数.由此可知当 $\sigma>\beta$ 时,

$$1+\frac{a(p)}{p^s}+\frac{a(p^2)}{p^{2s}}+\cdots$$

绝对收敛.

今用 $p_1,\cdots,p_n$ 表前 n 个素数, 则

$$\prod_{k=1}^{n}\left(1+\frac{a(p_k)}{p_k^s}+\frac{a(p_k)}{p_k^{2s}}+\cdots\right)=\sum_{\alpha_1=0}^{\infty}\cdots\sum_{\alpha_n=0}^{\infty}\frac{a(p_1^{\alpha_1})\cdots a(p_n)}{p_1^{\alpha_1 s}\cdots p_n^{\alpha_n s}} \tag{6.3}$$

由于 $\alpha(n)$ 的可乘性

$$a(p_1^{\alpha_1})\cdots a(p_2^{\alpha_n})=a(p_1^{\alpha_1})\cdots a(p_n^{\alpha_n})$$

及整数的唯一分解定理得

$$\prod_{k=1}^{n}\left(1+\frac{a(p_k)}{p_k^s}+\frac{a(p_k^2)}{p_k^{2s}}+\cdots\right)=\sum_{m\leqslant p_n}\frac{a(m)}{m^s}+\sum_{m>p_n}{}'\frac{a(m)}{m^s}, \tag{6.4}$$

式中 $\sum'$ 表明 m 只通过那些整数, 就是不含有超过 p_n 的素因数的一切数. 当 $n\to\infty$ 时

$$\left|\sum_{m>p_n}{}'\frac{a(m)}{m^s}\right|\leqslant\sum_{m>p_n}\frac{|a(m)|}{m^\sigma}\leqslant\sum_{m=p_n+1}^{\infty}\frac{|a(m)|}{m^\sigma}\to 0,$$

故在(6.4)内令 $n\to\infty$ 即得

$$\prod_{p}\left(1+\frac{a(p)}{p^s}+\frac{a(p^2)}{p^{2s}}+\cdots\right)=\sum_{m=1}^{\infty}\frac{a(m)}{m^s}=f(s).$$

推论 当 $\alpha(m)$ 是完全乘性函数时, 上面的(6.2)可改成

$$f(s)=\sum_{n=1}^{\infty}\frac{a(n)}{n^s}=\prod_{p}\left(1-\frac{\alpha(p)}{p^s}\right)^{-1}, \tag{6.5}$$

特别令 $a(n)\equiv 1$ 就得到 Euler 等式(6.1).

证 在前证中已说明, 当 $\sigma>\beta$ 时,

$$1+\frac{a(p)}{p^s}+\frac{a(p^2)}{p^{2s}}+\cdots$$

是绝对收敛的. 故当 m 充分大时,

$$\left|\frac{a(p)}{p^s}\right|^m=\left|\frac{a(p^m)}{p^{ms}}\right|<1.$$

因此

$$\left|\frac{a(p)}{p^s}\right|<1,$$

而

$$1+\frac{a(p)}{p^s}+\frac{a(p^2)}{p^{2s}}+\cdots=1+\frac{a(p)}{p^s}+\left(\frac{a(p)}{p^s}\right)^2+\cdots$$

$$=\left(1-\frac{a(p)}{p^s}\right)^{-1},$$

[证完]

代入(6.2)即得(6.5).

下面是关于狄氏级数的唯一性定理:

定理 6.3　若当$\sigma>A$时,

$$\sum_{n=1}^{\infty}\frac{a_n}{n^s}=\sum_{n=1}^{\infty}\frac{b_n}{n^s},$$

则

$$a_n=b_n,\quad n=1,2,\cdots.$$

证　设$c_n=a_n-b_n$, 则

$$\sum_{n=1}^{\infty}\frac{a_n}{n^s}-\sum_{n=1}^{\infty}\frac{b_n}{n^s}=\sum_{n=1}^{\infty}\frac{a_n-b_n}{n^s}=\sum_{n=1}^{\infty}\frac{c_n}{n^s}. \tag{6.6}$$

而

$$\sum_{n=1}^{\infty}\frac{c_n}{n^s}=0\quad(当\sigma>A).$$

若$c_n=0, n=1,2,\cdots$, 则定理已成立. 否则可设第一个异于 0 的c_n是c_k, 于是当 s 在(6.6)的绝敛半面$\sigma>\sigma_0$(由定理 2.4 的推论可以知道绝敛半面一定存在)上时,

$$0=\left|\sum_{n=k}^{\infty}\frac{c_n}{n^3}\right|=\left|\frac{c_k}{n^s}+\sum_{n=k+1}^{\infty}\frac{c_n}{n^s}\right|>\frac{|c_k|}{k^\sigma}-\sum_{n=k+1}^{\infty}\frac{|c_n|}{n^\sigma}=\frac{1}{k^\sigma}\left(|c_k|-\sum_{n=k+1}^{\infty}|c_n|\left(\frac{k}{n}\right)^\sigma\right). \tag{6.7}$$

但当$\sigma\geqslant\sigma_0+1$时,

$$\sum_{n=k+1}^{\infty}|c_n|\left(\frac{k}{n}\right)^\sigma\leqslant\sum_{n=k+1}^{M}|c_n|\left(\frac{k}{n}\right)^\sigma+k^{\sigma_0+1}\sum_{n=M+1}^{\infty}\frac{|c_n|}{n^{\sigma_0+1}}. \tag{6.8}$$

上式右边第二项当M充分大时小于$\frac{\varepsilon}{2}$($\varepsilon>0$), 而选定M以后, 当σ充分大时,

第一项即小于 $\frac{\varepsilon}{2}$，故其和小于 ε. 因此当 $\varepsilon \to \infty$ 时，(6.8)的左边趋于 0，这意味着当 σ 充分大时，(6.7)的右边是正的. 这和左边是 0 有矛盾，故 c_k 不能不是 0.定理随之成立.

从定理 6.2 的推论可以得出下面的定理.

定理 6.4 若 $a(n)$ 是完全乘性函数，则在

$$f(s)=\sum_{n=1}^{\infty}\frac{a(n)}{n^s}$$

的绝对收敛平面 $\sigma>\beta$ 上，下列等式成立：

$$\frac{1}{f(s)}=\sum_{n=1}^{\infty}\frac{\mu(n)a(n)}{n^s}, \tag{6.9}$$

$$\log f(s)=\sum_{n=1}^{\infty}\frac{\lambda(n)a(n)}{n^s}, \tag{6.10}$$

$$\frac{f'(s)}{f(s)}=-\sum_{n=1}^{\infty}\frac{\Lambda(n)a(n)}{n^s}, \tag{6.11}$$

式中 $\mu(n)$ 是 Möbius 函数；

$$\lambda(n)=\begin{cases}\frac{1}{m}, & \text{当}n\text{是某一素数}p\text{的幂}p^m,\\ 0, & \text{其他情形};\end{cases}$$

$$\Lambda(n)=\begin{cases}\log p, & \text{当}n\text{是某一素数}p\text{的幂}p^m,\\ 0, & \text{其他情形 (Mangoldt函数)}.\end{cases}$$

证 1) 在 $\sigma>\beta$ 时，因 $|\mu(n)|\leqslant 1$，(6.9)的右边是绝对收敛的.因此，

$$\sum_{m=1}^{\infty}\frac{a(m)}{m^s}\sum_{n=1}^{\infty}\frac{a(n)\mu(n)}{n^s}=\sum_{\nu=1}^{\infty}\frac{c_\nu}{\nu^s},$$

其中(利用完全可乘性 $a(m)a(n)=a(mn)$)

$$\begin{aligned}c_\nu&=\sum_{mn=\nu}a(m)a(n)\mu(n)=\sum_{mn=\nu}a(\nu)\mu(n)\\&=a(\nu)\sum_{n/\nu}\mu(n)\\&=\begin{cases}a(\nu), & \text{当}\nu=1,\\ 0, & \text{当}\nu>1.\end{cases}\end{aligned}$$

故

$$\sum_{m=1}^{\infty}\frac{a(m)}{m^s}\sum_{n=1}^{\infty}\frac{\mu(n)a(n)}{n^s}=c_1=1,$$

即

$$\sum_{n=1}^{\infty}\frac{\mu(n)a(n)}{n^s}=\frac{1}{f(s)}.$$

2) 由定理 6.2 的推论, 当 $\sigma>\beta$ 时,

$$f(s)=\prod_p(1-\frac{a(p)}{p^s})^{-1},$$

故

$$\log f(s)=-\sum_p\log(1-\frac{a(p)}{p^s}). \tag{6.12}$$

又在证明定理 6.2 的推论时, 已经提到,

$$\left|\frac{a(p)}{p^2}\right|<1.$$

故(利用 $(\alpha(p)^m=\alpha(p^m))$)

$$-\log\left(1-\frac{a(p)}{p^s}\right)=\sum_{m=1}^{\infty}\frac{1}{m}\left(\frac{a(p)}{p^s}\right)^m=\sum_{m=1}^{\infty}\frac{1}{m}\frac{a(p^m)}{p^{ms}}.$$

代入(6.12)即得

$$\log f(s)=\sum_p\sum_{m=1}^{\infty}\frac{1}{m}\frac{a(p^m)}{p^{ms}}=\sum_{n=1}^{\infty}\frac{\lambda(n)a(n)}{n^s}. \tag{6.13}$$

3) 当 $\sigma\geqslant\beta_1>\beta_2>\beta$ 时,

$$\left|\frac{\lambda(n)a(n)}{n^s}\right|\leqslant\frac{|a(n)|}{n^{\beta_1}},$$

其中 A 是一个正的常数.故

$$\sum_{n=1}^{\infty}\frac{\lambda(n)a(n)}{n^s}$$

是绝对收敛并一致收敛的. 因此可以把(6.13)逐项微分得

$$\frac{f'(s)}{f(s)}=-\sum_{n=1}^{\infty}\frac{\lambda(n)a(n)\log n}{n^s}$$

$$=-\sum_{n=1}\frac{\lambda(n)a(n)}{n^s}.$$

[证完]

从以上的定理立刻可以推出下面的结果:

推论 当$\sigma > 1$时,

$$\frac{1}{\zeta(s)} = \sum_{n=1}^{\infty} \frac{\mu(n)}{n^s}, \tag{6.14}$$

$$\log \zeta(s) = \sum_{n=1}^{\infty} \frac{\lambda(n)}{n^s}, \tag{6.15}$$

$$\frac{\zeta'(s)}{\zeta(s)} = -\sum_{n=1}^{\infty} \frac{\Lambda(n)}{n^s}. \tag{6.16}$$

上面这三个等式不过是一系列等式里面的几个有代表性的例子, 今再举几个例子如下:

定理 6.5 当$\sigma > 1$时,

$$\zeta^2(s) = \sum_{n=1}^{\infty} \frac{\tau(n)}{n^s} \ (\tau(n) \text{ 是 } n \text{ 的除数个数}), \tag{6.17}$$

$$\zeta^k(s) = \sum_{n=1}^{\infty} \frac{\tau_k(n)}{n^s} \ (\tau_k(n) \text{ 是把 } n \text{ 分解成 } k \text{ 个因数连乘积的不同方法数}), \tag{6.18}$$

$$\frac{\zeta(s-1)}{\zeta(s)} = \sum_{n=1}^{\infty} \frac{\phi(n)}{n^s} \quad (\phi(n) \text{ 是 Euler 函数}). \tag{6.19}$$

又当$\sigma > 1$及$\sigma > R(a+1)$时($R(z)$表 z 的实数部分),

$$\zeta(s)\zeta(s-a) = \sum_{n=1}^{\infty} \frac{\sigma_a(n)}{n^s} \quad \left(\sigma_a(n) = \sum_{d|n} d^a\right). \tag{6.20}$$

证 1) 等式(6.17)及(6.18)的 §6. 黎曼 ζ 函数及与之有关的狄氏级数相乘法则.

2) 等式(6.19)和等式(6.20)都可以利用 Euler 乘积来证明.

今只证(6.19)如下:

$$\frac{\zeta(s-1)}{\zeta(s)} = \prod_p \left(\frac{(1-p^{-s})}{1-p^{1-s}}\right) = \prod_p \left\{\left(1-\frac{1}{p^s}\right)\left(1+\frac{p}{p^s}+\frac{p^2}{p^{2s}}+\cdots\right)\right\}$$

$$= \prod_p \left\{1+\left(1-\frac{1}{p}\right)\left(\frac{p}{p^s}+\frac{p^2}{p^{2s}}+\cdots\right)\right\}.$$

因当$n = p_1^{m} \cdots p_r^{m} r$ 时,

$$\phi(n) = n\left(1-\frac{1}{p_1}\right)\cdots\left(1-\frac{1}{p_r}\right),$$

故

$$\frac{\zeta(s-1)}{\zeta s} = \sum_{n=1}^{\infty}\frac{\phi(n)}{n^s}.$$

关于这些等式和更多类似的等式的证明都可以参考 Titchmarsh. The Theory of the Riemann Zeta-function，第一章.

第七章 黎曼 ζ 函数的解析性质及其函数方程

§1. 解 析 开 拓

我们知道当 $\sigma>1$ 时，黎曼 ζ 函数可以用狄氏级数来表示如下：

$$\zeta(s)=\sum_{n=1}^{\infty}\frac{1}{n^{s}}\quad(\sigma>1). \tag{1.1}$$

在本节，我们要证明 $\zeta(s)$ 除了有唯一的极点 $s=1$ 以外，可以解析开拓到全平面.我们先证明可以利用 Euler 求和公式，把 $\zeta(s)$ 开拓到直线 $\sigma=0$ 之右，这个公式的本身在数论里面时常用到. 我们先讨论这个公式.

引理 1.1(Euler 求和公式)　设 $f(x)$ 在区间 $\alpha\leqslant x\leqslant b$ 有连续的一级导数，则

$$\begin{aligned}\sum_{a<n\leqslant b}f(n)=&\int_a^b f(x)\mathrm{d}x+\int_a^b\left(x-[x]-\frac{1}{2}\right)f'(x)\mathrm{d}x\\&+\left(a-[a]-\frac{1}{2}\right)f(a)-\left(b-[b]-\frac{1}{2}\right)f(b).\end{aligned} \tag{1.2}$$

证　在第六章引理 2.1 内取 $\lambda_1=\alpha,\lambda_2=[\alpha]+1,\cdots,\lambda_n=[a]+n+1,\cdots,c_1=0,$ $c_n=1(n>1)$；则　$c(x)=[x]-[a]$.

又取 $\varPhi(x)=f(x),X=b$，即得

$$\begin{aligned}\sum_{a<n\leqslant b}f(n)&=-\int_a^b([x]-[\alpha])f'(x)\mathrm{d}x+([b]-[a])f(b)\\&=\int_a^b\left(x-[x]-\frac{1}{2}\right)f'(x)\mathrm{d}x-\int_a^b\left(x-[a]-\frac{1}{2}\right)f'(x)\mathrm{d}x+([b]-[a])f(b)\\&=\int_a^b\left(x-[x]-\frac{1}{2}\right)f'(x)\mathrm{d}x-\left[\left(x-[a]-\frac{1}{2}\right)f(x)\right]_a^b+\int_a^b f(x)\mathrm{d}x+([b]-[a])f(b)\\&=\int_a^b f(x)\mathrm{d}x+\int_a^b\left(x-[x]-\frac{1}{2}\right)f'(x)\mathrm{d}x\\&\quad+\left(a-[\alpha]-\frac{1}{2}\right)f(\alpha)-\left(b-[b]-\frac{1}{2}\right)f(b).\end{aligned}$$

[证完]

定理 1.1　当 $\sigma > 0$ 时，$\zeta(s)$ 可以利用下式作解析开拓

$$\zeta(s) = \frac{1}{2} + \frac{1}{s-1} - s\int_1^{\infty} \frac{x - [x] - \frac{1}{2}}{x^{s+1}} \mathrm{d}x. \tag{1.3}$$

上式右边第三项当 $\sigma > 0$ 时是 s 的解析函数，因此 $\zeta(s)$ 当 $\sigma > 0$ 时只有一个奇点 $s=1$，这奇点是简单极点，其相当残数是 1.

证　在引理中令 $f(n) = n^{-s}(s \neq 1)$，并设 a 及 b 是正整数，则

$$\sum_{n=a+1}^{b} \frac{1}{n^s} = \frac{b^{1-s} - a^{1-s}}{1-s} - s\int_a^b \frac{x - [x] - \frac{1}{2}}{x^{s+1}} \mathrm{d}x + \frac{1}{2}\left(b^{-s} - a^{-s}\right). \tag{1.4}$$

先假定 $\sigma > 1$，$\alpha = 1$．令 $b \to \infty$，并在两边加上 1，即得

$$\zeta(s) = s\int_1^{\infty} \frac{[x] - x + \frac{1}{2}}{x^{s+1}} \mathrm{d}x + \frac{1}{s-1} + \frac{1}{2}, \tag{1.5}$$

因 $x - [x] - \frac{1}{2}$ 有界，故(1.5)右边的积分当 $\sigma \geqslant \sigma_1 > 0$ 时一致收敛，因此代表一个在 $\sigma > 0$ 时解析的函数. 这表明可以用(1.5)作 $\zeta(s)$ 的解析开拓.

从上面的定理极易推出下面的

推论　当 $\sigma \geqslant \sigma_0 > 0$，$|t| \geqslant t_0 > 0$ 时，

$$\zeta(s) = O(|t|),$$

其中 O 所隐含的常数只与 σ_0 及 t_0 有关.

利用同样的方法我们还可以把 $\zeta(s)$ 解析开拓到 $-1 < \sigma \leqslant 0$,我们令

$$f(x) = [x] - x + \frac{1}{2},$$

$$f_1(x) = \int_1^x f(y)\mathrm{d}y,$$

则因

$$\int_k^{k+1} f(y)\mathrm{d}y = 0 \quad (k = 0, \pm 1, \pm 2, \cdots),$$

故 $f_1(y)$ 有界，当 $\sigma > -1$ 时，

$$\int_1^b \frac{f(x)}{x^{s+1}} \mathrm{d}x = \left[\frac{f_1(x)}{x^{s+1}}\right]_1^b + (s+1)\int_1^b \frac{f_1(x)}{x^{s+2}} \mathrm{d}x.$$

令 $b\to\infty$ 并代入(1.5)即得

$$\zeta(s)=s(s+1)\int_1^\infty\frac{f_1(x)}{x^{s+2}}\mathrm{d}x+\frac{1}{s-1}+\frac{1}{2}. \tag{1.6}$$

上式右边的积分当 $\sigma>-1$ 时一致收敛，故代表 s 的解析函数，因此当 $\sigma>-1$ 时 可利用(1.6)作 $\zeta(s)$ 的解析开拓. 利用这种方法，可以把 $\zeta(s)$ 逐步向左解析开拓以致达到全平面. 不过在下面我们不用这种方法作解析开拓，而要求出在全平面合用的 $\zeta(s)$ 的积分表达式.

定理 1.2 我们可以利用下式把 $\zeta(s)$ 解析开拓到全平面

$$\zeta(s)=\frac{-1}{2\mathrm{i}\sin\pi s\Gamma(s)}\int_C\frac{(-w)^{s-1}}{\mathrm{e}^w-1}\mathrm{d}w=\frac{i\Gamma(1-s)}{2\pi}\int_C\frac{(-w)^{s-1}}{\mathrm{e}^w-1}\mathrm{d}w, \tag{1.7}$$

其中 C 是 w 点用次序方式所画出的路线，即 w 点先沿实轴自 $+\infty$ 移动到 $w=\delta(0<\delta<2\pi)$，再按反钟方向绕 $[w]=\delta$ 一周，回到 δ，最后又沿实轴自 δ 移动到 $+\infty$. 上式中的积分是一个整函数，因而 $\zeta(s)$ 在全平面除以 $s=1$ 为简单极点(残数是 1)外，无其他奇点.

证 1) 先证明当 $\sigma>2$ 时(1.7)成立，当 $\sigma>1$ 时，我们有[参看附录中(1.1)式]

$$\frac{\Gamma(s)}{n^s}=\int_0^\infty\mathrm{e}^{-nw}w^{s-1}\mathrm{d}w. \tag{1.8}$$

故当 $\sigma>1$ 时

$$\Gamma(s)\sum_{n=1}^N\frac{1}{n^s}=\int_0^\infty w^{s-1}\frac{1-\mathrm{e}^{-Nw}}{\mathrm{e}^w-1}\mathrm{d}w=\int_0^\infty\frac{w^{s-1}}{\mathrm{e}^w-1}\mathrm{d}w-\int_0^\infty w^{s-1}\frac{\mathrm{e}^{-Nw}}{\mathrm{e}^w-1}\mathrm{d}w \tag{1.9}$$

今用 R 代表最后一个积分，则当 $\sigma>2$ 时，

$$\begin{aligned}|R|&\leqslant\int_0^\infty\frac{w^{\sigma-1}}{\mathrm{e}^w-1}\mathrm{e}^{-Nw}\mathrm{d}w<\int_0^\infty w^{\sigma-2}\mathrm{e}^{-Nw}\mathrm{d}w\\&=\frac{1}{N^{\sigma-1}}\int_0^\infty w^{\sigma-2}\mathrm{e}^{-w}\mathrm{d}w=\frac{\Gamma(\sigma-1)}{N^{\sigma-1}}\to0\quad(\text{当 }N\to\infty).\end{aligned}$$

因此，在(1.9)内令 $N\to\infty$ 即得

$$\Gamma(s)\zeta(s)=\int_0^\infty\frac{w^{s-1}}{1-\mathrm{e}^{-w}}\mathrm{d}w. \tag{1.10}$$

上式右边的积分当 $\sigma\leqslant1$ 时是发散的，因此我们要用定理中所述沿 C 的积分来代替它，这样就避开了原点，但

$$\int_C \frac{(-w)^{s-1}}{1-\mathrm{e}^{-w}}\mathrm{d}w = -\int_\delta^{+\infty}\frac{(-w)^{s-1}}{\mathrm{e}^w-1} + \mathrm{e}^{2\pi\mathrm{i}(s-1)}\int_\delta^{+\infty}\frac{(-w)^{s-1}}{\mathrm{e}^w-1}\mathrm{d}w + \int_0^{2\pi}\frac{(-\delta\mathrm{e}^{i\theta})^{s-1}}{\mathrm{e}^{\delta\mathrm{e}^{i\theta}}-1}\mathrm{i}\delta\mathrm{e}^{\mathrm{i}\theta}\mathrm{d}\theta, \quad (1.11)$$

当 $\sigma>1$ 而 $\delta\to 0^+$ 时，上面最后一个积分趋于 0，不难看到上式左端的积分并不依赖于 δ(但须假定 $0<\delta<2\pi$)，故在右边令 $\delta\to 0$ 即得

$$\begin{aligned}\int_C \frac{w^{s-1}}{1-\mathrm{e}^{-w}}\mathrm{d}w &= (\mathrm{e}^{2\pi\mathrm{i}(s-1)}-1)\int_0^\infty \frac{(-w)^{s-1}}{\mathrm{e}^w-1}\mathrm{d}w \\ &= (\mathrm{e}^{2\pi\mathrm{i}(s-1)}-\mathrm{e}^{\pi\mathrm{i}(s-1)})\int_0^\infty \frac{w^{s-1}}{\mathrm{e}^w-1}\mathrm{d}w \\ &= 2\mathrm{i}\sin\pi(s-1)\int_0^\infty \frac{w^{s-1}}{\mathrm{e}^w-1}\mathrm{d}w.\end{aligned}$$

因此，由(1.10)知道当 $\sigma>2$ 时，定理中第一个等式成立．又因 $\Gamma(s)\Gamma(1-s)=\frac{\pi}{\sin\pi s}$ (看附录中(1.9)式)，第二个等式也成立．

2)我们知道当 $\sigma\leqslant 1$ 时，$\Gamma(1-s)$ 只有一个奇点 s=1，因此只要证明(1.7)所代表的函数 $f(s)$ 中的积分是整函数．设用 C_n 表 C 在圆 $|w|\leqslant n$ 内的一段，并令

$$f_n(s)=\int_{C_n}\frac{(-w)^{s-1}}{\mathrm{e}^w-1}\mathrm{d}w. \quad (1.12)$$

显然，$f_n(s)$ 是整函数，所以我们只要证明当 $|s|\leqslant A$ (A 是任意正数)时 $f_n(s)$ 一致收敛到 $f(s)$．这实际上是很容易证明的，因为当 $n\to\infty$ 时，

$$|f(s)-f_n(s)|\leqslant 2\int_n^\infty \frac{|(-w)^{s-1}|}{\mathrm{e}^w-1}\mathrm{d}w \leqslant 2\int_n^\infty \frac{\mathrm{e}^{\pi A}w^{A-1}}{\mathrm{e}^w-1}\mathrm{d}w\to 0.$$

以上已经证明 $\zeta(s)$ 除以 s=1 为唯一奇点外可以利用(1.7)解析开拓到全平面，至于它在 s=1 的残数已在定理 1.1 中求出，我们当然也可以由(1.7)直接把残数求出来.

§2. 黎曼 ζ 函数的函数方程

在本节中我们要用两种方法证明黎曼 ζ 函数满足下列的函数方程:

定理 2.1

$$\zeta(1-s)=2^{1-s}\pi^{-s}\cos\frac{1}{2}\pi s\Gamma(s)\zeta(s). \quad (2.1)$$

即

$$\pi^{-\frac{s}{2}}\Gamma\left(\frac{s}{2}\right)\zeta(s)=\pi^{-\frac{1-s}{2}}\Gamma\left(\frac{1-s}{2}\right)\zeta(1-s). \tag{2.1'}$$

第一个证明 由定理 1.2,

$$\sin\pi s\Gamma(s)\zeta(s)=-\frac{1}{2\mathrm{i}}\int_C\frac{(-w)^{s-1}}{\mathrm{e}^w-1}\mathrm{d}w \tag{2.2}$$

我们要改变 C 的形状成为 C_n. 改变的办法是这样: 我们不再假定 $0<\delta<2\pi$ 而取 $\delta=(2n+1)\pi(n=1,2,\cdots)$, 同时我们要把 $|w|=\delta$ 这个圆换成以原点为中心各边与坐标轴平行且边长为 $(4n+2)\pi$ 的正方形, 在新画路线之间有积分函数的极点 $w=\pm2\pi\mathrm{i},\pm4\pi\mathrm{i}\cdots\pm2n\pi\mathrm{i}$, 在 $\pm2\nu\pi\mathrm{i}(\nu=1,2,\cdots)$ 的残数是

$$\mathrm{e}^{(s-1)(\log 2\nu\pi\mp\frac{1}{2}\pi\mathrm{i})}=\pm\mathrm{i}(2\nu\pi)^{s-1}\mathrm{e}^{\mp\frac{1}{2}s\pi\mathrm{i}},$$

而在 $2\nu\pi\mathrm{i}$ 及 $-2\nu\pi\mathrm{i}$ 的残数之和是

$$(2\nu\pi)^{s-1}\cdot2\sin\frac{1}{2}\pi s.$$

因此, 由(2.2)知道

$$\sin\pi s\Gamma(s)\zeta(s)=-\frac{1}{2i}\int_{C_n}\frac{(-w)^{s-1}}{\mathrm{e}^w-1}\mathrm{d}w+2\pi\sin\frac{1}{2}\pi s\sum_{\nu=1}^{n}(2\nu\pi)^{s-1}.$$

今先设 $Rs<0$, 则在积分路线中正方形上,

$$\left|(-w)^{s-1}\right|=\mathrm{e}^{(\sigma-1)\log|w|-\mathrm{ta2g}(-w)}=0(n^{\sigma-1})\quad(n\to\infty),$$

且 $|\mathrm{e}^w-1|$ 有一与 n 无关的下界 $A>0$, 因正方形周长是 $O(n)$, 故沿正方形的积分是 $O(n^{\sigma})$, 因而当 $n\to\infty$ 时趋于 0, 不难看出积分的其余部分(即沿实轴的部分)也是在 $n\to\infty$ 时趋于 0. 故

$$\sin\pi s\Gamma(s)\zeta(s)=2\pi\sin\frac{1}{2}\pi s(2\pi)^{s-1}\sum_{\nu=1}^{\infty}\nu^{s-1}=2\pi\sin\frac{1}{2}\pi s(2\pi)^{s-1}\zeta(1-s).$$

以上在 $Rs<0$ 的条件下证明了(2.1), 利用解析开拓, 我们知道(2.1)普遍地成立. 又利用 $\Gamma(s)=\frac{2^{s-1}}{\sqrt{\pi}}\Gamma\left(\frac{s}{2}\right)\Gamma\left(\frac{s+1}{2}\right)$ 及 $\Gamma\left(\frac{s+1}{2}\right)\Gamma\left(\frac{1-s}{2}\right)=\frac{\pi}{\sin\frac{(s+1)\pi}{2}}$, 不难证明 (2.1)及(2.1′)是等价的.

第二个证明 我们首先要建立下面的引理.

引理 2.1　当 $x>0$ 时,

$$\sum_{n=-\infty}^{\infty} \mathrm{e}^{-n^2x^2} = \frac{\sqrt{x}}{x}\sum_{n=-\infty}^{\infty} \mathrm{e}^{-n^2\pi^2/x^2},$$

即

$$\frac{1}{2}+\sum_{n=-1}^{\infty} \mathrm{e}^{-n^2x^2} = \frac{\sqrt{x}}{x}\left(\frac{1}{2}+\sum_{n=1}^{\infty} \mathrm{e}^{-n^2\pi^2/x^2}\right). \tag{2.3}$$

证　设 $f(u)=\mathrm{e}^{-u^2}$, 则 $f(u)$ 的余弦变式是

$$\begin{aligned} g(u) &= \sqrt{\frac{2}{\pi}}\int_0^{\infty} \mathrm{e}^{-t^2}\cos ut\,\mathrm{d}t \\ &= \sqrt{\frac{2}{\pi}}\int_0^{\infty} \mathrm{e}^{-t^2}\sum_{m=0}^{\infty}\frac{(-1)^m}{(2m)!}(ut)^{2m}\mathrm{d}t \\ &= \sqrt{\frac{2}{\pi}}\sum_{m=0}^{\infty}\frac{(-1)^m}{(2m)!}u^{2m}\int_0^{\infty}\mathrm{e}^{-t^2}t^{2m}\mathrm{d}t \\ &= \frac{1}{2}\sqrt{\frac{2}{\pi}}\sum_{m=0}^{\infty}\frac{(-1)^m}{(2m)!}\Gamma\left(m+\frac{1}{2}\right)u^{2m} \\ &= \frac{1}{2}\sqrt{\frac{2}{\pi}}\Gamma\left(\frac{1}{2}\right)\sum_{m=0}^{\infty}(-1)^m\frac{1}{m!}\left(\frac{u^2}{4}\right)^m = \frac{1}{\sqrt{2}}\mathrm{e}^{-\frac{u^2}{4}}. \end{aligned}$$

由 Poisson 求和公式(见附录§2)

$$\frac{1}{2}+\sum_{n=1}^{\infty} \mathrm{e}^{-n^2x^2} = \frac{\sqrt{\pi}}{x}\left(\frac{1}{2}+\sum_{n=1}^{\infty} \mathrm{e}^{-\pi^2n^2/x^2}\right).$$

[证完]

现在可以建立 $\zeta(s)$ 的函数方程了, 显然

$$\int_0^{\infty} x^{\frac{s}{2}-1}\mathrm{e}^{-n^2\pi x}\mathrm{d}x = \frac{\pi^{-\frac{s}{2}}}{n^s}\int_0^{\infty} x^{\frac{s}{2}-1}\mathrm{e}^{-x}\mathrm{d}x = \frac{\Gamma\left(\frac{s}{2}\right)}{\pi^{\frac{s}{2}}}\frac{1}{n^s}. \tag{2.4}$$

设

$$\vartheta(x) = \sum_{n=1}^{\infty}\mathrm{e}^{-n^2\pi},$$

则由(2.4)

$$\zeta(s) = \frac{\pi^{\frac{1}{2}s}}{\Gamma\left(\frac{s}{2}\right)}\int_0^{\infty} x^{\frac{s}{2}-1}\vartheta(x)\mathrm{d}x. \tag{2.5}$$

又由引理 2.1,

$$\frac{1}{2}+\vartheta(x)=\frac{1}{\sqrt{x}}\left(\frac{1}{2}+\vartheta\left(\frac{1}{x}\right)\right).$$

故(2.5)可以改写成

$$\begin{aligned}\pi^{-\frac{s}{2}}\Gamma\left(\frac{s}{2}\right)\zeta(s)&=\int_0^\infty x^{\frac{s}{2}-1}\left\{\frac{1}{\sqrt{x}}\vartheta\left(\frac{1}{x}\right)+\frac{1}{2\sqrt{x}}-\frac{1}{2}\right\}\mathrm{d}x+\int_1^\infty x^{\frac{s}{2}-1}\vartheta(x)\mathrm{d}x\\&=\frac{1}{s-1}-\frac{1}{s}+\int_0^1 x^{\frac{s}{2}-\frac{3}{2}}\vartheta\left(\frac{1}{x}\right)\mathrm{d}x+\int_1^\infty x^{\frac{s}{2}-1}\vartheta(x)\mathrm{d}x\\&=\frac{1}{s(s-1)}+\int_1^\infty\left(x^{-\frac{s}{2}-\frac{1}{2}}+x^{\frac{s}{2}-1}\right)\vartheta(x)\mathrm{d}x.\end{aligned}\tag{2.6}$$

最后一个积分当 s 在任意有界区域内变化时一致收敛, 所以它表示一个整函数.因此, (2.6)除 s=1 外对于所有 s 的值都成立. 但(2.6)的右边当用 1−s 代 s 时是不变的, 故左边也应该如此, 这证明了(2.1′)

附录 §1. Γ函数的一些性质

当 $R(z)>0$ 时, 我们可以用下式为 $\Gamma(z)$ 下定义:

$$\Gamma(z)=\int_0^\infty \mathrm{e}^{-w}w^{z-1}\mathrm{d}w\,.\tag{1.1}$$

我们有

$$\int_0^\infty \mathrm{e}^{-w}w^{z-1}\mathrm{d}z=\int_0^1 \mathrm{e}^{-w}w^{z-1}\mathrm{d}w+\int_1^\infty \mathrm{e}^{-w}w^{z-1}\mathrm{d}w\,,\tag{1.2}$$

当 $R(z)\leqslant A$ (A 是任意常数)时, $\left|\mathrm{e}^{-w}w^{z-1}\right|\leqslant \mathrm{e}^{-w}w^{A-1}$, 故(1.2)式右边第二个积分是一致收敛的, 因而代表一个整函数. 当 $x=Rz\geqslant\delta>0$ 而 $0<w\leqslant 1$ 时, $\left|\mathrm{e}^{-w}w^{z-1}\right|<\mathrm{e}^{-w}w^{\delta-1}$. 故(1.2)式右边第一个积分是一致收敛的, 因而当 $x>0$ 时代表解析函数. 总之, 我们已经证明当 $R(z)>0$ 时 $\Gamma(z)$ 是解析的.

用分部积分法容易推出当 $R(z)>1$ 时,

$$\Gamma(z)=z\Gamma(z-1).\tag{1.3}$$

我们要证明 $\Gamma(z)$ 除了以 z=0, 1, 2, …为简单极点外，可以解析开拓到全平面. 不仅如此，它还可以在全平面用一个积分表达出来.

定理 1.1　设用 c 表示一点 w 沿实数轴右半从 ∞ 到 $\delta\,(>0)$，按反时针方向绕圆 $|w|=\delta$ 一周后，再沿实数轴从 δ 到 ∞ 所经过的路线，则当 $R(z)>0$ 时，

$$\Gamma(z)=\frac{\mathrm{i}}{2}\frac{\mathrm{i}}{\sin z\pi}\int_C \mathrm{e}^{-w}(-w)^{z-1}\mathrm{d}w\,, \tag{1.4}$$

其中 $(-w)^{z-1}=\mathrm{e}^{(z-1)\log(-w)}$ 而 $\log(-w)$，当 w=− δ 时取实数值.

式(1.4)右边的积分系 z 的一个整函数，并且借助于式(1.4)可以证明 $\Gamma(z)$ 除了以 z=0, −1, −2, …为简单极点(在 z=−n 的残数是 $\frac{(-1)^n}{n!}$)以外，可以解析开拓到全平面.

证　1) 不妨假定 $\delta<1$，设

$$f(z)=\int_C \mathrm{e}^{-w}(-w)^{z-1}\mathrm{d}w. \tag{1.5}$$

不难看出，(1.5)式右边对于任何的 z 都是收敛的，今再设

$$f_n(z)=\int_{C_n} \mathrm{e}^{-w}(-w)^{z-1}\mathrm{d}w\,, \tag{1.6}$$

其中 C_n 表示 C 在 $|w|\leqslant n$ 内的部分，当 n=1, 2, …时(1.6)代表一个解析函数. 今将证当 z 在任何有界区域内时(1.6)一致收敛到 $f(z)$，因而 $f(z)$ 是整函数.当然我们只要证明

$$\sum_{n=1}^{\infty}\{f_{n+1}(z)-f_n(z)\} \tag{1.7}$$

是一致收敛的.

当 w 在正的实数轴上时，$\log(-w)=\log w\pm \mathrm{i}\pi$ 其中应取正号或取负号要看 w 曾经绕过 $|w|=\delta$ 圆或未曾绕过那个圆而定，于是当 $Rz<A$ 及 $Iz<A$ 时，

$$\left|\mathrm{e}^{-w}(-w)^{z-1}\right|=\mathrm{e}^{-w}\left|\mathrm{e}^{(x-1+iy)(\log w\pm i\pi)}\right|<\mathrm{e}^{-w+(A+1)\log w-\pi A}=O(\mathrm{e}^{-\frac{w}{2}}).$$

故

$$|f_{n+1}(z)-f_n(z)|\leqslant 2\int_n^{n+1}O(\mathrm{e}^{-\frac{w}{2}})\mathrm{d}w=O(\mathrm{e}^{-\frac{\pi}{2}}).$$

从此立刻可以推出级数(1.7)的一致收敛性(用 Weierstrass 测验法).前面已经说过 $f_n(z)$ 是解析的，因此 $f(z)$ 是解析的，这证明了 $f(z)$ 是整函数.

2) 若 $w=\rho e^{i\varphi}$,则当 w 在 C 上时, $\log w=\log\rho+\mathrm{i}(\phi-\pi)$. 因此, 积分(1.5)沿实轴的两部分合起来得到

$$\int_0^{\infty}\left\{-e^{-\rho+(z-1)(\log\rho-i\pi)}+e^{-\rho+(z-1)(\log p+i\pi)}\right\}d\rho=-2i\sin z\pi\int_{\delta}^{\infty}e^{-\rho}\rho^{z-1}d\rho.$$

又在 $|w|=\delta$ 圆周上,

$$\left|(-w)^{z-1}\right|=\left|e^{(z-1)(\log\delta+i(\phi-\pi)}\right|=e^{(x-1)\log\delta-y(\phi-\pi)}=O(\delta^{x-1}).$$

故当 $x>0$ 时积分(1.5)沿圆周的一部分是 $O(\delta^x)=O(1)$, 即积分的这一部分随 δ 而趋于 0. 因此令 $\delta\to 0$, 即得当 $Rz>0$ 时,

$$f(z)=-2i\sin\pi z\int_0^{\infty}e^{-\rho}\rho^{z-1}d\rho=-2i\sin\pi z\Gamma(z).$$

在 1) 内已证明 $f(z)$ 是整函数, 故 $\frac{i}{2}\csc\pi z\ f(z)$, 除可能以 $z=0\pm1,\pm2,\cdots$ (即 $\sin\pi z$ 的零点)为极点外, 对于所有的 z 是解析的. 又当 $Rz>0$ 时, $\frac{i}{2}\csc\pi z f(z)=\Gamma(z)$. 因此, 可以利用(1.4)把 $\Gamma(z)$ 解析开拓到全 z 面. 另一方面, 我们已经知道 $\Gamma(z)$ 在 $z=1, 2, \cdots$ 时, 实际上是解析的. 因此 $\Gamma(z)$ 只可能以 $z=0, -1, -2, \cdots$ 为奇点.

3) 现在证明 $z=0, -1, -2, \cdots$ 的确是 $\Gamma(z)$ 的一级奇点, 当 z 是负整数时 $(-w)^{z-1}$ 是单值函数. 因此,

$$f(z)=\int_{\gamma}e^{-w}(-w)^{z-1}dw,$$

其中 γ 是 $|w|=\delta$ 这个圆, 利用残数定理, 容易看出

$$f(-n)=-\frac{2\pi i}{n!}\neq 0\quad(n=0,1,2,\cdots).$$

因此, $\Gamma(z)$ 的确以 $z=-n$ 为简单奇点, 且相当的残数为

$$\lim_{z\to -n}\frac{2\pi i}{n!}\frac{z+\eta}{2i\sin z\pi}=\frac{(-1)^n}{n!}.$$ [证完]

当 $R\alpha>0$, $R\beta>0$ 时, 我们令

$$B(\alpha,\beta)=\int_0^1 x^{\alpha-1}(1-x)^{\beta-1}dx, \tag{1.8}$$

这就是所谓B函数(读作B函数), 这个函数与 Γ 函数之间有下列关系.

定理 1.2 当 $R\alpha > 0$，$R\beta > 0$ 时，

$$\mathrm{B}(\alpha, \beta) = \frac{\Gamma(\alpha)\Gamma(\beta)}{\Gamma(\alpha+\beta)}. \tag{1.9}$$

证 当 $R\alpha > 0, R\beta > 0$ 时，

$$\Gamma(\alpha)\Gamma(\beta) = \int_0^{\infty} x^{\alpha-1} \mathrm{e}^{-x} \mathrm{d}x \int_0^{\infty} y^{\beta-1} \mathrm{e}^{-y} \mathrm{d}y,$$

顺次令 $x = u^2$，$y = v^2$ 及 $u = \gamma\cos\theta$，$v = \gamma\sin\theta$，我们有

$$\begin{aligned}\Gamma(\alpha)\Gamma(\beta) &= 4\int_0^{\infty}\int_0^{\infty} u^{2\alpha-1} v^{2\beta-1} \mathrm{e}^{-(u^2+v^2)} \mathrm{d}u\mathrm{d}v \\ &= 4\int_0^{\infty} \mathrm{e}^{-\gamma^2} \gamma^{2(\alpha+\beta)-1} \mathrm{d}\gamma \int_0^{\frac{\pi}{2}} \cos^{2\alpha-1}\theta \sin^{2\beta+1}\theta \mathrm{d}\theta \\ &= 2\int_0^{\infty} \mathrm{e}^{-t} t^{\alpha+\beta-1} \mathrm{d}t \int_0^{\frac{\pi}{2}} \cos^{2\alpha-1}\theta \sin^{2\beta-1}\theta \mathrm{d}\theta.\end{aligned}$$

最后令 $x = \cos^2\theta$，即得

$$\Gamma(\alpha)\Gamma(\beta) = \Gamma(\alpha+\beta)\int_0^1 x^{\alpha-1}(1-x)^{\beta-1}\mathrm{d}x = \Gamma(\alpha+\beta)\beta(\alpha,\beta).$$ [证完]

利用(1.9)可以证明下面的(1.11)及(1.12).

定理 1.3 我们有

$$\Gamma(z) = (z-1)\Gamma(z-1) \tag{1.10}$$

$$\Gamma(z)\Gamma(1-z) = \pi\csc\pi z, \tag{1.11}$$

及

$$\Gamma(z) = \frac{2^{z-1}}{\sqrt{\pi}}\Gamma\left(\frac{z}{2}\right)\Gamma\left(\frac{z+1}{2}\right). \tag{1.12}$$

证 1) 前已证明当 $Rz > 0$ 时(1.10)成立，利用解析开拓知道(1.10)普遍地成立.

2) 关于(1.11)我们也可以先在 $0 < z < 1$ 的假定下予以证明. 在 $0 < \alpha < 1$ 时，由定理 1.2(注意 $\Gamma(1) = 1$)，

$$\Gamma(\alpha)\Gamma(1-\alpha) = \int_0^1 \frac{t^{\alpha-1}}{(1-t)^{\alpha}}\mathrm{d}t$$

$$=\int_0^{\infty}\frac{u^{\alpha-1}}{1+u}\mathrm{d}u\left(u=\frac{t}{1-t}\right),\tag{1.13}$$

今用 C 表示 w 平面上一点 p 用下列方式移动所经过的路线：p 首先从实轴上一点 $\delta\,(0<\delta<1)$向右移动到 $R(R>1)$,然后按反钟方向绕 K 圆：$|w|=R$ 一周回到 R，再沿实轴向左移动到 δ，最后按顺钟方向绕 K 圆；$|w|=\delta$一周回到出发点 δ.

由残数定理，我们有

$$\int_C\frac{w^{\alpha-1}\mathrm{d}w}{1+w}=2\pi\mathrm{i}\mathrm{e}^{(\alpha-1)\pi\mathrm{i}}$$

即

$$\left\{\int_K-\int_k+\int_{\delta}^{R}-\mathrm{e}^{2\pi\mathrm{i}\alpha}\int_{\delta}^{R}\right\}\frac{w^{\alpha-1}}{1+w}\mathrm{d}w=2\pi\mathrm{i}\mathrm{e}^{(\alpha-1)\pi\mathrm{i}}.$$

因$0<\alpha<1$，故当$\delta\to 0$ $R\to\infty$时，我们得到

$$(1-\mathrm{e}^{2\pi\mathrm{i}\alpha})\int_0^{\infty}\frac{w^{\alpha-1}}{1+w}\mathrm{d}w=2\pi\mathrm{i}\mathrm{e}^{(\alpha-1)\pi\mathrm{i}}.$$

由(1.13)

$$\Gamma(\alpha)\Gamma(1-\alpha)=\int_0^{\infty}\frac{w^{\alpha-1}}{1+w}\mathrm{d}w=\frac{\pi}{\sin\alpha\pi}.$$

利用解析开拓我们知道上式普遍地成立.

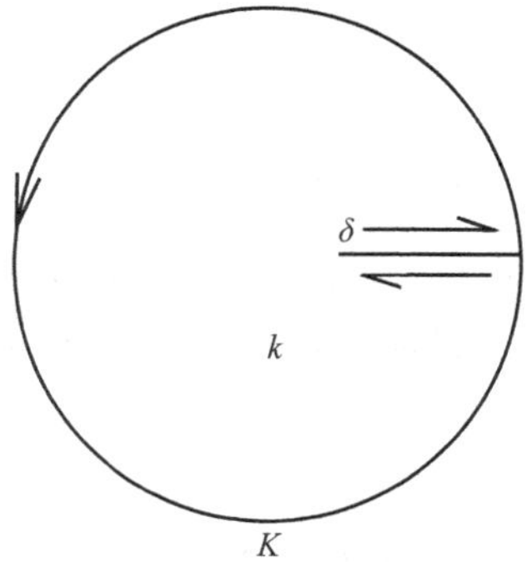

3) 由定理 1.2 我们知道，当 $0<\alpha<1$ 时，

$$\frac{\Gamma^2(\alpha)}{\Gamma(2\alpha)}=\mathrm{B}(\alpha,\alpha)=\int_0^1x^{\alpha-1}(1-x)^{\alpha-1}\mathrm{d}x$$

$$=\int_0^1\left[\frac{1}{4}-\left(x-\frac{1}{2}\right)^2\right]^{\alpha-1}\mathrm{d}x.$$

令$x-\frac{1}{2}=\frac{y}{2}$，则

$$\frac{\Gamma^2(\alpha)}{\Gamma(2\alpha)}=\frac{1}{2^{2\alpha-2}}\int_{-1}^{1}(1-y^2)^{\alpha-1}\mathrm{d}y=\frac{1}{2^{2\alpha-2}}\int_0^1(1-y^2)^{\alpha-1}\mathrm{d}y.$$

再令$y^2=t$，即得

$$\frac{\Gamma^2(\alpha)}{\Gamma(2\alpha)}=\frac{1}{2^{2\alpha-1}}\int_0^1(1-t)^{\alpha-1}t^{-\frac{1}{2}}\mathrm{d}t=\frac{1}{2^{2\alpha-1}}\mathrm{B}\left(\alpha,\frac{1}{2}\right)=\frac{1}{2^{2\alpha-1}}\frac{\Gamma(\alpha)\Gamma\left(\frac{1}{2}\right)}{\Gamma\left(\alpha+\frac{1}{2}\right)}.$$

在(1.11)内令 $z=\dfrac{1}{2}$，即得

$\Gamma\left(\dfrac{1}{2}\right)=\sqrt{\pi}$，故上式可写成

$$\Gamma(2\alpha)=\frac{2^{2\alpha-1}}{\sqrt{x}}\Gamma(\alpha)\,\Gamma\left(\alpha+\frac{1}{2}\right).$$

由解析开拓知道这个公式普遍地成立，令 $\alpha=\dfrac{z}{2}$ 即得(1.12).

推论　$\Gamma\left(\dfrac{1}{2}\right)=\sqrt{\pi}.$

附录　§2. Poisson 求和公式

我们需要几个引理.

引理 2.1　当 u 不是 2π的倍数时，

$$\frac{1}{2}+\sum_{m=1}^{n}\cos mu=\frac{\sin(n+\frac{1}{2})u}{2\sin\frac{1}{2}u}. \tag{2.1}$$

只要用 $\sin\dfrac{1}{2}u$ 乘 (2.1) 的两边，再利用公式：$\cos x\cos y=\dfrac{1}{2}\{\sin(x+y)-\sin(x-y)\}$，就很容易得到(2.1).

引理 2.2　设 $f(x)$ 在区间$[a,b]$上可积，则

$$\lim_{\lambda\to\infty}\int_a^b f(x)\sin\lambda x\,\mathrm{d}x=0. \tag{2.2}$$

这就是所谓 Riemann-Lebesgue 定理，见于一般实变函数论或傅氏分析书中，所以引理 2.3 无须在这里加以证明.

设 $\varphi(t)$ 在区间$[0,\pi]$上是单调的连续函数，且当 $t\to0^+$ 时，$\varphi(t)\to0$，则

$$\lim_{n\to\infty}\int_0^{\pi}\varphi(t)\frac{\sin(n+\frac{1}{2})t}{\sin\frac{1}{2}t}\mathrm{d}t=0.$$

证

$$\int_0^{\pi}\varphi(t)\frac{\sin(n+\frac{1}{2})t}{\sin\frac{1}{2}t}\mathrm{d}t=2\int_0^{\pi}\varphi(t)\frac{\sin(n+\frac{1}{2})t}{t}\mathrm{d}t$$

$$+\int_0^\pi \varphi(t)\left\{\frac{1}{\sin\frac{1}{2}t}-\frac{2}{t}\right\}\sin\left(n+\frac{1}{2}\right)t\,\mathrm{d}t. \tag{2.3}$$

因当$t\to 0^+$时，上式右边括号内的函数有界，故由引理 2.2，上式右边第二项当$n\to\infty$时，趋于 0. 又第一项内的积分等于

$$\int_0^\delta \varphi(t)\frac{\sin(n+\frac{1}{2})t}{t}\mathrm{d}t+\int_\delta^\pi \varphi(t)\frac{\sin(n+\frac{1}{2})t}{t}\mathrm{d}t=I_1+I_2. \tag{2.4}$$

任给$\varepsilon>0$可取δ使当$0\leqslant t\leqslant\delta$时，$|\varphi(t)|<\eta$.于是利用第二中值公式，即得

$$\left|\int_0^\delta \varphi(t)\frac{\sin(n+\frac{1}{2})t}{t}\mathrm{d}t\right|\leqslant\eta\left|\int_{\xi'}^{\xi''}\frac{\sin(n+\frac{1}{2})t}{t}\mathrm{d}t\right|=\eta\left|\int_{N'}^{N''}\frac{\sin t}{t}\mathrm{d}t\right|,$$

式中$0\leqslant\xi'<\xi''\leqslant\delta$，$0\leqslant N'<N''$，由于$\int_0^\infty\frac{\sin t}{t}\mathrm{d}t$的收敛性，上面最后一积分有与$N'$，$N''$无关的上界 A. 取η使$\eta A<\frac{\varepsilon}{2}$，则$|I_1|<\frac{\varepsilon}{2}$.取定$\delta$后，由引理 2.2 知道当$n$充分大时$|I_2|<\frac{\varepsilon}{2}$，

因此，$|I_1+I_2|<\varepsilon$，这表明当$n\to\infty$时，(2.3)右边第一项也趋于 0，引理随之成立.

下面就是我们常用到的 Poisson 求和公式.

定理 2.1 设$f(x)$当$x\geqslant 0$时是连续的递减函数，并且$\int_0^\infty|f(x)|\mathrm{d}x$存在.设$\alpha>0$，$\alpha\beta=2\pi$而$g(x)$是$f(x)$的傅立叶余弦变式：

$$g(x)=\sqrt{\frac{2}{\pi}}\int_0^\infty\cos xt\,f(t)\mathrm{d}t,$$

则

$$\sqrt{\alpha}\left\{\frac{1}{2}f(0)+\sum_{n=1}^\infty f(n\alpha)\right\}=\sqrt{\beta}\left\{\frac{1}{2}g(0)+\sum_{n=1}^\infty g(n\beta)\right\}. \tag{2.5}$$

证 由$\int_0^\infty|f(x)|\mathrm{d}x$的存在性及$f(x)$的递减性可以推出(2.1)左边收敛.由引理 2.1,

$$\sqrt{\beta}\left\{\frac{1}{2}g(0)+\sum_{m=1}^n g(m\beta)\right\}=\sqrt{\frac{2\beta}{\pi}}\left\{\frac{1}{2}\int_0^\infty f(t)\mathrm{d}t+\sum_{m=1}^n\int_0^\infty\cos m\beta t f(t)\mathrm{d}t\right\}$$

$$= \sqrt{\frac{2\beta}{\pi}} \int_0^{\infty} \left\{ \frac{1}{2} + \sum_{m=1}^{n} \cos m\beta t \right\} f(t) \mathrm{d}t$$

$$= \sqrt{\frac{2\beta}{\pi}} \int_0^{\infty} \frac{\sin\left(n+\frac{1}{2}\right)\beta t}{2\sin\frac{1}{2}\beta t} f(t) \mathrm{d}t = \frac{\sqrt{\alpha}}{2\pi} \int_0^{\pi} f\left(\frac{t}{\beta}\right) \frac{\sin\left(n+\frac{1}{2}\right)t}{2\sin\frac{1}{2}t} \mathrm{d}t$$

$$+ \frac{\sqrt{\alpha}}{2\pi} \sum_{m=1}^{\infty} \int_{(2m-1)\pi}^{(2m+1)\pi} f\left(\frac{t}{\beta}\right) \frac{\sin\left(n+\frac{1}{2}\right)t}{2\sin\frac{1}{2}t} \mathrm{d}t. \tag{2.6}$$

又由(2.1)可以看出

$$\int_0^{\pi} \frac{\sin\left(n+\frac{1}{2}\right)t}{\sin\frac{1}{2}t} \mathrm{d}t = \frac{\pi}{2}, \qquad \int_{(2m-1)\pi}^{(2m+1)\pi} \frac{\sin\left(n+\frac{1}{2}\right)t}{\sin\frac{1}{2}t} \mathrm{d}t = \pi.$$

故(2.3)最右端与(2.1)左边的差可写成

$$\frac{\sqrt{\alpha}}{2\pi} \int_0^{\pi} \left\{ f\left(\frac{t}{\beta}\right) - f(0) \right\} \frac{\sin\left(n+\frac{1}{2}\right)t}{2\sin\frac{1}{2}t} \mathrm{d}t$$

$$+ \frac{\sqrt{\alpha}}{2\pi} \sum_{m=1}^{\infty} \int_{(2m-1)\pi}^{(2m+1)\pi} \left\{ f\left(\frac{t}{\beta}\right) - f\left(\frac{2m\pi}{\beta}\right) \right\} \frac{\sin\left(n+\frac{1}{2}\right)t}{2\sin\frac{1}{2}t} \mathrm{d}t. \tag{2.7}$$

由积分第二中值公式

$$\int_{(2m-1)\pi}^{(2m+1)\pi} \left\{ f\left(\frac{t}{\beta}\right) - f\left(\frac{2m\pi}{\beta}\right) \right\} \frac{\sin\left(n+\frac{1}{2}\right)t}{2\sin\frac{1}{2}t} \mathrm{d}t = O\left\{ f\left(\frac{2m-1}{\beta}\pi\right) \right\}. \tag{2.8}$$

上式中 O 项与 n 无关，而由 $\int_0^{\infty} |f(x)| \mathrm{d}x$ 的存在性又知道它是收敛级数的一般项. 因此, (2.7)一致收敛. 又由引理 2.3 可以看出(2.7)的一般项当 $n \to \infty$ 时趋于 0, 故当 $n \to \infty$ 时, 级数(2.7)趋于 0, 故定理成立.

第八章 素数定理的改进

§1. 引 论

在第一篇第三章里面我们曾经用初等方法证明了素数定理，即

$$\pi(x) \sim \frac{x}{\log x} \qquad (x \to \infty). \tag{1.1}$$

进一步，我们不仅仅满足于(1.1)，还要估计误差项的大小，这时，最好引用新的函数

$$\operatorname{ls} x = \sum_{n=2}^{[x]} \frac{1}{\log n} \qquad (x \geqslant 2). \tag{1.2}$$

利用 Euler 求和公式及分部积分容易看出

$$\begin{aligned} \operatorname{ls} x &= \int_2^x \frac{dt}{\log t} + O(1) \\ &= x\left(\frac{1}{\log x} + \frac{1}{\log^2 x} + \frac{2}{\log^3 x} + \cdots + \frac{(n-1)!}{\log^n x} + O\left(\frac{1}{\log^{n+1} x}\right)\right) \sim \frac{x}{\log x}. \end{aligned}$$

在 Selberg 的初等方法出现以前，素数定理已有很大的改进，现在依发表时年代的先后，把各结果写在下面：

$$\pi(x) = \operatorname{ls} x + O(x\mathrm{e}^{-A\sqrt{\log x}}), \tag{1.3}$$

这是 de la vallée Poussin 的结果.

$$\pi(x) = \operatorname{ls} x + O(x\mathrm{e}^{-A\sqrt{\log x \log\log x}}), \tag{1.4}$$

这是 Littlewood 的结果.

$$\pi(x) = \operatorname{ls} x + O(x\mathrm{e}^{-A(\log x)^{\frac{5}{9}-\varepsilon}}), \tag{1.5}$$

这是 Titchmarsh 在 1938 年证明的.

$$\pi(x) = \mathrm{ls}\, x + O(x\mathrm{e}^{-A(\log x)^{\frac{4}{7}-\varepsilon}}) , \tag{1.6}$$

这是 чудаков 在 1938 年证明的.

以上各式中 ε 表任何一个正数，A 表适当小的正数. 最后一个结果可以依照 чудаков 及 Titchmarsh 的成法，运用 Виноградов 对于三角和的新的估计得出来. 又运用 Виноградов 较老的估计三角和的方法也可以得到(1.6)，在华罗庚堆垒素数论的俄文版附录中即曾提到这结果.本章的主要目的是证明(1.3)，同时还要指出如何可以运用三角和的方法推出(1.6)，至于三角和本身的估计则留待以后去讨论. 又根据最近Виноградов关于$\zeta(s)$的零点分布的结果，可以把(1.6)中的$\frac{4}{7}$改进为$\frac{3}{5}$.

§2. 问题的转移(一)

Чебышев 所引进的函数

$$\vartheta(x) = \sum_{p \leqslant x} \log p , \tag{2.1}$$

$$\psi(x) = \sum_{p^m \leqslant x} \log p = \sum_{n \leqslant x} \Lambda(n) \tag{2.2}$$

(式中 p 通过一切素数，m 通过一切正整数.)与 $\pi(x)$ 有着密切关系. 我们容易证明

定理 2.1
$$\psi(x) = \vartheta(x) + O(x^{\frac{1}{2}}(\log x)^2) , \tag{2.3}$$

并且由

$$|\vartheta(x) - x| = O(x\mathrm{e}^{-A\log^{\lambda} x}) \tag{2.4}$$

(式中 A 及 λ 是正数)可以推出

$$|\pi(x) - \mathrm{ls}x| = O(x\mathrm{e}^{-A\log^{\lambda} x}). \tag{2.5}$$

证　公式(2.3)即第一篇第三章的(2.4). 令 $\Delta(n) = \vartheta(n) - n$ 及 $m = [x]$，则

$$\pi(x) = \sum_{n=2}^{m} \frac{1}{\log n}[\vartheta(n) - \vartheta(n-1)] = \sum_{n=2}^{m} \frac{1}{\log n}\{1 + \Delta(n) - \Delta(n-1)\}$$

$$= \mathrm{ls}\, x + \frac{\Delta(m)}{\log m} - \frac{\Delta(1)}{\log 2} + \sum_{n=2}^{m-1} \Delta(n)(\frac{1}{\log n} - \frac{1}{\log(n+1)})$$

故由(2.4)可以得到

$$\left|\pi(x)-\mathrm{ls}x\right| = O\left[m\mathrm{e}^{-A\log^{\lambda}m}\left\{\frac{1}{\log m}+\frac{1}{\log 2}+\sum_{n=2}^{m-1}\left(\frac{1}{\log n}-\frac{1}{\log(n+1)}\right)\right\}\right]$$

$$= O(x\mathrm{e}^{-A\log^{\lambda}x}),$$

[证毕]

上面的定理告诉我们，本章的主要问题已经转化为估计$|\psi(x)-x|$的问题，因此，要证明(1.3)，我们只要证明

$$\psi(x)=x+O(x\mathrm{e}^{-A\sqrt{\log x}}), \tag{2.6}$$

其中A是某一个正的常数.我们所以要转化我们的问题是由于我们可以比较容易地把$\psi(x)$用分析性质比较清楚的$\zeta(s)$表达出来.

定理 2.2　当 $a>1$ 而 m 是整数时

$$\psi(m)=-\frac{1}{2\pi\mathrm{i}}\int_{a-\mathrm{i}\infty}^{a+\mathrm{i}\infty}\frac{(m+\frac{1}{2})^s}{s}\frac{\zeta'(s)}{\zeta(s)}\mathrm{d}s. \tag{2.7}$$

证　由本篇第六章(5.16)，

$$\frac{\zeta'(s)}{\zeta(s)}=-\sum_{n=1}^{\infty}\frac{\Lambda(n)}{n^s}.$$

这级数的绝敛半径显然是 1. 故由 Perron 公式[同第六章(4.6)]，定理成立.

[证完]

但是，我们以后并不用(2.7)这个表达式而用下面的近似表达式：

定理 2.3　当 $a>1$，$b>0$ 且 m 是正整数时，

$$\left|\psi(m)+\frac{1}{2\pi\mathrm{i}}\int_{a-\mathrm{i}b}^{a+\mathrm{i}b}\frac{(m+\frac{1}{2})^s}{s}\frac{\zeta(s)}{\zeta(s)}\mathrm{d}s\right| = O\left\{\frac{1}{b}\left(m\log^2 m+\frac{m^a}{a-1}\right)\right\} \tag{2.8}$$

证　我们应用第六章定理 4.2 到狄氏级数(4.6)，并取，$\psi(n)=\log n$，$B=1$，$\alpha=1$，$c=\alpha$，$T=b$，

$$x=m+\frac{1}{2},\quad \sigma=0,$$

即得(2.8).

[证完]

从上面的定理容易看出下面的

推论 设 m 是正整数而 $a=1+\frac{1}{\log(m+\frac{1}{2})}$，则

$$\left|\psi(m)+\frac{1}{2\pi\mathrm{i}}\int_{a-\mathrm{i}b}^{a+\mathrm{i}b}\frac{\left(m+\frac{1}{2}\right)^s}{s}\frac{\zeta'(s)}{\zeta(s)}\mathrm{d}s\right|<A\frac{m}{b}\log^2 m. \tag{2.9}$$

式中 A 是充分大的正数，又如取 $b=\exp\left\{c\log^a m\right\}$，$c'<c$，则(2.9)的右边可改成

$$Am\exp\left\{-c'\log^a m\right\}. \tag{2.10}$$

进一步，我们还要求出

$$\int_{a-\mathrm{i}b}^{a+\mathrm{i}b}\frac{\left(m+\frac{1}{2}\right)^s}{s}\frac{\zeta'(s)}{\zeta(s)}\mathrm{d}s \quad (a>1,b>0) \tag{2.11}$$

的主要部分.

设 $\eta(s)=(s-1)\zeta(s)$，则 $\eta(s)$ 是整函数而 $\frac{\zeta'(s)}{\zeta(s)}=\frac{\eta'(s)}{\eta(s)}-\frac{1}{s-1}$. 因此

$$\int_{a-\mathrm{i}b}^{a+\mathrm{i}b}\frac{(m+\frac{1}{2})^s}{s}\frac{\zeta'(s)}{\zeta(s)}\mathrm{d}s=\int_{a-\mathrm{i}b}^{a+\mathrm{i}b}\frac{(m+\frac{1}{2})^s}{s}\frac{\eta'(s)}{\eta(s)}\mathrm{d}s-\int_{a-\mathrm{i}b}^{a+\mathrm{i}b}\frac{(m+\frac{1}{2})^s}{s(s-1)}\mathrm{d}s. \tag{2.12}$$

利用残数定理容易证明：当 $a>1$，$b>0$，$x>1$ 时，

$$\int_{a-\mathrm{i}\infty}^{a+\mathrm{i}\infty}\frac{x^s}{s(s-1)}\mathrm{d}s=2\pi\mathrm{i}(x-1).$$

又

$$\left|\int_{a+\mathrm{i}b}^{a+\mathrm{i}\infty}\frac{x^s}{s(s-1)}\mathrm{d}s\right|=\left|\int_b^{\infty}\frac{x^{a+\mathrm{i}t}}{(a+\mathrm{i}t)(a-1+\mathrm{i}t)}\mathrm{d}t\right|\leqslant\int_b^{\infty}\frac{x^a}{t^2}\mathrm{d}t=\frac{x^a}{b}.$$

仿此

$$\left|\int_{a-\mathrm{i}\infty}^{a-\mathrm{i}b}\frac{x^s}{s(s-1)}\mathrm{d}s\right|\leqslant\frac{x^a}{b}.$$

故

$$\left|\int_{a-\mathrm{i}b}^{a+\mathrm{i}b}\frac{x^s}{s(s-1)}\mathrm{d}s-2\pi\mathrm{i}(x-1)\right|\leqslant\frac{2x^a}{b}.$$

代入(2.12)即得

$$\left|\int_{a-ib}^{a+ib}\frac{(m+\frac{1}{2})^s}{s}\frac{\zeta'(s)}{\zeta(s)}ds+2\pi i(m-\frac{1}{2})\right|$$

$$\leqslant\left|\int_{a-ib}^{a+ib}\frac{(m+\frac{1}{2})^s}{s}\frac{\eta'(s)}{\eta(s)}ds\right|+\frac{2}{b}(m+\frac{1}{2})^a. \tag{2.13}$$

结合(2.13)与定理 2.3 的推论即得

定理 2.4 设 m 是正整数而 $a=1+\dfrac{1}{\log(m+\frac{1}{2})}$, $b=\exp(c\log^a m)$ (c, a 是正数), $c'<c$, 则

$$|\psi(m)-m|\leqslant\left|\frac{1}{2\pi}\int_{a-ib}^{a+ib}\frac{(m+\frac{1}{2})^s}{s}\frac{\eta'(s)}{\eta(s)}ds\right|+O\left\{m\exp(-c'\log^a m)\right\},$$

式中 $\eta(s)=(s-1)\zeta(s)$.

§3. 几个关于解析函数的定理

在本节里面要证明几个关于一般解析函数的定理，作为进一步讨论我们主要问题的准备.

定理 3.1 设 $r=1$,

$$f(z)=\sum_{n=1}^{\infty}b_n z^n\ (|z|<r),\quad Rf(z)\leqslant M\quad(|z|=1),$$

则

$$|b_n|\leqslant 2M\quad(n=1,\ 2,\ \cdots).$$

证 设 $b_n=|b_n|e^{i\theta_n}$, 则

$$R\left\{f(e^{i\theta})\right\}=\sum_{n=1}^{\infty}|b_n|\cos(\theta_n+n\theta)$$

一致收敛，分项积分后即得

$$\int_0^{2\pi}R\left\{f(e^{i\theta})\right\}d\theta=0.$$

又用 $\cos(\theta_n + n\theta)$ 乘两边再分项积分即得

$$\int_0^{2\pi} R\left\{f(\mathrm{e}^{\mathrm{i}\theta})\right\}\cos(\theta_n + n\theta)\mathrm{d}\theta = \pi\left|b_n\right|.$$

把以上二等式加起来就立刻看出

$$\pi\left|b_n\right| \leqslant \int_0^{2\pi} R\left\{f(\mathrm{e}^{\mathrm{i}\theta})\right\}\left\{1 + \cos(\theta_n + n\theta)\right\}\mathrm{d}\theta$$

$$\leqslant \int_0^{2\pi} M\left\{1 + \cos(\theta_n + n\theta)\right\}\mathrm{d}\theta = 2\pi M.$$

[证完]

定理 3.2　设 $0 < r_1 < r_2$ 而 $g(z)$ 在 $|z| < r_2$ 正则，且 $g(0)=0$，则从

$$R\left\{g(z)\right\} \leqslant M \quad (|z| = r_1)$$

可推出

$$|g'(z)| \leqslant 2Mr_1(r_1 - |z|)^{-2} \quad (|z| < n).$$

证　设 $f(z) = g(r,z)$，$r = \dfrac{r_2}{r_1}$，则有

$$f(z) = \sum_{n=1}^{\infty} b_n z^n \quad (|z| < r),$$

$$R\left\{f(z)\right\} \leqslant M \quad (|z| = 1).$$

故由定理 3.1.

$$|g'(z)| = \frac{1}{r_1}\left|f'\left(\frac{z}{r_1}\right)\right| = \frac{1}{r_1}\left|\sum_{n=1}^{\infty} nb_n\left(\frac{z}{r_1}\right)^{n-1}\right|$$

$$\leqslant \frac{1}{r_1}\sum_{n=1}^{\infty} n|b_n|\left(\frac{|z|}{r_1}\right)^{n-1}$$

$$\leqslant \frac{2M}{r_1}\sum_{n=1}^{\infty} n\left(\frac{|z|}{r_1}\right)^{n-1} = 2Mr_1(r_1 - |z|)^{-2}.$$

[证完]

定理 3.3　设在半径 $r > 1$ 的圆 $|z| < r$ 内，$g(z)$ 正则且永不为 0，则由

$$\frac{g(z)}{g(0)} \leqslant \mathrm{e}^M \quad (|z| = 1) \tag{3.1}$$

可推出

$$\left|\frac{g'(0)}{g(0)}\right| \leqslant 2M.$$

证 在定理 3.1 中令

$$f(z)=\int_0^z \frac{g'(w)}{g(w)}\mathrm{d}w=\left[\log g(w)\right]_0^z,$$

则由(3.1)

$$Rf(z)\leqslant M\ (|z|=1),$$

又

$$b_n=\frac{f^{(n)}(0)}{n!},$$

故

$$|b_1|=\left|\frac{g'(0)}{g(0)}\right|\leqslant 2M. \qquad \text{[证完]}$$

定理 3.4 设当 $|z|\leqslant 2$ 时 $f(z)$ 正则且 $\dfrac{f(z)}{f(0)}\leqslant \mathrm{e}^M$，设

$$f(z)\neq 0 \quad (|z|\leqslant 1,\ Rz\geqslant 0), \tag{3.2}$$

最后，设 $f(z)$ 在 $z=-a(0<a\leqslant 1)$ 有一 h 级零点(若 $f(-a\neq 0$, 则莫作 $h=0$)，则

$$-R\left\{\frac{f'(0)}{f(0)}\right\}\leqslant 2M-\frac{h}{a}.$$

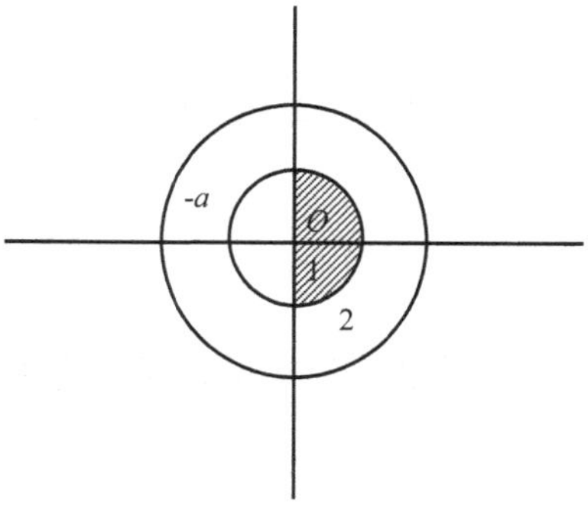

证 设 $f(z)$ 在正方区域 $|z|\leqslant 1$ 内及周上的零点是 $z_1,z_2,\cdots,z_l$ 其级分别为 $h_1,h_2,\cdots,h_l$，并设

$$g(z)=f(z)\prod_{m=1}^{l}(z-z_m)^{-km},$$

则 $g(z)$ 在 $|z|\leqslant 2$ 时正则且存在 $r>1$ 使 $g(z)\neq 0\ (|z|\leqslant r)$.

又

$$\frac{g(z)}{g(0)}=\left|\frac{f(z)}{f(0)}\right|\prod_{m=1}^{l}\left(\frac{|z_m|}{|z-z_m|}\right)^{km}$$

$$\leqslant\left|\frac{f(z)}{f(0)}\right|\leqslant \mathrm{e}^M \quad (|z|=2).$$

故由极大模定理

$$\left|\frac{g(z)}{g(0)}\right| \leqslant \mathrm{e}^M \quad (|z|=1).$$

因此由定理 3.3，

$$-R\left\{\frac{g'(0)}{g(0)}\right\} \leqslant \left|\frac{g'(0)}{g(0)}\right| \leqslant 2M,$$

即

$$-R\left\{\frac{f'(0)}{f(0)} + \sum_{m=1}^{l}\frac{k_m}{z_m}\right\} \leqslant 2M.$$

故

$$-R\frac{f'(0)}{f(0)} \leqslant 2M + \sum_{m=1}^{l} k_m R\left(\frac{1}{z_m}\right).$$

由(3.2)知上式右边各项 $\leqslant 0$.但其中包含 $-\frac{h}{a}$，故定理成立. 仿此可证.

定理 3.5 设当 $|z| \leqslant 2$ 时 $f(z)$ 正则且 $\left|\frac{f(z)}{f(0)}\right| \leqslant \mathrm{e}^M$，又设(3. 2)成立，最后设 $f(a) = f(b) = 0(|a| \leqslant 1, |b| \leqslant 1, a \neq b)$ 则

$$-R\left\{\frac{f'(0)}{f(0)}\right\} \leqslant 2M + R\left(\frac{1}{a}\right) + R\left(\frac{1}{b}\right).$$

上面的定理 3.2 要在 § 4 用到，定理 3.4 要在 § 5 用到定理 3.5 在本章用不到.

§4. 问题的转移(二)

在 § 2 的分析里，我们清楚地看到主要问题已经转化为积分

$$I = \int_{a-\mathrm{i}b}^{a+\mathrm{i}b} \frac{\left(m+\frac{1}{2}\right)^s}{s} \frac{\eta'(s)}{\eta(s)} \mathrm{d}s \tag{4.1}$$

的估计.

考虑从下列四点为顶点的矩形 R：

$$R:\ a-\mathrm{i}b,\ a-\mathrm{i}b,\ a+\mathrm{i}b,\ a+\mathrm{i}b \tag{4.2}$$

其中 $b>0$，$0<a'<1<a$. 若 R 内及边上没有 $\zeta(0)$ 的零点，则显然

$$\int_R \frac{\left(m+\frac{1}{2}\right)^s}{s}\frac{\eta'(s)}{\eta(s)}\mathrm{d}s = 0.$$

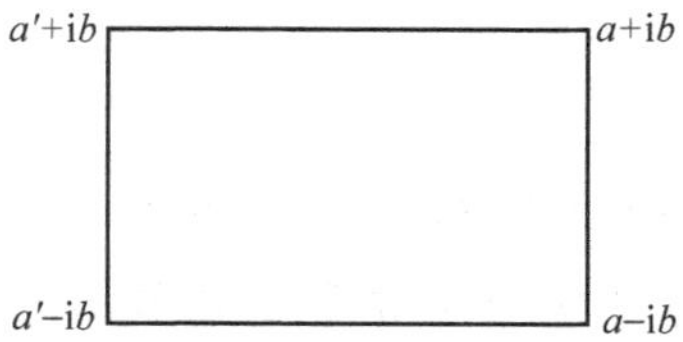

故若用 c 表示顺次连接(4.2)内各点的折线，则

$$I = \int_C \frac{\left(m+\frac{1}{2}\right)^s}{s}\frac{\eta'(s)}{\eta(s)}\mathrm{d}s$$

$$= \int_{a'-\mathrm{i}b}^{a'+\mathrm{i}b} \frac{\left(m+\frac{1}{2}\right)^s}{s}\frac{\eta'(s)}{\eta(s)}\mathrm{d}s - \int_{a'-\mathrm{i}b}^{a-\mathrm{i}b} \frac{\left(m+\frac{1}{2}\right)^s}{s}\frac{\eta'(s)}{\eta(s)}\mathrm{d}s$$

$$+\int_{a'+\mathrm{i}b}^{a+\mathrm{i}b} \frac{\left(m+\frac{1}{2}\right)^s}{s}\frac{\eta'(s)}{\eta(s)}\mathrm{d}s = I_1 - I_2 + I_3. \tag{4.3}$$

为了估计 I_1，I_2，I_3 我们证明

定理 4.1 设 c，λ 是正数而

$$t^* = \max(|t|, 2). \tag{4.4}$$

若 $\zeta(s)$ 在

$$D:\ 1 - \frac{c}{\log^\lambda t^*} \leqslant \sigma \tag{4.5}$$

内无零点，而 $c' < c$，则在

$$D':\ 1 - \frac{c'}{\log^\lambda t^*} \leqslant \sigma < 2 \tag{4.5'}$$

内

$$\left|\frac{\eta'(s)}{\eta(s)}\right| \leqslant A\log^{1+2\lambda} t^*. \tag{4.6}$$

式中 $\eta(s) = \zeta(s)(s-1)$ 而 A 是只与 c，c' 及 λ 有关的常数.

证 我们要利用定理 3.2，设 $c' < c_1 < c_2 < c$，

$$r_1 = 1 + \frac{c_1}{\log^\lambda(t^*+2)}, \qquad r_2 = 1 + \frac{c_2}{\log^\lambda(t^*+2)}$$

而

$$g(z)=\int_{2+it}^{2+it+z}\frac{\eta'(w)}{\eta(w)}\mathrm{d}w \tag{4.7}$$

(积分系沿直线). 当$|t|$充分大时容易看出圆$\left|w-(2+\mathrm{i}t)\right|<r_2$全部在 D 内. 故由关于$\zeta(s)$零点的假定知道$g(z)$在$|z|<r_2$内正则，由(4.7)，

$$\mathrm{e}^{g(z)}=\frac{\eta(2+\mathrm{i}t+z)}{\eta(2+\mathrm{i}t)}. \tag{4.8}$$

要估计$Rg(z)$，我们只要估计(4.8)右边的绝对值，显然

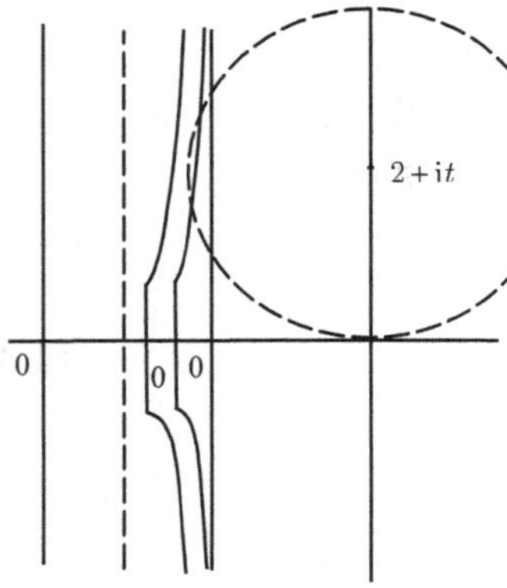

$$\begin{aligned}\left|\eta(2+\mathrm{i}t)\right|^{-1}&\leqslant\left|\zeta(2+\mathrm{i}t)\right|^{-1}\\&\leqslant\prod_p(1+p^{-2})\\&<\prod_p(1-p^{-2})^{-1}\\&=\zeta(2)<2,\end{aligned} \tag{4.9}$$

又由第二篇定理 1.1 的推论及(4.4)可以得到

$$\left|\eta(2+\mathrm{i}t+z)\right|=o(t^{*2})\quad(|z|<r_2) \tag{4.10}$$

由(4.9)与(4.10)可知(4.8)的右边是$o(t^{*2})$.因此

$$\mathrm{e}^{Rg(z)}=o(t^{*2})\quad(|z|<r_2),$$

即

$$Rg(z)\leqslant A_1\log t^*\quad(|z|<r_2),$$

其中A_1是充分大正数. 在定理 3.2 中取$M=A_1\log t^*$即得

$$|g'(z)|\leqslant 2Mr_1(r_1-|z|)^{-2}\quad(|z|<r_1).$$

由于当$|t|\to\infty$时，$\log(t^*+2)\sim\log t^*$，故当 s 在D'内而$|t|$充分大时，$|\sigma-2|<r_1$. 因此.

$$\left|\frac{\eta'(s)}{\eta(s)}\right|=|g'(s-2-it)|=|g'(\sigma-2)|$$

$$\leqslant 2Mr_1(r_1-2+\sigma)^{-2}\leqslant A'\log^{1+2\lambda}t^*,$$

式中$A'>0$是常数，定理证毕.

如果观察一下I_1, I_2, I_3,我们很容易发现，若把a'取得越小，越容易把I_1估计得好;另一方面，越把b取得大，越容易把I_2, I_3估计得好，由于我们需要R内及边上没有零点，这明显地表示出来I的估计与$\zeta(s)$的零点有着密切的关系，为了更明确地把这种关系揭示出来，我们要证明下面的定理:

定理 4.2　若$\zeta(s)$在D　[看(4.5)]内无零点，则当m是正整数时

$$\pi(m)=\text{ls }m+O\left\{m\exp\left(-c_1\log^{\frac{1}{1+\lambda}}m\right)\right\}, \tag{4.11}$$

式中c_1是小于$\dfrac{c_1}{1+\lambda}$的任何正数.

这定理实质上是 Ingham 在他的书 *The Distribution of Prime Mumbers* 中所证明的一个定理的特殊情形. 值得注意的是，定理 4.2 的逆定理也成立，这是 Turán 在他的文章 *On the remainder-term of the prime member formula II.Acta Mathematica*，*Academiae Scientiurum Hungaruae*(1950)中所证明的.

证　在(4.3)内取

$$a=1+\frac{1}{\log\left(m+\dfrac{1}{2}\right)},\quad b=\exp\left(c'^{\frac{1}{1+\lambda}}\log^{\frac{1}{1+\lambda}}m\right),$$

$$a'=1-\frac{c'^{\frac{1}{1+\lambda}}}{\log^{\frac{1}{1+\lambda}}m}\qquad (c'<c),$$

则当m充分大时R全部在D'内. 故由(4.3)及定理 2.4 当$c_1<c'^{\frac{1}{1+\lambda}}$时，

$$|\psi(m)-m|\leqslant|I_1|+|I_2|+|I_3|+O\left\{m\exp(-c_1\log^{\frac{1}{1+\lambda}}m)\right\}.$$

又由定理 4.1，当$m\to\infty$时，

$$I_1=O\left(\log^{1+2\lambda}b\int_0^b\frac{\left(m+\dfrac{1}{2}\right)^{a'}}{|a'+\mathrm{i}t|}\mathrm{d}t\right)$$

$$=O\left\{\left(m+\frac{1}{2}\right)^{a'}\log^{2+2\lambda}b\right\}=O\left\{m\exp\left(-c_1\log^{\frac{1}{1+\lambda}}t*\right)\right\},$$

$$|I_2|+|I_2| = O\left\{\log^{1+\lambda} b\int_{a'}^{a}\frac{\left(m+\frac{1}{2}\right)^{\sigma}}{b}\mathrm{d}\sigma\right\}$$

$$= O\left\{\frac{\left(m+\frac{1}{2}\right)^{a}}{b}\log^{1+\lambda} b\right\} = O\left\{m\exp\left(-c_1\log^{\frac{1}{1+\lambda}} m\right)\right\}.$$

故

$$|\psi(m)-m| = O\left\{m\exp\left(-c_1\log^{\frac{1}{1+\lambda}} m\right)\right\},$$

因此根据定理 2.1，本定理成立.

§5. 黎曼 ζ 函数的零点

从上节最后的定理，我们看到黎曼 ζ 函数零点的分布的研究是整个问题的关键，在本节里面我们所要讨论的就是零点分布的问题.

首先我们证明一个比较简单的定理:

定理 5.1 黎曼 ζ 函数在 $\sigma>1$ 时不为 0,而在 $\sigma<0$ 时只有下面这些简单零点:

$$s=-2,-4,\cdots \tag{5.1}$$

这种零点就是所谓显然零点(тривияльные корени).

证 当 $\sigma>0$ 时，黎曼 ζ 函数可表成收敛的无穷乘积:

$$\zeta(s)=\prod_p\left(1-\frac{1}{p^s}\right)^{-1},$$

因此 $\zeta(s)\neq 0$ ，当 $\sigma<0$ 时，由它所适合的函数方程

$$\zeta(s)=2^s\pi^{s-1}\sin\frac{1}{2}s\pi\Gamma(1-s)\zeta(1-s), \tag{5.2}$$

我们很容易看出 $\zeta(s)$ 只能以 $\sin\frac{1}{2}s\pi$ 的零点为简单零点(注意 $\Gamma(1-s)\Gamma(s)=\frac{\pi}{\sin\pi s}\neq 0$)定理随之成立.

黎曼 ζ 函数的其他零点，就是所谓非显然零点(Нетривия–льные корени)都在

带形区域

$$0 \leqslant \sigma \leqslant 1$$

内，要证明 $\zeta(s)$ 在上面带形区域的边界上没有零点已经是很有意义的一件事，这就是 Hadamard 与 de la Vallée Poussin 的贡献，他们根据这一件事实推出了素数定理.

让我们先证明两个引理.

引理 5.1　若 $z = x + \mathrm{i}y$,　$x^2 + y^2 = 1$，则

$$R(z + 4z + z^2) \geqslant 0. \tag{5.3}$$

证

$$\begin{aligned} R(3 + 4z + z^2) &= 3 + 4x + x^2 - y^2 = 2 + 4x + 2x^2 \\ &= 2(1+x)^2 \geqslant 0. \end{aligned}$$

引理 5.2　设 $u>1$，则

$$R\left\{3\frac{\zeta'(u)}{\zeta(u)} + 4\frac{\zeta'(u+\mathrm{i}v)}{\zeta(u+\mathrm{i}v)} + \frac{\zeta'(u+2\mathrm{i}v)}{\zeta(u+2\mathrm{i}v)}\right\} \leqslant 0 \tag{5.4}$$

及

$$\left|\zeta^3(u)\zeta^4(u+\mathrm{i}v)\zeta(u+2\mathrm{i}v)\right| \geqslant 1. \tag{5.5}$$

证　当 $u > 1$ 时，由第一章定理 6.4 的推论，

$$3\frac{\zeta'(u)}{\zeta(u)} + 4\frac{\zeta'(u+\mathrm{i}v)}{\zeta(u+\mathrm{i}v)} + \frac{\zeta'(u+2\mathrm{i}v)}{\zeta(u+2\mathrm{i}v)} = -\sum_{n=1}^{\infty} \Lambda(n)\frac{a_n}{n^{-u}},$$

式中 $a_n = 3 + 4n^{-\mathrm{i}v} + n^{-2\mathrm{i}v}$. 故由引理 1，$Ra_n \geqslant 0$. 故(5.4)成立.

又由第一章定理 6.1，当 $\sigma > 1$ 时，

$$\begin{aligned} \zeta(s) &= \exp\sum_{p}\log(1 - p^{-s})^{-1} \\ &= \exp\sum_{p}\sum_{m=1}^{\infty}\frac{p^{-ms}}{m} \\ &= \exp\sum_{n=2}^{\infty}\frac{\Lambda(n)}{\log n}n^{-s}. \end{aligned}$$

故

$$\left|\zeta^3(u)\zeta^4(u+\mathrm{i}v)\zeta(u+2\mathrm{i}v)\right| = \exp\sum_{n=2}^{\infty}\frac{\Lambda(n)}{\log n}n^{-u}Ra_n,$$

式中 a_n 的意义如前，故 $Ra_n \geqslant 0$ 而(5.5)随之成立.

定理 5.2 $\zeta(1+\mathrm{i}t) \neq 0$, $\zeta(\mathrm{i}t) \neq 0$.

证 由函数方程(5.2)可以看出，只要证明第一个不等式就够了.

由引理 5.2,

$$\{(\sigma-1)\zeta(\sigma)\}^3 \left|\frac{\zeta(\sigma+t\mathrm{i})}{\sigma-1}\right|^4 |\zeta(\sigma+2t\mathrm{i})| \geqslant \frac{1}{\sigma-1}$$

当 $\sigma>1$ 时恒成立，从此可以推出 $\zeta(1+\mathrm{i}t)\neq 0$. 因若不然，则 $\zeta(s)$ 在 $s=1+\mathrm{i}t$ 有一零点，同时在 $s=1$ 有一级极点，故上面不等式的左边当 $\sigma\to 1$ 时有一有限的极限，但右边却不然，显然不可能. [证完]

定理 5.3 设当

$$1-\theta(t)\leqslant\sigma,\quad t\geqslant 0 \tag{5.6}$$

而 $t\to\infty$ 时，

$$\zeta(s)=O(\mathrm{e}^{\phi(t)}), \tag{5.7}$$

式中 $\phi(t)$ 与 $\dfrac{1}{\theta(t)}$ 当 $x\geqslant 0$ 时是正的单调增加的函数并且

$$\theta(t)\leqslant 1,\quad \phi(t)\to\infty, \tag{5.8}$$

$$\frac{\phi(t)}{\theta t}=O(\mathrm{e}^{\phi(t)}), \tag{5.9}$$

则存在一个正的常数 A_1，使得 $\zeta(s)$ 在

$$\sigma\geqslant 1-A_1\frac{\theta(2|t|+1)}{\phi(2|t|+1)} \tag{5.10}$$

内没有零点，实际上，我们可以取 $A_1=\dfrac{1}{9921}$.

证 显然当 $\sigma>1$ 时 $\zeta(\overline{s})=\overline{\zeta(s)}$ (式中 $\overline{z}$ 表 z 的共轭复数)，由解析开拓知道上式恒成立. 因此，不仿仅就 $t\geqslant 0$ 的情形来讨论，又由定理 5.2 知道 $\zeta(s)$ 在 $\sigma=1$ 上无零点，因此只需证明当 t 充分大时可以找到 A_1 使得 $\zeta(s)$ 在(5.9)内无零点，设 $\beta+\mathrm{i}\gamma(\gamma\geqslant 0)$ 是 $\zeta(s)$ 的一个零点，我们要证明的是存在一个正的常数 A_1 使得

$$1-\beta>A_1\frac{\theta(2\gamma+1)}{\phi(2\gamma+1)}, \tag{5.11}$$

而 A_1 可取作 9921^{-1}.

证明的主要根据是下面的不等式

$$-3R\frac{\zeta'(\sigma_0)}{\zeta(\sigma_0)}-4R\frac{\zeta'(\sigma_0+\mathrm{i}\gamma)}{\zeta(\sigma_0+\mathrm{i}\gamma)}-R\frac{\zeta'(\sigma_0+2\mathrm{i}\gamma)}{\zeta(\sigma_0+2\mathrm{i}\gamma)}\geqslant 0 \qquad (\sigma_0>1). \tag{5.12}$$

这就是前面的(5.4).

首先，让我们用定理 3.4 来估计上式中间一项. 令

$$S_0=\sigma_0+\mathrm{i}\gamma,\quad r=\theta(2\gamma+1). \tag{5.13}$$

则当γ充分大时，以S_0为中心以γ为半径的圆一定包含在(5. 6)内[这因为当 S 在圆上或圆内时，$|\sigma-\sigma_0|\leqslant\theta(2\gamma+1)<\theta(\gamma+1)$ 且 $t\leqslant\gamma+\theta(2\gamma+1)<\gamma+1$, 故 $\sigma\geqslant\sigma_0-\theta(t)>1-\theta(t)$，因此，若取

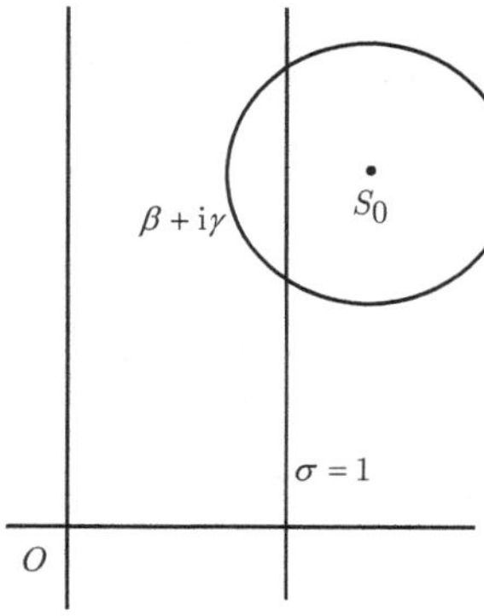

$$f(z)=\zeta\left(s_0+\frac{1}{2}\gamma z\right)$$

则 $f(z)$ 在 $|z|\leqslant 2$ 内正则，显然 $f(z)\neq 0$ $(|z|\leqslant 1, Rz\geqslant 0)$. 为了估计

$$\left|\frac{f(z)}{f(0)}\right|=\left|\frac{\zeta(s)}{\zeta(s_0)}\right|\left(s=s_0+\frac{1}{2}\gamma z\right),$$

先考虑

$$\left|\frac{1}{\zeta(s_0)}\right|\leqslant\sum_{n=1}^{\infty}\frac{1}{n^{\sigma_0}}<\frac{A}{\sigma_0-1} \tag{5.14}$$

(式中 A 及以后的 A_2, A_3, …都表正的常数). 取 σ_0 使

$$1+\mathrm{e}^{-\phi(2\gamma+1)}\leqslant\sigma_0, \tag{5.15}$$

则由(5.7)及(5.15)可找到常数 A_2 使得

$$\left|\frac{\zeta(s)}{\zeta(s_0)}\right|<A_2\mathrm{e}^{2\phi(2r+1)}\quad (|s-s_0|\leqslant\gamma). \tag{5.16}$$

这表明：如果 $A_3>2$，则当γ充分大时我们就可以在定理 3.4 内取 $M=A_3\phi(2\gamma+1)$. 先设

$$\beta>\sigma_0-\frac{\gamma}{2}, \tag{5.17}$$

则在 $z=-\dfrac{2}{r}(\sigma_0-\beta)$ 处，$f(z)$ 有一零点，由于

$$f'(z)=\zeta'\left(S_0+\frac{1}{2}\gamma z\right).\frac{1}{2}\theta(2\gamma+1),$$

故从定理 3.4 可以得到

$$-R\left\{\frac{\zeta'(\sigma_0+\mathrm{i}\gamma)}{\zeta(\sigma_0+\mathrm{i}\gamma)}\right\}<\frac{4\phi(2\gamma+1)}{\theta(2\gamma+1)}-\frac{1}{\sigma_0-\beta},\tag{5.18}$$

这给出(5.12)左边中间一项(常数 4 暂不考虑)的估计.

用完全相同的方法可以估计(5.12)左边第三项. 但由于我们不知道 $\beta+2\mathrm{i}\gamma$ 是不是零点，所以只能得到下面这样的不等式：

$$-R\left\{\frac{\zeta'(\sigma_0+2\mathrm{i}\gamma)}{\zeta(\sigma_0+2\mathrm{i}\gamma)}\right\}<\frac{4A_3\phi(2\gamma+1)}{\theta(2\gamma+1)}.\tag{5.19}$$

剩下 (5.12) 左边的第一项是很容易估计的，我们知道当 $\sigma_0\to 1$ 时 $-\frac{\zeta'(\sigma_0)}{\zeta(\sigma_0)}\sim\frac{1}{\sigma_0-1}$，故任给 $a>1$，当 σ_0 充分接近 1 时，就得到

$$-\frac{\zeta'(\sigma_0)}{\zeta(\sigma_0)}<\frac{a}{\sigma_0-1},\tag{5.20}$$

由于 $\phi(t)\to\infty$，从(5.15)看出当γ充分大时我们是可以取 σ_0 使得任意接近于 1 的.

把(5.18), (5.19)及(5.20)代入(5.12)即得

$$\frac{3a}{\sigma_0-1}+\frac{20A_3\phi(2\gamma+1)}{\theta(2\gamma+1)}-\frac{4}{\sigma_0-\beta}\geqslant 0,\tag{5.21}$$

$$\sigma_0-\beta\geqslant\left\{\frac{3a}{4(\sigma_0-1)}+\frac{20A_3}{4}\frac{\phi(2\gamma+1)}{\theta(2\gamma+1)}\right\}^{-1}$$

$$\begin{aligned}1-\beta&\geqslant\left\{\frac{3a}{4(\sigma_0-1)}+\frac{20A_3}{4}\frac{\phi(2\gamma+1)}{\theta(2\gamma+1)}\right\}^{-1}-(\sigma_0-1)\\&=\frac{\left\{1-\frac{3a}{4}-\frac{20A_3}{4}\frac{\phi(2\gamma+1)(\sigma_0-1)}{\theta(2\gamma+1)}\right\}}{\left\{\frac{3a}{4(\sigma_0-1)}+\frac{20A_3}{4}\frac{\phi(2\gamma+1)}{\theta(2\gamma+1)}\right\}}.\end{aligned}$$

为了使分子为正可取 $a=\frac{5}{4}$ 及

$$\sigma_0 - 1 = \frac{1}{160A_3}\frac{\theta(2\gamma+1)}{\phi(2\gamma+1)}.$$

从(5.8)看出，当γ充分大时，这种取法是合乎(5.15)的要求的，因此，

$$1-\beta \geqslant \frac{\theta(2\gamma+1)}{4960A_3\phi(2\gamma+1)}. \tag{5.22}$$

而(5.11)随之成立.

上面假定了(5.17). 当(5.17)不成立时，

$$\beta \leqslant \sigma_0 - \frac{1}{2}\gamma = 1 + \frac{1}{160A_3}\frac{\theta(2\gamma+1)}{\phi(2\gamma+1)} - \frac{1}{2}\theta(2\gamma+1),$$

因 $\phi(2\gamma+1) \to \infty \quad (\gamma \to \infty)$，故当$\gamma$充分大时，(5.11)仍成立. [证完]

从上面的定理很容易推出 de la Vallée Poussin 的结果：

定理 5.4 当$x>2$时，

$$\pi(x) = \mathrm{ls}x + O\left(x\mathrm{e}^{-\frac{1}{100}\sqrt{\log x}}\right). \tag{5.23}$$

证 容易看出不妨假定$x=m$是整数.由第二章定理 1.1 的推论我们知道当$\sigma \geqslant \sigma_0 > 0, |t| \geqslant t_0 > 0$时，

$$|\zeta(s)| \leqslant A|t| \quad (A>0).$$

故可在定理 5.3 内取 $\theta(t) = \frac{1}{2}$， $\phi(t) = \log(|t|+1)$，因而可以找到一个正的常数 $A_1 \geqslant 9921$ 使得 $\zeta(s)$ 在

$$\sigma \geqslant 1 - \frac{A_1}{\log(|t|+2)}$$

内无零点. 再根据定理 4.2(取 $\lambda=1$)就立刻得到(5.23).

比这个定理更好的结果,像 Titchmarsh 及 Чудаков 的结果等,都要利用 Виноградов 估计三角和的方法才能得到，这要在下节加以讨论.

在这里还要谈一下所谓黎曼假设与素数分布的关系. 我们已经知道所有 $\zeta(s)$ 的非显明零点都在带形域

$$0 < \sigma < 1$$

之内，Riemann 在他的一篇著名的文章中曾经说过：很可能所有 $\zeta(s)$ 在(5.21)内的

零点都在 $\sigma = \frac{1}{2}$ 这一直线上. 这就是著名的黎曼假设，至今还没有人能证明或反证它，不少的数学家根据这个假设推出许多有趣的结果，这些结果都彼此调和，看不出有什么矛盾，下面就是这种类型的一个结果:

定理 5.5　若黎曼假设成立，则当 $x \geqslant 2, \varepsilon > 0$ 时，

$$\pi(x) = \operatorname{ls} x + O\left(x^{\frac{1}{2}+\varepsilon}\right). \tag{5.24}$$

证　不妨只考虑 x 是整数的情形.这时，我们只要在定理 4.2 中取 $\lambda = 0$，$c = \frac{1}{2} - \frac{\varepsilon}{2}, c_1 = \frac{1}{2} - \varepsilon$ 就立刻得到(5.24)　[证完]

其实，在黎曼假设下，我们可以把上面的误差项改进为 $O(x^{\frac{1}{2}} \log x)$.

§6. 问题的转移(三)

在这最后的一节里，我们要谈一下怎样利用三角和的方法可以更好地估计 $\zeta(s)$ 在 $\sigma = 1$ 附近的阶, 从而更好地估计素数定理的误差项. 在本节里面只想谈一下解决问题的主要线索，若干要用到的事实都暂时假定为已知，留待以后再加以证明.

(一) 首先，我们不难证明，当 $\sigma \geqslant \sigma_0 > 0$ 而 $t \to +\infty$ 时，

$$\zeta(s) = \sum_{n \leqslant t} \frac{1}{n^s} + O(1) \tag{6.1}$$

(在第三篇第二章定理 3.1 中取 $x = t, c = 2$ 就可以得到上式). 我们可以把上面的和分成三部分:

$$\begin{aligned} \zeta(s) &= \sum_{n \leqslant \alpha} \frac{1}{n^s} + \sum_{\alpha < n \leqslant \beta} \frac{1}{n^s} + \sum_{\beta < n \leqslant t} \frac{1}{n^s} \\ &= \sum\nolimits_1 + \sum\nolimits_2 + \sum\nolimits_3, \end{aligned} \tag{6.2}$$

其中 α 及 β 当然都要适当的选定. 我们要用 Von der Corput 的方法估计 $\sum_3$ 用 Виноградов 的方法估计 $\sum_2$ 而用最初等的方法估计 $\sum_1$. 这些方法里面起主要作用的是 Виноградов 的方法，α，β 的选择也由此决定. 因此先考虑 Виноградов 的方法.

(二)利用 Виноградов 的方法我们可以证明(看第三篇第六章).

定理 6.1 设 k 与 Q 都是整数，$k \geqslant 7, Q \geqslant 2, 1 < N \leqslant Q$，而 $f(x)$ 是实函数，它在区间 $(P+1, P+N)$ 内有 1 级到 $k+1$ 级的连续导数，又设

$$\lambda \leqslant \left|\frac{f^{(k+1)}(x)}{(k+1)!}\right| \leqslant 2\lambda, (P+1 \leqslant x \leqslant P+N), \tag{6.3}$$

$$\lambda^{-\frac{1}{3}} \leqslant Q \leqslant \lambda^{-1}, \tag{6.4}$$

$$\left|\sum_{n=p+1}^{p+N} \mathrm{e}^{2\pi i f(n)}\right| \leqslant A\mathrm{e}^{\alpha_1 k \log^2 k} Q^{1-\rho} \log Q, \tag{6.5}$$

其中

$$\rho = (a_2 k^2 \log k)^{-1}.$$

而 A, a_1, a_2 都是正的绝对常数.

现在假定这个定理是正确的，并且要根据它来估计

$$\sum\nolimits_2 = \sum_{\alpha < n \leqslant \beta} \frac{1}{n^{\sigma+it}} \quad (\beta > \alpha \geqslant 1).$$

我们可以把 $\sum_2$ 分成 $O(\log B)$ 个和如下:

$$\sum\nolimits_2 = \sum_{\alpha < n \leqslant 2[\alpha]} + \sum_{2[\alpha] < n \leqslant 2^2[\alpha]} + \cdots + \sum_{2^{m-1}[\alpha] < n \leqslant 2^m[\alpha]} + \sum_{2^m[\alpha] < n \leqslant \beta}, \tag{6.6}$$

其中 $m = \left[\log \frac{\beta}{[\alpha]} / \log 2\right] = O(\log \beta)$，显然每一分和都可以写成下列形式

$$\sum_{a < n \leqslant b} \frac{1}{n^{\sigma+\mathrm{i}t}} = \sum_{a < n \leqslant b} n^{-\sigma} \mathrm{e}^{-\mathrm{i}t \log n}, \tag{6.7}$$

其中 $a < b \leqslant 2a$，要估计和数(6.7)只需估计

$$\sum_{a < n \leqslant b} \mathrm{e}^{-\mathrm{i}t \log n}, \tag{6.8}$$

这可以运用定理 6.1，取

$$f(x) = -\frac{t \log x}{2\pi}, \quad f^{(k-1)}(x) = \frac{(-1)^{k+1} k!\, t}{2\pi x^{k+1}}.$$

由于 $\left|\dfrac{f^{(k+1)}(x)}{(k+1)!}\right| = \dfrac{t}{2\pi(k+1)x^{k+1}}$ 是单调减少的，我们可以把 (a,b) 分成顶多 $k+1$ 个小区间[与(6.6)式分法相似]使得在每一小区间内有一形式如(6.3)的不等式成立，其中的 λ 就等于 $\left|\dfrac{f^{(k+1)}(x)}{(k+1)!}\right|$ 在该小区间右端的值，因此 λ 总满足

$$\frac{t}{2\pi(k+1)(2a)^{k+1}} \leqslant \lambda \leqslant \frac{t}{2\pi(k+1)a^{k+1}}. \tag{6.9}$$

我们要取 $Q=a$，为了保证 $Q \leqslant \lambda^{-1}$ 可取

$$k = \left|\frac{\log t}{\log a}\right| + 1.$$

现在先假设 $k \geqslant 7$. 容易算出

$$Q < a^{k+1}t^{-1} \leqslant Q^2,$$

因此，要想 $\lambda \geqslant Q^{-3}$ 只要 $Q \geqslant 2^{k+2}\pi(k+1)$，也就是只要

$$\log a \geqslant \left(\frac{\log t}{\log a}+3\right)\log 2 + \log\left(\frac{\log t}{\log a}+2\right) + \log \pi.$$

设 $\log > 2\log^{\frac{1}{2}} t$，则只要 t 充分大上面的不等式即成立. 于是由定理 6.1 得

$$\begin{aligned}\sum_{a<n\leqslant b} \mathrm{e}^{-\mathrm{i}t\log n} &= O\left(k\mathrm{e}^{a_1 k\log^2 k} a^{1-\rho}\log a\right)\\ &= O\left[a\log t\exp\left(a_1 k\log^2 k - \frac{\log a}{a_2 k^2\log k}\right)\right].\end{aligned}$$

故

$$\sum_{a<n\leqslant b}\frac{1}{n^{\sigma}+\mathrm{i}t} = O\left[a^{1-\sigma}\log t\exp\left(a_1 k\log^2 k - \frac{\log a}{a_2 k^2\log k}\right)\right], \tag{6.10}$$

假定

$$k\log^2 k < A\frac{\log a}{k^2\log k},$$

其中 A 是充分小的正数，即

$$\log a \geqslant A_1(\log t \log\log t)^{\frac{3}{4}},$$

其中 A_1 是充分大的正数，则存在 $A_2 > 0$ 使得

$$\sum_{a<n\leqslant b} \frac{1}{n^{\sigma+it}} = O\left\{a^{1-\sigma} \log t \exp\left(\frac{-A_2 \log^3 a}{\log^2 t \log\log t}\right)\right\}$$

$$= O\left[\log t \exp\left\{\left(1-\sigma - A_2 \frac{\log^2 a}{\log^2 t \log\log t}\right)\log a\right\}\right], \tag{6.11}$$

若(A_3 充分小)

$$1-\sigma < A_3 \frac{(\log\log t)^{\frac{1}{2}}}{\log^{\frac{1}{2}} t} = 1-\sigma_0, \tag{6.12}$$

则(6.11)右边乘上 $0(\log t)$ 后仍然是有界的. 因此，若取

$$\log a = A_1(\log t \log\log t)^{\frac{3}{4}},$$

则

$$\sum\nolimits_2 = O(1). \tag{6.13}$$

(三)上面一直假定着 $k \geqslant 7$，也可以说假定着 $\beta \leqslant t^{\frac{1}{7}}$. 因此，我们可以取

$$\beta = t^{128}/(128\times 7+1) < t^{\frac{1}{7}},$$

这样的取法是由于 Von der Corput 方法的关系，我们可以证明(暂时从略，看第三篇第二章§5.)，

$$\sum\nolimits_3 = O(1). \tag{6.14}$$

显然

$$\sum\nolimits_1 = O\left(\sum_{n\leqslant \alpha} \frac{1}{n^{\sigma_0}}\right) = O\left(\frac{\alpha^{1-\sigma_0}}{1-\sigma_0}\right)$$

$$= O\left[\exp\left\{A_5 \log^{\frac{1}{4}} t(\log\log t)^{\frac{5}{4}}\right\}\frac{\log^{\frac{1}{2}} t}{(\log\log t)^{\frac{1}{2}}}\right], \tag{6.15}$$

结合(6.13)，(6.14)，(6.15)，即知在区域(6.12)内.

$$\zeta(s) = O\left[\exp\left\{A_5 \log^{\frac{1}{4}} t(\log\log t)^{\frac{5}{4}}\right\}\right]. \tag{6.16}$$

(四) 在定理 5.3 内取

$$\theta(t) = \frac{A'(\log\log t)^{\frac{1}{2}}}{\log^{\frac{1}{2}} t}, \quad \phi(t) = A'' \log^{\frac{1}{4}} t(\log\log t)^{\frac{5}{4}},$$

即知在一个如下的区域

$$\sigma = 1 - \frac{A'''}{\log^{\frac{3}{4}} t(\log\log t)^{\frac{3}{4}}}$$

内，$\zeta(s) \neq 0$, 因此，由定理 4.2 可以推出:

定理 6.2

$$\pi(m) = \operatorname{ls} m + O\left\{m \exp\left(-c_1 \log^{\frac{4}{7}-\varepsilon} m\right)\right\}, \tag{6.17}$$

其中 ε 是任意小的正数而 c_1 是充分小的整数.

最后，应该说明一下.定理 6.1 是比较为大家所熟悉的结果，见于 Titchmarsh 的书 *The Theory of Riemann Zeta Function* 中第 6.12 节. 在第三篇中，我们要证明比定理 6.1 更好的结果，那时，我们就可以看出怎样把(1.6)中的 $(\log x)^{\frac{4}{7}-\varepsilon}$ 改成 $(\log x)^{\frac{4}{7}} \Big/ (\log\log x)^{\frac{1}{7}}$.

第九章　算术级数中的素数分布

§1. 引　　论

我们通常用

$$\pi(m,k,l)=\sum_{\substack{p\leqslant m\\ p\equiv l(k)}}1$$

表示满足条件 $p\leqslant m, p\equiv l(\bmod k)$ 的素数 p 的个数，也就是在以 l 为首项，k 为公差的算术级数中不超过 m 的素数个数．一个特例是 $\pi(m,1,1)=\pi(m)$．显然当 $(k,l)>1$ 时，$\pi(m,k,l)$ 等于 0 或 1．这没有再加以讨论的价值．因此，我们以后只讨论 $(k,l)=1$ 的情形．本章的目的在于证明：当 $k\leqslant \log^u m(m\geqslant 3,u>0)$ 时，

$$\pi(m,k,l)=\frac{\mathrm{ls}\ m}{\varphi(k)}+O\left(m\mathrm{e}^{-200-1\sqrt{\log m}}\right) \tag{1.1}$$

对于 k 一致地成立，其中 c 是一个正的绝对常数．所谓一致地成立的意义就是 O 中所隐含的常数仅与 u 有关．又显然 $\pi(m,k,l)=\pi(m,k,l_0)$，其中 $0\leqslant l_0=l-k\left[\frac{l}{k}\right]<k$，故不妨只讨论 $0<l<k$ 的情形．

上面提到的定理实质上是 Вальфиш 与 Siegel 所建立的，本章对于证明的陈述则依据了 Estermann 所著的 *Introduction to Modern Prime Number Theory* 一书的第二章．本章要用到特征(即品格)的一些基本性质．对于这方面的知识，读者可以参考闵嗣鹤与严士健合著的初等数论中第六章§5．

根据特征的性质知道：若令

$$g(n)=\frac{1}{\varphi(k)}\sum_{h=1}^{\varphi(k)}\overline{x}_h x_h(n),$$

其中 $x_1(n),\cdots,x_{\phi(k)}(n)$ 表示对于模 k 的 $\varphi(k)$ 个特征而 $\overline{x}$ 表示 x 的共轭复数，则

$$g(n)=\begin{cases}1, & n\equiv l(k),\\ 0, & \text{其他},\end{cases}$$

因此,

$$\pi(m,k,l)=\sum_{p\leqslant m}g(p)=\frac{1}{\varphi(k)}\sum_{h=1}^{\varphi(k)}\overline{x}_h(l)\sum_{p\leqslant m}x_h(p)$$
$$=\frac{1}{\varphi(k)}\sum_{h=1}^{\varphi(k)}\overline{x}_h(l)\pi(m,x_h),$$

其中

$$\pi(m,x)=\sum_{p\leqslant m}x_h(p).$$

我们今后用 $x(n)$ 表示对于模 k 的任一特征而用 $x_1(n)$ 表主特征，于是 $\overline{x}_1(l)=1$，而

$$\pi(m,k,l)=\frac{1}{\varphi(k)}\pi(m,x_1)+\frac{1}{\varphi(k)}\sum_{h=2}^{\varphi(k)}\overline{x}_h(l)\pi(m,x_h).\tag{1.2}$$

显然,

$$\pi(m)-\pi(m,x_1)=\sum_{\substack{p\mid k\\ p\leqslant m}}1\leqslant k,$$

故由第三章定理 5.4 及条件 $k\leqslant\log^u m$，

$$\pi(m,x_1)=\mathrm{ls}\ m+O\left(me^{-100-1\sqrt{\log m}}\right)$$

代入(1.2)即得

$$\pi(m,k,l)=\frac{\mathrm{ls}\ m}{\varphi(k)}+\frac{1}{\varphi(k)}\sum_{x\neq x_1}\overline{x}(l)\pi(m,k)+O\left(me^{-100-1\sqrt{\log m}}\right),$$

由于右边第二项和数的项数小于 $\varphi(k)$ 及 $|\overline{x}(l)|=1$ [因 $(k,l)=1$]，要证明(1.1)，只需证明当 $x\neq x_1$ 及 $k\leqslant\log^u m(m\geqslant 3,u>0)$ 时,

$$\pi(m,x)=O(me^{-200-1\sqrt{\log m}}),\tag{1.3}$$

对 $k\leqslant\log^u m$ 一致地成立就行了. 这就促使我们去研究一种较黎曼 ζ 函数更为一般的所谓 Dirichlet L 函数的性质. 这函数当 $\sigma>1$ 时可以表成如下的级数

$$L(s,x)=\sum_{n=1}^{\infty}\frac{x(n)}{n^3}.$$

§2. L 函数的零点分布(一)

大家记得，在第三章讨论素数定理的改进时，我们曾考虑黎曼 ζ 函数的零点分布.同样，为了证明(1.1)或(1.2)我们也要研究 L 函数的零点分布.让我们先来证明几个以后要用的简单定理.

定理 2.1 设 $x(n) \neq x_1(n)$，则对任意正整数 n 有

$$\left|\sum_{m=a}^{b} x(m)\right| \leqslant \frac{1}{2}k. \tag{2.1}$$

证 我们知道 $\sum\limits_{m=a}^{a+lk} x(m) = 0\,(l = 1,2,\cdots)$，因此不妨假定 $b-\alpha<k$，当 $b-\alpha \leqslant \frac{k}{2}$ 时，定理显然成立. 当 $b-\alpha > \frac{k}{2}$ 时，则有

$$\left|\sum_{m=a}^{b} x(m)\right| = \left|\sum_{m=a}^{a+k} x(m) - \sum_{m=bH}^{a+k} x(m)\right| = \left|\sum_{m=b+1}^{a+k} x(m)\right| \leqslant k-(b-a) < \frac{k}{2}.$$

故(2.1)仍然成立.

定理 2.2 设 $x \neq x_1$，$\sigma > 0$，及 $1 \leqslant n_1 \leqslant n_2$，则

$$\left|\sum_{n=n_1}^{n_2} x(n) n^{-s}\right| \leqslant k\frac{|s|}{\sigma} n_1^{-\sigma}. \tag{2.2}$$

证 设 $a_n = \sum\limits_{m=1}^{n} x(m)$，　$a_0 = 0$，　则

$$\begin{aligned}\sum_{n=m_1}^{n_2} x(n) n^{-s} &= \sum_{n=m_1}^{n_2} (a_n - a_{n-1}) n^{-s} \\ &= \sum_{n=n_1}^{n_2} a_n\left(n^{-s} - (n+1)^{-s}\right) - an_1 - 1n_1^{-s} + an_2(n_2+1)^{-s},\end{aligned}$$

由

$$|\, n^{-s} - (n+1)^{-s} \,| = \int_n^{n+1} s x^{-s-1} \mathrm{d}x \,|\leqslant|\, s \,|\int_n^{n+1} x^{-\sigma-1}\mathrm{d}x,$$

及 $|a_n| \leqslant \frac{k}{2}$，可得

$$
\begin{aligned}
\left|\sum_{n=n_1}^{n_2} x(n)n^{-s}\right| &\leqslant \frac{1}{2}k\left\{|s|\int_{n_1}^{n_2+1} x^{-\sigma-1}dx + n_1^{-\sigma} + (n_2+1)^{-\sigma}\right\} \\
&= \frac{1}{2}k\left\{\frac{|s|}{\sigma}(n_1^{-\sigma} - (n_2+1)^{-\sigma}) + n_1^{-\sigma} + (n_2+1)^{-\sigma}\right\} \\
&\leqslant k\frac{|s|}{\sigma}n_1^{-\sigma}.
\end{aligned}
$$

定理 2.3 函数 $L(s,x_1)$ 在 $s=1$ 有一简单极点. 若 $x \neq x_1$ 则在 $\sigma > 0$ 半面内 $L(s,x)$ 是解析的，且有

$$
|L(s,x)| \leqslant k\frac{|s|}{\sigma} \quad (\sigma > 0). \tag{2.3}
$$

证 当 $\sigma > 1$ 时，容易看出 $L(s,x_1) = \zeta(s)\prod_{p|k}(1-p^{-s})$ $(\sigma > 1)$，利用这个式子，可以作解析开拓，因此，定理的前半部得证. 又由定理 2.2，知 $L(s,x)$ 在 $\sigma > 0$ 内是局部(即在每一点的一个邻域内)一致收敛的，所以是解析的. 再在(2.2)内令 $n_1 = 1$ 并使 $n \to \infty$，则(2.3)随之成立.

定理 2.4 设 $x \neq x_1$，则

$$
|L(1,x)| \leqslant 2 + \log k.
$$

证 在定理 2.2 内，令 $s=1, n_1 = k$ 并使 $n_2 \to \infty$ 即得

$$
\left|\sum_{n-k}^{\infty} x(n)n^{-s}\right| \leqslant 1,
$$

因此

$$
|L(1,x)| \leqslant \left|\sum_{n=1}^{k-1} x(n)n^{-s}\right| + 1 \leqslant 2 + \log k.
$$

下面两式的证明，与 ζ 函数的对应等式是相同的，因此不再写出来:

$$
L(s,x) = \prod_p (1 - x(p)p^{-s})^{-1} \quad (\sigma > 1), \tag{2.4}
$$

$$
\frac{L'(s,x)}{L(s,x)} = -\sum_{n=1}^{\infty} \Lambda(n)x(n)n^{-s} \quad (\sigma > 1). \tag{2.5}
$$

利用(2.5)式可以证明下面的定理.

定理 2.5 设 $u > 1$， x 为任一特征，则有

$$R\left\{3\frac{\zeta'(u)}{\zeta(u)}+4\frac{L'(u+\mathrm{i}v,x)}{L(u+\mathrm{i}v,x)}+\frac{L'(u+2\mathrm{i}v,x^2)}{L(u+2\mathrm{i}v,x^2)}\right\}\leqslant 0$$

及

$$\left|\zeta(u)L^4(u+\mathrm{i}v,x)L(u+2\mathrm{i}v,x^2)\right|\geqslant 1\,.$$

证　此定理的证明与第八章§5 引理 2 的证明是相仿的，显然有

$$3\frac{\zeta'(u)}{\zeta(u)}+4\frac{L'(u+\mathrm{i}v,x)}{L(u+\mathrm{i}v,x)}+\frac{L'(u+2\mathrm{i}v,x^2)}{L(u+2\mathrm{i}v,x^2)}=-\sum_{n=1}^{\infty}\frac{\Lambda(n)}{n^n}a_n\,,$$

其中

$$a_n=3+4x(n)n^{-\mathrm{i}v}+x^2(n)n^{-2\mathrm{i}v}$$

对 $(n,k)=1$ 及 $(n,k)>1$ 应分别讨论．当 $(n,k)>1$ 时，显然 $a_n>0$；当 $(n,k)=1$ 时，利用第八章§5 引理 2，令其中的 $z=x(n)n^{-\mathrm{i}v}$，即得 $Ra_n\geqslant 0$，由此定理得证．

若 x 只取实数值，则称之为实特征．对于实特征我们有下面的定理:

定理 2.6　设 $u>1,x$ 为实特征，则有

$$R\left\{3\frac{\zeta'(u)}{\zeta(u)}+4\frac{L'(u+\mathrm{i}v,x)}{L(u+\mathrm{i}v,x)}+\frac{\zeta'(u+2\mathrm{i}v)}{\zeta(u+2\mathrm{i}v)}\right\}\leqslant 0$$

$$\left|\zeta(u)L^4(u+\mathrm{i}v,x)\zeta(u+2\mathrm{i}v)\right|\geqslant 1.$$

证　这个定理的证明与定理 2.5 很相像，但需取

$$a_n=3+4x(n)n^{-\mathrm{i}v}+n^{-2\mathrm{i}v}\,.$$

与对于黎曼 ζ 函数的情形一样，我们要证明在 $\sigma=1$ 的附近，L 函数没有零点.但证明比较复杂，这是因为常有非主特征的 L 函数在 $s=1$ 这点是解析的．因而不能很容易的推出在 $s=1$ 的附近没有零点．这就引起如何证明 $s=1$ 附近，L 函数没有实零点的新问题．这个问题的出现显示出两方面并不是完全平行的．但当 x 非实特征时，问题仍然容易解决．

定理 2.7　设 x 非实特征，则

$$L(s,x)\neq 0\qquad\left(\sigma>1-\frac{1}{4000\log\tau}\right),$$

其中

$$\tau=\max(|t|,k,100).$$

证　1) 假若定理不对，则必存在 σ_0 与 τ_0 使得

$$L(\sigma_0 + \mathrm{i}t_0, \chi) = 0 \tag{2.6}$$

及

$$\sigma_0 > 1 - \frac{1}{4000\log\tau_0}, \tag{2.6$_1$}$$

其中

$$\tau_0 = \max(|t_0|, k, 100). \tag{2.6$_2$}$$

首先，令

$$f(z) = \eta^3\left(u + \frac{1}{8}z\right)L^4\left(u + \mathrm{i}t_0 + \frac{1}{8}z, \chi\right)L\left(u + 2\mathrm{i}t_0 + \frac{1}{8}z, \chi^2\right), \tag{2.7}$$

其中

$$\eta(s) = (s-1)\zeta(s).$$

我们要运用第八章定理 3.4 到 $f(z)$上，从而推出一个矛盾来. 为了这个目的，我们首先要为$|f(z)|$求出一个上界. 设 $1<u<2$ 及$|s-u-\mathrm{i}t_0| \leqslant \frac{1}{4}$，则

$$|s| \leqslant 3 + \tau_0, \quad \sigma > \frac{3}{4}.$$

故由(2.6$_2$)及定理 2.3 得

$$\begin{aligned}|L(s,\bar{\chi})| &\leqslant k\left(4 + \frac{4}{3}\tau_0\right)\\ &\leqslant \frac{3}{2}\tau_0^2\left(1 < u < 2, |s - u - \mathrm{i}t_0| \leqslant \frac{1}{4}\right),\end{aligned} \tag{2.8}$$

又因 χ^2 非主特征，故同样得到

$$|L(s,\chi^2)| \leqslant 3\tau_0^2\left(1 < u < 2, |s - u - 2\mathrm{i}t_0| \leqslant \frac{1}{4}\right). \tag{2.8$_1$}$$

另一方面，由第七章定理 1.1 可以看出

$$|\eta(s)| \leqslant 1 + |s(s-1)|\int_1^\infty \frac{\mathrm{d}x}{x^{\sigma+1}} = 1 + \frac{|s(s-1)|}{\sigma} \qquad (\sigma > 0),$$

但

$$\frac{\sigma^2}{|s|^2} \geqslant \frac{\sigma^2}{|s|^2} - \left(\frac{\sigma}{s} - \frac{|s|}{u}\right)^2 = \frac{s+\bar{s}}{u} - \frac{s\bar{s}}{u^2} = 1 - \frac{|s-u|^2}{u^2} \geqslant \frac{15}{16},$$

故

$$\frac{|s|}{\sigma} < \sqrt{\frac{16}{15}} < \frac{31}{30},$$

因而

$$|\eta(s)| \leqslant 1+\frac{31}{30}|s-1| < \frac{4}{3} \qquad \left(1<u<\frac{31}{30}|s-u| \leqslant \frac{1}{4}\right).$$

结合(2.8)，(2.8$_1$)与上式，立刻得到(2.7)的一个上界

$$|f(z)| \leqslant (\frac{4}{3})^3(\frac{3}{2}\tau_0^2)^4 \cdot 3\tau_0^2 < \tau_0^{11} \qquad (|z| \leqslant 2). \tag{2.9}$$

2) 其次，我们要为$|f(0)|$及$-\left\{\dfrac{f'(0)}{f(0)}\right\}$求下界，为此最好引进下面的函数:

$$g(z)=\zeta^3(u+w)L^4(u+\mathrm{i}t_0+w,x)L\left(u+2\mathrm{i}t_0+w,x^2\right).$$

显然$f(z)=\left(u-1+\dfrac{1}{8}z\right)^3 g\left(\dfrac{1}{8}z\right)$，因此，

$$f(0)=(u-1)^3 g(0), \qquad \frac{f'(0)}{f(0)}=\frac{3}{8(u-1)}+\frac{1}{8}\frac{g'(0)}{g(0)}, \tag{2.10}$$

由定理 2.5 知道当$u>1$时，$|g(0)| \geqslant 1$及$R\left\{\dfrac{g'(0)}{g(0)}\right\} \leqslant 0$，取

$$u=1+\frac{1}{800\log\tau_0}.$$

则由(2.10)得

$$R\left\{\frac{f'(0)}{f(0)}\right\} \leqslant 300\log\tau_0 \tag{2.11}$$

及

$$|f(0)| \geqslant (800\log\tau_0)^{-3},$$

但由(2.6$_2$)，$\tau_0 \geqslant 100$，故$\dfrac{\tau_0}{\log\tau_0}>20$，而从上面的不等式可以得出

$$|f(0)| > (40\tau_0)^{-3} > \tau_0^{-\frac{11}{2}}. \tag{2.12}$$

3) 结合(2.9)及(2.12)得

$$\left|\frac{f(z)}{f(0)}\right| \leqslant \tau_0^{\frac{33}{2}} = \mathrm{e}^M \qquad (|z| \leqslant 2),$$

其中 $M=\dfrac{33}{2}\log\tau_0$.

由(2.6)及(2.7)知道 $f(z)$ 在 $z=8(\sigma_0-u)=-a$ 至少有一个四级零点. 显然由 (2.6_1) 及 $u>1$ 得 $0<a<1$. 又由(2.7)知

$$f(z)\neq 0\quad (|z|\leqslant 1, Rz>0),$$

结合(2.11)，就可以从第三章定理 3.4 得

$$0\leqslant 2M-\frac{4}{a}+300\tau_0=333\log\tau_0-\frac{1}{2(u-\sigma_0)},$$

即

$$333\geqslant\frac{1}{2(u-u_0)\log\tau_0}>\frac{1}{2\left(800^{-1}+4000^{-1}\right)}=\frac{1000}{3}.$$

这样，就得到了一个矛盾. 由此定理得证.

定理 2.8　设 x 是实的非主特征，则

$$L(s,x)\neq 0\qquad\left(\sigma>1-\frac{1}{8000\tau},\ t\neq 0\right),$$

其中 τ 的意义与上定理相同.

证　1) 假若定理不对，则必存在 σ_0 及 t_0 适合

$$L(\sigma_0+it_0,x)=0\qquad\left(\sigma_0>1-\frac{1}{8000\tau_0},t_0\neq 0\right),$$

其中 τ_0 的意义见于 (2.6_2).

因为 x^2 是主特征，我们避免用 $L(s,\ x^2)$. 先假定

$$|t_0|>\frac{1}{400\log k_0},\tag{2.13}$$

其中

$$k_0=\max(k,100).\tag{2.14}$$

令

$$u=1+\frac{1}{1600\log\tau_0},\tag{2.15}$$

及

$$f(z)=\eta^3\left(u+\frac{1}{8}z\right)L^4\left(u+\mathrm{i}t_0+\frac{1}{8}z,x\right)\eta\left(u+2\mathrm{i}t_0+\frac{1}{8}z\right),\tag{2.16}$$

其中

$$\eta(s)=(s-1)\zeta(s).$$

像定理 2.7 的证明中一样，我们容易证明

$$\left|\eta(s)\right|\leqslant 1+\frac{4}{3}\left|s(s-1)\right|\leqslant 1+\frac{4}{3}\left(|t|+2\right)^2\quad\left(\frac{3}{4}\leqslant\sigma\leqslant 2\right).\tag{2.17}$$

故由(2.15)得

$$\left|\eta\left(u+2it_0+\frac{1}{8}z\right)\right|\leqslant 1+\frac{4}{3}\left(2\left|t_0\right|+3\right)^2\leqslant 6\tau_0^2\quad\left(|z|\leqslant 2\right).$$

因此，与证明(2.9)相仿，我们有不等式

$$\left|f(z)\right|\leqslant\left(\frac{4}{3}\right)^3\left(\frac{3}{2}\tau_0^2\right)^4\cdot 6\tau_0^2<\tau_0^{11}\qquad(|z|\leqslant 2).\tag{2.18}$$

为了估计$|f(0)|$及$-R\dfrac{f'(0)}{f(0)}$,我们令

$$g(w)=\zeta^3(u+w)L^4(u+\mathrm{i}t_0+w,x)\zeta(u+2\mathrm{i}t_0+w).\tag{2.19}$$

于是

$$f(z)=\left(u-1+\frac{1}{8}z\right)^3\left(u-1+2\mathrm{i}t_0+\frac{1}{8}z\right)g\left(\frac{1}{8}z\right).$$

由此得

$$f(0)=(u-1)^3(u-1+2\mathrm{i}t_0)g(0),$$

$$\frac{f'(0)}{f(0)}=\frac{3}{8(u-1)}+\frac{1}{8(u-1+2\mathrm{i}t_0)}+\frac{1}{8}\frac{g'(0)}{g(0)}.$$

由(2.19)及定理 2.6 得$|g(0)|\geqslant 1, R\left\{\dfrac{g'(0)}{g(0)}\right\}\leqslant 0$,因而由以上二等式及(2.13)得(注意$\tau_0\geqslant k_0$)

$$\begin{aligned}R\left\{\frac{f'(0)}{f(0)}\right\}&\leqslant\frac{3}{8(u-1)}+\frac{1}{8}\frac{u-1}{(u-1)^2+(200\log\tau_0)^{-2}}\\&=603\frac{1}{13}\log\tau_0,\end{aligned}\tag{2.20}$$

$$\left|f(0)\right|\geqslant(u-1)^4=\left(1600\log\tau_0\right)^{-4}.$$

因 $\tau_0 > 100$, 故 $\frac{\tau_0}{\log \tau_0} > 20$ ，因而从上面最后一个不等式可以得出

$$|f(0)| > (80\tau_0)^{-4} > \tau_0^{-8},$$

结合(2.18)与上式得

$$\left|\frac{f(z)}{f(0)}\right| < \tau_0^{19} \ (|z| \leqslant 2). \tag{2.21}$$

现在可以应用第八章定理 3.4 到 $f(z)$了. 像在定理 2.7 的证明一样，我们可以取[根据(2.16)及(2.21)]

$$h=4, \quad a=8(u-\sigma_0), \quad M=19\log \tau_0.$$

于是得

$$0 \leqslant 2M - \frac{4}{a} + 604\log \tau_0 = 642\log \tau_0 - \frac{1}{2(u-\sigma_0)},$$

即

$$642 \geqslant \frac{1}{2(u-\sigma_0)\log \tau_0} > \frac{1}{2(1600^{-1}+8000^{-1})} = \frac{2000}{3},$$

这样，就得到一个矛盾.这证明在条件(2.13)之下，定理是成立的.

2) 剩下考虑

$$|t_0| \leqslant \frac{1}{400\log k_0} \tag{2.22}$$

的情形. 这时，可以取

$$u = 1 + \frac{1}{100\log k_0}, \tag{2.23}$$

$$f(z) = \eta\left(u+\frac{1}{8}z\right)L\left(u+\frac{1}{8}z, x\right), \tag{2.24}$$

$$g(z) = \zeta(u+w)L(u+w, x). \tag{2.25}$$

显然，

$$f(z) = \left(u-1+\frac{1}{8}z\right)g\left(\frac{1}{8}z\right).$$

因此，

$$f(0) = (u-1)g(0), \tag{2.26}$$

$$\frac{f'(0)}{f(0)} = \frac{1}{8(u-1)} + \frac{1}{8}\frac{g'(0)}{g(0)}. \tag{2.27}$$

我们要应用第七章的定理 3.5 到 $f(z)$上. 首先，我们需要求出$|f(z)|$的一个上界. 由(2.17)知道: 在条件(2.23)之下，可以得到

$$\left|\eta\left(u+\frac{1}{8}z\right)\right| \leqslant 1+\frac{4}{3}\left|u+\frac{1}{8}z\right|\cdot\left|u-1+\frac{1}{8}z\right| < 4/3 \quad (|z|\leqslant 2).$$

又像在定理 2.7 的证明中 1)一样，当$|s-u|\leqslant\frac{1}{4}$及$u\geqslant 1$时，我们有$\frac{|s|}{\sigma}<\frac{31}{30}$.故由定理 2.3 得

$$\left|L\left(u+\frac{1}{8}z,x\right)\right| < \frac{31}{30}k \quad (|z|\leqslant 2).$$

运用上面得到的两个不等式来估计(2.24)，就得到

$$|f(z)| < \frac{4}{3}\times\frac{31}{30}k < \frac{7}{5}k \qquad (|z|\leqslant 2) \tag{2.28}$$

这样，就得到了$|f(z)|$的一个上界.

其次，我们还要求出$f(0)$的下界与$\frac{f'(0)}{f(0)}$的上界. 为此，我们要考虑

$$g(0)=\zeta(u)L(u,x)=\prod_{p}\left(1-p^{-u}\right)^{-1}\left(1-x(p)p^{-u}\right)^{-1},$$

因为$x(p)$只能取 -1，0，1 三个值，故

$$0<\left(1-p^{-u}\right)\left(1-x(p)p^{-u}\right)<1.$$

因此，$g(0)>1$ 而由(2.27)

$$f(0)>u-1=\left(100\log k_0\right)^{-1}. \tag{2.29}$$

另一方面，

$$\frac{g'(0)}{g(0)}=\frac{\zeta'(u)}{\zeta(u)}+\frac{L'(u,x)}{L(u,x)}=\sum_{n=1}^{\infty}\Lambda(n)\{1+x(n)\}n^{-u}\leqslant 0.$$

故由(2.27)，

$$\frac{f'(0)}{f(0)}\leqslant\frac{1}{8(u-1)}=\frac{25}{2}\log k_0, \tag{2.30}$$

因为 $k_0>100$，所以$\frac{k_0}{\log k_0}>20$，而由(2.28)及(2.29)得

$$\left|\frac{f(z)}{f(0)}\right| < 7k_0 \times 20\log k_0 < 7k_0^2 < k_0^{5/2} \qquad (|z| \leqslant 2). \tag{2.31}$$

现在可以应用第七章定理 3.5 了. 由(2.31), 我们可以取 $M = \frac{5}{2}\log k_0$. 因 x 是实特征, $L(\overline{s},x) = \overline{L(s,x)}$, 故由关于零点的假定知道 $f(a) = f(b) = 0$, 其中

$$a = 8(-u + \sigma_0 + \mathrm{i}t_0), \quad b = \overline{a},$$

又 $f(z)$在 $|z| \leqslant 2$ 是解析的. 故由第七章定理 3.5,

$$\begin{aligned} 0 &\leqslant \frac{25}{2}\log k_0 + 5\log k_0 + R\left(\frac{1}{a}\right) + R\left(\frac{1}{b}\right) \\ &= \frac{35}{2}\log k_0 + \frac{1}{4}\cdot\frac{-u+\sigma_0}{(u-\sigma_0)^2 + t_0^2}, \end{aligned} \tag{2.32}$$

由 τ_0 及 k_0 的定义知道 $\tau_0 = k_0$, 故 $\sigma_0 > 1 - \frac{1}{8000\log k_0}$. 结合(2.23), 即得

$$100^{-1} \leqslant (u - \sigma_0)\log k_0 \leqslant 100^{-1} + 8000^{-1}.$$

再根据(2.23)及上面的不等式, 就可以从(2.32)推出

$$\begin{aligned} 70 &\geqslant \frac{(u-\sigma_0)\log k_0}{(u-\sigma_0)^2\log^2 k_0 + t_0^2\log^2 k_0} \\ &\geqslant \frac{100^{-1}}{(100^{-1} + 8000^{-1})^2 + 400^{-2}} = \frac{640000}{6961} > \frac{640}{7}. \end{aligned}$$

这是一个矛盾. 定理证毕.

§3. L 函数的零点分布(二)

本节的目的在于证明当 x 为实特征时, 在 $s=1$ 附近没有实零点, 并估计 $\frac{L'(s,x)}{L(s,x)}$ 的阶.

定理 3.1　设 x 为实特征

$$\zeta(s)L(s,x) = \sum_{n=1}^{\infty} f(n)n^{-s} \quad (\sigma > 1), \tag{3.1}$$

则 $f(n)$ 适合

$$f(n) \geqslant 0 \quad (n=1,2,\cdots), \tag{3.2}$$

$$f(n^2) \geqslant 1 \quad (n=1,2,\cdots). \tag{3.3}$$

证　由 $\zeta(s)=\sum_{n=1}^{\infty}\frac{1}{n^s}$ 及 $L(s,x)=\sum_{n=1}^{\infty}\frac{x(n)}{n^s}$ 得

$$\zeta(s)L(s,x)=\sum_{n=1}^{\infty}f(n)n^{-s},$$

其中

$$f(n)=\sum_{d\ |n}x(d)=\prod_{i=1}^{N}\left(1+x(p_i)+\cdots+x^{\alpha i}(p_i)\right),$$

$$n=p_1^{\alpha\ 1}\cdots p_N^{\alpha_N},$$

由此定理得证.

定理 3.2　对任意两个实特征 x_0，x，有

$$\zeta(s)L(s,x_0)L(s,x)L(s,x_0x)=\sum_{n=1}^{\infty}f(n)n^{-s} \quad (\sigma>1),$$

其中 $f(n)$ 适合(3.2)但 $f(1)=1$.

证　此定理的证明与定理 3.2 是相同的.

定理 3.3　设 x 为一实的非主特征，则 $L(1, x)\neq 0$.

证　令 $g(s)=\zeta(s)L(s,x)$,则由定理 3.1 知

$$g(s)=\sum_{n=1}^{\infty}f(n)n^{-s},$$

其中 $f(n)$ 适合(3.2)，(3.3)即 $f(n)\geqslant a_n\ (n=1,2,\cdots)$ 这里的 a_n 取 1 或 0，要看 n 是否为平方数而定. 因此

$$(-1)^m g^{(m)}(2)=\sum_{n=1}^{\infty}f(n)n^{-2}\log^m n \geqslant \sum_{n=1}^{\infty}a_n n^{-2}\log^m n$$
$$=\sum_{n=1}^{\infty}(l^2)^{-2}\log^m(l^2)=(-2)^m\zeta^{(m)}(4) \quad (m=0,1,\cdots).$$

若 $L(1, x)=0$，则 $g(s)$ 当 $\sigma>0$ 时是解析的，对于 $\frac{1}{2}<s\leqslant 2$ 有

$$\begin{aligned} g(s) &= \sum_{m=0}^{\infty} \frac{(-1)^m g^{(m)}(2)}{m!}(2-s)^m \\ &\geqslant \sum_{m=0}^{\infty} \frac{(-2)^m \zeta^{(m)}(4)}{m!}(2-s)^m = \zeta(2s). \end{aligned}$$

当 $s \to \frac{1}{2}$ 时，$g(s) \to \infty$，这是一个矛盾，由此定理得证.

下面的定理 3.4 及 3.6 的最后目的在于证明: 在适当条件下

$$L(1,x) > \frac{6\log^2 k}{k^{\varepsilon}} \quad (\text{对任意的 } \varepsilon>0).$$

由此利用定理 3.5 可推出 $L(s, x)$在 $1-\frac{1}{k^{\varepsilon}} < s \leqslant 1$ 内无实零点，在进一步讨论之前，我们将引进两个特征彼此等价的概念，这个概念的引进虽然简单，但对于我们的主要困难的解决起着决定性的作用.

设 x 与 x_0 分别是对于模 k 与模 k_0 的特征. 假如对于使得 $x(n)$及 $x(n)$都不为 0 的所有 n 都有 $x(n)=x_0(n)$. 我们就称这两个特征是等价的. 从这个定义立刻可以推出，若 x_0 与 x 是两个实的不等价的非主特征，则 $x_0 x$ 为[对于模(k, k_0)的]非主特征.

定理 3.4 任意两个带有等价的非主特征的 L 函数，在$\sigma>0$ 的半面内有相同的零点.

证 设 x_0 及 x 为任意两个等价的非主特征，分别对应于模 k_0 及 k. 令

$$f_0(s) = \prod_{p|k_0k} \{1 - x_0(p)p^{-s}\},$$

$$f(s) = \prod_{p|k_0k} \{1 - x(p)p^{-s}\},$$

则由

$$x_0(p) = x(p) \; (p + k_0 k)$$

得

$$\begin{aligned} f_0(s)L(s,x_0) &= \prod_{p+k_0k} \left(1 - x_0(p)p^{-s}\right)^{-1} \\ &= \prod_{p+k_0k} \left(1 - x(p)p^{-s}\right)^{-1} \\ &= f(s)L(s,x) \quad (\sigma > 1). \end{aligned}$$

但由于 $f_0(s)L(s, x_0)$及 $f(s)L(s, x)$在 $\sigma>0$ 时是解析的，故

$$f_0(s)L(s,x_0)=f(s)L(s,x)\quad(\sigma>0).$$

由于$f_0(s)$及$f(s)$的零点只可能在虚轴上，定理随之成立.

定理 3.5　设$k\geqslant 16$, x非主特征，$s>1-\dfrac{1}{\log k}$，则

$$L'(s,x)\leqslant 6\log^2 k.$$

证

$$-L'(s,x)=A-B,$$

其中

$$A=\sum_{n=1}^{k}x(n)n^{-s}\log n,\qquad B=\sum_{n=k+1}^{\infty}x(n)n^{-s}\log n.$$

显然

$$\begin{aligned}A&\leqslant\sum_{n=1}^{k}n^{-1+\frac{1}{\log k}}\log n\leqslant k^{\frac{1}{\log k}}\log k\sum_{n=1}^{k}n^{-1}\\&\leqslant \mathrm{e}\log k(1+\log k)<5\log^2 k.\end{aligned}$$

令$a_n=\sum\limits_{m=1}^{n}x(m)$，则由定理 2.1 知$|a_n|\leqslant\dfrac{k}{2}$，显然

$$\begin{aligned}B&=\sum_{n=k+1}^{\infty}(a_n-a_{n-1})n^{-s}\log n\\&=\sum_{n=k+1}^{\infty}a_n\left\{n^{-s}\log n-(n+1)^{-s}\log(n+1)\right\}-a_kk^{-s}\log k.\end{aligned}$$

但当$n\geqslant k$时，$n^{-s}\log n$是单调下降的，故

$$\begin{aligned}|B|&\leqslant\frac{1}{2}k\sum_{n=k+1}^{\infty}\left\{n^{-s}\log n-(n+1)^{-s}\log(n+1)\right\}+\frac{1}{2}k^{1-s}\log k\\&=\frac{1}{2}k(k+1)^{-s}\log(k+1)+\frac{1}{2}k^{1-s}\log k\\&<k^{1-s}\log k<e\log k<\log^2 k.\end{aligned}$$

定理得证.

定理 3.6　设x_0及x是两个不等价的实的非主特征，分别对应于k及k_0，令

$$\begin{aligned}g(s)&=\zeta(s)L(s,x_0)L(s,x)L(s,x_0x),\\\rho&=L(1,x_0)L(1,x)L(1,x_0x).\end{aligned}$$

若 $\frac{9}{10} < a < 1$，则有

$$g(a) > \frac{1}{2} - \frac{b\rho}{1-a}(k_0 k)^{8(1-a)}.$$

证 由定理 3.3 知

$$g(s) = \sum_{n=1}^{\infty} f(n) n^{-s} \quad (\sigma > 1),$$

其中 $f(n) \geqslant 0$ 及 $f(1)=1$，因此，$g(2) \geqslant 1$ 及

$$(-1)^m g^{(m)}(2) = \sum_{n=1}^{\infty} f(n) n^{-2} \log^m n \geqslant 0 \quad (m = 1,2,\cdots).$$

由 Taylor 展开得

$$g(s) = \sum_{m=0}^{\infty} a_m (2-s)^m \quad (|s-2| < 1),$$

其中

$$a_0 \geqslant 1, \quad a_m \geqslant 0 \quad (m = 1,2,\cdots), \tag{3.4}$$

故

$$g(s) - \frac{\rho}{s-1} = \sum_{m=0}^{\infty} (a_m - \rho)(2-s)^m \quad (|s-2| < 1). \tag{3.5}$$

另一方面，$g(s)$在 $\sigma > 0$ 的半面内，除了在 $s = 1$ 有一简单极点(其相应的残数为 ρ)外，总是解析的，所以 $g(s) - \frac{\rho}{s-1}$ 在 $\sigma > 0$ 时到处是解析的.因此，在圆 $|s-2| < 2$ 内，(3.5)仍然成立，又由 Cauchy 不等式知：从

$$\left|g(s) - \frac{\rho}{s-1}\right| \leqslant M \quad \left(|s-2| = \frac{3}{2}\right)$$

可以推出

$$|a_m - \rho| \leqslant M\left(\frac{3}{2}\right)^m \quad (m = 0,1,2,\cdots).$$

现在设 $|s-2| = \frac{3}{2}$，则 $\left|\frac{1}{s-1}\right| \leqslant 2$，我们也不难证明 $\frac{|s|}{\sigma} \leqslant \frac{4}{\sqrt{7}}$，因此，由第二章定理 1.1，得

$$|\zeta(s)| \leqslant \left|\frac{1}{s-1} - s\int_1^{\infty} \frac{x-(x)}{x^{s+1}} \mathrm{d}x\right|$$

$$\leqslant 2+\frac{|s|}{\sigma}\leqslant 2+\frac{4}{\sqrt{7}}<\frac{10}{\sqrt{7}}.$$

其次，由于 x_0，x 及 $x_0 x$ 都不是主特征，故由定理 2.3，

$$\left|L(s,x_0)\right|\leqslant\frac{4}{\sqrt{7}}k_0,\qquad \left|L(s,x)\right|\leqslant\frac{4}{\sqrt{7}}k,$$

$$\left|L(s,x_0x)\right|\leqslant\frac{4}{\sqrt{7}}k_0k.$$

故

$$\left|g(s)\right|\leqslant\frac{10}{\sqrt{7}}\left(\frac{4}{\sqrt{7}}\right)^3 k_0^2k=\frac{640}{49}k_0^2k^2<14k_0^2k^2\qquad\left(|s-2|=\frac{3}{2}\right).$$

又，显然有 $\left|L(1,x_0)\right|\leqslant k_0$，$\left|L(1,x)\right|\leqslant k$，$\left|L(1,x_0x)\right|\leqslant k_0k$，故 $|\rho|\leqslant k_0^2k^2$．结合关于 $g(s)$ 的不等式，即得

$$\left|g(s)-\frac{\rho}{s-1}\right|<16k_0^2k^2\qquad\left(|s-2|=\frac{3}{2}\right).$$

因此，可以取 $M=16k_0^2k^2$，故得

$$\left|a_m-\rho\right|\leqslant 16k_0^2k^2\left(\frac{2}{3}\right)^m\qquad(m=0,1,2,\cdots).\tag{3.6}$$

对任意正整数 m_0 有

$$g(a)=-\frac{\rho}{1-a}+A+B,$$

$$A=\sum_{m=0}^{m_0-1}(a_m-\rho)(2-a)^m,\quad B=\sum_{m=m_0}^{\infty}(a_m-\rho)(2-a)^m,$$

由(3.4)知

$$A\geqslant 1-\rho\sum_{m=0}^{m_0-1}(2-a)^m=1-\rho\frac{(2-a)^{m_0}-1}{1-a}.$$

又由(3.6)及 $a>\dfrac{9}{10}$ 得

$$B\geqslant -16k_0^2k\sum_{m=m_0}^{\infty}\left(\frac{2}{3}\right)^m\left(\frac{11}{10}\right)^m=-60k_0^2k^2\left(\frac{11}{15}\right)^{m_0},$$

因此

$$g(a) \geqslant 1 - \frac{\rho(2-a)^{m_0}}{1-a} - 60k_0^2 k\left(\frac{11}{15}\right)^{m_0},$$

取 $m_0 = \dfrac{\log(120k_0^2k^2)}{\log\dfrac{15}{11}} + 1$，则

$$\frac{\log\left(120k_0^2k\right)}{\log\dfrac{15}{11}} < m_0 < 8\log k_0 k + 17 .$$

又

$$60k_0^2k^2\left(\frac{11}{15}\right)^{m_0} < \frac{1}{2},$$

$$(2-a)^{m_0} < \left(\frac{11}{10}\right)^{17}\left(k_0k\right)^{8\log(1-a)} < 6\left(k_0k\right)^{8(1-a)},$$

因而

$$g(a) > \frac{1}{2} - \frac{6\rho}{1-a}\left(k_0k\right)^{8(1-a)} .$$

定理证毕.

有了以上一系列的准备，我们已经有条件来证明下面的基本定理了. 这个定理是属于 Siegel 的. 从本节建立这个定理的过程中，读者可以看到，在这里是不像以前各节那样，有黎曼 ζ 函数的类似理论可以作为范例的. 这就是说，我们在这里碰到了一种新型的困难. 因此，这一定理的建立可以看成本章主要困难的所在. 读者以后还不难看出本章主要定理(1.1)所需要的条件 $k<\log^u m$ 实际是由这一个定理所产生出来的.

定理 3.7 任给 $\varepsilon>0$，一定存在一个正数 A，使得当 $k>A$ 时，$L(s, x)$在区间 $1-k^{-\varepsilon} \leqslant s \leqslant 1$ 上不为 0，其中 x 为实特征.

证 不妨只讨论$\varepsilon<1$的情形. 若在区间 $1-\dfrac{\varepsilon}{16} \leqslant s \leqslant 1$ 上没有一个带实特征的 L 函数为 0，则可取 $A=\left(\dfrac{\varepsilon}{16}\right)^{-\frac{1}{\varepsilon}}$，定理随之成立.

现在假设存在一个整数 k_0，一个实的非主特征 $x_0(\mathrm{mod}\ k_0)$及一实数 a 满足(注意:由定理 3.3 知 $L(1, x) \neq 0$)

$$1-\frac{\varepsilon}{16} \leqslant a < 1, \tag{3.7}$$

$$L(a,x_0)=0, \tag{3.8}$$

因为 $L(s,x_0)$在 a 与 1 之间不能有无穷多个零点，故一定存在一数 a_1 ($a\leqslant a_1<1$)，满足

$$L(s,x_0)\neq 0 \quad (a_1<s<1), \tag{3.9}$$

应该注意的是: 上面的 k_0 及 a 一经选定之后，都是与 k 无关的常数.

首先，设 x 等价于 x_0，则由(3.9)及定理 3.4，$L(s, x)$在 $a_1<s<1$ 时不为 0. 因此，当

$$k>(1-a_1)^{-\frac{1}{\varepsilon}} \tag{3.10}$$

时，

$$L(s,x)\neq 0 \quad (1-k^{-\varepsilon}\leqslant s\leqslant 1). \tag{3.11}$$

剩下要考虑的是主要情形，即 x 不等价于 x_0 的情形. 我们先要证明: 存在一正数 A_1，使当

$$k>A_1 \tag{3.12}$$

时，

$$L(1,x)>6k^{-\varepsilon}\log^2 k. \tag{3.13}$$

然后从此推出引论中的结论.

由定理 3.6 及(3.8)得

$$0>\frac{1}{2}-\frac{6}{1-a}L(1,x_0)L(1,x)L(1,x_0x)(k_0k)^{8(1-a)}.$$

但当 $\sigma>1$ 时， $L(\sigma,x_0)=\prod_p\left(1-\frac{x_0(p)}{p^\sigma}\right)^{-1}\geqslant 0$. 因此， $L(1,x_0)\geqslant 0$. 同样有 $L(1,x)\geqslant 0$ ，故由定理 2.4 及上面的不等式得

$$\frac{12}{1-a}L(1,x_0)L(1,x)\{2+\log k_0k\}(k_0k)^{8(1-a)}>1.$$

结合(3.7)即得

$$\frac{12}{1-a}L(1,x_0)L(1,x)\{2+\log k_0k\}k_0^{8(1-a)}>k^{-\frac{\varepsilon}{2}}, \tag{3.14}$$

显然，存在一常数 A_1，使当(3.12)成立时

$$\frac{72}{1-a}L(1,x_0)\{2+\log k_0k\}k_0^{8(1-a)}\log^2 k<k^{\frac{3}{2}},$$

于是由(3.14)得(3.13):

$$L(1,x) > 6k^{-\varepsilon}\log^2 k\,.$$

最后，假定(3.11)不成立，则存在一数 a_2 满足(因 $L(1,x)\neq 0$)

$$1-k^{-\varepsilon}\leqslant a_2<1 \tag{3.15}$$

及

$$L(a_2,x)=0\,. \tag{3.16}$$

故存在 $a_3\,(a_2\leqslant a_3\leqslant 1)$，使得

$$L(1,x)=L(1,x)-L(a_2,x)=(1-a_2)L'(a_3,x)\,. \tag{3.17}$$

设当

$$K>A_2 \tag{3.18}$$

时，$k^{\varepsilon}>\log k$，则 $a_3>1-\dfrac{1}{\log k}$，又设

$$k\geqslant \max(A_1,A_2,16)\,, \tag{3.19}$$

则定理 3.5，$L'(a_3,x)\leqslant 6\log^2 k$，代入(3.17)即得

$$L(1,x)<6k^{-2}\log^2 k\,.$$

这与(3.13)相矛盾. 定理随之成立.

定理 3.8 设 u 为任意正数，A_1 为适当大的正数，则当

$$b>A_1\,, \tag{3.20}$$

$$|t|\leqslant 2b\,, \tag{3.21}$$

$$k\leqslant \log^{3u} b\,, \tag{3.22}$$

$$\sigma>1-\frac{1}{8000\log 2b} \tag{3.23}$$

及 x 为非主特征时，

$$L(s,x)\neq 0\,. \tag{3.24}$$

证 由定理 2.7，2.8 及 3.3 知道不妨只考虑 k 超过某一常数 A 的情形. 若 x 非实特征，则当 A_1 充分大时，由条件(3.20)—(3.23)，看出从定理 2.7 可以推出(3.24).

若 x 为实特征，但 $t\neq 0$，则从定理 2.8 可以推出同样的结果. 值得注意的是：在以上两情形下，条件(3.22)都未重用.

最后，考虑 x 为实特征且 $t=0$ 的情形.在定理 3.7 中，取 $\varepsilon=\dfrac{1}{3u}$，则存在一常数 $A'=A'(u)$，使当 $k>A'$ 时有

$$L(s,x)\neq 0 \quad \left(1-k^{-1/3u}<s<1\right), \tag{3.25}$$

故当 $k>A'$ 时由(3.22)得

$$L(s,x)\neq 0 \quad \left(1-\frac{1}{8000\log 2b}<s<1\right).$$

因此，只要取 A_1 充分大，(3.25)即常成立.

由上面的定理立刻可以得出

定理 3.9 设 $b>A_1$，$k\leqslant \log^{3u} b$，x 非主特征，则 $\dfrac{L'(s,x)}{L(s,x)}$ 在

$$\sigma>1-\frac{1}{8000\log 2b} \quad (|t|\leqslant 2b)$$

内是解析的.

定理 3.10 设 $b>A_1$, $k\leqslant \log^{3u} b$, x 非主特征，则在

$$|t|\leqslant b,$$

$$1-\frac{1}{2000\log 2b}\leqslant \sigma<2$$

时，有

$$\left|\frac{L'(s,x)}{L(s,x)}\right|\leqslant C_1\log^3 b,$$

其中 C_1 是一个绝对常数.

证 令 $\gamma_1=1+\dfrac{1}{10000\log b}$, $\gamma_2=1+\dfrac{1}{9000\log b}$ 及

$$g(z)=\int_{2+\mathrm{i}t}^{2+\mathrm{i}t+z}\frac{L'(w,x)}{L(w,x)}\mathrm{d}w,$$

则根据定理 3.9，$g(z)$ 在 $|z|<\gamma_2$ 内是解析的，而

$$e^{g(z)}=\frac{L(2+\mathrm{i}t+z,x)}{L(2+\mathrm{i}t,x)},$$

由定理 2.3 及条件 $b>A_1, k\leqslant \log^{3u} b$, 得

$$\left|L(2+\mathrm{i}t+z,x)\right|\leqslant\frac{4+2b}{2-\gamma_1}<\frac{1}{2}b^2\quad\left(|z|\leqslant\gamma_1\right).$$

又

$$\left|L(2+\mathrm{i}t,x)\right|^{-1}=\prod_p\left|1-x(p)p^{-2-\mathrm{i}t}\right|\leqslant\prod_p\left(1+p^{-2}\right)<2,$$

故

$$e^{Rg(z)}<b^2\quad\left(|z|\leqslant\gamma_1\right).$$

因此，从第二篇第三章引理 3.2(取 M=2log$b$)可以推出

$$\left|\frac{L'(s,x)}{L(s,x)}\right|=\left|g'(s-2-\mathrm{i}t)\right|=\left|g'(\sigma-2)\right|$$
$$\leqslant 2M\gamma_1(\gamma_1+\sigma-2)^{-2}$$
$$\leqslant 2M\gamma_1(20000\log b)^2<2\times10^9\log^3 b.$$

定理证毕.

§4. 主要定理的证明

在本节中，我们用 $C_2, C_3, \cdots, A_2, A_3, \cdots$，表适当的正的绝对常数($C_1$ 及 A_1 已在上节最后三个定理中用到).像在考虑自然数串的素数分布时一样，我们引进下面两个新的函数

$$\psi(m,x)=\sum_{n=1}^{m}x(n)\Lambda(n),$$
$$\vartheta(m,x)=\sum_{p\leqslant m}x(p)\log p.$$

定理 4.1　设 $m\geqslant 3$, $k\leqslant\log^u m$, x 为非主特征，则

$$\left|\psi(m,x)\right|\leqslant A_2 m\exp\left(-\frac{\sqrt{\log m}}{200}\right).$$

证　显然，只要讨论 $m>A_3$ 及 m 是半奇数的情形，令

$$a = 1 + \frac{1}{\log m}, \quad b = \exp - \frac{\sqrt{\log m}}{160},$$

则由第二篇第一章定理 4.2,

$$\psi(m,x) = -\frac{1}{2\pi \mathrm{i}} \int_{a-\mathrm{i}b}^{a+\mathrm{i}b} \frac{m^s}{s} \frac{L'(s,x)}{L(s,x)} \mathrm{d}s + C_2 b^{-1} m^a \log^2 m.$$

由此得

$$|\psi(m,x)| \leqslant \left| \int_{a-\mathrm{i}b}^{a+\mathrm{i}b} \frac{m^s}{s} \frac{L'(s,x)}{L(s,x)} \mathrm{d}s \right| + C_2 m \exp\left(\frac{-\sqrt{\log m}}{200}\right),$$

令

$$a' = 1 - \frac{1}{20000 \log 2b,}$$

并作路线 C，顺次连接 $a-\mathrm{i}b, a'-\mathrm{i}b, a'+\mathrm{i}b, a+\mathrm{i}b$，则由定理 3.10,

$$\begin{aligned}
\left| \int_{a-ib}^{a+ib} \frac{m^s}{s} \frac{L'(s,x)}{L(s,x)} \mathrm{d}s \right| &= \left| \int_c \frac{m^s}{s} \frac{L'(s,x)}{L(s,x)} \mathrm{d}s \right| \\
&\leqslant 2C_1 \log^3 b \{ \int_0^b \frac{m^{a'}}{|a'+\mathrm{i}t|} \mathrm{d}t + \int_{a'}^a \frac{m^\sigma}{b} \mathrm{d}\sigma \} \\
&\leqslant 2C_1 \log^3 b \{ ma'(2+\log b) + \frac{am^a}{b} \} \\
&\leqslant C_3 m \log^4 b \{ \exp(-\frac{\sqrt{\log m}}{115}) + \exp(-\frac{\sqrt{\log m}}{160}) \} \\
&\leqslant C_4 m \exp(-\frac{\sqrt{\log m}}{200}).
\end{aligned}$$

故

$$\begin{aligned}
|\psi(m,x)| &\leqslant (C_2 + C_4) \exp(-\frac{\sqrt{\log m}}{200}) \\
&\leqslant A_2 \exp(-\frac{\sqrt{\log m}}{200}).
\end{aligned}$$

定理证毕.

根据明显的不等式

$$|\psi(m,x) - \vartheta(m,x)| \leqslant \sqrt{m} \log^2 m$$

可以从上面的定理推出

$$\left|\vartheta(m,x)\right| \leqslant A_3 m\exp(-\sqrt{\frac{\log m}{200}}).$$

因此得

定理 4.2　设 $m \geqslant 3, k \leqslant \log^{2u} m, x$ 非主特征，则

$$\left|\vartheta(m,x)\right| \leqslant A_4 m\exp\left(-\frac{\sqrt{\log m}}{200}\right).$$

定理 4.3　设 $n \geqslant 3, k \leqslant \log^{u} n, x$ 非主特征，则

$$\left|\pi(n,x)\right| \leqslant A_5 n\exp\left(-\frac{\sqrt{\log n}}{200}\right).$$

证　显然，

$$\begin{aligned}\pi(n,x) &= \sum_{m=2}^{n}\frac{\vartheta(m,x)-\vartheta(m-1,x)}{\log m}\\ &=\sum_{m=2}^{n-1}\vartheta(m,x)\left(\frac{1}{\log m}-\frac{1}{\log(m+1)}\right)+\frac{\vartheta(n,x)}{\log n}.\end{aligned} \tag{4.1}$$

若 $\exp\left(\sqrt{\log n}\right) \leqslant m \leqslant n$，则 $\log^2 m \geqslant \log n$，故 $k \leqslant \log^{2u} m$，因此，当 $m \geqslant 3$ 时有

$$\left|\vartheta(m,x)\right| \leqslant A_4 m\exp\left(-\frac{\sqrt{\log m}}{200}\right) \leqslant A_6 n\exp\left(-\frac{\sqrt{\log n}}{200}\right).$$

又若 $1 \leqslant m \leqslant \exp\left\{\sqrt{\log n}\right\}$，则

$$\left|\vartheta(m,x)\right| \leqslant m\log m \leqslant \exp\left(2\sqrt{\log n}\right) < A_7 n\exp\left(-\frac{\sqrt{\log n}}{200}\right).$$

因此，取 $A_5 = \max\left(A_6, A_7\right)$，则当 $m \leqslant n$ 时，

$$\left|\vartheta(m,x)\right| \leqslant A_5 n\exp\left(-\frac{\sqrt{\log n}}{200}\right).$$

代入(4.1)，即得

$$\left|\pi(m,x)\right| \leqslant A_5 n\exp\left(-\frac{\sqrt{\log n}}{200}\right)\left\{\sum_{m=2}^{n-1}\left(\frac{1}{\log m}-\frac{1}{\log(m+1)}\right)+\frac{1}{\log n}\right\}$$

$$=\frac{A_5}{\log 2}n\exp\left(-\frac{\sqrt{\log n}}{200}\right).$$

定理证毕.

根据§1 的推理，我们知道从上面的定理可以推出本章的主要结果:

定理 4.4 当 $k \leqslant \log^u m\ (m \geqslant 3, u \geqslant 0)$ 时,

$$\pi(m,k,l)=\frac{\text{ls } m}{\varphi(k)}+O\left(m\mathrm{e}^{-200-1\sqrt{\log m}}\right).$$

下　　册

第三篇　三角和的方法

第十章　三角和在数论中的作用

§1. 格点与三角和

在 n 维欧几里得空间 E 中引进直角坐标，每一点 M 就可以用它的坐标$(x_1, x_2, \cdots, x_n)$来决定．我们把坐标都是整数的点叫作格点．在 E 内取定一个区域(开或闭都可以)或者是任意的集合，记作 R．在数论里面，一个重要的问题就是估计 R 所包含的格点数：

$$N_R = \sum_{\substack{x_1 \\ (x_1,\cdots,x_n)\in R}} \cdots \sum_{x_n} 1 = \sum_{M\in R} 1. \tag{1.1}$$

这种问题常称为格点问题．更普遍的问题是这样：设 $F(M)\equiv F(x_1, \cdots, x_n)$是定义在 R 上的函数，我们要估计和数：

$$N_R(f) = \sum_{\substack{x_1 \\ (x_1,\cdots,x_n)\in R}} \cdots \sum_{x_n} F(x_1,\cdots,x_n) = \sum_{M\in R} F(M). \tag{1.2}$$

特别是当 $F(M)=\mathrm{e}^{2\pi \mathrm{i} f(M)}$时，和数(1.2)就变成

$$\sum_{\substack{x_1 \\ (x_1,\cdots,x_n)\in R}} \cdots \sum_{x_n} \mathrm{e}^{2\pi \mathrm{i} f(x_1,\cdots,x_n)} = \sum_{M\in R} \mathrm{e}^{2\pi \mathrm{i} f(M)} . \tag{1.3}$$

这就是所谓三角和．

在数论里面，有许多问题都和三角和有着极其密切的关系．一个重要问题的解决常常依赖于一种三角和的估计．因此，各类型的三角和的估计，常常变成数论的中心问题．一种估计方法的改进，一种估计结果的精密化，对于数论中一些重要问题的研究与解决时常起着关键性的作用．为了使读者比较确切地体会这些话，我们将在以下数节里，通过一些有代表性的例子，给以简单的说明．

§ 2. 同余式的解数与三角和

我们容易看出，当 a 是整数而 m 是正整数时，

$$\sum_{x=0}^{m-1} e^{\frac{2\pi i a x}{m}} = \begin{cases} m, & m \mid a, \\ 0, & m \nmid a, \end{cases} \tag{2.1}$$

式中 $m|a$ 表示 m 除尽 a，$m \nmid a$ 表示 m 除不尽 a. 这个结果虽然简单，但却是三角和的一个基本的性质. 利用这个性质，就可以表示同余式

$$f(x) \equiv 0 \pmod m, \qquad f(x) = a_0 x^k + \cdots + a_k \tag{2.2}$$

(其中 a_0, …, a_k 是整数)的解答个数：

$$\begin{aligned} T_m(f(x)) &= \frac{1}{m}\sum_{x=0}^{m-1}\sum_{a=0}^{m-1} e^{\frac{2\pi i a f(x)}{m}} \\ &= \frac{1}{m}\sum_{a=0}^{m-1}\sum_{x=0}^{m-1} e^{\frac{2\pi i a f(x)}{m}}. \end{aligned} \tag{2.3}$$

更普遍一些，设 $f(x_1, \cdots, x_n)$ 是整系数多项式，则同余式

$$f(x_1, \cdots, x_n) \equiv 0 \pmod m \tag{2.4}$$

的解数是

$$T_m(f(x_1, \cdots, x_n)) = \frac{1}{m}\sum_{a=0}^{m-1}\sum_{x_1=0}^{m-1}\cdots\sum_{x_n=0}^{m-1} e^{\frac{2\pi i a f(x_1, \cdots, x_n)}{m}}. \tag{2.5}$$

对于同余式组

$$\begin{gathered} f_1(x_1, \cdots, x_n) \equiv 0 \pmod m, \\ \cdots\cdots \\ f_s(x_1, \cdots, x_n) \equiv 0 \pmod m \end{gathered} \tag{2.6}$$

(其中 $f_r(x_1, \cdots, x_n)$, $r = 1, \cdots, s$ 都是整系数多项式)也可以用相似的方法来表出解数，即

$$T_m(f_1, \cdots, f_s) = \frac{1}{m^s}\sum_{a_1=0}^{m-1}\cdots\sum_{a_s=0}^{m-1}\sum_{x_1=0}^{m-1}\cdots\sum_{x_n=0}^{m-1} e_m(a_1 f_1 + \cdots + a_s f_s), \tag{2.7}$$

式中

$$e_m(x) = e^{\frac{2\pi i x}{m}}. \tag{2.8}$$

以上这些例子足够说明下面类型的三角和的用处：

$$\sum_{x_1}\cdots\sum_{x_n} e_m(f(x_1,\cdots,x_n)), \tag{2.9}$$

式中 $f(x_1,\cdots,x_n)$表示整系数多项式，而$(x_1,\cdots,x_n)$的变化范围常受种种限制. 为方便起见，本书称形如(2.9)的三角和为有理型三角和. 它们的用处还不只是帮助确定同余式的解数，事实上，在以下的数节里面，所谈到问题的解法中也经常碰到这一类的三角和. 因此，它们的用处远比我们所想像的大. 另一方面，在各类型的三角和中，有理型三角和是比较容易估计的，因此，我们对于这种三角和的估计，所能得到的结果也比较精密和完善.

§ 3. 丢番图方程的解数与三角和

与(2.1)相当的是下面的公式：当α是整数时

$$\int_0^1 e^{2\pi i\alpha x}dx = \begin{cases}1, & \alpha = 0,\\ 0, & \alpha \neq 0.\end{cases} \tag{3.1}$$

设$f(x_1, \cdots, x_n)$是整系数多项式，而R是某一区域或更普遍的集合，则丢番图方程(就是不定方程，我们所要求出的是它的整数解)

$$f(x_1,\cdots,x_n)=0,\ (x_1,\cdots,x_n)\in R \tag{3.2}$$

的解数是

$$\begin{aligned} T(f) &= \sum_{(x_1,\cdots,x_n)\in R}\cdots\sum\int_0^1 e^{2\pi i\alpha f(x_1,\cdots,x_n)}d\alpha \\ &= \int_0^1 \Big(\sum_{(x_1,\cdots,x_n)\in R}\cdots\sum e^{2\pi i\alpha f(x_1,\cdots,x_n)}\Big)\, d\alpha. \end{aligned} \tag{3.3}$$

我们很容易推广到方程组的情形：设 $f_\upsilon(x_1,\cdots,x_n)$，$\upsilon=1,\cdots,s$ 是整系数多项式而 R 是某一区域或更普遍的集合，则方程组

$$f_1(x_1,\cdots,x_n)=0,$$

$$
\begin{aligned}
&(x_1, \cdots, x_n) \in R, \\
&f_s(x_1, \cdots, x_n) = 0
\end{aligned} \tag{3.4}
$$

的解数是

$$
T(f_1, \cdots, f_s) = \int_0^1 \cdots \int_0^1 \sum_{(x_1, \cdots, x_n) \in R} \cdots \sum e(\alpha_1 f_1 + \cdots + \alpha_s f_s) \mathrm{d}\alpha_1 \cdots \mathrm{d}\alpha_s, \tag{3.5}
$$

式中

$$
e(x) = \mathrm{e}^{2\pi \mathrm{i} x}. \tag{3.6}
$$

以上的例子足够说明形如

$$
\sum_{\substack{x_1 \\ (x_1, \cdots, x_n) \in R}} \cdots \sum_{x_n} e(\alpha f(x_1, \cdots, x_n))
$$

的三角和的重要性. 事实上, 在数论里面, 有很多重要问题的研究与解决都要用到这种三角和. 像华林(Waring)问题、哥德巴赫(Goldbach)问题、圆内格点问题及除数问题都是典型的例子. 对于这些问题, 有的还要在以后详细讨论.

第十一章　有理型三角和

§1. 有理型三角和的平均值

设

$$S_q(f(x))=\sum_{x=0}^{q-1}e_q(f(x)),\tag{1.1}$$

其中 $e_q(f(x))=\mathrm{e}^{\frac{2\pi \mathrm{i}f(x)}{q}}$, $f(x)$ 是一个整系数多项式：

$$f(x)=a_kx^k+\cdots+a_0.$$

我们要考虑两种平均值，即 $\{M_q(f(x))/q\}^{\frac{1}{2}}$ 及 $\{M_q/q^k\}^{\frac{1}{2k}}$，其中

$$M_q(f(x))=\sum_{a=0}^{q-1}\left|\sum_{x=0}^{q-1}e^q(af(x))\right|^2,\tag{1.2}$$

$$M_q=\sum_{a_k=0}^{q-1}\cdots\sum_{a_1=0}^{q-1}\left|\sum_{x=0}^{q-1}e_q(a_kx^k+\cdots+a_1x)\right|^{2k}.\tag{1.3}$$

估计一种和数的平均值一般要比估计个别的和数来得容易，而从平均值的估计常常能够推测到和数本身绝对值的大小. 因此本章要从估计平均值开始. 在以上两种平均值的定义里面，并未限制 q 是素数，但下面仅讨论 $q=p$ 是素数的情形.

定理 1.1　当 $k\geqslant 1$ 而素数 $p\nmid a_k$ 时，

$$M_p(f(x))\leqslant kp^2.\tag{1.4}$$

证

$$\begin{aligned}M_p(f(x))&=\sum_{a=0}^{p-1}\sum_{x=0}^{p-1}e_p(af(x))\sum_{y=0}^{p-1}e_p(-af(y))\\&=\sum_{x=0}^{p-1}\sum_{y=0}^{p-1}\sum_{a=0}^{p-1}e_p(a(f(x)-f(y))).\end{aligned}$$

因当 A 与 m 是整数时，

$$\sum_{x=0}^{m-1} e_m(Ax) = \begin{cases} m, & m \mid A, \\ 0, & m \nmid A. \end{cases} \tag{1.5}$$

故

$$M_p(f(x)) = \sum_{x=0}^{p-1} \sum_{\substack{y=0 \\ f(x)\equiv f(y)\,(\mathrm{mod}\,p)}}^{p-1} p \leqslant kp^2 .$$

最后一步的成立是因为当 y 一定时, $f(x)\equiv f(y)(\mathrm{mod}\ p)$至多有 k 个解.

定理 1.2　当 $k<p$ 时,

$$M_p \delta k! p^{2k}. \tag{1.6}$$

证

$$M_p = \sum_{a_k=0}^{p-1}\cdots\sum_{a_1=0}^{p-1}\sum_{x_1=0}^{p-1}\cdots\sum_{x_k=0}^{p-1}\sum_{y_1=0}^{p-1}\cdots\sum_{y_k=0}^{p-1} e_p\Big(\sum_{\upsilon=1}^{k} a_\upsilon(x_1^\upsilon+\cdots+x_k^\upsilon-y_1^\upsilon-\cdots-y_k^\upsilon)\Big)$$

$$= \sum_{x_1=0}^{p-1}\cdots\sum_{x_k=0}^{p-1}\sum_{y_1=0}^{p-1}\cdots\sum_{y_k=0}^{p-1}\sum_{a_k=0}^{p-1}\cdots\sum_{a_1=0}^{p-1} e_p\Big(\sum_{\upsilon=1}^{k} a_\upsilon(x_1^\upsilon+\cdots+x_k^\upsilon-y_1^\upsilon-\cdots-y_k^\upsilon)\Big).$$

由(1.5)

$$M_p = p^k N,$$

其中 N 是下列同余式组的解答个数:

$$x_1^\upsilon+\cdots+x_k^\upsilon \equiv y_1^\upsilon+\cdots+y_k^\upsilon (\mathrm{mod}\,p), \quad \upsilon = 1,\cdots,k. \tag{1.7}$$

根据对称函数的一个定理(牛顿公式[①]), 由(1.7)知道 $x_1,\cdots,x_k$ 的初等对称函数一定与对应的 $y_1,\cdots,y_k$ 的初等对称函数彼此同余(这里用到 $k<p$).

---

① 设 $x_1,\cdots,x_n$ 是方程

$$x^n + p_1 x^{n-1} + \cdots + p_n = 0$$

的根而

$$S_\upsilon = x_1^\upsilon + \cdots + x_n^\upsilon, \qquad \upsilon = 1, 2, \cdots,$$

则所谓牛顿公式就是下列公式

$$\begin{cases} S_1 + p_1 = 0, \\ S_2 + p_1 S_1 + 2p_2 = 0, \\ \cdots\cdots \\ S_{n-1} + p_1 S_{n-2} + \cdots + (n-1)p_{n-1} = 0; \end{cases}$$

$$\begin{cases} S_n + p_1 S_{n-1} + \cdots + np_n = 0, \\ S_{n+1} + p_1 S_n + \cdots + p_n S_1 = 0, \\ S_{n+2} + p_1 S_{n+1} + \cdots + p_n S_2 = 0, \\ \cdots\cdots \end{cases}$$

虽然牛顿公式是关于方程的根的公式, 对于素数模同余式的解而言这些公式仍然成立.当然从域论的眼光看来, 解同余式的问题其实就是解特征是某一素数 p 的域内的方程的问题.

因此,

$$(x-x_1)\cdots(x-x_k)\equiv(x-y_1)\cdots(x-y_k)(\bmod p)$$

对每一个 x 的值都成立. 令 $x\equiv x_1(\bmod p)$, 即知 $y_1,\cdots,y_k$ 之中一定有一个与 x_1 同余 $(\bmod p)$, 设为 y_1. 于是当 $x\not\equiv x_1(\bmod p)$ 时有

$$(x-x_2)\cdots(x-x_k)\equiv(x-y_2)\cdots(x-y_k)(\bmod p).$$

因 $k-1<p-1$, 上式对于所有的 x 的值都成立. 这样, 就可以仿前进行直到证出 $y_1,\cdots,y_k$ 不过是 $x_1,\cdots,x_k$ 的另一排列(对模 p 而言). 因此

$$N\leqslant k!p^k.$$

定理随之成立. [证完]

由定理 1.1 及定理 1.2 知道

$$\left(\frac{M_pf(x)}{p}\right)^{\frac{1}{2}}\leqslant k^{\frac{1}{2}}p^{\frac{1}{2}},$$

$$\left(\frac{M_p}{p^k}\right)^{\frac{1}{2k}}\leqslant(k!)^{\frac{1}{2k}}p^{\frac{1}{2}},$$

这两种平均值的阶都是 $p^{\frac{1}{2}}$. 因此, 我们可以猜想到当 $p\nmid a_k$, $k>1$ 时, $S_p(f(x))$ 的阶是 $\sqrt{p}$. 这个猜想的正确性已由 L. Carlitz 与 S. Uchiyama 予以证明. 更确切地说, 他们证明了

定理 1.3

$$\left|S_p(f(x))\right|\leqslant(k-1)p^{\frac{1}{2}}. \tag{1.8}$$

他们的证明用到 Andre Weil 所证明的类似黎曼假设. 由于超出本书范围, 这里从略.

§ 2. Mordell 的结果

本节要证明的是下面比定理 1.3 较弱的定理:

定理 2.1(Mordell) 设 $f(x)=a_kx^k+\cdots+a_1x+a_0$ 而 $(a_k, \cdots, a_1, p)=1$, 则

$$S_p(f(x)) = O(p^{1-\frac{1}{k}}), \tag{2.1}$$

式中 O 所隐含的常数只与 k 有关.

证 显然不妨假定 $p>k$, $a_0=0$ 及 $p \nmid a_k$. 由定理 1.2,

$$\sum_{\alpha_k=0}^{p-1} \cdots \sum_{\alpha_1=0}^{p-1} \left|S_p(\alpha_k x^k + \cdots + \alpha_1 x)\right|^{2k} \leqslant k!\, p^{2k}. \tag{2.2}$$

我们要证明在(2.2)的左边至少有 $\dfrac{p(p-1)}{k}$ 项与 $\left|S_p(f(x))\right|^{2k}$ 相等. 实际上, 当 $\lambda \not\equiv 0 (\bmod p)$ 而 μ 任意时, 都有

$$\left|S_p(f(\lambda x+\mu)-f(\mu))\right| = \left|S_p(f(x))\right|. \tag{2.3}$$

对于不同的组合 λ, μ 及 λ_0, μ_0 是否所得的项(即(2.3)的左端)也是不同的, 就要看 $f(\lambda x+\mu)-f(\mu)$与 $f(\lambda_0 x+\mu_0)-f(\mu_0)$是否不全同(mod p)而定. 这里所谓全同(mod p)就是相当项的系数彼此同余(mod p).

若 $f(\lambda x+\mu)-f(\mu)$与 $f(x)$全同(mod p), 则

$$a_k\lambda^k \equiv a_k, \quad k a_k \lambda^{k-1}\mu + a_{k-1}\lambda^{k-1} \equiv a_{k-1} (\bmod p).$$

由假定 $a_k \not\equiv 0\ (\bmod p)$, 故第一个同余式至多有 k 个解. 又当 λ 一定时, 易知 μ 即由上面第二个同余式唯一地决定. 因此, 至多有 k 个多项式 $f(\lambda x+\mu)-f(\mu)$与 $f(x)$全同(mod p). 上面的讨论实际上并不是局限于 $f(x)$的. 一般地说, 在 $p(p-1)$个多项式 $f(\lambda x+\mu)-f(\mu)\left(\lambda \not\equiv 0 (\bmod p)\right)$ 之中, 与其中任意指定的一个多项式 $f(\lambda_0 x+\mu_0)-f(\mu_0)$全同的, 至多有 k 个. 因此, 其中互不全同的多项式的个数至少有 $\dfrac{p(p-1)}{k}$ 个. 这就是说, 在(2.2)左边至少有 $\dfrac{p(p-1)}{k}$ 个不同的项与 $\left|S_p(f(x))\right|^{2k}$ 相等. 故由(2.2)

$$\frac{p(p-1)}{k}\left|S_p(f(x))\right|^{2k} \leqslant k!\, p^{2k},$$

即

$$\left|S_p(f(x))\right| \leqslant \left(\frac{k \cdot k!}{p(p-1)} p^{2k}\right)^{\frac{1}{2k}} = O(p^{1-\frac{1}{k}}),$$

式中 O 所隐含的常数显然只与 k 有关. [证完]

§ 3. Mordell 结果的 n 维推广

(一) 华罗庚与著者曾得到 Mordell 定理的一个二维类似定理, 后来又由著者推广到 n 维. 设 $f(x_1,\cdots,x_n)$是一个整系数 n 元多项式, 我们所要估计的是

$$S\{f(x_1,\cdots,x_n)\}=\sum_{x_1=1}^{p}\cdots\sum_{x_n=1}^{p}e_p\{f(x_1,\cdots,x_n)\}, \tag{3.1}$$

其中 p 表素数.

在估计(3.1)之前, 我们要考虑域Π中的代数方程组

$$f_i(x_1,\cdots,x_n)=0 \quad (i=1,\cdots,n), \tag{3.2}$$

其中 $f_i(x_1,\cdots,x_n)$是域Π中的多项式. 实际上, 我们在本节中只需考虑Π的特征是 p 的情形, 或者更狭一些, 只需考虑一组对模 p 的同余式. 但是为了不损害下面定理 3.1 的一般性, 我们还是就一般的域Π来讨论. 让我们先引进一个定义:

定义 能使函数行列式(或称 Jacobian)

$$J=J(f_1,\cdots,f_n)=\begin{vmatrix}\dfrac{\partial f_1}{\partial x_1}\cdots\dfrac{\partial f_1}{\partial x_n}\\ \vdots \qquad \vdots\\ \dfrac{\partial f_n}{\partial x_1}\cdots\dfrac{\partial f_n}{\partial x_n}\end{vmatrix}\neq 0$$

的(3.2)的解称为非异解.

定理 3.1 方程组(3.2)的非异解数不超过一个只与 n 有关而与域无关的常数 $c=c(n)$.

证 当 $n=1$ 时, 定理显然正确. 设定理对 $n-1$ 个变数及 $n-1$ 个方程是成立的, 现证明对 n 个变数 n 个方程也成立.

若 $f_1,\cdots,f_n$ 不含 x_n, 定理显然正确, 因为这时 $J\equiv 0$, 故(3.2)没有非异解. 若其中只有一个含 x_n, 设其为 f_n, 定理也成立, 这是因为, 若$(x_1^{(0)},\cdots,x_n^{(0)})$是(3.2)的非异解, 则

$$J(f_1,\cdots,f_n)=\frac{\partial f_n}{\partial x_n}J(f_1,\cdots,f_{n-1})\neq 0 \quad (\text{当 } x_\upsilon=x_\upsilon^0,\upsilon=1,\cdots,n).$$

这表明$(x_1^{(0)},\cdots,x_{n-1}^{(0)})$是方程组

$$f_1=0,\cdots,f_{n-1}=0$$

的非异解, 由归纳法的假定, 这种非异解数$\leqslant c$. 而 $f_n(x_1^{(0)},\cdots,x_{n-1}^{(0)},x_n)$不恒为 0, 所以满足 $f_n(x_1^{(0)},\cdots,x_{n-1}^{(0)},x_n)=0$ 的 $x_n^{(0)}$ 的个数不超过某常数.

设 f_i 对于 x_n 的次数是λ_i, 则当$\lambda_1+\cdots+\lambda_n\leqslant 1$ 时定理成立, 这是因为在此时, (3.2)内顶多有一个方程包括 x_n. 今设当

$$\lambda_1+\cdots+\lambda_n\leqslant r$$

时定理成立, 我们要证明当 $\lambda_1+\cdots+\lambda_n\leqslant r+1$ 时定理仍然成立.

不致失去普遍性, 我们假定

$$f_1=f_{10}x_n^{\lambda_1}+\cdots+f_{1\lambda_1},\ f_2=f_{20}x_n^{\lambda_2}+\cdots+f_{2\lambda_2},\tag{3.3}$$

其中 $\lambda_1\geqslant\lambda_2\geqslant 1$ 而 f_{1i}, f_{2i}是 $x_1,\cdots,x_{n-1}$ 的多项式.

考虑方程组

$$f_1'=f_{20}f_1-f_{10}x_n^{\lambda_1-\lambda_2}f_2=0,\ \ f_i=0\ (i=2,\cdots,n).\tag{3.4}$$

上面第一方程可能是恒等式, 但在那种情形下(3.4)就没有非异解了(看下面(3.5), (3.5′)). 显然(3.2)的每一个解都是(3.4)的解, 我们要证明(3.2)的每一个满足 $f_{20}\neq 0$ 的非异解$(x_1^{(0)},\cdots,x_n^{(0)})$一定也是(3.4)的非异解.

对于 $x_i(i=1,\cdots,n)$ 微分(3.4)的第一个方程即得

$$\begin{aligned}\frac{\partial f_1'}{\partial x_i}&=f_{20}\frac{\partial f_1}{\partial x_i}-f_{10}x_n^{\lambda_1-\lambda_2}\frac{\partial f_2}{\partial x_i}+\frac{\partial f_{20}}{\partial x_i}f_1-\frac{\partial f_{10}}{\partial x_i}x_n^{\lambda_1-\lambda_2}f_2\\&=f_{20}\frac{\partial f_1}{\partial x_i}-f_{10}x_n^{\lambda_1-\lambda_2}\frac{\partial f_2}{\partial x_i}\\&(x_\upsilon=x_\upsilon^{(0)},\ i=1,2,\cdots,n-1),\end{aligned}\tag{3.5}$$

$$\begin{aligned}\frac{\partial f_1'}{\partial x_n}&=f_{20}\frac{\partial f_1}{\partial x_n}-f_{10}x_n^{\lambda_1-\lambda_2}\frac{\partial f_2}{\partial x_n}-(\lambda_1-\lambda_2)f_{10}x_n^{\lambda_1-\lambda_2-1}f_2\\&=f_{20}\frac{\partial f_1}{\partial x_n}-f_{10}x_n^{\lambda_1-\lambda_2}\frac{\partial f_2}{\partial x_n}\left(x_\upsilon=x_\upsilon^{(0)}\right).\end{aligned}\tag{3.5′}$$

故当 $x_\upsilon=x_\upsilon^{(0)}$ 时,

$$J(f_1',f_2,\cdots,f_n)=f_{20}J(f_1,\cdots,f_n)\neq 0.\tag{3.6}$$

现在设 $(x_1^{(0)},\cdots,x_n^{(0)})$ 是(3.2)的一个满足 $f_{20}=0$ 的非异解, 则此解同时满足

$$\begin{aligned} &f_1=0,\ f_2'=f_2-f_{20}x_n^{\lambda_2}=0,\\ &f_i=0\quad(i=3,\cdots,n), \end{aligned}\tag{3.7}$$

与

$$f_1=0,\ f_{20}=0,\ f_i=0\quad(i=3,\cdots,n).\tag{3.8}$$

由(3.7),

$$\begin{aligned} &\frac{\partial f_2'}{\partial x_i}=\frac{\partial f_2}{\partial x_i}-\frac{\partial f_{20}}{\partial x_i}x_n^{\lambda_2}\quad(i=1,\cdots,n-1),\\ &\frac{\partial f_2'}{\partial x_n}=\frac{\partial f_2}{\partial x_n}-\lambda_2 f_{20}x_n^{\lambda_2-1}=\frac{\partial f_2}{\partial x_n},\ \text{当}\ x_\upsilon=x_\upsilon^{(0)}. \end{aligned}$$

故当 $x_\upsilon=x_\upsilon^{(0)}$ 时,

$$0\neq J(f_1,\cdots,f_n)=J(f_1,f_2',f_3,\cdots,f_n)+x_n^{\lambda_2}J(f_1,f_{20},f_3,\cdots,f_n).\tag{3.9}$$

这表明 $J(f_1,f_2',f_3,\cdots,f_n)$ 与 $J(f_1,f_{20},f_3,\cdots,f_n)$ 不能同时为零.

因此, 从(3.6)与(3.9)可以看出(3.2)的每一个非异解必定是(3.4), (3.7)与(3.8)三个方程组之一的非异解. 但它们各自对 x_n 的次数之和都不超过 r. 由数学归纳法立得本定理.

(二) 下面证明一个很简单的定理:

定理 3.2 设 $f(x_1,\cdots,x_n)$ 是域Π内不恒等于 0 的多项式, 并设Π是特征为 P 而元素个数是 p^m 的有限域, 则

$$f(x_1,\cdots,x_n)=0\tag{3.10}$$

的解数是 $O(p^{m(n-1)})$, 其中 O 所隐含的常数与 p 及 m 无关.

证 定理当 $n=1$ 时显然成立. 今设对 $n-1$ 个未知数也成立, 令

$$f(x_1,\cdots,x_n)=g_0x^k+\cdots+g_k$$

式中 g_i 是 $x_1,\cdots,x_{n-1}$ 的多项式, 并且 g_0 不恒为 0. 显然满足

$$f=0,\quad g_0\neq0$$

的解数是 $O(p^{m(n-1)})$, 而满足

$$f=0,\ \ g_0=0$$

的解数由归纳法的假设知道是 $O(p^{m(n-2)}p^m)$，故(3.10)的解数是 $O(p^{m(n-1)})$. [证完]

(三) 在证明主要定理之前我们还需要先证明一个常常用到的不等式：

引理 3.1(Hölder 不等式) 设 $\frac{1}{\lambda}+\frac{1}{\mu}=1, \lambda>0, \mu>0$, 又设 $a_k\geqslant 0, b_k\geqslant 0, k=1,\cdots,n$, 则

$$\sum_{k=1}^{n}a_kb_k\leqslant\left(\sum_{k=1}^{n}a_k^{\lambda}\right)^{\frac{1}{\lambda}}\left(\sum_{k=1}^{n}b_k^{\mu}\right)^{\frac{1}{\mu}}, \tag{3.11}$$

式中“=”号只在

$$\frac{a_1^{\lambda}}{b_1^{\mu}}=\frac{a_2^{\lambda}}{b_2^{\mu}}=\cdots=\frac{a_n^{\lambda}}{b_n^{\mu}} \tag{3.12}$$

时$\left(\frac{0}{0}\text{算作可以等于任何数, 当 } A \text{ 不是 } 0 \text{ 时 } \frac{A}{0}\text{算作 } \infty\right)$才成立.

证 1) 先证当 $x>1, 0<m<1$ 时,

$$x^m-1<m\,(x-1). \tag{3.13}$$

实际上,

$$x^m-1=\int_1^x m_x^{\,m-1}\mathrm{d}x<m\int_1^x\mathrm{d}x=m(x-1).$$

2) 其次证明当 $\alpha+\beta=1, \alpha, \beta$ 是正数, 且 a, b 非负时,

$$a^{\alpha}b^{\beta}\leqslant\alpha a+\beta b, \tag{3.14}$$

式中的“=”号只有当 $a=b$ 时才成立.

显然当 $a=b$ 时(3.14)两边相等, 又当 a,b 之一为 0 时(3.14)仍成立. 今设 $a>b>0$, 则由(3.13)

$$\left(\frac{a}{b}\right)^m-1<m\frac{(a-b)}{b}.$$

两边用 b 乘再移项得

$$a^m b^{1-m} < b + m(a-b) = ma + (1-m)b.$$

令 $m=\alpha$, $1-m=\beta$, 即得

$$a^{\alpha} b^{\beta} < \alpha a + \beta b.$$

3) 当(3.12)成立时, (3.11)的两边相等. 今设(3.12)不成立, 则由(3.14)

$$\sum_{\upsilon=1}^{n}\left\{\left(\frac{A_\upsilon}{\sum\limits_{\upsilon=1}^{n}A_\upsilon}\right)^{\alpha}\left(\frac{B_\upsilon}{\sum\limits_{\upsilon=1}^{n}B_\upsilon}\right)^{\beta}\right\} < \sum_{\upsilon=1}^{n}\left(\alpha\frac{A_\upsilon}{\sum\limits_{\upsilon=1}^{n}A_\upsilon} + \beta\frac{A_\upsilon}{\sum\limits_{\upsilon=1}^{n}A_\upsilon}\right)$$
$$= \alpha + \beta = 1,$$

令式中 $A_\upsilon = a_\upsilon^{1/\alpha}$, $B_\upsilon = b_\upsilon^{1/\beta}$, $\alpha = \dfrac{1}{\lambda}$, $\beta = \dfrac{1}{\mu}$, 即得

$$\sum_{\upsilon=1}^{n} a_\upsilon b_\upsilon < \left(\sum_{\upsilon=1}^{n} a_\upsilon^{\lambda}\right)^{1/\lambda}\left(\sum_{\upsilon=1}^{n} b_\upsilon^{\mu}\right)^{1/\mu}.$$ [证完]

(四) 现在可以证明我们的主要定理:

定理 3.3 设 $f(x_1, \cdots, x_n)$ 是 $k \geqslant 2n$ 次整系数多项式, 其 k 次项系数不全被 p 除尽. 又设

$$f(\alpha_1 t + \beta_1, \cdots, \alpha_n t + \beta_n) = \sum_{r=0}^{k} F_r(\alpha_1, \cdots, \alpha_n; \beta_1, \cdots, \beta_n) t^r.$$

若矩阵

$$M = \begin{bmatrix} \dfrac{\partial F_1}{\partial \alpha_1} & \cdots & \dfrac{\partial F_1}{\partial \beta_n} \\ \vdots & & \vdots \\ \dfrac{\partial F_k}{\partial \alpha_1} & \cdots & \dfrac{\partial F_k}{\partial \beta_n} \end{bmatrix}$$

对模 p 而言是 $2n$ 秩的(这意思是说某一个 $2n\times 2n$ 级子行列式对模 p 而言不恒等于 0), 则

$$\sum_{x_1} \cdots \sum_{x_n} e^{\frac{2\pi i}{p} f(x_1, \cdots, x_n)} = O\left(p^{n\left(1-\frac{1}{k}\right)}\right), \tag{3.15}$$

式中$x_1,\cdots,x_n$分别地通过模p的完全剩余系.

证 用$J(\alpha_1,\cdots,\alpha_n,\beta_1,\cdots,\beta_n)$表示$M$的一个对模$p$而言不恒等于零的$2n\times 2n$级子行列式. 把$J$看成$\beta_n$的多项式并用$J'(\alpha_1,\cdots,\beta_{n-1})$表示$J$的首项系数(即$\beta_n$的最高次幂的系数). 又把$J'$看成$\beta_{n-1}$的多项式并用$J''(\alpha_1,\cdots,\beta_{n-2})$表示$J'$的首项系数. 如此进行最后就得到$\alpha_1,\cdots,\beta_1$的一个多项式$J_0(\alpha_1,\cdots,\beta_1)$, 当$J_0(\alpha_1^{(0)},\cdots,\beta_1^{(0)})\not\equiv 0(\operatorname{mod} p)$时, 多项式$J(\alpha_1^{(0)},\cdots,\beta_1^{(0)},\ \beta_2,\cdots,\beta_n)$对模$P$而言就不恒为0.

若$\alpha_1\not\equiv 0(\operatorname{mod} p)$, 则

$$\sum_x\sum_{\beta_2}\cdots\sum_{\beta_n}e_p(f(\alpha_1x+\beta_1,\cdots,\alpha_nx+\beta_n))=\sum_{x_1}\cdots\sum_{x_n}e_p(f(x_1,\cdots,x_n)),$$

式中各变数$x,\beta_\upsilon,x_\upsilon$分别通过完全剩余系$(\operatorname{mod} p)$.

因F_k只与$\alpha_1,\cdots,\alpha_n$有关, 同余式$\alpha_1J_0F_k\equiv 0(\operatorname{mod} p)$的解数由定理3.2知道是$O(p^n)$. 因此能使

$$\alpha_1J_0F_k\not\equiv 0(\operatorname{mod} p)$$

的$(\alpha_1,\cdots,\alpha_n,\beta_1)$的组数是$p^{n+1}-O(p^n)$. (注意当$\alpha_\upsilon\equiv\alpha_\upsilon',\beta_1\equiv\beta_1'(\operatorname{mod} p)$时, $(\alpha_1,\cdots,\alpha_n,\beta_1)$与$(\alpha_1',\cdots,\alpha_n',\beta_1')$要看成对模$p$是相同的.)由此可知

$$\begin{aligned}&(p^{n+1}-O(p^n))\left|\sum_{x_1}\cdots\sum_{x_n}e_p(f(x_1,\cdots,x_n))\right|^{2k}\\
=&\sum_{\substack{\alpha_1\\ \alpha_1J_0F_k\not\equiv 0(\operatorname{mod} p)}}\cdots\sum_{\alpha_n}\sum_{\beta_1}\left|\sum_x\sum_{\beta_2}\cdots\sum_{\beta_n}e_p(f(\alpha_1x+\beta_1,\cdots,\alpha_nx+\beta_n))\right|^{2k}\\
=&\sum_{\substack{\alpha_1\\ \alpha_1J_0F_k\not\equiv 0(\operatorname{mod} p)}}\cdots\sum_{\alpha_n}\sum_{\beta_1}\left|\sum_x\sum_{\substack{\beta_2\\ J\not\equiv 0(\operatorname{mod} p)}}\cdots\sum_{\beta_n}e_p(f(\alpha_1x+\beta_1,\cdots,\alpha_nx+\beta_n))\right.\\
&\left.+\sum_x\sum_{\substack{\beta_2\\ J\equiv 0(\operatorname{mod} p)}}\cdots\sum_{\beta_n}e_p(f(\alpha_1x+\beta_1,\cdots,\alpha_nx+\beta_n))\right|^{2k}.\end{aligned}$$

由 Hölder 不等式(引理3.1), 上式不超过

$$2^{2k-1}\sum_{\substack{\alpha_1 \\ \alpha_1 J_0 F_k \not\equiv 0(\bmod p)}}\cdots\sum_{\alpha_n}\sum_{\beta_1}\left|\sum_{x}\sum_{\substack{\beta_2 \\ J\not\equiv 0(\bmod p)}}\cdots\sum_{\beta_n}e_p(f(\alpha_1x+\beta_1,\cdots,\alpha_nx+\beta_n))\right|^{2k}$$

$$+2^{2k-1}\sum_{\substack{\alpha_1 \\ \alpha 1 J_0 F k \not\equiv 0(\bmod p)}}\cdots\sum_{\alpha_n}\sum_{\beta_1}\left|\sum_{x}\sum_{\substack{\beta_2 \\ J\equiv 0(\bmod p)}}\cdots\sum_{\beta_n}e_p(f(\alpha_1x+\beta_1,\cdots,\alpha_nx+\beta_n))\right|^{2k}$$

$$=\sum_1+\sum_2,\text{(新引进的符号)}, \tag{3.16}$$

由 Mordell 定理(定理 2.1)及定理 3.2,

$$\sum_2=O\left(\sum_{\substack{\alpha_1 \\ J_0\not\equiv 0(\bmod p)}}\cdots\sum_{\alpha_n}\sum_{\beta_1}\left|\sum_{\substack{\beta_2 \\ J\equiv 0(\bmod p)}}\cdots\sum_{\beta_n}p^{1-\frac{1}{k}}\right|^{2k}\right)=O\left(p^{n+1+2k\left(n-2+1-\frac{1}{k}\right)}\right)=O(p^{2kn-2k+n-1}). \tag{3.17}$$

又由 Hölder 不等式,

$$\sum_1\leqslant 2^{2k-1}p^{(n-1)(2k-1)}\sum_{\alpha_1}\cdots\sum_{\substack{\alpha_n \\ \alpha_1 J_0 F_k}}\sum_{\substack{\beta_i \\ J\not\equiv 0(\bmod p)}}\cdots\sum_{\beta_n}\left|\sum_x e_p\right.$$

$$\left.\cdot(f(\alpha_1x+\beta_1,\cdots,\alpha_nx+\beta_n))\right|^{2k}.$$

设

$$f(\alpha_1x+\beta_1,\cdots,\alpha_1x+\beta_n)=F_kx^k+\cdots+F_1x+F_0,$$

而 J 就是 $F_{r_1},\cdots,F_{r_{2n}}$ $(1\leqslant r_1<\cdots<r_{2n}\leqslant k)$ 的函数行列式, 则由定理 3.1, 含 $2n$ 个未知数的同余式组

$$F_{r_i}(\alpha_1,\cdots,\beta_n)\equiv a_{ri}(\bmod p)\quad (i=1,\cdots,2n)$$

的非异解(即使 $J\not\equiv 0(\bmod p)$ 的解)个数是 $O(1)$. 由此可知

$$\sum_1=p^{(n-1)(2k-1)}O\left(\sum_{a_k}\cdots\sum_{a_1}\left|\sum_x e_p(a_kx^k+\cdots+a_1x)\right|^{2k}\right).$$

故由定理 1.2,

$$\sum_{1} = O(p^{(n-1)(2k-1)}p^{2k}) = O(p^{2kn-n+1}). \tag{3.18}$$

把(3.17)及(3.18)代入(3.16)之后再加以简化，即得

$$\begin{aligned}\sum_{x_1}\cdots\sum_{x_n} e_p(f(x_1,\cdots,x_n)) &= O(p^{2kn-n+1-(n+1)/2k}) \\ &= O\left(p^{n\left(1-\frac{1}{k}\right)}\right).\end{aligned}$$

S. Uchiyama 利用定理 1.3 改进了上面的结果. 他的结果如下：

定理 3.4 设 $f(x_1,\cdots,x_n)$ 是 l 次整系数多项式，对模 p 而言，不恒等于变数少于 n 的整系数多项式，则

$$\sum_{x_1}\cdots\sum_{x_n} \mathrm{e}^{\frac{2\pi \mathrm{i}}{p}f(x_1,\cdots,x_n)} = O\left(p^{n-\frac{1}{2}}\right), \tag{3.19}$$

其中 $x_1,\cdots,x_n$ 分别通过模 p 的完全剩余系.

证 设

$$f(x_1,\cdots,x_n) = \sum_{j=0}^{l} g_j x_n^{l-j},$$

其中 $g_j = g_j(x_1,\cdots,x_{n-1})$ 是与 x_n 无关的整系数多项式. 由假设，在 $g_j(0 \leqslant j \leqslant l-1)$ 之中，至少有一个不恒等于 $0(\bmod p)$. 因此,

$$g_0 \equiv g_1 \equiv \cdots \equiv g_{l-1} \equiv 0(\bmod p) \tag{3.20}$$

的解答个数是 $O(p^{n-2})$. 用 E 表(3.20)的解 $(x_1,\cdots,x_{n-1})$ 的集合，则由定理 1.3,

$$\begin{aligned}\sum_{x_1}\cdots\sum_{x_n} \mathrm{e}^{\frac{2\pi \mathrm{i}}{p}f(x_1,\cdots,x_n)} &= \sum_{x_n}\sum_{(x_1,\cdots,x_{n-1})\in E} + \sum_{x_n}\sum_{(x_1,\cdots,x_{n-1})\in E} \\ &= O(p^{n-2})\cdot p + (p^{n-1} - O(p^{n-2}))O\left(p^{\frac{1}{2}}\right) \\ &= O\left(p^{n-\frac{1}{2}}\right).\end{aligned}$$

§ 4. 华罗庚的结果及其改进

(一) 华罗庚曾用很精致的方法证明下面的定理:

定理 4.1(华罗庚) 若 $f(x)=a_kx^k+\cdots+a_1x+a_0$ 是整体系数多项式而 $(a_k,\cdots,a_1,q)=1$ 则

$$S_q(f(x))=\sum_{x=1}^{q}\mathrm{e}^{2\pi\mathrm{i}f(x)/q}=O\left(q^{1-\frac{1}{k}+\varepsilon}\right),\tag{4.1}$$

式中 ε 是可以任意指定的正数, 而 O 中所隐含的常数只与 k 及 ε 有关. 在证明这个定理之前, 我们首先要注意下面的事实:

引理 4.1 若 $(q_1,q_2)=1$ 及 $f(0)=0$ 则

$$S_{q_1,q_2}(f(x))=S_{q_1}(f(q_2x)/q_2)S_{q_2}(f(q_1x)/q_1).$$

一般地说, 当 $q_1,q_2,\cdots,q_s$ 两两互素而 $m=q_1q_2\cdots q_s$ 时

$$S_m(f(x))=\prod_{i=1}^{s}S_{q_i}\left(f\left(\frac{mx}{q_i}\right)/\frac{m}{q_i}\right).\tag{4.2}$$

证 令 $x=q_1y+q_2z$, 则当 y 及 z 分别通过以 q_2 及 q_1 为模的完全剩余系时, x 通过以 q_1q_2 为模的完全剩余系. 又因

$$\begin{aligned}e_{q_1q_2}(f(q_1y+q_2z))&=\mathrm{e}^{\frac{2\pi\mathrm{i}}{q_1q_2}(f(q_1y)+f(q_2z))}\\&=e_{q_2}(f(q_1y)/q_1)e_{q_1}(f(q_2z)/q_2),\end{aligned}$$

故

$$\begin{aligned}S_{q_1q_2}(f(x))&=\sum_{x=0}^{q_1q_2-1}e_{q_1q_2}(f(x))\\&=\sum_{y=0}^{q_2-1}\sum_{z=0}^{q_1-1}e_{q_2}(f(q_1y)/q_1)e_{q_1}(f(q_2z)/q_2)\\&=S_{q_1}(f(q_2x)/q_2)S_{q_2}(f(q_1x)/q_1).\end{aligned}$$

根据归纳法不难证明引理的其余部分. [证完]

这个引理提示我们, 定理 4.1 的证明可以从下面的基本引理推出来:

引理 4.2　若 $a_k,\cdots,a_1$ 不全被素数 p 除尽, 则

$$\left|S_{pl}(f(x))\right| \leqslant C_{1_p}^{\ l\left(1-\frac{1}{k}\right)}, \tag{4.3}$$

式中 $C_1=C_1(k)$是只与 k 有关的常数.

现在先说明如何从这个引理推出定理 4.1. 不失去普遍性, 我们可以假定 $a_0=0$. 设 q 的标准分解式是 $q=p_1^{l_1}\cdots p_s^{l_s}$, 则由引理 4.1,

$$S_q(f(x))=\prod_{p|q}S_{p^l}\left(\frac{f(qx/p^l)}{q/p^l}\right).$$

又由引理 4.2,

$$\left|S_p(f(x))\right| \leqslant C_1^{\omega(q)}\prod_{i=1}^{S}p_i^{l_i\left(1-\frac{1}{K}\right)}=C_1^{\omega(q)}q^{1-\frac{1}{k}},$$

式中 $\omega(q)$ 表 q 的不同素因数的个数. 但

$$2^{\omega(q)} \leqslant \tau(q) \leqslant C_2(\varepsilon)q^{\varepsilon},$$

故

$$C_1^{\omega(q)} \leqslant C_3(\varepsilon)q^{\varepsilon'} \qquad \left(\varepsilon'=\varepsilon\frac{\log C_1}{\log 2}\right).$$

以上 $C_2(\varepsilon), C_3(\varepsilon)$ 都是只与 ε 有关的常数. 定理随之成立.

(二) 剩下的工作只有证明基本引理(即引理 4.2)这一件事. 不过在证明这个引理之前, 首先还要讨论一下同余式

$$g_1(x)\equiv 0 \ (\bmod p^l) \tag{4.4}$$

的一种特殊的解的个数, 式中

$$g_1(x)=a_nx^n+\cdots+a_1x+a_0$$

是整系数多项式. 我们用

$$p^{\gamma_0}\,\|\,g_1(x)$$

表示 p^{γ_0} 是能除尽 $g_1(x)$ 的所有系数 $a_\upsilon(\upsilon=0,\cdots,n)$ 的 p 的最高次幂.

设 x' 是

$$p^{-\gamma_0}g_1(x)\equiv 0(\bmod p), \qquad 0\leqslant x'<p \tag{4.5}$$

的解. 令

$$g_2(x) = p^{-\gamma_0} g_1(px + x').$$

我们用 $g_2(x)$ 代替 $g_1(x)$，并设

$$p^{\gamma_1} \| g_2(x),$$

显然 $\gamma_1 \geqslant 1$. 设 x'' 为同余式

$$p^{-\gamma_1} g_2(x) \equiv 0 \pmod p, \qquad 0 \leqslant x'' < p \tag{4.6}$$

的解, 并令

$$g_3(x) = p^{-\gamma_1} g_2(px + x'').$$

我们用 $g_3(x)$ 代替 $g_2(x)$,再仿前进行. 设经过 e 步后, 得到

$$\gamma_0 + \gamma_1 + \cdots + \gamma_{e-1} \leqslant l - 1, \quad \gamma_0 + \gamma_1 + \cdots + \gamma_e \geqslant l.$$

不难验证

$$x' + px'' + \cdots + p^{e-1} x^{(e)}$$

是(4.4)的解. 为便利计, 我们称这种解为标准解.

引理 4.3 n 次同余式(4.4)的标准解的个数不会超过 n.

证 设 x' 是(4.5)的一个解, 其重数①为 m. 我们要证明(4.6)至多有 m 个解. 今先说明, 如能证明这件事, 定理就随之成立. 理由是这样的：若 $x_1', \cdots, x_\upsilon'$ 是(4.5)的一切不同的根, 其重数分别为 $m_1, \cdots, m_\upsilon$, 则我们有 υ 个 $g_2(x)$, 它们组成 υ 个形如(4.6)的同余式的解(重解要按重数计算)的总数不超过

$$m_1 + \cdots + m_\upsilon \leqslant n.$$

同样地可以证明当 $\upsilon = 3$ 或更大的整数时所有 $p^{-\gamma_{\upsilon-1}} g_\upsilon(x) = 0 \pmod p$, $0 \leqslant x < p$ 的解的总数不能超过 n. 从此可以看出标准解的个数不能超过 n.

现在不妨假定 $x' = 0$, 由定义

$$p^{-\gamma_0} g_1(x) = x^m P(x) + pQ(x),$$

其中 $P(x)$, $Q(x)$是多项式. 我们可以假定 $Q(x)$的次数$<m$, 且 $P(0) \not\equiv 0 \pmod p$.

① 若多项式 $f(x) = (x - x_0)^m \phi(x) + p\psi(x)$, $p \nmid \phi(x_0)$, 其中 $\phi(x)$ 及 $\psi(x)$ 是整系数多项式, 则 x_0 称为同余式 $f(x) \equiv 0 \pmod p$ 的 m 重解.

于是

$$g_2(x) = p^m x^m P(px) + pQ(px).$$

由此可知 $\gamma_1 \leqslant m$, 且

$$\begin{aligned} p^{-\gamma_1} g_2(x) &= p^{m-\gamma_1} x^m P(px) + p^{1-\gamma_1} Q(px) \\ &= p^{m-\gamma_1} x^m P(0) + p^{1-\gamma_1} Q(px) + pR(x), \end{aligned}$$

其中 $R(x)$是多项式. 上式右端不含 p 的项至多是 m 次的, 故(4.6)至多有 m 个解.

(三) 其次, 在证明基本引理之前, 我们还要引进多项式的特征指数链的概念. 设

$$f(x) = a_k x^k + \cdots + a_1 x + a_0,$$

且素数 p 不同时除尽 $a_k,\cdots,a_1$. 设

$$x = x' + px'' + \cdots + p^{e-1} x^{(e)} \tag{4.7}$$

是同余式

$$f'(x) \equiv 0 \pmod{p^l} \tag{4.8}$$

的一个标准解. 设

$$\begin{aligned} p^{u_1} &\| f(px + x') - f(x') = p^{u_1} f_1(x), \\ p^{u_2} &\| f_1(px + x'') - f_1(x'') = p^{u_2} f_2(x). \end{aligned}$$

因

$$f_1(px + x'') - f_1(x'') = p^{-u_1}(f(p^2 x + px'' + x') - f(px'' + x')),$$

故

$$p^{u_1+u_2} \| f(p^2 x + px'' + x') - f(px'' + x').$$

我们用同样的方法可以定义 $u_1, u_2,\cdots$一直到 u_e. 我们把这一串数称为多项式 $f(x)$对应于标准解(4.7)关于模 p^l的指数链.

引理 4.4　我们有

$$k \geqslant u_1 \geqslant u_2 \geqslant \cdots \geqslant u_e \geqslant 2. \tag{4.9}$$

证　由定义容易看出 $u_i \geqslant 2$. 我们只需证明 $k \geqslant u_1 \geqslant u_2$. 不失去普遍性, 我们可以假定 $x' = x'' = 0$. 于是

$$p^{u_1} \| f(px)-f(0)=a_k p^k x^k+\cdots+a_1 px.$$

因为 p 不能同时除尽 $a_k, \cdots, a_1$，故 $u_1 \leqslant k$. 由上式可知 u_1 是满足

$$p^{u_1-\upsilon} \mid a_\upsilon, \quad \upsilon=1, \cdots, u_1 \tag{4.10}$$

的最大整数. 又由 u_2 的定义可知 $p^{u_1+u_2}$ 能除尽 $f(p^2x)-f(0)$ 的所有系数，即

$$p^{u_1+u_2} \| f(p^2 x)-f(0)=a_k p^{2k} x^k+\cdots+a_1 p^2 x.$$

于是

$$p^{u_1+u_2-2\upsilon} \mid a_\upsilon, \upsilon=1, \cdots, u_1,$$

故

$$p^{u_2-\upsilon} \mid a_\upsilon, \upsilon=1, \cdots, u_1.$$

与(4.10)相比较，我们可以从 u_1 的最大性推出 $u_2 \leqslant u_1$. 用同样的方法不难得到 $u_1 \geqslant u_2 \geqslant \cdots \geqslant u_e$. [证完]

引理 4.5 我们有

$$l+e-(u_1+\cdots+u_e) \leqslant [\log k / \log p].$$

证 不妨假定

$$x'=x''=\cdots=x^{(e)}=0.$$

这时由定义

$$f_1(0)=\cdots=f_e(0)=0,$$

故

$$\begin{aligned} p^{u_e} \| f_{e-1}(px) &= p^{-u_{e-1}} f_{e-2}(p^2 x)=\cdots \\ &= p^{-u_{e-1}} \cdots p^{-u_1}(f(p^e x)-f(0)), \end{aligned}$$

即

$$p^{u_1+\cdots+u_e} \| f(p^e x)-f(0).$$

又由定义 p^l 能除尽 $f'(p^e x)$ 的所有系数，即

$$p^l \mid \upsilon a_\upsilon p^{e(\upsilon-1)}, \upsilon=1,2, \cdots, k,$$

亦即

$$\frac{p^{l+e}}{(p^l,\ \upsilon)}\Bigg| a_\upsilon p^{e\upsilon}.$$

设

$$p^\upsilon = \max_{1\leqslant\upsilon\leqslant k}(p^l, \upsilon),$$

则

$$p^{l+e-\upsilon}\big| a_\upsilon p^{e\upsilon},\ \upsilon = 1,\ 2,\cdots, k.$$

即 $p^{l+e-\upsilon}$ 能除尽 $\mathfrak{f}(p^e x) - f(0)$ 的所有系数. 故

$$u_1 + \cdots + u_e \geqslant l + e - \upsilon,$$

但 $p^\upsilon \leqslant k$,引理随之成立.

(四) 现在要证明两个引理. 从这两个引理和前面的引理 4.5, 我们很容易推出要证明的基本引理.

设 $p \nmid (a_k, \cdots, a_1)$, 即 p 不能同时除尽 $a_k,\cdots,a_1$, 并设

$$f(x) = a_k x^k + \cdots + a_1 x + a_0$$

及

$$w = [\log k / \log p]. \tag{4.11}$$

设

$$p^\gamma \| f'(x),$$

则 p^γ 必除尽 1, 2, $\cdots$, k 中之一. 故由(4.11)知道

$$\gamma \leqslant w.$$

又设 η 是同余式

$$f'(x) \equiv 0 \pmod{p^l} \tag{4.12}$$

的一个标准解.

引理 4.6　若 x'不是

$$p^{-\gamma f'}(x) \equiv 0 \pmod{p} \tag{4.13}$$

的解, 则当 $l > 2w + 1$ 时有

$$\sum_{x=1}^{p^{l-1}} e_{pl}(f(px + x')) = 0.$$

证　令 $x = y + p^{l-\gamma-2}z$. 因 $p^{\gamma+1} \nmid f'(x')$, 故

$$\sum_{x=1}^{p^{l-1}} e_{p^l}(f(px+x')) = \sum_{y=1}^{p^{l-\gamma-2}} \sum_{z=0}^{p^{\gamma+1}-1} e_{p^l}(f(x'+py+p^{l-r-1}z)).$$

但

$$\begin{aligned} f(x'+py+p^{l-\gamma-1}z) = f(x'+py) &+ f'(x'+py)p^{l-r-1}z \\ &+ \frac{1}{2!}f''(x'+py)p^{2l-2\gamma-2}z^2+\cdots \\ &+ \frac{1}{\upsilon!}f^{(\upsilon)}(x'+py)p^{\upsilon l-\upsilon\gamma-\upsilon}z^{\upsilon}+\cdots, \end{aligned}$$

而当 $l>2w+1$ 及 $\upsilon\geqslant 2$ 时,

$$\begin{aligned} \upsilon l-\upsilon r-\upsilon &= l+(\upsilon-1)(l-\frac{\upsilon}{\upsilon-1}(\gamma+1)) \\ &\geqslant l+(\upsilon-1)(l-2\gamma-2)\geqslant l. \end{aligned}$$

故

$$\sum_{x=1}^{p^{l-1}} e_{pl}(f(px+x')) = \sum_{y=1}^{p^{l-\gamma-2}} e_{pl}f(py+x') \sum_{z=1}^{p^{\gamma+1}-1} e_{p^{\gamma+1}}f'(py+x')z.$$

由于 $f'(py+x')\equiv f'(x')(\bmod p^{\gamma+1})$,因而 $p^{\gamma+1}\nmid f'(py+x')$,引理随之成立.

引理 4.7 设 x' 是(4.13)的解, $u_1'=\min(u_1,l)$, 而

$$p^{u_1}\,\|\|\, f(px+x')-f(x')=p^{u_1'}g(x),$$

则

$$\sum_{x=1}^{p^{l-1}} e_{p^l}(f(px+x')) = p^{u_1'-1}e_{p^l}(f(x'))\sum_{x=1}^{p^{l-u_1'}} e_p^{l-u_1'}(g(x)). \tag{4.14}$$

证 我们有

$$\begin{aligned} \sum_{x=1}^{p^{l-1}} e_{p^l}(f(px+x')-f(x')) &= \sum_{x=1}^{p^{l-1}} e_p^{l-u_1'}(g(x)) \\ &= p^{u_1'-1}\sum_{x=1}^{p^{l-u_1'}} e_p^{l-u_1'}(g(x)). \end{aligned}$$ [证完]

由以上两引理知道, 当 $l>2w+1$ 时

$$\sum_{x=1}^{p^l} e_{p^l}(f(x)) = \sum_{y=1}^{p}\sum_{x=1}^{p^{l-1}} e_{p^l}(f(y+px))$$

$$= \sum_{x'} p^{u_1'-1} e_{p^l}(f(x')) \sum_{x=1}^{p^{l-u_1'}} e_{p^{l-u_1'}}(g(x)), \tag{4.15}$$

式中 x' 通过(4.13)的一切解，而 u_1' 及 $g(x)$随 x' 而定.

继续运用这种方法,若 $p^{\gamma_1} \| g'(x)$，x'' 是 $p^{-\gamma_1}g'(x) \equiv 0 \pmod p$ 的解，把(4.15)右边继续分解,…,容易验证，这样得到的 $\eta = x' + px'' + \cdots + p^{e-1}x^{(e)}$ 就是(4.12)的标准解，而 $u_1,\cdots,u_e$ 就是 $f(x)$对应于这个标准解关于模 p^l的指数链. 由引理 4.3 知道，从(4.15)左边的三角和分解而得到的各分和的个数不超过 $k-1$. 但在进行中必须注意到引理 4.6 中的条件$(l > 2w+1)$. 由引理 4.5，我们可以找到 $e' \leqslant e$ 满足①

$$l - u_1 - \cdots - u_{e'-1} > 2w+1 \geqslant l - u_1 - \cdots - u_{e'}. \tag{4.16}$$

我们称 $u_1,\cdots,u_{e'}$ 为 $f(x)$对应于标准解 η 关于模 p^l的特征指数链. (4.15)中对应于这一标准解的分和的绝对值等于

$$\left| p^{u_1+\cdots+u_{e'-1}+u'_{e'}-e'} \sum_{x=1}^{p^{l_0}} e_{p^{l_0}}(h(x)) \right|, \tag{4.17}$$

其中

$$u'_{e'} = \min(n_{e'}, l - u_1 - \cdots - u_{e'-1}),$$
$$l_0 = l - u_1 - \cdots - u_{e'-1} - u'_{e'} \ (0 \leqslant l_0 \leqslant 2w+1),$$

而 $h(x)$ 是一个不超过 k 次的整系数多项式，它的系数不全被 p 除尽.

现在分两种情形来讨论：

1) 若 $p>k$, 则 w=0. 由(4.16)

$$u_1+\cdots+u_{e'} \geqslant l-1. \tag{4.18}$$

先设上式“>”号成立. 显然(4.17)不超过 $O(p^{l-l_0-e'}p^{l_0}) = O(p^{l-e'})$. 因 $u_v \leqslant k$ (引理 4.4)，故 $e' \geqslant \dfrac{l}{k}$. 因此(4.17)不超过 $O\left(p^{l\left(1-\frac{1}{k}\right)}\right)$.

其次，设(4.18)中“=”成立，则 $u'_{e'} = u_{e'}$，$l_0 = 1$, 而由 Mordell 定理，(4.17)

① 可能 $e' = 0$，这时(4.16)应该写成 $2w+1 \geqslant l$.

不超过$O\left(p^{l-e'-1+\left(1-\frac{1}{\kappa}\right)}\right)$, 其中 $\kappa\leqslant k$ 是 $h(x)$的次数(被 p 除尽的项可除外). 此时 $e'\geqslant\frac{l-1}{k}$, 因而$O\left(p^{l-e'-1+(1-\frac{1}{\kappa})}\right)=O\left(p^{l-\frac{l-1}{k}-\frac{1}{\kappa}}\right)=O\left(p^{l(1-\frac{1}{k})}\right)$.

由于(4.15)右边的分和的个数$\leqslant k$–1, 所以基本引理成立.

2) 若 $p\leqslant k$, 则 $w\leqslant\frac{\log k}{\log 2}$, 故(4.17)不超过$O(p^{l-l_0-e'}p^{l_0})=O(p^{l-e'})$. 又由(4.16), $ke'\geqslant l-\frac{2\log k}{\log 2}-1$, 即 $e'\geqslant\frac{l}{k}-O(1)$. 故(4.17)不超过$O(p^{l(1-\frac{1}{k})})$. 最后由于(4.15)右边的分和的个数$\leqslant k$–1, 故基本引理成立.

(五) 实际上, 如果只是为了证明基本引理, 我们可以大大缩短上面的推理. 不过通过以上的讨论, 不难看出, 我们已经得到下面更精密的结果:

引理 4.8 若 $f(x)$ 对于模 p^l 的特征指数链的最短者包含 e' 项, 则(4.3)可以改成

$$\left|S_{p^l}(f(x))\right|\leqslant C_2p^{l-e'}, \tag{4.19}$$

式中 $C_2=C_2(k)$ 是只与 k 有关的常数.

当然从引理 4.8 还可以推出比定理 4.1 更为精密的定理:

定理 4.2 设 $q=p_1^{l_1}\cdots p_\gamma^{l_\gamma}$ 是 q 的标准分解式, $f(x)=a_kx^k+\cdots+a_1x$, $(a_k,\cdots,a_1,q)=1$ 是整系数多项式, 它对于模 $p_\upsilon^{l_\upsilon}$ 的最短特征指数链是e_υ, 而 $\rho=\min\limits_{\upsilon}e_\upsilon l_\upsilon^{-1}$, 则

$$S_q(f(x))=O(q^{1-\rho+\varepsilon}), \tag{4.20}$$

其中 $\varepsilon>0$ 是任意正数, 而 O 所隐含的常数只与 k 有关.

利用本节的结果, 可以求出同余式组

$$x_1^h+\cdots+x_s^h\equiv y_1^h+\cdots+y_s^h(\operatorname{mod}p^l),\qquad 1\leqslant h\leqslant k$$

的解数的渐近公式, 但对于下面两个特殊情形

1) $l=2, s=k>3$,

2) $l=5, k=4$,

著者还未求出对应的渐近公式. 应该提及, 如果把上面的同余式改成等式, 就得到所谓等幂和问题, 或 Prouhet-Tarry 问题:

当 S=k+1 时, 是否

$$x_1^h+\cdots+x_s^h=y_1^h+\cdots+y_s^h \qquad (h=1,2,\cdots,k) \tag{4.21}$$

除了 $y_1,\cdots,y_s$ 是 $x_1,\cdots,x_s$ 的另一排列以外, 还有其他的整数解. 这还是未解决的问题. 华罗庚在这方面有不少重要工作. 他证明了：当

$$S\geqslant(k+1)\left(\left[\frac{\log\frac{1}{2}(k+2)}{\log\left(1+\frac{1}{k}\right)}\right]+1\right)\sim k^2\log k$$

时, (4.21)有满足

$$x_1^{k+1}+\cdots+x_s^{k+1}\neq y_1^{k+1}+\cdots+y_s^{k+1}$$

的解. 他还在较强的条件下, 求出解数的近似公式.

第十二章　Van der Corput 的方法

§1. 三 角 积 分

对于形如

$$\sum_{a \leqslant x \leqslant b} \mathrm{e}^{\mathrm{i}F(x)} \tag{1.1}$$

的三角和(式中 $F(x)$是多项式), 最先给出有效估计的是 H. Weyl. 因此, 这种三角和常称为 Weyl 和. Hardy 与 Littlewood 发展了 Weyl 的方法, 利用它研究了许多数论上的著名问题. 近年来, 在不少问题的研究中, 上述方法(可称为 Weyl-Hardy-Littlewood 方法)已被两种更有力的方法所代替, 就是 Виноградов 的方法与 Van der Corput 的方法. 本章的目的是讨论后者.

Van der Corput 方法的特点是: 用形如

$$\int_a^b \mathrm{e}^{\mathrm{i}F(x)} \mathrm{d}x \tag{1.2}$$

的三角积分($F(x)$是实函数)来逼近所要估计的三角和(1.1). 因此本节先讨论三角积分.

我们先证明几个简单引理. 在证明定理 1.1 时并不直接引用这些引理, 但证明方法有不少相同之处. 这些引理的结果虽不如定理 1.1 精密, 但是条件较少, 引用起来比较方便.

引理 1.1　设 $F(x)$是可微分的实函数, 它的导数 $F'(x)$ 在闭区间$[a, b]$上是单调的, 并满足 $F'(x) \geqslant m > 0$或$F'(x) \leqslant -m < 0$, 则

$$\left| \int_a^b \mathrm{e}^{\mathrm{i}F(x)} \mathrm{d}x \right| \leqslant \frac{4}{m}. \tag{1.3}$$

证　不妨假定 $F'(x)$ 是正的, 否则我们可以考虑原来三角积分的共轭值. 又不妨假定 $F'(x)$ 是单调增加的, 否则我们可以用 $-x$ 代替 x, 并且考虑三角积分的共轭值.

利用第二中值公式, 我们可以估计三角积分的实部:

$$\int_a^b \cos F(x)\mathrm{d}x = \int_a^b \frac{F'(x)\cos F(x)}{F'(x)}\mathrm{d}x = \frac{1}{F'(a)}\int_a^\xi F'(x)\cos F(x)\mathrm{d}x$$
$$= \frac{\sin F(\xi) - \sin F(a)}{F'(a)} \quad (a \leqslant \xi \leqslant b),$$

上式的绝对值不会超过$\frac{2}{m}$.仿此可证虚部的绝对值也有同一上界，引理随之成立.

我们不难推广这个引理成为

引理 1.2 设 $F(x)$与 $G(x)$都是实函数，$G(x)/F'(x)$ 是单调的，并且 $F'(x)/G(x)\geqslant m>0$ 或 $F'(x)/G(x)\leqslant -m<0$，则

$$\left|\int_a^b G(x)\mathrm{e}^{\mathrm{i}F(x)}\mathrm{d}x\right| \leqslant \frac{4}{m}. \tag{1.4}$$

引理 1.3 设 $F(x)$是有一级及二级导数的实函数，并且在$[a, b]$上 $F''(x)\geqslant r>0$ 或 $F''(x)\leqslant -r<0$，则

$$\left|\int_a^b \mathrm{e}^{\mathrm{i}F(x)}\mathrm{d}x\right| \leqslant \frac{8}{\sqrt{r}}. \tag{1.5}$$

证 我们只以第一种情形为例. 此时 $F'(x)$ 是单调增加的，因而在$[a, b]$上至多有一次等于 0. 首先设 $F'(a)\geqslant 0$.令

$$I = \int_a^b \mathrm{e}^{\mathrm{i}F(x)}\mathrm{d}x = \int_a^{a+\delta} + \int_{a+\delta}^b = I_1 + I_2,$$

其中 $0\leqslant \delta \leqslant b-a$. 显然$|I_1| \leqslant \delta$，而在 I_2 内

$$F'(x) = \int_a^x F''(t)\mathrm{d}t + F'(a) \geqslant r(x-a) \geqslant r\delta.$$

故由引理 1.1,

$$|I_2| \leqslant \frac{4}{r\delta},$$

因而

$$|I| \leqslant \delta + \frac{4}{r\delta}.$$

若 $r^{-\frac{1}{2}} \leqslant \frac{b-a}{2}$，可取 $\delta = 2r^{-\frac{1}{2}}$，得

$$|I| \leqslant \frac{4}{\sqrt{r}}. \tag{1.6}$$

显然上式当$r^{-\frac{1}{2}} \geqslant \frac{b-a}{2}$,时仍然成立.

其次，当$F'(b) \leqslant 0$时也可以得到同样的结果. 最后，当$F'(c)=0$而$a<c<b$时，我们只需把积分分成两部分：

$$I = \int_a^c + \int_c^b,$$

分别估计如前，就得到引理中的结果(1.5).

这个引理可以推广如下.

引理 1.4 若 $F(x)$满足上一引理的条件，而 $G(x)/F'(x)$是单调的且$|G(x)| \leqslant M$，则

$$\left|\int_a^b G(x)\mathrm{e}^{\mathrm{i}F(x)}\mathrm{d}x\right| \leqslant \frac{8M}{\sqrt{r}}. \tag{1.7}$$

这引理可以仿前证明.

定理 1.1 设$\psi(x)$及$\eta(x)$是两个确定在$[0, \xi]$上的实的代数函数，又设①

(i) $|\psi(x)| \leqslant A_1 H, \quad |\psi'(x)| \leqslant \frac{A_2 H}{U_1} \quad (U_1 \geqslant 1)$,

(ii) $\frac{A_3}{R} \leqslant |\eta''(x)| \leqslant \frac{A_4}{R} \quad |\eta'''(x)| \leqslant \frac{A_5}{RU} \quad (U \geqslant 1)$,

(iii) $\eta(0) = \eta'(0) = 0$,

则

$$\int_0^\xi \psi(x)\mathrm{e}^{2\pi\mathrm{i}\eta(x)}\mathrm{d}x = \frac{\psi(0)}{2\sqrt{\eta''(0)}}\mathrm{e}^{\mathrm{i}\pi/4} + O\left(HR\left(U^{-1}+U_1^{-1}\right) + H\min\left(\frac{1}{|\eta'(\xi)|}, \sqrt{R}\right)\right), \tag{1.8}$$

式中$\sqrt{\eta''(0)} = \sqrt{|\eta''(0)|}$或$\mathrm{i}\sqrt{|\eta''(0)|}$，视$\eta''(0) > 0$或$< 0$而定.

证 1) 不妨设$\eta''(x) > 0$. 否则可在上式两边取共轭值后再讨论.

令$\eta''(0) = \frac{A}{R} = Y^{-1}$,则

$$\int_0^\infty \mathrm{e}^{2\pi\mathrm{i}z}\sqrt{\frac{Y}{2z}}\mathrm{d}z = \frac{1}{\sqrt{2}}\mathrm{e}^{\frac{\mathrm{i}\pi}{4}}\sqrt{\frac{Y}{2}} = \frac{\sqrt{Y}}{2}\mathrm{e}^{\frac{\mathrm{i}\pi}{4}}. \tag{1.9}$$

① 在本章中我们用 $A, A_1, A_2, \cdots$表示正的常数.

设 $z=\eta(x)$, $z_1=\eta(\xi)$, 则

$$\int_0^{\xi}\psi(x)\mathrm{e}^{2\pi\mathrm{i}\eta(x)}\mathrm{d}x=\int_0^{z_1}\psi(x)\frac{\mathrm{e}^{2\pi\mathrm{i}z}}{\eta'(x)}\mathrm{d}z. \tag{1.10}$$

故由(1.9)和(1.10),

$$\begin{aligned}&\left|\int_0^{\xi}\psi(x)\mathrm{e}^{2\pi\mathrm{i}\eta(x)}\mathrm{d}x-\frac{\psi(0)}{2\sqrt{\eta''(0)}}\mathrm{e}^{\frac{\mathrm{i}\pi}{4}}\right|\\ \leqslant&\left|\int_{z_1}^{\infty}\psi(0)\mathrm{e}^{2\pi\mathrm{i}z}\sqrt{\frac{Y}{2z}}\mathrm{d}z\right|+\left|\int_0^{z_1}\left(\frac{\psi(x)}{\eta'(x)}\mathrm{e}^{2\pi\mathrm{i}z}-\psi(0)\mathrm{e}^{2\pi\mathrm{i}z}\sqrt{\frac{Y}{2z}}\right)\mathrm{d}z\right|\\ =&\left|\psi(0)\right|\cdot\left|\int_{z_1}^{\infty}\sqrt{\frac{Y}{2z}}\mathrm{e}^{2\pi\mathrm{i}z}\mathrm{d}z\right|+\left|\int_0^{z_1}\psi(z)\mathrm{e}^{2\pi\mathrm{i}z}\mathrm{d}z\right|,\end{aligned} \tag{1.11}$$

其中

$$\psi(z)=\frac{\psi(x)}{\eta'(x)}-\psi(0)\sqrt{\frac{Y}{2z}}. \tag{1.12}$$

2) 由 $Y^{-1}=\dfrac{A}{R}$, 易知①

$$\left|\int_{z_1}^{\infty}\sqrt{\frac{Y}{2z}}\mathrm{e}^{2\pi\mathrm{i}z}\mathrm{d}z\right|\ll\sqrt{R}. \tag{1.13}$$

又由第二中值公式(分别用到实部与虚部),

$$\left|\int_{z_1}^{\infty}\sqrt{\frac{Y}{2z}}\mathrm{e}^{2\pi\mathrm{i}z}\mathrm{d}z\right|\ll\frac{1}{2}\sqrt{\frac{Y}{z_1}}. \tag{1.14}$$

但

$$\eta(x)=\frac{1}{2}\eta''(\theta x)x^2,\quad \eta'(x)=\int_0^x\eta''(t)\mathrm{d}t=\eta''(\theta' x)x$$
$$(0\leqslant\theta\leqslant1,\quad 0\leqslant\theta'\leqslant1),$$

① 当 $z_1\geqslant1$ 时, 容易由第二中值公式得(1.13). 当 $0\leqslant z_1<1$ 时, 我们有

$$\left|\int_{z_1}^{1}\sqrt{\frac{Y}{2z}}\mathrm{e}^{2\pi\mathrm{i}z}\mathrm{d}z\right|\ll\sqrt{Y}\int_{z_1}^{1}\frac{\mathrm{d}z}{\sqrt{z}}\ll\sqrt{Y}\ll\sqrt{R}.$$

故

$$\frac{1}{2}\sqrt{\frac{Y}{z_1}} \ll \frac{\sqrt{R}}{\sqrt{\frac{\xi^2}{R}}} \ll \frac{R}{\xi} \ll \frac{1}{\eta'(\xi)}.$$

因此，由(1.13)与(1.14)得

$$\int_{z_1}^{\infty} \sqrt{\frac{Y}{2z}} \mathrm{e}^{2\pi \mathrm{i} z} \mathrm{d} z \ll \min\left(\frac{1}{|\eta'(\xi)|}, \sqrt{R}\right). \tag{1.15}$$

3) 因为 $\psi(x)$ 和 $\eta'(x)$ 都是代数函数，所以 $\psi(z)$ 也是代数函数. 因此，$\psi(z)$ 逐段单调. 故若 $|\psi(z)| \leqslant L$，则

$$\left|\int_0^{z_1} \psi(z) \mathrm{e}^{2\pi \mathrm{i} z} \mathrm{d} z\right| = O(L). \tag{1.16}$$

但由(1.12)

$$\begin{aligned} \psi(z) &= \frac{\psi(x)\sqrt{2\eta(x)} - \psi(0)\sqrt{Y}\eta'(x)}{\sqrt{2\eta(x)}\eta'(x)} \\ &= \frac{\psi(x) - \psi(0)}{\eta'(x)} + \frac{\psi(0)\left(\sqrt{2\eta(x)} - \sqrt{Y}\eta'(x)\right)}{\sqrt{2\eta(x)}\eta'(x)}, \end{aligned}$$

故

$$|\psi(z)| \leqslant \left|\frac{\psi(x) - \psi(0)}{\eta'(x)}\right| + \left|\frac{\sqrt{2\eta(x)} - \sqrt{Y}\eta'(x)}{\sqrt{2\eta(x)}\eta'(x)}\right| \times |\psi(0)|. \tag{1.17}$$

我们有

$$\left|\frac{\psi(x) - \psi(0)}{\eta'(x)}\right| \ll \frac{Hx/U_1}{x/R} \ll \frac{HR}{U_1}. \tag{1.18}$$

另一方面，

$$\eta'(x) > \frac{A_3 x}{R}, \qquad \eta(x) > \frac{A_6 x^2}{R}.$$

故当 $x > U$ 时，

$$\frac{\sqrt{2\eta(x)}-\sqrt{Y}\eta'(x)}{\sqrt{2\eta(x)}\eta'(x)}=\frac{1}{\eta'(x)}-\sqrt{\frac{R}{A}}\frac{1}{\sqrt{2\eta(x)}}$$

$$\ll\frac{R}{x}+\sqrt{\frac{R}{A}}\frac{\sqrt{R}}{x}\ll\frac{R}{x}\ll\frac{R}{U}. \tag{1.19}$$

当 $x<U$ 时，由

$$\eta''(x)=\eta''(0)+\int_0^x\eta'''(t)\mathrm{d}t=\frac{A}{R}+O\left(\frac{x}{RU}\right),$$

得

$$\eta'(x)=\frac{Ax}{R}+O\left(\frac{x^2}{RU}\right),\qquad \eta(x)=\frac{Ax^2}{2R}+O\left(\frac{x^3}{RU}\right).$$

因此，

$$2\eta(x)-Y[\eta'(x)]^2\ll\frac{x^3}{RU}+\frac{x^4}{RU^2}\ll\frac{x^3}{RU}.$$

而

$$\frac{\sqrt{2\eta(x)}-\sqrt{Y}\eta'(x)}{\sqrt{2\eta(x)}\eta'(x)}=\frac{2\eta(x)-\left(\sqrt{Y}\eta'(x)\right)^2}{\sqrt{2\eta(x)}\eta'(x)\left[\sqrt{2\eta(x)}+\sqrt{Y}\eta'(x)\right]}$$

$$\ll\frac{\left|2\eta(x)-Y[\eta'(x)]^2\right|}{2\eta(x)\eta'(x)}\ll\frac{x^3/RU}{x^3/R^2}\ll\frac{R}{U}. \tag{1.20}$$

由(1.17)及(1.18)，(1.19)，(1.20)得

$$\psi(x)\ll HR(U_1^{-1}+U^{-1}).$$

定理随之成立.

附注　从以上证明可以看到我们只需假定 $\psi(x)$ 及 $\eta'(x)$ 是代数函数.

§ 2. 三角和的反转公式

在本节，我们首先讨论如何利用三角积分去逼近形如

$$\sum \mathrm{e}^{2\pi\mathrm{i}f(x)} \tag{2.1}$$

的三角和，然后由此推出关于三角和的一个重要公式，可以称它为三角和的反转

公式.

定理 2.1 设 $f(x)$ 是定义在 $[a,b]$ 上的实函数，具有连续的和单调减少的微商 $f'(x)$，并且有 $f'(a)=\beta, f'(b)=\alpha$. 又设 $g(x)$ 是定义在同一区间上的正的单调减少的函数，具有连续微商 $g'(x)$，并且 $|g'(x)|$ 也是单调减少的. 在这些条件下，我们有下面的公式:

$$\sum_{a<n\leqslant b} g(n)\mathrm{e}^{2\pi \mathrm{i} f(n)} = \sum_{\alpha-\eta<\upsilon<\beta+\eta} \int_a^b g(x)\mathrm{e}^{2\pi\mathrm{i}\{f(x)-\upsilon x\}}\mathrm{d}x + O\{g(a)\log(\beta-\alpha+2)\} + O\{|g'(a)|\}, \tag{2.2}$$

式中 η 是任意小于 1 的正数.

证 1) 我们不妨假定 $\eta\leqslant\alpha<\eta+1$, 即 $0\leqslant\alpha-\eta<1$, 因而 $\alpha>0$. 理由是这样: 若 K 是满足 $\eta\leqslant\alpha-K<\eta+1$ 的整数，而

$$h(x)=f(x)-Kx,$$

则(2.2)等价于

$$\sum_{a<n\leqslant b} g(n)\mathrm{e}^{2\pi\mathrm{i}h(n)} = \sum_{\alpha'-\eta<\upsilon-K<\beta'+\eta} \int_a^b g(x)\mathrm{e}^{2\pi\mathrm{i}\{h(x)-(\upsilon-K)x\}}\mathrm{d}x + O\{g(a)\log(\beta'-\alpha'+2)\} + O\{|g'(a)|\},$$

其中 $\alpha'=\alpha-K, \beta'=\beta-K$. 这就是关于 $h(x)$ 的公式.

根据 Euler 求和公式(第二篇第七章引理 1.1)，我们有

$$\begin{aligned}\sum_{a<n\leqslant b} g(n)\mathrm{e}^{2\pi\mathrm{i}f(n)} &= \int_a^b g(x)\mathrm{e}^{2\pi\mathrm{i}f(x)}\mathrm{d}x \\ &+ \int_a^b \left(x-[x]-\frac{1}{2}\right)2\pi\mathrm{i}g(x)f'(x)\,\mathrm{e}^{2\pi\mathrm{i}f(x)}\mathrm{d}x \\ &+ \int_a^b \left(x-[x]-\frac{1}{2}\right)g'(x)\,\mathrm{e}^{2\pi\mathrm{i}f(x)}\mathrm{d}x + O(g(a)).\end{aligned} \tag{2.3}$$

2) 当 x 非整数时,

$$x-[x]-\frac{1}{2} = -\frac{1}{\pi}\sum_{\upsilon=1}^{\infty}\frac{\sin 2\pi\upsilon x}{\upsilon} \tag{2.4}$$

这级数在不含整数的任何闭区间内是一致收敛的，并且它的第 n 部分和在任何区

间内是有界的[①]，因此可以乘上 $2\pi i g(x) f'(x) e^{2\pi i f(x)}$ 然后分项积分. 故(2.3)式右边第二项等于

$$\begin{aligned} & -2i\sum_{\upsilon=1}^{\infty}\int_a^b \frac{\sin 2\upsilon\pi x}{\upsilon} e^{2\pi i f(x)} g(x) f'(x) dx \\ = & \sum_{\upsilon=1}^{\infty}\frac{1}{\upsilon}\int_a^b \left(e^{-2\pi i \upsilon x} - e^{2\pi i \upsilon x}\right) e^{2\pi i f(x)} g(x) f'(x) dx. \end{aligned} \tag{2.5}$$

上式右边的积分可以写成

$$\frac{1}{2\pi i}\int_a^b g(x)\frac{f'(x)}{f'(x)-\upsilon} d\, e^{2\pi i\{f(x)-\upsilon x\}} - \frac{1}{2\pi i}\int_a^b g(x)\frac{f'(x)}{f'(x)+\upsilon} d\, e^{2\pi i\{f(x)+\upsilon x\}}. \tag{2.6}$$

因 $g(x)\dfrac{f'(x)}{f'(x)+\upsilon}$ 是单调减少的正的函数，故由第二中值公式(分别用到实部及虚部)知道上面的第二项是

$$O\left(g(a)\frac{\beta}{\beta+\upsilon}\right),$$

把(2.5)右边对应各项加起来，就得到

$$\begin{aligned} O\left(g(a)\sum_{\upsilon=1}^{\infty}\frac{\beta}{\upsilon(\beta+\upsilon)}\right) &= O\left(g(a)\sum_{\upsilon\leqslant\beta}\frac{1}{\upsilon}\right) + O\left(g(a)\sum_{\upsilon>\beta}\frac{\beta}{\upsilon^2}\right) \\ &= O\{g(a)\log(\beta+2)\} + O(g(a)). \end{aligned} \tag{2.7}$$

仿此, (2.6)内第一项当 $\upsilon \geqslant \beta+\eta$ 时是

$$O\left(g(a)\frac{\beta}{\upsilon-\beta}\right).$$

把对应各项加起来就得到

$$\begin{aligned} O\left(\sum_{\upsilon\geqslant\beta+\eta} g(a)\frac{\beta}{\upsilon(\upsilon-\beta)}\right) &= O\left(g(a)\sum_{\beta+\eta\leqslant\upsilon\leqslant 2\beta}\frac{1}{\upsilon-\beta}\right) + O\left(g(a)\sum_{\upsilon\geqslant 2\beta}\frac{\beta}{\upsilon^2}\right) \\ &= O\{g(a)\log(\beta+2)\} + O(g(a)). \end{aligned} \tag{2.8}$$

① Titchmarsh E C. The Theory of Functions. Oxford, 1944. 42-43. (中译本：函数论. 吴锦译. 科学出版社, 1964.)

我们可以仿上讨论(2.3)右边第三项，这项等于

$$\frac{1}{2\pi \mathrm{i}}\sum_{\upsilon=1}^{\infty}\frac{1}{\upsilon}\int_a^b\left(\mathrm{e}^{-2\pi\mathrm{i}\upsilon x}-\mathrm{e}^{2\pi\mathrm{i}\upsilon x}\right)\mathrm{e}^{2\pi\mathrm{i}f(x)}g'(x)\,\mathrm{d}x. \tag{2.5$'$}$$

上式右边的积分可以写成

$$\frac{1}{2\pi \mathrm{i}}\int_a^b g'(x)\frac{1}{f'(x)-\upsilon}\mathrm{d}\mathrm{e}^{2\pi\mathrm{i}\{f(x)-\upsilon x\}}-\frac{1}{2\pi \mathrm{i}}\int_a^b g'(x)\frac{1}{f'(x)+\upsilon}\mathrm{d}\mathrm{e}^{2\pi\mathrm{i}\{f(x)+\upsilon x\}}, \tag{2.6$'$}$$

这里 $|g'(x)|$ 及 $\dfrac{1}{f'(x)+\upsilon}$ 都是单调函数. 用第二中值公式二次可以证明，上面第二个积分是

$$O\left(|g'(a)|\cdot\frac{1}{\alpha+\upsilon}\right),$$

把(2.5′)右边对应项加起来就得到

$$O\left(|g'(a)|\sum_{\upsilon=1}^{\infty}\frac{1}{\upsilon(\upsilon+\alpha)}\right)=O\left(|g'(a)|\right). \tag{2.7$'$}$$

仿此，(2.6′)右边第一项当 $\upsilon\geqslant\beta+\eta$ 时可以同样估计. 因而把(2.6′)内对应项加起来也得到 $O\left(|\mathrm{g}'(a)|\right)$.

我们把(2.3)式右边第二，三项中未估计的部分合起来就得到

$$\begin{aligned}&\sum_{1\leqslant\upsilon<\beta+\eta}\frac{1}{\upsilon}\int_a^b\mathrm{e}^{2\pi\mathrm{i}\{f(x)-\upsilon x\}}\left(g(x)f'(x)+\frac{g'(x)}{2\pi\mathrm{i}}\right)\mathrm{d}x\\&=\sum_{1\leqslant\upsilon<\beta+\eta}\left[\frac{\mathrm{e}^{2\pi\mathrm{i}\{f(x)-\upsilon x\}}g(x)}{2\pi\mathrm{i}\upsilon}\right]_a^b+\sum_{1\leqslant\upsilon<\beta+\eta}\int_a^b g(x)e^{2\pi\mathrm{i}\{f(x)-\upsilon x\}}\mathrm{d}x.\end{aligned} \tag{2.9}$$

上式中积出的项是 $O\left(g(a)\log(\beta+2)\right)$. 最后，(2.3)右边第一项是 $O\left(g(a)\right)$，定理随之成立.

推论 设 $f(x)$ 是在区间 $[a,b]$ 上可微的实函数；设 $f'(x)$ 是单调的，并且 $|f'(x)|\leqslant\theta<1$；又设 $g(x)$ 是定义在同一区间上的正的单调减少的函数，具有连续的单调递增的微商 $g'(x)$；则

$$\sum_{a<n\leqslant b}g(n)\,\mathrm{e}^{2\pi\mathrm{i}f(n)}=\int_a^b g(x)\,\mathrm{e}^{2\pi\mathrm{i}f(x)}\mathrm{d}x+O\left(g(a)\right)+O\left(|g'(a)|\right). \tag{2.10}$$

证 取 $\eta<1-\theta$, 则(2.2)右边的和式或者只有 $\upsilon=0$ 这一项, 或者当 $f'(x)\geqslant\eta$ 或 $f'(x)\leqslant-\eta(a\leqslant x\leqslant b)$ 时为 0, 但这时由引理 1.2,

$$\int_a^b g(x)\,\mathrm{e}^{2\pi\mathrm{i}f(x)}\mathrm{d}x=O\big(g(a)\big).$$

附注 用 H 和 H_1 分别表示 $|g(x)|$ 和 $|g'(x)|$ 在 $[a,b]$ 上的最大值, 显然(2.2)的误差项可以用 $O\big(H\log(\beta-\alpha+2)\big)+O(H_1)$ 代替. 经过代替后, 我们就可以把"$g(x)$ 是正的单调减少的函数"这个假定改成"$g(x)$ 是代数函数". 又当 $f'(x)$ 是单调增加时定理仍然成立, 不过这时 $f'(a)=\alpha, f'(b)=\beta$.

定理 2.2 设 $f(x)$ 与 $\psi(x)$ 为确定在 $[a,b]$ 上的代数函数而

$$\frac{A_1}{R}\leqslant|f''(x)|\leqslant\frac{A_2}{R},\qquad |f'''(x)|\leqslant\frac{A_3}{RU}\ \ (U\geqslant1),\tag{2.11}$$

$$|\psi(x)|\leqslant A_4H,\qquad |\psi'(x)|\leqslant\frac{A_5H}{U_1}\ \ (U_1\geqslant1).\tag{2.12}$$

又设 $[\alpha,\beta]$ 是 $[a,b]$ 在变换 $y=f'(x)$ 下的映象, 则

$$\begin{aligned}\sum_{a<n\leqslant b}\psi(n)\mathrm{e}^{2\pi\mathrm{i}f(n)}=\mathrm{e}^{\pi\mathrm{i}/4}&\sum_{a<\upsilon\leqslant\beta}b_\upsilon\frac{\varphi(n_\upsilon)}{\sqrt{f''(n_\upsilon)}}e^{2\pi\mathrm{i}\{f(n_\upsilon)-\upsilon n_\upsilon\}}\\&+O\Big\{H\log(\beta-\alpha+2)+H(b-a+R)(U^{-1}+U_1^{-1})\\&+H\min\Big[\sqrt{R},\max\Big(\frac{1}{\langle\alpha\rangle},\frac{1}{\langle\beta\rangle}\Big)\Big]\Big\}.\end{aligned}\tag{2.13}$$

式中 n_υ 是 $f'(x)=\upsilon$ 的解; $b_\upsilon=\dfrac{1}{2}$ 或 1 视 υ 是否 $[\alpha,\beta]$ 的端点而定; 当 x 非整数时,

$$\langle x\rangle=\min(\{x\},1-\{x\}),\tag{2.13$'$}$$

即从 x 到最近整数的距离, 而当 x 为整数时 $\langle x\rangle=\beta-\alpha$; 最后规定 $\sqrt{f''}>0$, 当 $f''>0$; 而 $\sqrt{f''}=i\sqrt{|f''|}$, 当 $f''<0$.

证 1) 不妨设 $f''(x)>0$. 否则在两边取共轭值就化成这个情形. 由定理 2.1(可取 $\eta=\dfrac{1}{2}$)及附注,

$$\begin{aligned}\sum_{a<n\leqslant b}\mathrm{e}^{2\pi\mathrm{i}f(n)}\psi(n)&=\sum_{\alpha-\eta<\upsilon<\beta+\eta}\int_a^b\psi(x)\,\mathrm{e}^{2\pi\mathrm{i}\{f(x)-\upsilon x\}}\mathrm{d}x+O\big[H\log(\beta-\alpha+2)\big]\\&=\sum_{\alpha-\eta<\upsilon<\beta+\eta}I_\upsilon+O\big[H\log(\beta-\alpha+2)\big].\end{aligned}\tag{2.14}$$

这里 $I_\upsilon = \int_a^b \psi(x)\mathrm{e}^{2\pi\mathrm{i}\{f(x)-\upsilon x\}}\mathrm{d}x.$

2) 设 $\alpha < \upsilon < \beta$，则 $a < n_\upsilon < b$；而

$$\begin{aligned} I_\upsilon &= \int_a^b \psi(x)\mathrm{e}^{2\pi\mathrm{i}\{f(x)-\upsilon x\}}\mathrm{d}x \\ &= \left(\int_a^{n_\upsilon} + \int_{n_\upsilon}^b\right)\psi(x)\mathrm{e}^{2\pi\mathrm{i}\{f(x)-\upsilon x\}}\mathrm{d}x = I'_\upsilon + I''_\upsilon . \end{aligned} \tag{2.15}$$

令 $x = n_\upsilon + t, \xi = b - n_\upsilon$，则

$$\begin{aligned} I''_\upsilon &= \int_0^\xi \psi(n_\upsilon + t)\mathrm{e}^{2\pi\mathrm{i}\{f(n_\upsilon+t)-\upsilon n_\upsilon - \upsilon t\}}\mathrm{d}t \\ &= \mathrm{e}^{2\pi\mathrm{i}\{f(n_\upsilon)-\upsilon n_\upsilon\}}\int_0^\xi \psi(n_\upsilon + t)\mathrm{e}^{2\pi\mathrm{i}\{f(n_\upsilon+t)-f(n_\upsilon)-\upsilon t\}}\mathrm{d}t. \end{aligned} \tag{2.16}$$

又令 $\eta(t) = f(n_\upsilon + t) - f(n_\upsilon) - \upsilon t$，则 $\eta(0) = \eta'(0) = 0$, 而

$$\frac{A_1}{R} \leqslant |\eta''(t)| \leqslant \frac{A_2}{R}, \quad |\eta'''(t)| \leqslant \frac{A_3}{RU}, \tag{2.17}$$

故由定理 1.1，从(2.16)和(2.17)得

$$\begin{aligned} I''_\upsilon &= \mathrm{e}^{\mathrm{i}\pi/4}\frac{\psi(n_\upsilon)}{2\sqrt{f''(n_\upsilon)}}\mathrm{e}^{2\pi\mathrm{i}\{f(n_\upsilon)-\upsilon n_\upsilon\}} \\ &\quad + O\left\{HR\left(U^{-1}+U_1^{-1}\right) + H\min\left(\sqrt{R}, \frac{1}{\eta'(\xi)}\right)\right\}. \end{aligned} \tag{2.18}$$

仿前，令 $x = n_\upsilon - t$，$\xi_1 = n_\upsilon - a$，$\eta_1(t) = f(n_\upsilon - t) - f(n_\upsilon) + \upsilon t$，则有

$$\begin{aligned} I'_\upsilon &= \int_0^{\xi_1} \psi(n_\upsilon - t)\mathrm{e}^{2\pi\mathrm{i}\{f(n_\upsilon-t)-\upsilon n_\upsilon + \upsilon t\}}\mathrm{d}t \\ &= \mathrm{e}^{\mathrm{i}\pi/4}\frac{\psi(n_\upsilon)}{2\sqrt{f''(n_\upsilon)}}\mathrm{e}^{2\pi\mathrm{i}\{f(n_\upsilon)-\upsilon n_\upsilon\}} \\ &\quad + O\left\{HR\left(U^{-1}+U_1^{-1}\right) + H\min\left(\sqrt{R}, \frac{1}{\eta_1'(\xi_1)}\right)\right\}. \end{aligned} \tag{2.19}$$

在(2.18)与(2.19)二式中，

$$\begin{aligned} \eta'(\xi) &= f'(b) - \upsilon = \beta - \upsilon, \\ \eta_1'(\xi_1) &= \upsilon - f'(a) = \upsilon - \alpha. \end{aligned} \tag{2.20}$$

因此，把(2.18)和(2.19)代入(2.15)即得：当$\alpha < v < \beta$时，

$$I_\upsilon = e^{i\pi/4} \frac{\psi(n_\upsilon)}{\sqrt{f''(n_\upsilon)}} e^{2\pi i\{f(n_\upsilon)-\upsilon n_\upsilon\}} \pm O\left\{HR\left(U^{-1}+U_1^{-1}\right)+H\min\left(\sqrt{R},\max\left(\frac{1}{\beta-\upsilon},\frac{1}{\upsilon-\alpha}\right)\right)\right\}. \tag{2.21}$$

3) 若$\upsilon=\alpha$或β，则有

$$I_\upsilon = e^{i\pi/4} \frac{\psi(n_\upsilon)}{2\sqrt{f''(n_\upsilon)}} e^{2\pi i\{f(n_\upsilon)-\upsilon n_\upsilon\}} + O\left\{HR\left(U^{-1}+U_1^{-1}\right)+H\min\left(\sqrt{R},\frac{1}{\beta-\alpha}\right)\right\}. \tag{2.22}$$

又若$\upsilon<\alpha$或$\upsilon>\beta$，则仿照定理 2.1 的证明，我们有

$$\begin{aligned} I_\upsilon &= \frac{1}{2\pi i}\int_a^b \frac{\psi(x)}{f'(x)-\upsilon}\,\mathrm{d}e^{2\pi i\{f(x)-\upsilon x\}} \\ &\ll H\min\left(\sqrt{R},\max\left(\frac{1}{|\alpha-\upsilon|},\frac{1}{|\beta-\upsilon|}\right)\right) \\ &\ll H\min\left(\sqrt{R},\max\left(\frac{1}{\langle\alpha\rangle},\frac{1}{\langle\beta\rangle}\right)\right). \end{aligned} \tag{2.23}$$

(这是由于$\varphi(x)/\left[f'(x)-\upsilon\right]$逐段单调.)

4) 结合(2.21), (2.22), (2.23), 从(2.14)得①

$$\begin{aligned} \sum_{\alpha-\eta<\upsilon<\beta+\eta}\int_a^b \psi(x)e^{2\pi i\{f(x)-\upsilon x\}}\mathrm{d}x = e^{i\pi/4}&\sum_{\alpha\leqslant\upsilon\leqslant\beta} b_\upsilon \frac{\varphi(n_\upsilon)}{\sqrt{f''(n_\upsilon)}} e^{2\pi i\{f(n_\upsilon)-\upsilon n_\upsilon\}} \\ &+O\Bigg\{(\beta-\alpha+1)HR\left(U^{-1}+U_1^{-1}\right) \\ &+H\sum_{\alpha<\upsilon<\beta}\min\left(\sqrt{R},\max\left(\frac{1}{\beta-\upsilon},\frac{1}{\upsilon-\alpha}\right)\right) \\ &+H\min\left(\sqrt{R},\max\left(\frac{1}{\langle\alpha\rangle},\frac{1}{\langle\beta\rangle}\right)\right)\Bigg\}, \end{aligned}$$

---

① 注意当$\upsilon=\alpha$或β时，α或β必定是整数，因而$\beta-\alpha\geqslant\min(\langle\beta\rangle,\langle\alpha\rangle)$.

但 $\beta-\alpha=\int_a^b f''(x)\mathrm{d}x=O\left(\frac{b-a}{R}\right)$，故

$$(\beta-\alpha+1)HR\left(U^{-1}+U_1^{-1}\right)\ll(b-a+R)H\left(U^{-1}+U_1^{-1}\right).$$

定理随之成立.

上面定理的公式可以叫做“三角和的反转公式”.

附注 由以上的证明及定理 1.1 的附注，我们只需假定 $\varphi(x)$ 及 $f'(x)$ 是代数函数.

引理 2.1 设 $F(x)$ 是实函数，在 (a,b) 内有三阶连续微商，而

$$0<\lambda_2\leqslant F''(x)<A\lambda_2, \tag{2.24}$$

或

$$0<\lambda_2\leqslant -F''(x)<A\lambda_2, \tag{2.25}$$

并且

$$\left|F'''(x)\right|\leqslant A\lambda_3. \tag{2.26}$$

又设

$$F'(c)=0\quad(a\leqslant c\leqslant b), \tag{2.27}$$

则在(2.24)情形下，

$$\int_a^b \mathrm{e}^{\mathrm{i}F(x)}\mathrm{d}x=(2x)^{\frac{1}{2}}\frac{\mathrm{e}^{\mathrm{i}\pi/4+\mathrm{i}F(c)}}{\left|F''(c)\right|^{\frac{1}{2}}}+\left(\lambda^{-\frac{4}{5}}\lambda_3^{\frac{1}{5}}\right)+O\left\{\min\left(\frac{1}{\left|F'(a)\right|},\lambda_2^{-\frac{1}{2}}\right)\right\}$$
$$+O\left\{\min\left(\frac{1}{\left|F'(b)\right|},\lambda_2^{-\frac{1}{2}}\right)\right\}; \tag{2.28}$$

而在(2.25)情形下，因子 $\mathrm{e}^{\mathrm{i}\pi/4}$ 用 $\mathrm{e}^{-\mathrm{i}\pi/4}$ 代替.

证 由(2.24)，$F'(c)$ 只能有 c 这一个零点. 我们取

$$\int_a^b \mathrm{e}^{\mathrm{i}F(x)}\mathrm{d}x=\int_a^{c-\delta}+\int_{c-\delta}^{c+\delta}+\int_{c+\delta}^{b}.$$

假定 $a+\delta\leqslant c\leqslant b-\delta$，由(2.24)和引理 1.1，

$$\int_{c+\delta}^{b}=O\left\{\frac{1}{\left|F'(c+\delta)\right|}\right\}=O\left\{\frac{1}{\left|\int_c^{c+\delta}F''(x)\mathrm{d}x\right|}\right\}=O\left(\frac{1}{\delta\lambda_2}\right).$$

同理

$$\int_a^{c-\delta} = O\left(\frac{1}{\delta\lambda_2}\right).$$

又

$$\begin{aligned}\int_{c-\delta}^{c+\delta} &= \int_{c-\delta}^{c+\delta} \exp\left\{\mathrm{i}\left[F(c)+(x-c)F'(c)+\frac{(x-c)^2}{2}\right.\right.\\&\quad\left.\left.\cdot F''(c)+\frac{(x-c)^3}{6}F'''(c+\theta(x-c))\right]\right\}\mathrm{d}x\\&= \mathrm{e}^{\mathrm{i}F(c)}\int_{c-\delta}^{c+\delta}\mathrm{e}^{\frac{\mathrm{i}}{2}(x-c)^2F''(c)}\left\{1+O\left[(x-c)^3\lambda_3\right]\right\}\mathrm{d}x\\&= \mathrm{e}^{\mathrm{i}F(c)}\int_{c-\delta}^{c+\delta}\mathrm{e}^{\frac{\mathrm{i}}{2}(x-c)^2F''(c)}\mathrm{d}x + O\left(\delta^4\lambda_3\right).\end{aligned}$$

假定 $F''(c)>0$, 取

$$\frac{1}{2}(x-c)^2F''(c)=u,$$

则积分变为

$$\begin{aligned}\frac{2^{\frac{1}{2}}}{\{F''(c)\}^{\frac{1}{2}}}\int_0^{\frac{\delta^2}{2}F''(c)}\frac{\mathrm{e}^{\mathrm{i}u}}{\sqrt{u}}\mathrm{d}u &= \frac{2^{\frac{1}{2}}}{\{F''(c)\}^{\frac{1}{2}}}\left\{\int_0^{\infty}\frac{\mathrm{e}^{\mathrm{i}u}}{\sqrt{u}}\mathrm{d}u+O\left(\frac{1}{\delta\sqrt{\lambda_2}}\right)\right\}\\&= \frac{(2\pi)^{\frac{1}{2}}\mathrm{e}^{\frac{1}{4}\mathrm{i}\pi}}{\{F''(c)\}^{\frac{1}{2}}}+O\left(\frac{1}{\delta\lambda_2}\right).\end{aligned}$$

取 $\delta=(\lambda_2\lambda_3)^{-\frac{1}{3}}$ 就得到所要的结果.

又假如 $b-\delta<c\leqslant b$, 那么误差还有(引理 1.1)

$$\begin{aligned}\mathrm{e}^{\mathrm{i}F(c)}\int_b^{c+\delta}\mathrm{e}^{\frac{\mathrm{i}}{2}(x-c)^2F''(c)}\mathrm{d}x &= O\left\{\frac{1}{(b-c)\lambda_2}\right\}\\&= O\left\{\frac{1}{|F'(b)|}\right\}.\end{aligned}$$

而如用引理 1.3 估计可以得到$O\left(\lambda_2^{-\frac{1}{2}}\right)$. 对于$a \leqslant c \leqslant a+\delta$, 也有类似的结果.

定理 2.2′ 设 $f(x)$ 是定义在 $[a,b]$ 上有三阶连续微商的实函数, 并且 $f'(x)$ 单调减少. 而 $f'(b)=\alpha$, $f'(a)=\beta$. 设 x_υ 满足 $f'(x_\upsilon)=\upsilon\,(\alpha<\upsilon\leqslant\beta)$. 又设 $2\pi\lambda_2 \leqslant |f''(x)| < A\lambda_2$, $|f'''(x)| < A\lambda_3$, 则

$$\begin{aligned}\sum_{a<n\leqslant b} e^{2\pi i f(n)} &= e^{-\frac{\pi i}{4}} \sum_{\alpha<\upsilon\leqslant\beta} \frac{e^{2\pi i\{f(x_\upsilon)-\upsilon x_\upsilon\}}}{|f''(x_\upsilon)|^{\frac{1}{2}}} + O\left(\lambda_2^{-\frac{1}{2}}\right) \\ &\quad + O\left[\log\{2+(b-a)\lambda_2\}\right] + O\left\{(b-a)\lambda_2^{\frac{1}{5}}\lambda_3^{\frac{1}{5}}\right\}.\end{aligned} \tag{2.29}$$

证 在定理 2.1 中令 $g(x)\equiv 1$. 我们有

$$\beta-\alpha = O\{(b-a)\lambda_2\}.$$

把(2.2)右边求和范围改为$[\alpha+1,\beta-1]$, 这就产生误差$O\left(\lambda_2^{-\frac{1}{2}}\right)$. 根据引理 2.1,

$$\begin{aligned}\sum_{\alpha+1<\upsilon<\beta-1}\int_a^b e^{2\pi i\{f(x)-\upsilon x\}}dx &= e^{-\frac{i\pi}{4}} \sum_{\alpha+1<\upsilon<\beta-1} \frac{e^{2\pi i\{f(x_\upsilon)-\upsilon x_\upsilon\}}}{|f''(x_\upsilon)|^{\frac{1}{2}}} \\ &\quad + \sum_{\alpha+1<\upsilon<\beta-1} O\left(\lambda_2^{-\frac{4}{5}}\lambda_3^{\frac{1}{5}}\right) + \sum_{\alpha+1<\upsilon<\beta-1}\left\{O\left(\frac{1}{\upsilon-\alpha}\right)+O\left(\frac{1}{\beta-\upsilon}\right)\right\}.\end{aligned}$$

上面右边第二项是

$$O\left\{(\beta-\alpha)\lambda_2^{-\frac{4}{5}}\lambda_3^{\frac{1}{5}}\right\} = O\left\{(b-a)\lambda_2^{\frac{1}{5}}\lambda_3^{\frac{1}{5}}\right\}.$$

最后一项是

$$O\{\log(2+\beta-\alpha)\} = O\{\log[2+(b-a)\lambda_2]\}.$$

最后我们把求和范围由$[\alpha+1,\beta-1]$改为$[\alpha,\beta]$, 这又产生误差$O\left(\lambda_2^{-\frac{1}{2}}\right)$.

§ 3. 黎曼ζ函数的渐近公式

利用上节的方法，我们要证明下面的渐近公式:

定理 3.1　当$\sigma \geqslant \sigma_0 > 0, |t| < 2\pi x / C$而$C$是大于 1 的常数时，

$$\zeta(s) = \sum_{n \leqslant x} \frac{1}{n^s} - \frac{x^{1-s}}{1-s} + O\left(x^{-\sigma}\right), \tag{3.1}$$

式中O所隐含的常数只与σ_0及C有关.

证　设a和b是正整数，则由 Euler 求和公式得到

$$\sum_{n=a+1}^{b} \frac{1}{n^s} = \frac{b^{1-s} - a^{1-s}}{1-s} - s\int_a^b \frac{x - [x] - \frac{1}{2}}{x^{s+1}} \mathrm{d}x + \frac{1}{2}\left(b^{-s} - a^{-s}\right).$$

取$a = N$，并令$b \to \infty$，则当$\sigma > 1$时就得到

$$\zeta(s) - \sum_{n=1}^{N} \frac{1}{n^s} = -s\int_N^\infty \frac{x - [x] - \frac{1}{2}}{x^{s+1}} \mathrm{d}x - \frac{N^{1-s}}{1-s} - \frac{N^{-s}}{2}.$$

上式可以解析开拓至$\sigma \geqslant \sigma > 0$，由此

$$\zeta(s) = \sum_{n=1}^{N} \frac{1}{n^s} - \frac{N^{1-s}}{1-s} + O\left(\frac{|s|}{N^\sigma}\right) + O\left(N^{-\sigma}\right). \tag{3.2}$$

我们要利用定理 2.1 的推论来估计

$$\sum_{x<n\leqslant N} \frac{1}{n^s} = \sum_{x<n\leqslant N} \frac{n^{-\mathrm{i}t}}{n^\sigma} = \sum_{x<n\leqslant N} n^{-\sigma} \mathrm{e}^{-\mathrm{i}t\log n}.$$

在推论中，我们取$g(u) = u^{-\sigma}, f(u) = -\dfrac{t\log u}{2\pi}$，则$f'(u) = -\dfrac{t}{2\pi u}$，而当$u \geqslant x$时，

$$|f'(u)| \leqslant \frac{|t|}{2\pi x} < \frac{1}{c} < 1.$$

因此

$$\sum_{x<n\leqslant N} \frac{1}{n^s} = \int_x^N \frac{\mathrm{d}u}{u^s} + O\left(x^{-\sigma}\right) = \frac{N^{1-s} - x^{1-s}}{1-s} + O\left(x^{-\sigma}\right).$$

故

$$\zeta(s)=\sum_{n\leqslant x}\frac{1}{n^s}-\frac{x^{1-s}}{1-s}+O\left(x^{-\sigma}\right)+O\left(\frac{|s|+1}{N^{\sigma}}\right).$$

令 $N\to\infty$ 即得(3.1).

公式(3.1)的缺点是右边第一项的和数中所包含的项数太多. 下面我们要证明一个包含项数较少的渐近公式.

定理 3.2 若 h 是一个正的常数, 而

$$0<\sigma<1,\ 2\pi xy=|t|,\ x>h,\ y>h,$$

则

$$\zeta(s)=\sum_{n\leqslant x}\frac{1}{n^s}+\chi(s)\sum_{n\leqslant y}\frac{1}{n^{1-s}}+O\left(x^{-\sigma}\log|t|\right)+O\left(|t|^{\frac{1}{2}-\sigma}y^{\sigma-1}\right),\tag{3.3}$$

式中

$$\chi(s)=2^s\pi^{s-1}\sin\frac{1}{2}s\pi\Gamma(1-s).\tag{3.4}$$

证 不妨假定 $t>0$. 由定理 2.1(两边取共轭值, 并设 $0<\eta<\dfrac{1}{2}$),

$$\sum_{x<n\leqslant N}\frac{1}{n^s}=\sum_{\frac{t}{2\pi N}-\eta<\upsilon\leqslant y+\eta}\int_x^N\frac{\mathrm{e}^{2\pi\mathrm{i}\upsilon u}}{u^s}\mathrm{d}u+O\left\{x^{-\sigma}\log\left(\frac{t}{x}-\frac{t}{N}+2\right)\right\}.$$

最后一项可写作 $O\left(x^{-\sigma}\log t\right)$. 取 N 充分大使得 $2\pi N\eta>t$, 则上式右边和数的第一项对应于 $\upsilon=0$, 即

$$\int_x^N\frac{\mathrm{d}u}{u^s}=\frac{N^{1-s}-x^{1-s}}{1-s}.$$

因此, 由(3.2)(注意 $x^{1-s}/(1-s)=O\left(x^{-\sigma}\right)=O\left(x^{-\sigma}\log t\right)$),

$$\zeta(s)=\sum_{n\leqslant x}\frac{1}{n^s}+\sum_{1\leqslant\upsilon\leqslant y+\eta}\int_x^N\frac{\mathrm{e}^{2\pi\mathrm{i}\upsilon u}}{u^s}\mathrm{d}u+O\left(x^{-\sigma}\log t\right)+O\left(tN^{-\sigma}\right).\tag{3.5}$$

由 Cauchy 定理不难得到

$$\int_0^{\infty} \frac{\mathrm{e}^{2\pi \mathrm{i} \upsilon u}}{u^s} \mathrm{d}u = \mathrm{i}^{1-s} \int_0^{\infty} \frac{\mathrm{e}^{-2\pi \upsilon u} \mathrm{d}u}{u^s} = \Gamma(1-s)\left(\frac{2\pi \upsilon}{\mathrm{i}}\right)^{s-1}. \tag{3.6}$$

又由引理 1.2,

$$\int_N^{\infty} u^{-\sigma} \mathrm{e}^{-2\pi \mathrm{i}\{(t/2\pi)\log u - \upsilon u\}} \mathrm{d}u = O\left(\frac{N^{-\sigma}}{\upsilon - (t/2\pi N)}\right) = O\left(\frac{N^{-\sigma}}{\upsilon}\right), \tag{3.7}$$

$$\begin{aligned} \int_0^{x} u^{-s} \mathrm{e}^{2\pi \mathrm{i} \upsilon u} \mathrm{d}u &= \left[\frac{u^{1-s}}{1-s} \mathrm{e}^{2\pi \mathrm{i} \upsilon u}\right]_0^x - \frac{2\pi \mathrm{i} \upsilon}{1-s} \int_0^x u^{1-s} \mathrm{e}^{2\pi \mathrm{i} \upsilon u} \mathrm{d}u \\ &= O\left(\frac{x^{1-\sigma}}{t}\right) + O\left(\frac{\upsilon x^{1-\sigma}}{t[\upsilon - (t/2\pi x)]}\right). \end{aligned} \tag{3.8}$$

故(由(3.6)~(3.8))

$$\begin{aligned} \sum_{1 \leqslant \upsilon \leqslant y-\eta} \int_x^N \frac{\mathrm{e}^{2\pi \mathrm{i} \upsilon u}}{u^s} \mathrm{d}u &= \left(\frac{2\pi}{i}\right)^{s-1} \Gamma(1-s) \sum_{1 \leqslant \upsilon \leqslant y-\eta} \frac{1}{\upsilon^{1-s}} \\ &\quad + O\left(N^{-\sigma} \log y\right) + O\left(\frac{x^{1-\sigma} y}{t}\right) + O\left(\frac{x^{1-\sigma}}{t} \sum_{1 \leqslant \upsilon \leqslant y-\eta} \frac{\upsilon}{\upsilon - y}\right) \\ &= \left(\frac{2\pi}{i}\right)^{s-1} \Gamma(1-s) \sum_{1 \leqslant \upsilon \leqslant y-\eta} \frac{1}{\upsilon^{1-s}} + O\left(N^{-\sigma} \log t\right) + O\left(\frac{x^{1-\sigma} y \log t}{t}\right). \end{aligned} \tag{3.9}$$

此外可能还有对应于 $y-\eta < \upsilon \leqslant y+\eta$ 的一项(用到 $\eta < \frac{1}{2}$). 由引理 1.4 可以推出:

$$\int_0^x u^{1-s} \mathrm{e}^{2\pi \mathrm{i} \upsilon u} \mathrm{d}u = O\left\{x^{1-\sigma}\left(\frac{t}{x^2}\right)^{-\frac{1}{2}}\right\}, \tag{3.10}$$

又

$$\int_0^{x} u^{-s} \mathrm{e}^{2\pi \mathrm{i} \upsilon u} \mathrm{d}u = \left[\frac{u^{1-s}}{1-s} \mathrm{e}^{2\pi \mathrm{i} \upsilon u}\right]_0^x - \frac{2\pi \mathrm{i} \upsilon}{1-s} \int_0^x u^{1-s} \mathrm{e}^{2\pi \mathrm{i} \upsilon u} \mathrm{d}u.$$

故对应于 $y-\eta < \upsilon \leqslant y+\eta$ 的一项所产生的额外误差是

$$O\left\{\frac{y}{t}x^{1-\sigma}\left(\frac{t}{x^2}\right)^{-\frac{1}{2}}\right\}=O\left(t^{\frac{1}{2}-\sigma}y^{\sigma-1}\right).$$

又当 $t>0$ 时,

$$\begin{aligned}\chi(s)&=2^s\pi^{s-1}\sin\frac{1}{2}s\pi\Gamma(1-s)\\&=2^s\pi^{s-1}\left\{-\frac{e^{-\frac{1}{2}is\pi}}{2i}+O\left(e^{-\frac{1}{2}\pi t}\right)\right\}\Gamma(1-s)\\&=\left(\frac{2\pi}{i}\right)^{s-1}\Gamma(1-s)\left\{1+O\left(e^{-\pi t}\right)\right\}.\end{aligned}$$

定理随之成立.

§4. 黎曼ζ函数的阶的初步估计

显然

$$\left|\zeta(s)\right|\leqslant\sum_{n=1}^{\infty}\frac{1}{n^{\sigma_0}}=O(1)\quad(\sigma\geqslant\sigma>1).\tag{4.1}$$

又由第二篇第二章定理 1.1,

$$\begin{aligned}\zeta(s)&=\frac{1}{2}+\frac{1}{s-1}-s\int_1^{\infty}\frac{x-[x]-\frac{1}{2}}{x^{s+1}}\mathrm{d}x\\&=O(|t|)\quad\left(\sigma\geqslant\sigma_1>0,|t|\geqslant t_0>0\right).\end{aligned}\tag{4.2}$$

由 $\zeta(s)$ 的函数方程

$$\zeta(s)=\chi(s)\zeta(1-s)\quad\left(\chi(s)=2^s\pi^{s-1}\sin\frac{\pi s}{2}\Gamma(1-s)\right),\tag{4.3}$$

当 $\sigma\leqslant-\delta<0$ 时, 容易算出 $\zeta(s)$ 的阶. 方法如下: 利用已知的公式①:

$$\left|\Gamma(\sigma+it)\right|\sim e^{-\frac{\pi}{2}|t|}|t|^{\sigma-\frac{1}{2}}\sqrt{2\pi}\,(\alpha\leqslant\sigma\leqslant\beta),\tag{4.4}$$

① Titchmarsh E C. The Theory of Functions. 150-151.

可以看出:

$$\begin{aligned}\left|\chi(s)\right| &\sim 2^{\sigma-1}\pi^{\sigma-1}\mathrm{e}^{\frac{\pi|t|}{2}}\mathrm{e}^{-\frac{\pi|t|}{2}}|t|^{\frac{1}{2}-\sigma}\sqrt{2\pi}\\ &\sim\left(\frac{|t|}{2\pi}\right)^{\frac{1}{2}-\sigma}\quad(t\to\infty).\end{aligned}\tag{4.5}$$

因此, 结合(4.1), (4.3)及(4.5)可以看出

$$\zeta(s)=O\left(|t|^{\frac{1}{2}-\sigma}\right)(\sigma\leqslant-\delta<0).\tag{4.6}$$

另一方面, 结合(4.2),(4.3)及(4.5), 又可看出

$$\zeta(s)=O\left(|t|^{\frac{3}{2}+\delta}\right)(\sigma\geqslant-\delta,\quad |t|\geqslant t_0>0,\quad \delta>0).\tag{4.7}$$

总之, 我们可以找到只与 σ_0 有关的常数 $k=k(\sigma_0)$ 使得

$$\zeta(s)=O\left(|t|^k\right)\left(\sigma\geqslant\sigma_0,k=k(\sigma_0)\right).\tag{4.8}$$

依照狄氏级数论的说法, 我们称有这种性质的函数为“有限阶的”.

我们规定 $\mu(\sigma)$ 为使

$$\zeta(\sigma+\mathrm{i}t)=O\left(|t|^{\xi}\right)$$

成立的 ξ 的下确界, 我们称 $\mu(\sigma)$ 为 Lindelöf μ 函数.

现在要证明

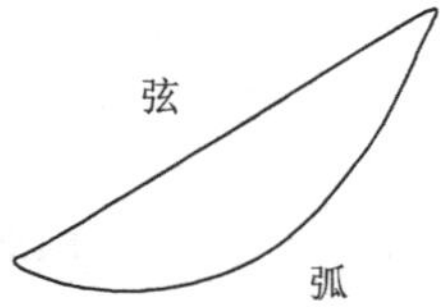

图 1

定理 4.1 Lindelöf μ 函数 $\mu(\sigma)$ 是连续的、不增加的、非负的、向下凸出的函数. 所谓向下凸出就是说: 曲线 $t=\mu(\sigma)$ 的任何一段弧上的点都不可能在对应的弦以上.

证 1) 由附录内 Lindelöf 定理的推论, 可以看出: 当 $\sigma_1\leqslant\sigma\leqslant\sigma_2$ 时,

$$\mu(\sigma)\leqslant\mu(\sigma_1)\frac{\sigma_2-\sigma}{\sigma_2-\sigma_1}+\mu(\sigma_2)\frac{\sigma-\sigma_1}{\sigma_2-\sigma_1}.$$

这表明 $\mu(\sigma)$ 是向下凸出的.

2) 令 $\sigma\to\sigma_1$，即得 $\mu(\sigma_1+0)\leqslant\mu(\sigma_1)$; 又令 $\sigma_2\to\sigma$，即得 $\mu(\sigma)\leqslant\mu(\sigma+0)$. 故对全体$\sigma$都有 $\mu(\sigma+0)=\mu(\sigma)$. 仿此可证 $\mu(\sigma-0)=\mu(\sigma)$. 这表明 $\mu(\sigma)$是连续的. (这个证明显然适用于任何向下凸的函数.)

3) 由(4.1), 当σ充分大时, $\mu(\sigma)\leqslant 0$. 但当σ充分大时,

$$|\zeta(s)|\geqslant 1-\sum_{n=2}^{\infty}\frac{1}{n^{\sigma}}>0,$$

故 $\mu(\sigma)=0$. 设若有 σ_1,使 $\mu(\sigma_1)<0$, 则可取充分大的 σ_0 和 σ_2 使得 $\sigma_1<\sigma_0<\sigma_2$ 及 $\mu(\sigma_0)=\mu(\sigma_2)=0$. 因而由 $\mu(\sigma)$的凸出性知道

$$\mu(\sigma_0)<0(\sigma_1\leqslant\sigma\leqslant\sigma_2).$$

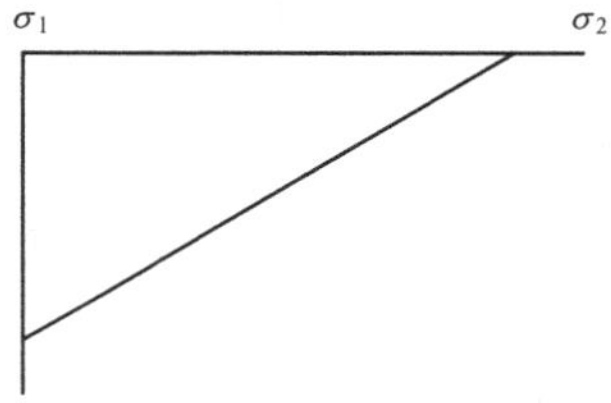

图 2

所以

$$\mu(\sigma_0)<0.$$

这显然不可能. 因此, $\mu(\sigma)$是非负的.

4) 取$\sigma_1<\sigma<1<\sigma_2$, 则 $\mu(\sigma_2)=0$, 而由 $\mu(\sigma)$的下凸性, 我们有

$$\mu(\sigma)\leqslant\frac{\sigma_2-\sigma}{\sigma_2-\sigma_1}\mu(\sigma_1)<\mu(\sigma_1)\quad(\sigma>\sigma_1).$$

这表明当$\sigma<1$ 时 $\mu(\sigma)$是严格单调减少的. [证完]

容易看出, 以上的证明也适用于任何寻常狄氏级数.

我们知道当$\sigma>1$ 时, $\mu(\sigma)=0$. 故由连续性, $\mu(\sigma)=0$ $(\sigma\geqslant 1)$. 因此, 根据函数方程(4.3)及公式(4.5), 得到

$$\mu(\sigma)=\frac{1}{2}-\sigma\quad(\sigma\leqslant 0).$$

联结曲线 $y=\mu(\sigma)$ 上两点$\left(0,\frac{1}{2}\right)$与(1,0)所得到的弦是 $y=\frac{1}{2}-\frac{\sigma}{2}$. 因此根据下凸性,

$$\mu(\sigma)\leqslant\frac{1}{2}-\frac{\sigma}{2}\quad(0<\sigma<1).$$

总结以上的结果就得到

定理 4.2

$$\mu(\sigma)\begin{cases} = 0 & (\sigma \geqslant 1), \\ \leqslant \dfrac{1}{2} - \dfrac{\sigma}{2} & (0 < \sigma < 1), \\ = \dfrac{1}{2} - \sigma & (\sigma \leqslant 0). \end{cases} \tag{4.9}$$

特别当 $\sigma = \dfrac{1}{2}$ 时，有

$$\zeta(s) = O\left(t^{\frac{1}{4}+\varepsilon}\right) \quad (\varepsilon > 0). \tag{4.10}$$

当 $0<\sigma<1$ 时，$\mu(\sigma)$ 的值至今还没有人能够确定出来．最简单的假说是 $y = \mu(\sigma)$ 包括两条直线:

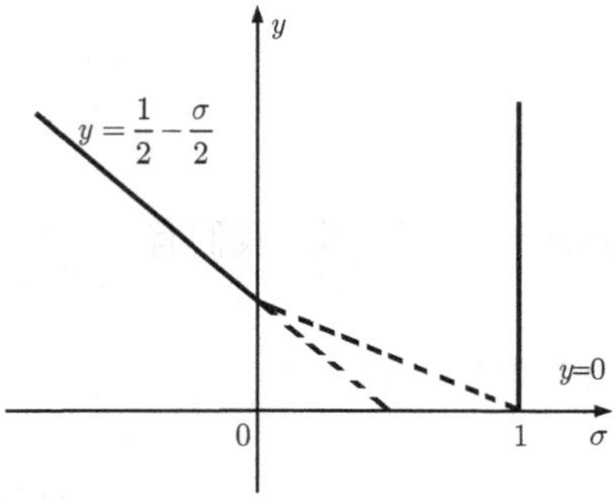

图 3

$$\mu(\sigma) = \begin{cases} \dfrac{1}{2} - \sigma & \left(\sigma \leqslant \dfrac{1}{2}\right), \\ 0 & \left(\sigma > \dfrac{1}{2}\right). \end{cases}$$

这个假说与下面的断语等价，即对于任何正数 ε 都有

$$\zeta\left(\frac{1}{2} + \mathrm{i}t\right) = O\left(t^{\varepsilon}\right) \quad (\varepsilon > 0). \tag{4.11}$$

这就是所谓 Lindelöf 假说.

利用定理 3.2 可以得出比(4.10)略好的结果．在那个定理里，取 $\sigma = \dfrac{1}{2}$ 及 $x = y = \sqrt{t/(2\pi)}$，就可以得到

$$\zeta\left(\frac{1}{2} + it\right) = \sum_{n \leqslant \sqrt{t/(2\pi)}} \frac{1}{n^{\frac{1}{2}+\mathrm{i}t}} + O(1) \sum_{n \leqslant \sqrt{t/(2\pi)}} \frac{1}{n^{\frac{1}{2}-\mathrm{i}t}} + O(1)$$

$$= O\left(\sum_{n \leqslant \sqrt{\frac{t}{2\pi}}} \frac{1}{n^{\frac{1}{2}}}\right) + O(1) = O\left(t^{\frac{1}{4}}\right). \tag{4.12}$$

§ 5. Van der Corput 方法的两个步骤

Van der Corput 估计三角和 $\sum e^{2\pi i f(x)}$ 的方法可以说是由两个步骤组成的. 一个步骤是把三角和转化成另一个三角和, 这要用到定理2.2里面的反转公式, 通常称这个步骤为步骤 B. 从定理 2.2 里面的条件(2.11), 我们看到, 要想运用这一步骤必须函数 $f(x)$ 的二级导数 $f''(x)$ 的变动不大, 也就是说接近于常数. 在孤立地运用步骤 B 时, 我们常常用另一个步骤来代替它, 这另一个步骤可以叫做步骤 B'. 可以说, 这个步骤是把定理2.1 和引理1.3 结合起来所得到的"不完全的反转公式", 具体写出来就是下面的定理:

定理 5.1 设 $f(x)$ 是可以两次微分的实函数, 而且在整个区间 $[a,b](b \geqslant a+1)$ 上面, 都有

$$0 < \lambda_2 \leqslant f''(x) \leqslant h\lambda_2 \left(\text{或} \lambda_2 \leqslant -f''(x) \leqslant h\lambda_2\right), \tag{5.1}$$

则

$$\sum_{a<n\leqslant b} e^{2\pi i f(n)} = O\left\{h(b-a)\lambda_2^{\frac{1}{2}}\right\} + O\left(\lambda_2^{-\frac{1}{2}}\right). \tag{5.2}$$

证 显然三角和的绝对值不会超过 $O(b-a)$, 因此当 $\lambda_2 \geqslant 1$ 时定理是显然的. 今设 $\lambda_2 < 1$. 不妨假定 $f''(x) < 0$. 设 $f'(b) = \alpha$, $f'(a) = \beta$, 则由定理 2.1 及引理 1.3,

$$\begin{aligned}\sum_{a<n\leqslant b} e^{2\pi i f(n)} &= \sum_{\alpha-\eta<\upsilon<\beta+\eta} \int_a^b e^{2\pi i\{f(x)-\upsilon x\}} dx + O\{\log(\beta-\alpha+2)\} \\ &= O\left\{(\beta-\alpha+1)\lambda_2^{-\frac{1}{2}}\right\} + O\{\log(\beta-\alpha+2)\}.\end{aligned}$$

但

$$\begin{aligned}&\beta-\alpha = f'(a)-f'(b) = O\{(b-a)h\lambda_2\}, \\ &\log(\beta-\alpha+2) = O(\beta-\alpha+2) = O\{(b-a)h\lambda_2\} + O(1).\end{aligned}$$

定理随之成立. [证完]

容易看出在较强的条件下((| $f'''(x)$ |充分小)运用步骤 B(在定理 2.2 的公式(2.13) 内, 把右边各项取绝对值后相加), 也可得到和上面相同的结果. 在定理 5.1 里面, 我们看到要| $f''(x)$ |相当的小所得的结果才有意义. 这一切都说明步骤 B' (或 B)的使用在实际上受到很大的限制. 为了克服这个困难, 我们要引进另一个步骤, 使

得我们可以把估计原来三角和 $\sum e^{2\pi i f(x)}$ 的问题变成估计另一个三角和 $\sum e^{2\pi i \varphi(x)}$，其中 $|\varphi''(x)|$ 比 $|f''(x)|$ 更接近于 0. 这一步骤常称为步骤 A. 实际上这一步骤是由 Weyl 的想法变化出来的. 这步骤的根据就是下面的不等式.

定理 5.2　设 $f(n)(a<n\leqslant b)$ 是一个实函数，而 q 是不超过 $b-a$ 的正整数，则

$$\left|\sum_{a<n\leqslant b} e^{2\pi i f(n)}\right| \leqslant \frac{1}{q}\left\{4(b-a)^2 q + 4(b-a)\left|\sum_{r=1}^{q-1}(q-r)\sum_{a<n\leqslant b-r} e^{2\pi i\{f(n+r)-f(n)\}}\right|\right\}^{\frac{1}{2}}$$

$$< A\frac{b-a}{q^{\frac{1}{2}}} + A\left\{\frac{b-a}{q}\sum_{r=1}^{q-1}\left|\sum_{a<n\leqslant b-r} e^{2\pi i\{f(n+r)-f(n)\}}\right|\right\}^{\frac{1}{2}}, \tag{5.3}$$

式中 A 是一个正的常数.

证　设

$$e(f(n)) = \begin{cases} e^{2\pi i f(n)} & (a<n\leqslant b), \\ 0 & (n\leqslant a 或 n>b), \end{cases}$$

则

$$\sum_{a<n\leqslant b} e^{2\pi i f(n)} = \frac{1}{q}\sum_{n}\sum_{m=1}^{q} e(f(m+n)),$$

上式右边的 n 通过一切整数，又当 $n\leqslant a-q$ 或 $n>b-1$ 时，关于 m 的和等于 0. 因此，

$$\left|\sum_{n} e(f(n))\right| \leqslant \frac{1}{q}\sum_{n}\left|\sum_{m=1}^{q} e(f(m+n))\right| \leqslant \frac{1}{q}\left\{\sum_{n}1\sum_{n}\left|\sum_{m=1}^{q} e(f(m+n))\right|^2\right\}^{\frac{1}{2}}.$$

由于至多有 $b-a+q\leqslant 2(b-a)$ 个 n 的值能使关于 m 的和不是 0，因此上式不会超过

$$\frac{1}{q}\left\{2(b-a)\sum_{n}\left|\sum_{m=1}^{q} e(f(m+n))\right|^2\right\}^{\frac{1}{2}}.$$

但

$$\left|\sum_{m=1}^{q} e\big(f(m+n)\big)\right|^2 = \sum_{m=1}^{q}\sum_{\mu=1}^{q} e\big(f(m+n)\big)\overline{e\big(f(\mu+n)\big)}$$
$$= g(n) + \sum_{\mu<m}\sum e\big(f(m+n)\big)\overline{e\big(f(\mu+n)\big)}$$
$$+ \sum_{m<\mu}\sum e\big(f(m+n)\big)\overline{e\big(f(\mu+n)\big)},$$

式中 $0 \leqslant g(n) \leqslant q$. 因此,

$$\sum_n \left|\sum_{m=1}^{q} e\big(f(m+n)\big)\right|^2 \leqslant 2(b-a)q + 2\left|\sum_n \sum_{\mu<m}\sum e\big(f(m+n)\big)\overline{e\big(f(\mu+n)\big)}\right|.$$

在上式右边第二项内, 对于给定的 ν 及 $r(1 \leqslant r < q)$, 恰好可以找到 (m,n,μ) 的 $q-r$ 组值, 使得

$$e\big(f(m+n)\big)\overline{e\big(f(\mu+n)\big)} = e\big(f(\nu+r)\big)\overline{e\big(f(\nu)\big)},$$

即 $\mu=1, n=\nu-1, m=r+1$; $\mu=2, n=\nu-2, m=r+2$;$\cdots$; $\mu=q-r, n=\nu+r-q, m=q$. 因此,

$$\left|\sum_n \sum_{\mu<m}\sum e\big(f(m+n)\big)\overline{e\big(f(\mu+n)\big)}\right| \leqslant \left|\sum_{r=1}^{q-1}(q-r)\sum_\nu e\big(f(\nu+r)\big)\overline{e\big(f(\nu)\big)}\right|.$$

故

$$\left|\sum_n e\big(f(n)\big)\right| \leqslant \frac{1}{q}\left\{4(b-a)^2 q + 4(b-a)\left|\sum_{r=1}^{q-1}(q-r)\sum_\nu e\big(f(\nu+r)\big)\overline{e\big(f(\nu)\big)}\right|\right\}^{\frac{1}{2}}$$
$$\leqslant \frac{1}{q}\left\{4(b-a)^2 q + 4(b-a)q\sum_{r=1}^{q-1}\left|\sum_\nu e\big(f(\nu+r)\big)\overline{e\big(f(\nu)\big)}\right|\right\}^{\frac{1}{2}}.$$

定理证毕.

结合步骤 A 及 B' 我们可以估计很多的三角和, 我们先证明下面的定理:

定理 5.3 设 $f(x)$ 是在区间 $[a,b](b-a \geqslant 1)$ 上有一级到三级连续导数的实函数, 且

$$\lambda_3 \leqslant f'''(x) \leqslant h\lambda_3 \ (\text{或}\lambda_3 \leqslant -f'''(x) \leqslant h\lambda_3), \tag{5.4}$$

则

$$\sum_{a<n\leqslant b} e^{2\pi i f(n)} = O\left\{h^{\frac{1}{2}}(b-a)\lambda_3^{\frac{1}{6}}\right\} + O\left\{(b-a)^{\frac{1}{2}}\lambda_3^{-\frac{1}{6}}\right\}. \tag{5.5}$$

证 由定理 5.2,

$$\left|\sum_{a<n\leqslant b} e^{2\pi i f(n)}\right| < A\frac{b-a}{q^{\frac{1}{2}}} + A\left\{\frac{b-a}{q}\sum_{r=1}^{q-1}\left|\sum_{a<n\leqslant b-r} e^{2\pi i\{f(n+r)-f(n)\}}\right|\right\}^{\frac{1}{2}}. \tag{5.6}$$

令

$$g(x) = f(x+r) - f(x),$$

则

$$g''(x) = f''(x+r) - f''(x) = rf'''(\xi),$$

其中 $x<\xi<x+r$. 因此,

$$r\lambda_3 \leqslant g''(x) \leqslant hr\lambda_3 \left(\text{或} r\lambda_3 \leqslant -g''(x) \leqslant hr\lambda_3\right).$$

故由定理 5.1,

$$\sum_{a<n\leqslant b-r} e^{2\pi i\{f(n+r)-f(n)\}} = O\left\{h(b-a)r^{\frac{1}{2}}\lambda_3^{\frac{1}{2}}\right\} + O\left\{r^{-\frac{1}{2}}\lambda_3^{-\frac{1}{2}}\right\}.$$

代入(5.6), 即得

$$\begin{aligned}\sum_{a<n\leqslant b} e^{2\pi i f(n)} &= O\left(\frac{b-a}{q^{\frac{1}{2}}}\right) + O\left[\frac{b-a}{q}\sum_{r=1}^{q-1}\left\{h(b-a)r^{\frac{1}{2}}\lambda_3^{\frac{1}{2}} + r^{-\frac{1}{2}}\lambda_3^{-\frac{1}{2}}\right\}\right]^{\frac{1}{2}}\\ &= O\left(\frac{b-a}{q^{\frac{1}{2}}}\right) + O\left\{h(b-a)^2 q^{\frac{1}{2}}\lambda_3^{\frac{1}{2}} + (b-a)q^{-\frac{1}{2}}\lambda_3^{-\frac{1}{2}}\right\}^{\frac{1}{2}}\\ &= O\left\{(b-a)q^{-\frac{1}{2}}\right\} + O\left\{h^{\frac{1}{2}}(b-a)q^{\frac{1}{4}}\lambda_3^{\frac{1}{4}}\right\} + O\left\{(b-a)^{\frac{1}{2}}q^{-\frac{1}{4}}\lambda_3^{-\frac{1}{4}}\right\}\text{①}\end{aligned}$$

取 $q=\left[\lambda_3^{-\frac{1}{3}}\right]$, 则当 $\lambda_3\leqslant 1$ 时上式右边前两项对 λ_3 说是同阶的. 因此上式右边不

① 这里用到不等式：当 a,b 非负时, $\sqrt{a+b}\leqslant\sqrt{a}+\sqrt{b}$.

超过

$$O\left\{h^{\frac{1}{2}}(b-a)\lambda_3^{\frac{1}{6}}\right\}+O\left\{(b-a)^{\frac{1}{2}}\lambda_3^{-\frac{1}{6}}\right\}.$$

这就是要证明的结果. 若 $\lambda_3>1$, 定理中的结果显然成立. 又, 在证明中用到的定理 5.2 要求 $q\leqslant b-a$. 如果这条件不成立, 就有 $b-a=O\left(\lambda_3^{-\frac{1}{3}}\right)$, 因而

$$b-a=O\left\{(b-a)^{\frac{1}{2}}\lambda_3^{-\frac{1}{6}}\right\}.$$

定理同样成立. [证完]

根据上面的定理, 我们可以证明

定理 5.4

$$\zeta\left(\frac{1}{2}+\mathrm{i}t\right)=O\left(t^{\frac{1}{6}}\log t\right)(t\to\infty). \tag{5.7}$$

证 在定理 5.3 内取 $f(x)=-(2\pi)^{-1}t\log x$, 则

$$f'''(x)=-\frac{t}{\pi x^3}.$$

故当 $b\leqslant 2a$ 时,

$$\sum_{a<n\leqslant b}n^{-\mathrm{i}t}=O\left\{a\left(\frac{t}{a^3}\right)^{\frac{1}{6}}\right\}+O\left\{a^{\frac{1}{2}}\left(\frac{t}{a^3}\right)^{-\frac{1}{6}}\right\}$$
$$=O\left(a^{\frac{1}{2}}t^{\frac{1}{6}}\right)+O\left(at^{-\frac{1}{6}}\right).$$

若 $a\leqslant t^{\frac{2}{3}}$, 则上面第二项可以取消. 用 $S(b)$ 表上式左边的和数, 则用部分求和法得到

$$\sum_{a<n\leqslant b}\frac{1}{n^{\frac{1}{2}+it}}=\sum_{a<n\leqslant b}\frac{S(n)-S(n-1)}{n^{\frac{1}{2}}}$$

$$=\sum_{a<n\leqslant b}S(n)\left\{\frac{1}{n^{\frac{1}{2}}}-\frac{1}{(n+1)^{\frac{1}{2}}}\right\}-\frac{S(a)}{(a+1)^{\frac{1}{2}}}+\frac{S(b)}{(b+1)^{\frac{1}{2}}}$$

$$=O\left[a^{\frac{1}{2}}t^{\frac{1}{6}}\sum_{a<n\leqslant b}\left\{\frac{1}{n^{\frac{1}{2}}}-\frac{1}{(n+1)^{\frac{1}{2}}}\right\}\right]+O\left(t^{\frac{1}{6}}\right)=O\left(t^{\frac{1}{6}}\right). \qquad (5.7')$$

又由定理 5.1,

$$\sum_{a<n\leqslant b}n^{-it}=O\left(t^{\frac{1}{2}}\right)+O\left(at^{-\frac{1}{2}}\right).$$

故用部分求和法,

$$\sum_{a<n\leqslant b}\frac{1}{n^{\frac{1}{2}+it}}=O\left\{\left(\frac{t}{a}\right)^{\frac{1}{2}}\right\}+O\left\{\left(\frac{a}{t}\right)^{\frac{1}{2}}\right\}.$$

因此当 $t^{\frac{2}{3}}<a<t$ 时 (5.7′) 仍成立, 故 $\left(令\ k=\left[\frac{\log t}{\log 2}\right]\right)$

$$\sum_{n<t}\frac{1}{n^{\frac{1}{2}+it}}=\sum_{m=0}^{k}\sum_{2^{m-1}<n\leqslant 2^m}\frac{1}{n^{\frac{1}{2}+it}}+\sum_{2^k<n<t}\frac{1}{n^{\frac{1}{2}+it}}=O\left(t^{\frac{1}{6}}\log t\right).$$

由定理 3.1(取 $x=t$),

$$\zeta\left(\frac{1}{2}+\mathrm{i}t\right)=\sum_{n<t}\frac{1}{n^{\frac{1}{2}+\mathrm{i}t}}+O(1)=O\left(t^{\frac{1}{6}}\log t\right).$$ [证完]

定理 5.5 设 $f(x)$ 是实函数, 有一直到 k 级的连续导数, 且 $k\geqslant 2$; 又设 $\lambda_k\leqslant f^{(k)}(x)\leqslant h\lambda_k$ (或 $-f^{(k)}(x)$ 满足同样的不等式); 最后设 $b-a\geqslant 1$, $K=2^{k-1}$; 则

$$\sum_{a<n\leqslant b}\mathrm{e}^{2\pi \mathrm{i}f(n)}=O\left\{h^{2/K}(b-a)\lambda_k^{1/(2K-2)}\right\}+O\left\{(b-a)^{1-2/K}\lambda_k^{-1/(2K-2)}\right\}, \qquad (5.8)$$

其中 O 所隐含的常数与 k 无关.

证 当 $k=2$ 或 3 时, 由定理 5.1 或定理 5.3, 就得到所需要的结果, 今后假设

$k \geqslant 4$. 若 $\lambda_k \geqslant 1$, 则定理显然成立, 今假定 $\lambda_k < 1$, 并设定理对于不超过 $k-1$ 的一切整数都成立. 设

$$g(x) = f(x+r) - f(x) \quad (1 \leqslant r < q \leqslant b-a),$$

则

$$g^{(k-1)}(x) = f^{(k-1)}(x+r) - f^{(k-1)}(x) = rf^{(k)}(\xi) \quad (x < \xi < x+r).$$

故

$$r\lambda_k \leqslant g^{(k-1)}(x) \leqslant hr\lambda_k.$$

由归纳法假设, 把定理中的 k 换成 $k-1$ 后, 结果是成立的. 因此, 可以找到正的常数 A_1, A_2, 使得

$$\left|\sum_{a<n\leqslant b-r} \mathrm{e}^{2\pi \mathrm{i} g(n)}\right| < A_1 h^{4/K}(b-a)(r\lambda_k)^{1/(K-2)} + A_2(b-a)^{1-4/K}(r\lambda_k)^{-1/(K-2)}.$$

又当 $K \geqslant 4$ 时,

$$\sum_{r=1}^{q-1} r^{-1/(K-2)} < \int_0^q r^{-1/(K-2)} \mathrm{d}r = \frac{q^{1-1/(K-2)}}{1-1/(K-2)} \leqslant 2q^{1-1/(K-2)},$$

故当 $K \geqslant 4$ 时,

$$\sum_{r=1}^{q-1}\left|\sum_{a<n\leqslant b-r} \mathrm{e}^{2\pi \mathrm{i} g(n)}\right| < A_1 h^{4/K}(b-a) q^{1+1/(K-2)} \lambda_k^{1/(K-2)} + 2A_2(b-a)^{1-4/K} q^{1-1/(K-2)} \lambda_k^{-1/(K-2)}.$$

因此, 由定理 5.2(即步骤 A), 当 $q \leqslant b-a$ 时,

$$\begin{aligned}\left|\sum_{a<n\leqslant b} \mathrm{e}^{2\pi \mathrm{i} f(n)}\right| \leqslant\ & A_3(b-a)q^{-\frac{1}{2}} \\ & + A_4(b-a)^{\frac{1}{2}} q^{-\frac{1}{2}}\Big\{A_1 h^{4/K}(b-a) q^{1+1/(K-2)} \lambda_k^{1/(K-2)} \\ & + 2A_2(b-a)^{1-4/K} q^{1-1/(K-2)} \lambda_k^{-1/(K-2)}\Big\}^{\frac{1}{2}} \\ \leqslant\ & A_3(b-a)q^{-\frac{1}{2}} + A_4 A_1^{\frac{1}{2}} h^{2/K}(b-a) q^{1/(2K-4)} \lambda_k^{1/(2K-4)} \\ & + A_4(2A_2)^{\frac{1}{2}}(b-a)^{1-2/K} q^{-1/(2K-4)} \lambda_k^{-1/(2K-4)},\end{aligned}$$

式中 A_3, A_4 是正的常数. 为了使得前两项对于 λ_k 的阶相等, 可取

$$q=\left[\lambda_k^{-1/(K-1)}\right]+1.$$

于是

$$\lambda_k^{-1/(K-1)}<q<2\lambda_k^{-1/(K-1)},$$

$$q^{1/(2K-4)}\lambda_k^{1/(2K-4)}<2^{1/(2K-4)}\lambda_k^{(2K-4)^{-1}\left(1-\frac{1}{K-1}\right)}<2\lambda_k^{1/(2K-2)},$$

$$q^{-1/(2K-4)}\lambda_k^{-1/(2K-4)}<\lambda_k^{-1/(2K-2)}.$$

故

$$\left|\sum_{a<n\leqslant b}\mathrm{e}^{2\pi\mathrm{i}f(n)}\right|<(A_3+2A_4A_1^{\frac{1}{2}})h^{2/K}(b-a)\lambda_k^{1/(2K-2)}+A_4(2A_2)^{\frac{1}{2}}(b-a)^{1-2/K}\lambda_k^{-1/(2K-2)}.$$

这等价于(5.8). 不过我们还要验证是否常数不会随 k 而变大. 这只要

$$A_3+2A_4A_1^{\frac{1}{2}}\leqslant A_1,\ \ A_4(2A_2)^{\frac{1}{2}}\leqslant A_2.$$

由于 A_3, A_4 与 k 无关, 上面两个不等式当 A_1, A_2 充分大时是成立的.

又在上面, 我们假定了 $q\leqslant b-a$, 这只要 $2\lambda_k^{-1/(K-1)}\leqslant b-a$ 就行. 在相反的情况下, 我们有

$$\left|\sum_{a<n\leqslant b}\mathrm{e}^{2\pi\mathrm{i}f(n)}\right|\leqslant b-a<(b-a)^{\frac{1}{2}}\left(2\lambda_k^{-1/(K-1)}\right)^{\frac{1}{2}}$$

$$\leqslant 2^{\frac{1}{2}}(b-a)^{1-2/K}\lambda_k^{-1/(2K-2)}.$$

因此(5.8)仍成立. [证完]

利用上面这个定理, 我们要证明:

定理 5.6　若 $l\geqslant 3, L=2^{l-1}, \sigma=1-l/(2L-2)$, 则

$$\zeta(s)=O\left(t^{1/(2L-2)}\log t\right). \tag{5.9}$$

证　在前一定理中取

$$f(x)=-\frac{t\log x}{2\pi},\quad f^{(k)}(x)=\frac{(-1)^k(k-1)!\,t}{2\pi x^k}.$$

若 $a<n\leqslant b\leqslant 2a$, 则

$$\frac{(k-1)!t}{2\pi(2a)^k} \leqslant \left|f^{(k)}(x)\right| \leqslant \frac{(k-1)!t}{2\pi a^k}.$$

因此, 在应用前一定理时, 可取

$$\lambda_k = \frac{(k-1)!t}{2\pi(2a)^k}, \quad h = 2^k.$$

故

$$\begin{aligned}\sum_{a<n\leqslant b} n^{-\mathrm{i}t} &= O\left[2^{2k/K} a\left\{\frac{(k-1)!t}{2\pi(2a)^k}\right\}^{1/(2K-2)}\right] + O\left[a^{1-2/K}\left\{\frac{(k-1)!t}{2\pi(2a)^k}\right\}^{-1/(2K-2)}\right] \\ &= O\left(a^{1-k/(2K-2)}t^{1/(2K-2)}\right) + O\left(a^{1-2/K+k/(2K-2)}t^{-1/(2K-2)}\right).\end{aligned} \tag{5.10}$$

若

$$a < At^{K/(kK-2K+2)}, \tag{5.11}$$

式中 A 是充分小的常数, 则(5.10)右边第二项可以取消. 因此, 在同样条件下, 用部分求和法可以得到

$$\sum_{a<n\leqslant b} n^{-s} = O\left(a^{1-\sigma-k/(2K-2)}t^{1/(2K-2)}\right). \tag{5.12}$$

取 $\sigma = 1 - l/(2L-2)$, 则得

$$\sum_{a<n\leqslant b} n^{-s} = O\left(a^{l/(2L-2)-k/(2K-2)}t^{1/(2K-2)}\right). \tag{5.13}$$

首先, 取 $k=l$, 我们得到

$$\sum_{a<n\leqslant b} n^{-s} = O\left(t^{1/(2L-2)}\right) \quad \left(a < At^{L/(lL-2L+2)}\right).$$

因此, 用二分法求和

$$\begin{aligned}\sum_{n\leqslant t^{L/(lL-2L+2)}} n^{-s} &= \sum_{\frac{1}{2}t^{L/(lL-2L+2)}<n\leqslant t^{L/(lL-2L+2)}} + \cdots \\ &= O\left(t^{1/(2L-2)}\right) + O\left(t^{1/(2L-2)}\right) + \cdots \\ &= O\left(t^{1/(2L-2)}\log t\right).\end{aligned} \tag{5.14}$$

其次

$$\sum_{t^{L/(lL-2L+2)}<n\leqslant t}\frac{1}{n^s}=\sum_{\frac{1}{2}t<n\leqslant t}+\sum_{\frac{1}{4}t<n\leqslant\frac{1}{2}t}+\cdots, \tag{5.15}$$

对应于每一项 $\sum_{2^{-m}t<n\leqslant 2^{1-m}t}$，都有一个 $k<l$，使得

$$t^{K/\{(k+1)K-2K+1\}}<2^{-m}t\leqslant t^{K/(kK-2K+2)}.$$

故由(5.13)

$$\sum_{2^{-m}t<n\leqslant 2^{1-m}t}\frac{1}{n^s}=O\left\{t^{\{l/(2L-2)-k/(2K-2)\}K/\{(k+1)K-2K+1\}+1/(2K-2)}\right\}.$$

要想使上式右边的指数不超过(5.14)右边的指数，只要

$$\left(\frac{l}{2L-2}-\frac{k}{2K-2}\right)\frac{K}{(k+1)K-2K+1}+\frac{1}{2K-2}\leqslant\frac{1}{2L-2},$$

这可以化成

$$L-K\geqslant(l-k)K,$$

即

$$2^{l-k}-1\geqslant l-k.$$

上式显然成立. 由于(5.15)右边包含 $O(\log t)$ 项，故

$$\sum_{t^{L/(lL-2L+2)}<n\leqslant t}\frac{1}{n^s}=O\left(t^{1/(2L-2)}\log t\right).$$

定理证毕.

在定理中取 $l=3$，$L=4$ 就得到定理 5.4.

§ 6. $\zeta\left(\frac{1}{2}+\mathrm{i}t\right)$的阶的进一步估计

在本节里面，我们要进一步估计 $\zeta\left(\frac{1}{2}+\mathrm{i}t\right)$ 的阶. 在这方面所得的结果都可以写成

$$\zeta\left(\frac{1}{2}+\mathrm{i}t\right)=O\left(t^{\alpha}\log^{\beta}t\right) \tag{6.1}$$

的形式, 其中

$$\alpha=\frac{163}{988},\frac{27}{164},\frac{229}{1392},\frac{19}{116},\frac{15}{92}.$$

这些结果先后由 Вальфиш, Titchmarsh, Phillips 与著者所得到. 1959 年尹文霖曾证明 $\alpha=\dfrac{13}{80}$, 到 1963 年, 陈景润、尹文霖和 Hanke 又互相独立地得到 $\alpha=\dfrac{6}{37}$. 迄今最好的结果是 $\alpha=\dfrac{173}{1067}$, 这是 Колесник 在 1973 年发表的. 本节只给出 $\alpha=\dfrac{27}{164}$ 的证明.

定理 6.1

$$\zeta\left(\frac{1}{2}+\mathrm{i}t\right)=O\left(t^{27/164}\right). \tag{6.2}$$

证 1) 考虑和数

$$\sum\nolimits_1=\sum_{a<n\leqslant b}n^{-\mathrm{i}t}=\sum_{a<n\leqslant b}\mathrm{e}^{-\mathrm{i}t\log n},$$

其中 $a<b\leqslant 2a$, $a<A\sqrt{t}$ (A 是一个正的常数). 由定理 5.2(步骤 A),

$$\sum\nolimits_1=O\left(\frac{a}{q^{1/2}}\right)+O\left\{\left(\frac{a}{q}\sum_{r=1}^{q-1}\left|\sum\nolimits_2\right|\right)^{\frac{1}{2}}\right\}, \tag{6.3}$$

其中 $q\leqslant b-a$, 而

$$\sum\nolimits_2=\sum_{a<n\leqslant b-r}\mathrm{e}^{-\mathrm{i}t\{\log(n+r)-\log n\}}.$$

我们要应用定理 2.2(步骤 B) 来估计 $\sum_2$. 我们有 $\varphi(x)\equiv 1$, 而

$$f(x)=-\frac{t}{2\pi}\{\log(x+r)-\log x\},\quad f'(x)=\frac{tr}{2\pi x(x+r)},$$

$$f''(x)=-\frac{tr}{2\pi}\frac{2x+r}{x^2(x+r)^2},\quad f'''(x)=\frac{tr}{\pi}\frac{3x^2+3xr+r^2}{x^3(x+r)^3}.$$

因此, 可以取 $R^{-1}=tra^{-3}, U^{-1}=a^{-1}, H=1, U_1^{-1}=U^{-1}$. 故

$$\sum\nolimits_2 = \mathrm{e}^{-\frac{1}{4}\pi\mathrm{i}} \sum_{\alpha<\upsilon\leqslant\beta} \frac{\mathrm{e}^{2\pi\mathrm{i}\phi(\upsilon)}}{\left|f''(x_\upsilon)\right|^{\frac{1}{2}}} + O\left(\frac{a^{\frac{3}{2}}}{t^{\frac{1}{2}}r^{\frac{1}{2}}}\right)$$

$$+O\left\{\log\left(2+\frac{tr}{a^2}\right)\right\}+O\left\{\left(a+\frac{a^3}{tr}\right)a^{-1}\right\}, \tag{6.4}$$

其中$\phi(\upsilon)=f(x_\upsilon)-\upsilon x_\upsilon$，$\alpha=f'(b-r)$，$\beta=f'(a)$.

2) 进一步考虑

$$\sum_{\alpha<\upsilon\leqslant\gamma} \mathrm{e}^{2\pi\mathrm{i}\phi(\upsilon)} \ (\alpha<\gamma\leqslant\beta).$$

由于x_υ系由

$$\frac{tr}{2\pi x_\upsilon(x_\upsilon+r)}=\upsilon, \text{ 即 } x_\upsilon=\frac{1}{2}\left(r^2+\frac{2tr}{\pi\upsilon}\right)^{\frac{1}{2}}-\frac{1}{2}r$$

所决定，故(注意$r\upsilon\leqslant rf'(a)=\dfrac{tr^2}{2\pi a(a+r)}\leqslant\dfrac{tr^2}{2\pi a^2}\leqslant\dfrac{t}{2\pi}$)

$$\phi'(\upsilon)=\left\{f'(x_\upsilon)-\upsilon\right\}\frac{\mathrm{d}x_\upsilon}{\mathrm{d}\upsilon}-x_\upsilon=-x_\upsilon=\frac{1}{2}r-\frac{1}{2}\left(r^2+\frac{2tr}{\pi\upsilon}\right)^{\frac{1}{2}},$$

$$\begin{aligned}\phi''(\upsilon)&=\frac{tr}{2\pi\upsilon^2\left(r^2+2tr/\pi\upsilon\right)^{1/2}}\\&=\frac{1}{2}\left(\frac{tr}{2\pi}\right)^{\frac{1}{2}}\left(\frac{1}{\upsilon^{3/2}}-\frac{\pi r}{4t}\frac{1}{\upsilon^{1/2}}+\cdots\right),\end{aligned}$$

而

$$\frac{K_1(tr)^{\frac{1}{2}}}{\upsilon^{k-\frac{1}{2}}}<\left|\phi^{(k)}(\upsilon)\right|<\frac{K_2(tr)^{\frac{1}{2}}}{\upsilon^{k-\frac{1}{2}}}(t>t_k),$$

其中K_1, K_2(及以后用到的K_3）和t_k只与 k 有关. 因此，我们可以应用定理 5.5 (或定理 5.1 及 5.3) 并在其中取$h=O(1)$ 及

$$\lambda_k = K_3 (tr)^{\frac{1}{2}} \left(tr / a^2\right)^{\frac{1}{2}-k} = K_3 (tr)^{1-k} a^{2k-1}.$$

这样就得到

$$\sum_{\alpha<\nu\leqslant\gamma} \mathrm{e}^{2\pi \mathrm{i}\phi(\nu)} = O\left\{\frac{tr}{a^2}\left(\frac{a^{2k-1}}{t^{k-1}r^{k-1}}\right)^{1/(2K-2)}\right\} + O\left\{\left(\frac{tr}{a^2}\right)^{1-2/K}\cdot\left(\frac{a^{2k-1}}{t^{k-1}r^{k-1}}\right)^{-1/(2K-2)}\right\}. \tag{6.5}$$

3) 现在回过来估计 $\sum_2$ 及 $\sum_1$. 由于 $\left|f''(x_\upsilon)\right|^{-\frac{1}{2}}$ 是单调的并等于 $O\left(t^{-\frac{1}{2}}r^{-\frac{1}{2}}a^{\frac{3}{2}}\right)$, 故用部分求和法(第二篇第六章引用 2.1), 由(6.5) 得

$$\sum_{\alpha<\upsilon\leqslant\beta} \frac{\mathrm{e}^{2\pi \mathrm{i}\phi(\upsilon)}}{\left|f''(x_\upsilon)\right|^{\frac{1}{2}}} = O\left\{(tr)^{\frac{1}{2}-\frac{k-1}{2K-2}} a^{\frac{2k-1}{2K-2}-\frac{1}{2}}\right\} + O\left\{(tr)^{\frac{1}{2}-\frac{2}{K}+\frac{k-1}{2K-2}} a^{\frac{4}{K}-\frac{1}{2}-\frac{2k-1}{2K-2}}\right\}.$$

故当 $k\geqslant 2$ 时, 由(6.4)

$$\frac{1}{q}\sum_{r=1}^{q-1}\left|\sum\nolimits_2\right| = O\left\{(tq)^{\frac{1}{2}-\frac{k-1}{2K-2}} a^{\frac{2k-1}{2K-2}-\frac{1}{2}}\right\} + O\left\{(tq)^{\frac{1}{2}-\frac{2}{K}+\frac{k-1}{2k-2}} a^{\frac{4}{K}-\frac{1}{2}-\frac{2k-1}{2K-2}}\right\} + O\left\{a^{\frac{3}{2}}(tq)^{-\frac{1}{2}}\right\} + O\left\{\log\left(\frac{tq}{a^2}+2\right)\right\} + O\left\{1+a^2(tq)^{-1}\log(q+1)\right\}. \tag{6.6}$$

因此利用不等式

$$(X+Y+\cdots+W)^{\frac{1}{2}} \leqslant X^{\frac{1}{2}} + Y^{\frac{1}{2}} + \cdots + W^{\frac{1}{2}}$$

(式中 $X,Y,\cdots W$ 表非负实数), 我们就由(6.3) 得

$$\begin{aligned}\sum\nolimits_1 &= O\left(aq^{-\frac{1}{2}}\right) + O\left\{(tq)^{\frac{1}{4}-\frac{k-1}{4K-4}} a^{\frac{2k-1}{4K-4}+\frac{1}{4}}\right\} \\ &\quad + O\left\{(tq)^{\frac{1}{4}-\frac{1}{K}+\frac{k-1}{4K-4}} a^{\frac{2}{K}+\frac{1}{4}-\frac{2k-1}{4K-4}}\right\} \\ &\quad + O\left\{(tg)^{-\frac{1}{4}} a^{\frac{5}{4}}\right\} + O\left(a^{\frac{1}{2}} \log^{\frac{1}{2}}\left(\frac{tg}{a^2}+2\right)\right) \\ &\quad + O\left(a^{\frac{1}{2}} + a^{\frac{3}{2}} (tq)^{-\frac{1}{2}} \log^{\frac{1}{2}}(q+1)\right). \end{aligned} \tag{6.7}$$

取

$$q = \left[a^{\frac{3K-2k-2}{3K-k-2}} t^{-\frac{K-k}{3K-k-2}} \right],$$

则(6.7) 右边前两项的阶相等, 并且都可以写成下面的形式:

$$O\left\{a^{\frac{3K-2}{2(3K-k-2)}} t^{\frac{K-k}{2(3K-k-2)}}\right\} = O\left\{t^{\frac{5K-2k-2}{4(3K-k-2)}}\right\} \quad \left(a < A\sqrt{t}\right).$$

当 $k = 2,3,4,5,6,\cdots$ 时上面的指数的值分别为

$$\frac{1}{2},\frac{3}{7},\frac{5}{12},\frac{17}{41},\frac{73}{176},\cdots,$$

其中以 $\frac{17}{41}$ 为最小. 因此, 取 $k = 5$ 得

$$q = \left[a^{\frac{36}{41}} t^{-\frac{11}{41}} \right] \geqslant 1 \quad \left(a > t^{\frac{11}{36}}\right).$$

由此,

$$\sum\nolimits_1 = O\left(a^{\frac{23}{41}}t^{\frac{11}{82}}\right)+O\left(a^{\frac{147}{328}}t^{\frac{61}{328}}\right)+O\left(a^{\frac{169}{164}}t^{-\frac{15}{82}}\right)$$
$$+O\left\{a^{\frac{1}{2}}\log^{\frac{1}{2}}\left(a^{-\frac{46}{41}}t^{\frac{30}{41}}+2\right)\right\}$$
$$+O\left\{a^{\frac{1}{2}}+a^{\frac{87}{82}}t^{-\frac{15}{41}}\log^{\frac{1}{2}}\left(a^{\frac{36}{41}}t^{-\frac{11}{41}}+1\right)\right\}. \tag{6.8}$$

上式的成立并不限于$q\leqslant b-a$，这因为当$q\geqslant b-a$时

$$\sum\nolimits_1 = O(b-a)=O(q)=O\left(a^{\frac{36}{41}}t^{-\frac{11}{41}}\right)=O\left(a^{\frac{169}{164}}t^{-\frac{15}{82}}\right). \tag{6.9}$$

4) 比较(6.8)内右边第一项及最后三项，可以看出当$a=O\left(\sqrt{t}\right)$时，最后三项的阶不比第一项大，因此可以略去. 故由部分求和法得

$$\sum_{a<n\leqslant b}\frac{1}{n^{\frac{1}{2}+it}}=O\left(a^{\frac{5}{82}}t^{\frac{11}{82}}\right)+O\left(a^{-\frac{17}{328}}t^{\frac{61}{328}}\right)\left(a>t^{\frac{11}{36}}\right),$$

而(设$m=\left[\dfrac{\log\left(A\sqrt{t}/N\right)}{\log 2}\right]$)

$$\sum_{N<n\leqslant A\sqrt{t}}\frac{1}{n^{\frac{1}{2}+it}}=\sum_{N<n\leqslant 2N}+\sum_{2N<n\leqslant 4N}+\cdots+\sum_{2^m N<n\leqslant A\sqrt{t}}$$
$$=O\left(t^{\frac{27}{164}}\right)+O\left(N^{-\frac{17}{328}}t^{\frac{61}{328}}\right)$$
$$=O\left(t^{\frac{27}{164}}\right)\quad\left(\text{当 } N>t^{\frac{7}{17}}>t^{\frac{11}{36}}\right). \tag{6.10}$$

5) 当$n\leqslant t^{\frac{7}{17}}$时，我们要换一个方法来估计. 在(5.10)内取$k=4$，即得

$$\sum_{a<n\leqslant b}n^{-it}=O\left(a^{\frac{5}{7}}t^{\frac{1}{14}}\right)\quad\left(a<At^{\frac{4}{9}}\right),$$
$$\sum_{a<n\leqslant b}\frac{1}{n^{\frac{1}{2}+it}}=O\left(a^{\frac{3}{14}}t^{\frac{1}{14}}\right).$$

由此，不难看出

$$\sum_{n\leqslant t^{7/17}}\frac{1}{n^{\frac{1}{2}+\mathrm{i}t}}=O\left(t^{\frac{3}{14}\cdot\frac{7}{17}\cdot\frac{1}{14}}\right)=O\left(t^{\frac{19}{119}}\right)=O\left(t^{\frac{27}{164}}\right).$$

6) 总结以上结果，我们就得到

$$\sum_{n\leqslant A\sqrt{t}}\frac{1}{n^{\frac{1}{2}+\mathrm{i}t}}=O\left(t^{\frac{27}{164}}\right).$$

因此，由定理 3.2$\left(\text{取}\sigma=\frac{1}{2},\ x=y=A\sqrt{t}\right)$，立刻得到本定理.　　[证完]

附录　Phragmén-Lindelöf 定理

定理　设 C 是逐段光滑的简单闭曲线，除在 C 上一点 P 以外，$f(z)$ 在 C 内及 C 上都是解析的. 又设除在 P 点外，在 C 上永有 $|f(z)|\leqslant M$.

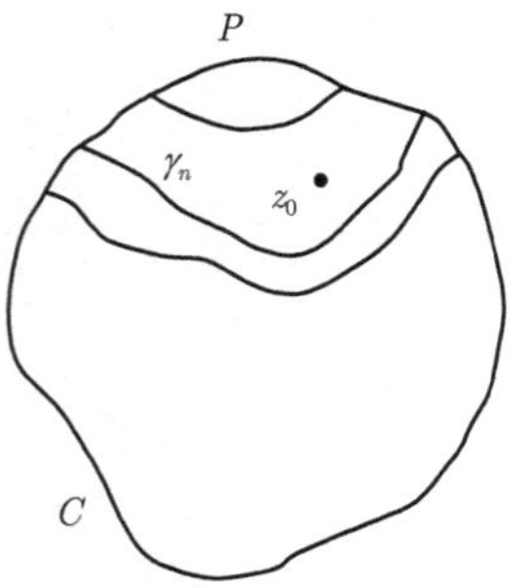

图 4

设能找到一个不恒为 0 的函数 $\omega(z)$，在 C 内正则，而 $|\omega(z)|\leqslant 1$，并且任给 $\varepsilon>0$，我们都能找到一串逐段光滑的简单曲线 γ_n，使得(ⅰ) 每一曲线连接 C 上 P 点左右各一点；(ⅱ) 除端点以外，全部在 C 内，并且整个曲线 γ_n，当 $n\to\infty$ 时，一致地趋向 P；(ⅲ) 在这些曲线上，恒有

$$\left|\{\omega(z)\}^{\varepsilon}f(z)\right|\leqslant M.$$

在以上条件下，我们可以断言：

$$|f(z)|\leqslant M$$

在 C 内恒成立.

又当 P 是 ∞ 点时，定理仍成立.

证　设

$$F(z)=\{\omega(z)\}^{\varepsilon}f(z),$$

则 F 在 C 内正则. 若 z_0 在 C 内, 则当 n 充分大时, γ_n 与 C 上不含 P 的部分共同组成包含 z_0 的闭曲线. 在这闭曲线上,

$$\left|F(z)\right| \leqslant M.$$

故

$$\left|F(z_0)\right| \leqslant M,$$

即
$$\left|f(z_0)\right| \leqslant M\left\{\omega(z_0)\right\}^{-\varepsilon}.$$

令 $\varepsilon \to 0$ 即得

$$\left|f(z_0)\right| \leqslant M.$$

[证完]

从这个定理可以推出很多有用的结果, 下面是其中之一.

推论 设 $\phi(s)$ 在区域

$$D: \sigma_1 \leqslant \sigma \leqslant \sigma_2,\quad t \geqslant 0$$

的内部及边界上是正则的, 且对于任何 $\varepsilon > 0$, 都有

$$\left|\phi(s)\right| = O\left(\mathrm{e}^{\varepsilon|t|}\right)\ (t \to \infty),$$

且

$$\phi(\sigma_1 + \mathrm{i}t) = O\left(t^{k_1}\right),\ \phi(\sigma_2 + \mathrm{i}t) = O\left(t^{k_2}\right)\ (t \to \infty),$$

则当 $\sigma_1 \leqslant \sigma \leqslant \sigma_2$ 时,

$$\phi(\sigma + \mathrm{i}t) = O\left(t^{k(\sigma)}\right),$$

式中

$$k(\sigma) = k_1 \frac{\sigma_2 - \sigma}{\sigma_2 - \sigma_1} + k_2 \frac{\sigma - \sigma_1}{\sigma_2 - \sigma_1},$$

而 O 内隐含的常数只与 σ_1 及 σ_2 有关.

证 1) 先设 $k_1 = 0$, $k_2 = 0$, 则 $\phi(s)$ 在 $\sigma = \sigma_1$ 及 $\sigma = \sigma_2$ 上有界. 今用 M 表 $\left|\phi(s)\right|$ 在 D 的边界 $\overline{D}$ 上的一个上界.

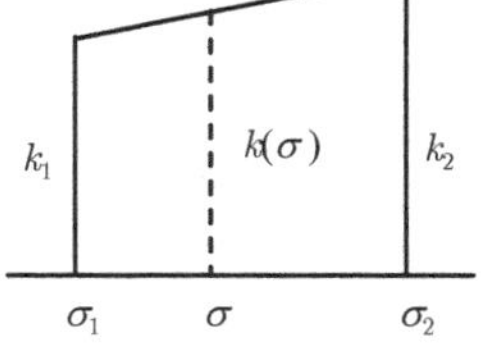

图 5

令

$$g(s) = \mathrm{e}^{\varepsilon s \mathrm{i}}\phi(s),$$

则

$$\left|g(s)\right| = \mathrm{e}^{-\varepsilon t}\left|\phi(s)\right| \leqslant \left|\phi(s)\right| \leqslant M,\ \text{当}\, s \in \overline{D}.$$

又

$$\left|g(s)\right| \to 0,\quad \text{当}\, t \to +\infty,\quad \sigma_1 \leqslant \sigma \leqslant \sigma_2.$$

故当 T 充分大时

$$\left|g(s)\right| \leqslant M,\ \text{当}\, t = T,\quad \sigma_1 \leqslant \sigma \leqslant \sigma_2.$$

因此，在矩形 $\sigma_1 \leqslant \sigma \leqslant \sigma_2, 0 \leqslant t \leqslant T$ 内所有的点上都有 $\left|g(s)\right| \leqslant M$. 于是由定理，在半带状区域 D 内恒有

$$\left|g(s)\right| \leqslant M,$$

即

$$\left|\phi(s)\right| \leqslant \mathrm{e}^{\varepsilon t}M.$$

令 $\varepsilon \to 0$，即得

$$\left|\phi(s)\right| \leqslant M\quad (t > 0, \sigma_1 \leqslant \sigma \leqslant \sigma_2).$$

结论随之成立.

2) 在一般情形下，令

$$\psi(s) = (-\mathrm{i}s)^{k(s)} = e^{k(s)\log(-\mathrm{i}s)}$$

(对数系取主值). 这函数当 $\sigma_1 \leqslant \sigma \leqslant \sigma_2, t > 0$ 时正则. 又若 $k(s) = as + b$ $(a,b$ 是实数$)$，则

$$\begin{aligned} R\{k(s)\log(-\mathrm{i}s)\} &= R\left[\{k(\sigma) + \mathrm{i}at\}\log(t - \mathrm{i}\sigma)\right] \\ &= k(\sigma)\log t + O(1). \end{aligned}$$

故

$$\left|\psi(s)\right| = t^{k(\sigma)}\mathrm{e}^{O(1)}.$$

显然函数 $\varPhi(s) = \dfrac{\phi(s)}{\psi(s)}$ 满足 1) 内 $\phi(s)$ 所满足的一切条件. 故 $\varPhi(s)$ 在 D 内有界，即

$$\phi(s) = O\left\{\left|\psi(s)\right|\right\} = O\left(t^{k(\sigma)}\right).$$

第十三章　除 数 问 题

§ 1. 一般除数问题的初步结果

我们用 $\tau(n)$ 表 n 的除数个数, 并设

$$D(x)=\sum_{n\leqslant x}\tau(n).$$

所谓 Dirichlet 除数问题就是研究当 $x\to\infty$ 时, $D(x)$ 的渐近性质的问题. Dirichlet 本人曾证明下面的结果:

定理 1.1　$D(x)=x\log x+(2\gamma-1)x+O\left(x^{1/2}\right)$.

这个公式见于许多初等数论书中, 这里不予证明. 我们常令

$$D(x)=x\log x+(2\gamma-1)x+\Delta(x).$$

因此, 定理 1.1 等于说

$$\Delta(x)=O\left(x^{1/2}\right). \tag{1.1}$$

关于 $\Delta(x)$ 的进一步估计留待以后讨论.

我们又用 $\tau_k(n)$ 表示把 n 表成 k 个因数的乘积时不同表法的个数 (要考虑到因数的次序), 并令

$$D_k(x)=\sum_{n\leqslant x}\tau_k(n).$$

Dirichlet 也曾考虑到关于 $D_k(x)$ 的问题.

函数 $D_k(x)$ 与 $\zeta(s)$ 是有密切关系的. 由第二篇第六章定理 6.5, 我们知道

$$\zeta^k(s)=\sum_{n=1}^{\infty}\frac{\tau_k(n)}{n^s}\quad(\sigma>1).$$

又

$$\frac{1}{2\pi \mathrm{i}}\int_{c-\mathrm{i}\infty}^{c+\mathrm{i}\infty}\frac{x^w}{w}\mathrm{d}w=\begin{cases}1, & (x>1),\\ 0, & (x<1)\end{cases}\quad (c>0)$$

因此，当 x 不是整数时

$$D_k(x)=\frac{1}{2\pi \mathrm{i}}\int_{c-\mathrm{i}\infty}^{c+\mathrm{i}\infty}\zeta^k(w)\frac{x^w}{w}\mathrm{d}w\quad (c>1).$$

积分函数在 $w=1$ 有一个 k 级极点，其对应的残数是 $xP_k(\log x)$，而 $P_k(\log x)$ 是 $\log x$ 的 $k-1$ 次多项式. 令

$$D_k(x)=xP_k(\log x)+\Delta_k(x)\ \ (x>0),$$

则 $\Delta_2(x)=\Delta(x)$.

关于 $\Delta_k(x)$ 的初等结果有

定理 1.2 $\Delta_k(x)=O\left(x^{1-\frac{1}{k}}\log^{k-2}x\right)\ (k=2,3,\cdots)$.

证 由定理 1.1，上式当 $k=2$ 时成立. 今用归纳法假设对于 Δ_{k-1} 的公式成立. 我们要证明对于 Δ_k 的公式也成立.

我们容易看到

$$\begin{aligned}D_k(x)&=\sum_{n_1n_2\cdots n_k\leqslant x}1=\sum_{mn\leqslant x}\tau_{k-1}(n)\\&=\sum_{n\leqslant x^{1/k}}\sum_{n\leqslant x/m}\tau_{k-1}(n)+\sum_{x^{1/k}<m\leqslant x}\sum_{n\leqslant x/m}\tau_{k-1}(n)\\&=\sum_{m\leqslant x^{1/k}}\sum_{n\leqslant x/m}\tau_{k-1}(n)+\sum_{n\leqslant x^{1-1/k}}\tau_{k-1}(n)\sum_{x^{1/k}<m\leqslant x/n}1\\&=\sum_{m\leqslant x^{1/k}}D_{k-1}\left(\frac{x}{m}\right)+\sum_{n\leqslant x^{1-1/k}}\left\{\frac{x}{n}-x^{1/k}+O(1)\right\}\tau_{k-1}(n)\\&=\sum_{m\leqslant x^{1/k}}D_{k-1}\left(\frac{x}{m}\right)+x\sum_{n\leqslant x^{1-1/k}}\frac{\tau_{k-1}(n)}{n}-x^{1/k}D_{k-1}\left(x^{1-1/k}\right)+O\left\{D_{k-1}\left(x^{1-1/k}\right)\right\}.\end{aligned}\tag{1.2}$$

为便利计，我们用 $p_k(z),q_k(z),r_k(z)$ 及 $s_k(z)$ 表示 z 的不超过 $k-1$ 次的多项式，则由 Euler 求和公式(第二篇第七章引理 1.1),

$$\sum_{1<m\leqslant\xi}\frac{\log^{k-2}m}{m}=\int_1^{\xi}\frac{\log^{k-2}x}{x}\mathrm{d}x+\int_1^{\xi}\frac{x-[x]-\frac{1}{2}}{x^2}(k-2-\log x)\log^{k-3}x\mathrm{d}x+O\left(\frac{\log^{k-2}\xi}{\xi}\right)$$

$$=p_k(\log\xi)+O\left(\frac{\log^{k-2}\xi}{\xi}\right).$$

故

$$\sum_{m\leqslant x^{1/k}}\frac{x}{m}P_{k-1}\left(\log\frac{x}{m}\right)=xq_k(\log x)+O\left(x^{1-\frac{1}{k}}\log^{k-2}x\right).$$

又由归纳法的假定

$$\sum_{m\leqslant x^{1/k}}\Delta_{k-1}\left(\frac{x}{m}\right)=O\left\{x^{1-\frac{1}{k-1}}\log^{k-3}x\sum_{m\leqslant x^{1/k}}\frac{1}{m^{1-1/(k-1)}}\right\}$$

$$=O\left\{x^{1-\frac{1}{k-1}}\log^{k-3}x\cdot x^{\frac{1}{k(k-1)}}\right\}$$

$$=O\left(x^{1-\frac{1}{k}}\log^{k-3}x\right).$$

以上估计了(1.2) 右边第一项, 至少第二项, 则可写成

$$x\sum_{n\leqslant x^{1-1/k}}\frac{D_{k-1}(n)-D_{k-1}(n-1)}{n}=x\sum_{n\leqslant x^{1-1/k}}\frac{D_{k-1}(n)}{n(n+1)}+\frac{xD_{k-1}(N)}{N+1},$$

其中 $N=\left[x^{1-1/k}\right]$. 我们有

$$x\sum_{n\leqslant x^{1-1/k}}\frac{P_{k-1}(\log n)}{n+1}+x\frac{NP_{k-1}(\log N)}{N+1}=xr_k(\log x)+O\left(x^{1/k}\log^{k-2}x\right),$$

而(C 表某一常数)

$$x\sum_{n\leqslant x^{1-1/k}}\frac{\Delta_{k-1}(n)}{n(n+1)}+\frac{x\Delta_{k-1}(N)}{N+1}=Cx-x\sum_{n>x^{1-1/k}}\frac{\Delta_{k-1}(n)}{n(n+1)}+\frac{x\Delta_{k-1}(N)}{N+1}$$

$$=Cx-x\sum_{n>x^{1-1/k}}O\left\{\frac{\log^{k-3}n}{n^{1+1/(k-1)}}\right\}+O\left(xN^{-\frac{1}{k-1}}\log^{k-3}N\right)$$

$$=Cx+O\left(x^{1-\frac{1}{k}}\log^{k-3}x\right).$$

最后,

$$x^{1/k}D_{k-1}\left(x^{1-1/k}\right)=x^{1/k}\left\{x^{1-1/k}P_{k-1}\left(\log x^{1-1/k}\right)+O\left(x^{\left(1-\frac{1}{k}\right)\left(1-\frac{1}{k-1}\right)}\log^{k-3}x\right)\right\}$$

$$=xs_{k-1}(\log x)+O\left(x^{1-1/k}\log^{k-3}x\right).$$

定理随之证明.

§ 2. 略进一步的结果

用 α_k 表示使得

$$\Delta_k(x)=O\left(x^{\alpha k+\varepsilon}\right)$$

对于每一个 $\varepsilon>0$ 都成立的 α_k 的最小值, 那么, 就可以把上节的结果写成

$$\alpha_k\leqslant\frac{k-1}{k}\quad(k=2,3,\cdots).\tag{2.1}$$

定理 2.1 (Вороной, Landau)　$\alpha_k\leqslant\dfrac{k-1}{k+1}(k=2,3,\cdots)$.

证　1) 在第二篇第六章定理 4.2 内取 $a_n=\tau_k(n)$, $\psi(n)=n^{\varepsilon}(\varepsilon>0)$, $a=k$, $\beta=1$, $s=0$, 并设 x 是某一个奇数的一半, 则用 s 代 w 后得

$$D_k(x)=\frac{1}{2\pi\mathrm{i}}\int_{c-\mathrm{i}T}^{c+\mathrm{i}T}\frac{x^s}{s}\zeta^k(s)\,\mathrm{d}s+O\left(\frac{x^c}{T(c-1)^k}\right)+O\left(\frac{x^{1+\varepsilon}}{T}\right)(c>1).$$

2) 考虑

$$\int_R\zeta^k(s)\frac{x^s}{s}\mathrm{d}s,$$

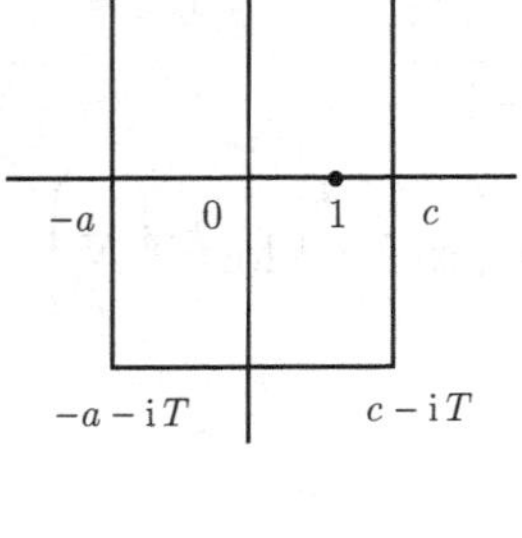

图 1

其中 R 是以 $-a-\mathrm{i}T$, $c-\mathrm{i}T$, $c+\mathrm{i}T$, $-a+\mathrm{i}T$ $(a>0)$ 为顶点的矩形.

积分函数在 $s=1$ 的残数是 $xP_k(\log x)$, 其中 $P_k(\log x)$ 是 $\log x$ 的 $k-1$ 次多项式, 而在 $s=0$ 的残数是

$$\zeta^k(0)=O(1).$$

3) 由第十二章公式(4.1)及(4.6),

$$\zeta(c+\mathrm{i}t)=O(1),\quad \zeta(-a+\mathrm{i}t)=O\left(t^{a+\frac{1}{2}}\right).$$

根据 Phragmén-Lindelöf 原则(第十二章附录中推论), 在 R 内有

$$\zeta^k(s)=O\left(t^{k\left(a+\frac{1}{2}\right)(c-\sigma)/(a+c)}\right).$$

因此

$$\int_{-a+\mathrm{i}T}^{c+\mathrm{i}T}\zeta^k(s)\frac{x^s}{s}\mathrm{d}s=O\left(\int_{-a}^{c}T^{k\left(a+\frac{1}{2}\right)(c-\sigma)/(a+c)-1}x^{\sigma}\mathrm{d}\sigma\right).$$

由于 $T^{k\left(a+\frac{1}{2}\right)(c-\sigma)/(a+c)-1}x^{\sigma}$ 的极大值只能在区间 $(-a,c)$ 的端点之一达到, 故上式不超过

$$O\left(T^{k\left(a+\frac{1}{2}\right)-1}x^{-a}\right)+O\left(T^{-1}x^{c}\right).$$

仿此

$$\int_{-a-\mathrm{i}T}^{c-\mathrm{i}T}\zeta^k(s)\frac{x^s}{s}\mathrm{d}s=O\left(T^{k\left(a+\frac{1}{2}\right)-1}x^{-a}\right)+O\left(T^{-1}x^{c}\right).$$

4) 利用 $\zeta(s)$ 的函数方程可以得到

$$\begin{aligned}\int_{-a-\mathrm{i}T}^{-a+\mathrm{i}T}\zeta^k(s)\frac{x^s}{s}\mathrm{d}s&=\int_{-a-\mathrm{i}T}^{-a+\mathrm{i}T}\chi^k(s)\zeta^k(1-s)\frac{x^s}{s}\mathrm{d}s\\&=\sum_{n=1}^{\infty}\tau_k(n)\int_{-a-\mathrm{i}T}^{-a+\mathrm{i}T}\frac{\chi^k(s)x^s}{n^{1-s}s}\mathrm{d}s\\&=\mathrm{i}x^{-a}\sum_{n=1}^{\infty}\frac{\tau_k(n)}{n^{1+a}}\int_{-T}^{T}\frac{\chi^k(-a+\mathrm{i}t)}{-a+\mathrm{i}t}(nx)^{\mathrm{i}t}\,\mathrm{d}t,\end{aligned}$$

上式中

$$\chi(s)=2^s\pi^{s-1}\sin\frac{\pi s}{2}\Gamma(1-s).$$

利用 Stirling 公式[①]，我们不难看出，当 $1 \leqslant t \leqslant T$ 时，

$$\chi(-a+\mathrm{i}t) = C\mathrm{e}^{-\mathrm{i}t\log t+\mathrm{i}t\log 2\pi+\mathrm{i}t}t^{a+\frac{1}{2}} + O\left(t^{a-\frac{1}{2}}\right), \tag{2.2}$$

式中 $C = (2\pi)^{-a-\frac{1}{2}}\mathrm{e}^{+\frac{1}{4}\pi\mathrm{i}}$．又

$$\frac{1}{-a+\mathrm{i}t} = \frac{1}{\mathrm{i}t} + O\left(\frac{1}{t^2}\right),$$

故当 $\left(a+\frac{1}{2}\right)k > 1$ 时，

$$\int_1^T \frac{\chi^k(-a+\mathrm{i}t)}{-a+\mathrm{i}t}(nx)^{\mathrm{i}t}\,\mathrm{d}t = -\mathrm{i}C^k\int_1^T \mathrm{e}^{\mathrm{i}kt(-\log t+\log 2\pi+1)}(nx)^{\mathrm{i}t}\,t^{\left(a+\frac{1}{2}\right)k-1}\mathrm{d}t + O\left(T^{\left(a+\frac{1}{2}\right)k-1}\right).$$

我们要用第十二章的引理 1.3 来估计上式右边的积分．在该引理中取

$$F(t) = kt(-\log t+\log 2\pi+1)+t\log nx,$$

则

$$F''(t) = -\frac{k}{t} \leqslant -\frac{k}{T}.$$

故积分为

$$O\left(T^{\left(a+\frac{1}{2}\right)k-\frac{1}{2}}\right),$$

其中 O 所隐含的常数与 n 及 x 无关．仿此，可考虑在 $(-T,-1)$ 上的一段积分．又在

---

① 参考 Titchmarsh E C. The Theory of Functions. 4.42 节, Examples 中之(i).那里的结果是：对于常数 a'，当 $|z|\to\infty$，而 $-\pi+\delta \leqslant \arg z \leqslant \pi-\delta, \delta>0$ 时，

$$\log\Gamma(z+a') = \left(z+a'-\frac{1}{2}\right)\log z - z + \frac{1}{2}\log 2\pi + O\left(\frac{1}{|z|}\right).$$

我们可取 $a'=0, z=1+a-\mathrm{i}t$.注意到

$$\begin{aligned}\log(1+a-\mathrm{i}t) &= \log\sqrt{(1+a)^2+t^2} - \mathrm{i}\,\mathrm{t}\,\mathrm{g}^{-1}\frac{t}{1-a} \\ &= \log t - \frac{\pi}{2}\mathrm{i} + \frac{(1+a)\mathrm{i}}{\mathrm{i}} + O\left(\frac{1}{t^2}\right),\end{aligned}$$

就容易得到所需要的公式.

$(-1,1)$上的积分显然有界, 故

$$\Delta_k(x)=O\left(\frac{x^c}{T(c-1)^k}\right)+O\left(\frac{x^{1+\varepsilon}}{T}\right)+O\left(\frac{T^{\left(a+\frac{1}{2}\right)k-1}}{x^a}\right)$$
$$+\chi^{-a}\sum_{n=1}^{\infty}\frac{\tau_k(n)}{n^{1+a}}O\left(T^{\left(a+\frac{1}{2}\right)k-\frac{1}{2}}\right)$$
$$=O\left(\frac{x^c}{T(c-1)^k}\right)+O\left(\frac{x^{1+\varepsilon}}{T}\right)+O\left(\frac{T^{\left(a+\frac{1}{2}\right)k-\frac{1}{2}}}{x^a}\right) \tag{2.3}$$

取$c=1+\varepsilon, a=\varepsilon$及$T=x^{2/(k+1)}$, 则忽略$\varepsilon$不计, (2.3)右边各项的阶相等. 因此

$$\Delta_k(x)=O\left(x^{(k-1)/(k+1)+\varepsilon}\right).$$

显然如果x不是奇数的一半, 结论仍然成立, 定理随之证明.

利用$\zeta(s)$的比较深入的性质, 我们可以改进上面的结果. 例如 Hardy 与 Littlewood 曾证明$\alpha_k\leqslant\dfrac{k-1}{k+2}(k=4,5,\cdots)$. 董光昌对于这个结果又有所改进. 根据 Lindelöf 假设, Landau 曾经证明$\alpha_k<\dfrac{1}{2}$, Titchmarsh 也在他的书中提到过$\alpha_k=\dfrac{k-1}{2k}$的猜测. 不过对于任何一个k, 都还没有人能判断这个猜测是否正确.

§ 3. 对于$\Delta_2(x)$的进一步估计

在本节, 我们要用更深入的方法估计α_2. 现在先谈一下关于这方面的历史.早在 1928 年 Van der Corput 就证明了$\alpha_2\leqslant\dfrac{27}{82}$. 直到 1950 年迟宗陶才在清华理科学报上发表了$\alpha_2\leqslant\dfrac{15}{46}$的证明. 到了 1953 年 Richert 又在 Math Zeit 上发表了同样的结果. 他们所根据的都是著者在估计$\zeta\left(\dfrac{1}{2}+it\right)=O\left(t^{\frac{15}{92}+\varepsilon}\right)(\varepsilon>0)$时所用的方法. 1959 年尹文霖用累次求和方法证明了$\alpha_2\leqslant\dfrac{13}{40}$, Колесник 则于 1969, 1973

年先后得到 $\alpha_2 \leqslant \frac{12}{37}, \frac{346}{1067}$. 对于 $\Delta_3(x)$, Atkinson 曾证明 $\alpha_3 \leqslant \frac{37}{75}$, 这相当于 $\alpha_2 \leqslant \frac{27}{82}$. 多年来. 这个结果被不断改进. 越民义、尹文霖、越民义与吴方、陈景润、尹文霖等先后得到 $\alpha_3 \leqslant \frac{14}{29}, \frac{10}{21}, \frac{8}{17}, \frac{5}{11}, \frac{34}{75}$. 在本节里面, 我们只证明 $\alpha_2 \leqslant \frac{27}{82}$, 这个结果相当于 $\zeta\left(\frac{1}{2}+it\right)=O\left(t^{\frac{77}{164}}\right)$, 读者最好比较一下两方面的方法和步骤.

我们先证明下面的引理.

引理 3.1 设 $a>0, c>1, T^2/4\pi^2 x=N+\frac{1}{2}, \varepsilon>0$, 并且 N 是正整数, 则当 x 是奇数的一半时,

$$\Delta(x)=\frac{x^{1/4}}{\pi\sqrt{2}}\sum_{n=1}^{N}\frac{\tau(n)}{n^{3/4}}\cos\left(4\pi\sqrt{nx}-\frac{\pi}{4}\right)+O\left(N^{\varepsilon}\log T\right)+O\left(\frac{T^{2a}}{x^{a}}\right)+O\left(\frac{x^{c}}{T}\right). \tag{3.1}$$

证 1) 用上节的方法可以证明: 当 x 是奇数的一半时,

$$\begin{aligned}\Delta(x)&=\frac{1}{2\pi\mathrm{i}}\sum_{n=1}^{\infty}\tau(n)\int_{-a-\mathrm{i}T}^{-a+\mathrm{i}T}\frac{\chi^2(s)}{n^{1-s}}\frac{x^s}{s}\mathrm{d}s+O\left(\frac{T^{2a}}{x^{a}}\right)+O\left(\frac{x^{c}}{T}\right)\\&=\frac{1}{2\pi\mathrm{i}}\left\{\sum_{n>N}+\sum_{n\leqslant N}\right\}+O\left(\frac{T^{2a}}{x^{a}}\right)+O\left(\frac{x^{c}}{T}\right)\\&=\frac{1}{2\pi\mathrm{i}}\left\{\sum+\sum{}'\right\}+O\left(\frac{T^{2a}}{x^{a}}\right)+O\left(\frac{x^{c}}{T}\right).\end{aligned} \tag{3.2}$$

我们取 T 使得 $T^2/\left(4\pi^2 x\right)=N+\frac{1}{2}$.

2) 先考虑 $\sum'$ 在 $\sum$ 内各项所包含的积分等于

$$\begin{aligned}\mathrm{i}\int_{-T}^{T}\frac{\chi^2(-a+\mathrm{i}t)}{n^{1+a-\mathrm{i}t}}\frac{x^{-a+\mathrm{i}t}}{-a+\mathrm{i}t}\mathrm{d}t&=i\left\{\int_{1}^{T}+\int_{-T}^{-1}+\int_{-1}^{+1}\right\}\\&=I_1(n)+I_2(n)+I_3(n).\end{aligned}$$

对应于这个积分的三部分, 我们可以把 $\sum$ 分成如下的三个部分:

$$\sum=\sum{}_1+\sum{}_2+\sum{}_3, \tag{3.3}$$

其中

$$\sum\nolimits_r = \sum_{n>N} \tau(n) I_\upsilon(n) \quad (\upsilon = 1,2,3). \tag{3.4}$$

像在上节一样,

$$\begin{aligned} I_1(n) &= \mathrm{i}\int_1^T \frac{\chi^2(-a+\mathrm{i}t)}{n^{1+a-\mathrm{i}t}} \frac{x^{-a+\mathrm{i}t}}{-a+\mathrm{i}t} \mathrm{d}t \\ &= \frac{C^2}{x^a n^{1+a}} \int_1^T \mathrm{e}^{\mathrm{i}F(t)} \left\{t^{2a} + O\left(t^{2a-1}\right)\right\} \mathrm{d}t. \end{aligned} \tag{3.5}$$

其中

$$\begin{aligned} F(t) &= 2t(-\log t + \log 2\pi + 1) + t\log nx, \\ F'(t) &= \log \frac{4\pi^2 nx}{t^2}. \end{aligned}$$

故

$$F'(t) \geqslant \log \frac{n}{N+\dfrac{1}{2}}, \quad 1 \leqslant t \leqslant T.$$

而由第十二章引理 1.2,

$$I_1(n) = \frac{1}{x^a n^{1+a}} \left\{ O\left(\frac{T^{2a}}{\log\left\{\dfrac{n}{N+\dfrac{1}{2}}\right\}} \right) + O\left(T^{2a}\right) \right\}. \tag{3.6}$$

因此

$$\begin{aligned} \sum_{n>2N} \tau(n) I_1(n) &= O\left\{\frac{T^{2a}}{x^a} \sum_{n=2N}^{\infty} \frac{\tau(n)}{n^{1+a}}\right\} \\ &= O\left\{N^a \sum_{n=2N}^{\infty} \frac{1}{n^{1+a-\varepsilon}}\right\} = O\left(N^\varepsilon\right)(\varepsilon > 0), \end{aligned}$$

而

$$\sum_{N<n<2n}\tau(n)I_1(n)=O\left\{\frac{T^{2a}}{x^a}\sum_{n=N+1}^{2N-1}\frac{\tau(n)}{n^{1+a}\log\dfrac{n}{N+\dfrac{1}{2}}}\right\}$$

$$=O\left\{N^a\sum_{m=1}^{N-1}\frac{1}{N^{a-\varepsilon/2}m}\right\}=O\left(N^{\varepsilon}\right)$$

总之,

$$\sum\nolimits_1=O\left(N^{\varepsilon}\right)+O\left(N^{\varepsilon}\right)=O\left(N^{\varepsilon}\right).$$

仿此,

$$\sum\nolimits_2=O\left(N^{\varepsilon}\right).$$

最后, 由

$$I_3(n)=O\left(\frac{x^{-a}}{n^{1+a}}\right),$$

立得

$$\sum\nolimits_3=O\left(\sum_{n>N}\frac{x^{-a}}{n^{1+a-\varepsilon}}\right)=O\left(x^{-a}\right)\cdot$$

总之,

$$\sum=O\left(N^{\varepsilon}\right)+O\left(x^{-a}\right)=O\left(N^{\varepsilon}\right) \tag{3.7}$$

3) 其次, 在$\sum'$内各项包含的积分都可以写成

$$\int_{-a-iT}^{-a+iT}=\left\{\int_{-iT}^{iT}-\int_{-a+iT}^{iT}-\int_{-iT}^{-a-iT}\right\}\frac{\chi^2(s)}{n^{1-s}}\frac{x^s}{s}\mathrm{d}s$$
$$=J_0-J_1-J_2.$$

对应于这三项, 可以把$\sum'$写成

$$\sum{}' = \sum{}_0' - \sum{}_1' - \sum{}_2', \tag{3.8}$$

这里$\sum_{\upsilon}' = \sum_{n\leqslant N} \tau(n) J_{\upsilon} (\upsilon = 0,1,2)$

我们有

$$\begin{aligned} J_0 = J_0(n) &= \frac{1}{n}\int_{-T}^{T} \frac{\chi^2(\mathrm{i}t)}{t} \mathrm{e}^{\mathrm{i}t\log nx}\mathrm{d}t \\ &= \frac{2\mathrm{i}}{n} I_m \int_0^T \frac{\chi^2(\mathrm{i}t)}{t} \mathrm{e}^{\mathrm{i}t\log nx}\mathrm{d}t. \end{aligned} \tag{3.9}$$

依照定理 2.1 证明中的(2.2)，我们有:当 $t>0$ 时，

$$\chi(\mathrm{i}t) = (2\pi)^{-\frac{1}{2}} \mathrm{e}^{\frac{1}{4}\pi\mathrm{i}} \mathrm{e}^{-\mathrm{i}t(\log t - \log 2\pi - 1)} t^{\frac{1}{2}} + O\left(t^{-\frac{1}{2}}\right), \tag{3.10}$$

因此,

$$\begin{aligned} \int_0^T \frac{\chi^2(\mathrm{i}t)}{t} \mathrm{e}^{\mathrm{i}t\log nx}\mathrm{d}t &= \int_1^T \frac{\chi^2(\mathrm{i}t)}{t} \mathrm{e}^{\mathrm{i}t\log nx}\mathrm{d}t + O(1) \\ &= \frac{\mathrm{i}}{2\pi}\int_1^T \mathrm{e}^{-2\mathrm{i}t\left(\log t - \log 2\pi\sqrt{nx} - 1\right)}\mathrm{d}t + O(\log T) \\ &= \frac{\mathrm{i}}{2\pi}\left\{\int_1^{\pi\sqrt{nx}} + \int_{\pi\sqrt{nx}}^{2\pi\sqrt{nx}} + \int_{2\pi\sqrt{nx}}^{4\pi\sqrt{nx}} + \int_{4\pi\sqrt{nx}}^{T}\right\} + O(\log T) \\ &= \frac{\mathrm{i}}{2\pi}\left(K_1 + K_2 + K_3 + K_4\right) + O(\log T). \end{aligned} \tag{3.11}$$

因此我们有

$$K_3 = \mathrm{e}^{4\pi\mathrm{i}\sqrt{nx}} \int_0^{2\pi\sqrt{nx}} \mathrm{e}^{2\pi\mathrm{i}f(t)}\mathrm{d}t,$$

其中

$$\begin{aligned} f(t) &= -\frac{t + 2\pi\sqrt{nx}}{\pi}\log\frac{t + 2\pi\sqrt{nx}}{2\pi\sqrt{nx}} + \frac{t}{\pi}, \\ f'(t) &= \frac{-1}{\pi}\log\frac{t + 2\pi\sqrt{nx}}{2\pi\sqrt{nx}}, \\ f''(t) &= -\frac{1}{\pi\left(t + 2\pi\sqrt{nx}\right)}, \qquad f'''(t) = \frac{1}{\pi\left(t + 2\pi\sqrt{nx}\right)^2}. \end{aligned}$$

由第十二章定理 1.1

$$K_3 = \mathrm{e}^{4\pi\mathrm{i}\sqrt{nx}}\left\{\frac{1}{2}\left(2\pi^2\sqrt{nx}\right)^{\frac{1}{2}}\mathrm{e}^{-\frac{\pi\mathrm{i}}{4}} + O(1)\right\},$$

仿此,

$$K_2 = \mathrm{e}^{4\pi\mathrm{i}\sqrt{nx}}\left\{\frac{1}{2}\left(2\pi^2\sqrt{nx}\right)^{\frac{1}{2}}\mathrm{e}^{-\frac{\pi\mathrm{i}}{4}} + O(1)\right\}.$$

又由第十二章引理 1.1, 可以证明

$$K_1 = O(1), \qquad K_4 = O\left(\frac{1}{\log\left\{\left(N+\frac{1}{2}\right)/n\right\}} + 1\right).$$

把以上结果代入(3.11)再代入(3.9), 就得到

$$J_0 = \frac{2\mathrm{i}}{n}\left\{I_m\frac{\mathrm{i}}{2\pi}\mathrm{e}^{4\pi\mathrm{i}\sqrt{nx}-\frac{\pi\mathrm{i}}{4}}\left(2\pi^2\sqrt{nx}\right)^{\frac{1}{2}} + O(\log T) + O\left(\frac{1}{\log\left(N+\frac{1}{2}\right)/n}\right)\right\}$$

$$= \mathrm{i}\sqrt{2}\,\frac{x^{1/4}}{n^{3/4}}\cos\left(4\pi\sqrt{nx}-\frac{\pi}{4}\right) + O\left(\frac{\log T}{n}\right) + O\left(\frac{1}{n\log\left\{\left(N+\frac{1}{2}\right)/n\right\}}\right).$$

因此,

$$\sum\nolimits_0' = \mathrm{i}\sqrt{2}x^{1/4}\sum_{n\leqslant N}\frac{\tau(n)}{n^{3/4}}\cos\left(4\pi\sqrt{nx}-\frac{\pi}{4}\right) + O\left(N^{\varepsilon}\log T\right). \tag{3.12}$$

上面用到

$$\sum_{n\leqslant N}\frac{\tau(n)}{n\log\left\{\left(N+\frac{1}{2}\right)/n\right\}}=O\left(N^{\varepsilon/2}\sum_{m<N}\frac{1}{(N-m)\log\frac{N-m}{N+\frac{1}{2}}}\right)$$

$$=O\left(N^{\varepsilon/2}\sum_{m<N}\frac{N}{m(N-m)}\right)=O\left(N^{\varepsilon}\right)\qquad(\varepsilon>0).$$

又利用第十二章(4.5)，容易得到

$$\sum\nolimits_1'+\sum\nolimits_2'=O\left\{\sum_{n=1}^{N}\frac{\tau(n)}{n}\int_{-a}^{0}\left(\frac{nx}{T^2}\right)\mathrm{d}\sigma\right\}$$

$$=O\left\{\sum_{n=1}^{N}\frac{\tau(n)}{n}\left(\frac{T^2}{nx}\right)^a\right\}=O\left\{\left(\frac{T^2}{x}\right)^a\right\}.$$

把上式及(3.12)代入(3.8)得

$$\sum{}'=\mathrm{i}\sqrt{2}x^{1/4}\sum_{n\leqslant N}\frac{\tau(n)}{n^{3/4}}\cos\left(4\pi\sqrt{nx}-\frac{\pi}{4}\right)+O\left(N^{\varepsilon}\log T\right)+O\left(\frac{T^{2a}}{x^a}\right).\qquad(3.13)$$

再把(3.7)和(3.13)代入(3.2)即得(3.1) [证完]

定理 3.1 $a_2\leqslant\frac{27}{82}$.

证 由引理 3.1，当 N 是正整数，$T^2\big/\left(4\pi^2x\right)=N+\frac{1}{2}$，$x$ 是半奇数，而 $a>0,c>1$时，

$$\Delta(x)=\frac{x^{1/4}}{\pi\sqrt{2}}\sum_{n=1}^{N}\frac{\tau(n)}{n^{3/4}}\cos\left\{4\pi\sqrt{nx}-\frac{\pi}{4}\right\}$$
$$+O\left(N^{\varepsilon}\log T\right)+O\left(\frac{T^{2a}}{x^a}\right)+O\left(\frac{x^c}{T}\right).\qquad(3.14)$$

我们可以先考虑

$$S=\sum_{n=1}^{N}\tau(n)\mathrm{e}^{4\pi\mathrm{i}\sqrt{nx}}=2\sum_{m\leqslant\sqrt{N}}\sum_{n\leqslant N/m}\mathrm{e}^{4\pi\mathrm{i}\sqrt{mnx}}-\sum_{m\leqslant\sqrt{N}}\sum_{n\leqslant\sqrt{N}}\mathrm{e}^{4\pi\mathrm{i}\sqrt{mnx}}.\qquad(3.15)$$

因此又可以先考虑

$$S_1 = \sum_{\frac{1}{2}N/m<n\leqslant N/m} e^{4\pi i\sqrt{mnx}}\ . \tag{3.16}$$

在第十二章定理 5.5 内取 $k=5$ 及

$$f(n)=2\sqrt{mnx},\quad f^{(5)}(n)=A(mx)^{\frac{1}{2}}n^{-\frac{9}{2}},$$

其中 A 是一常数, 即得

$$\begin{aligned} S_1 &= O\left\{\frac{N}{m}\left(\frac{(mx)^{1/2}}{(N/m)^{9/2}}\right)^{\frac{1}{30}}\right\}+O\left\{\left(\frac{N}{m}\right)^{7/8}\left(\frac{(N/m)^{9/2}}{(mx)^{1/2}}\right)^{\frac{1}{30}}\right\} \\ &= O\left\{\left(\frac{N}{m}\right)^{\frac{17}{20}}(mx)^{\frac{1}{60}}\right\}+O\left\{\left(\frac{N}{m}\right)^{\frac{41}{40}}(mx)^{-\frac{1}{60}}\right\}. \end{aligned}$$

因此,

$$\begin{aligned} \sum_{n\leqslant N/m} e^{4\pi i\sqrt{mnx}} &= \sum_{0\leqslant r\leqslant \frac{\log N/m}{\log 2}}\ \sum_{2^{-r-1}\left(\frac{N}{m}\right)<n\leqslant 2^{-r}\left(\frac{N}{m}\right)} e^{4\pi i\sqrt{mnx}} \\ &= O\left\{\left(\frac{N}{m}\right)^{\frac{17}{20}}(mx)^{\frac{1}{60}}\right\}+O\left\{\left(\frac{N}{m}\right)^{\frac{41}{40}}(mx)^{-\frac{1}{60}}\right\}, \end{aligned} \tag{3.17}$$

而(3.15)右边第一项是

$$\begin{aligned} &O\left(N^{-\frac{17}{20}}x^{\frac{1}{60}}\sum_{m\leqslant\sqrt{N}} m^{-\frac{5}{6}}\right)+O\left(N^{\frac{41}{40}}x^{-\frac{1}{60}}\sum_{m\leqslant\sqrt{N}} m^{-\frac{25}{24}}\right) \\ &= O\left(N^{-\frac{14}{15}}x^{\frac{1}{60}}\right)+O\left(N^{\frac{41}{40}}x^{-\frac{1}{60}}\right). \end{aligned}$$

仿(3.17),

$$\sum_{n\leqslant\sqrt{N}} e^{4\pi i\sqrt{mnx}} = O\left\{\left(\sqrt{N}\right)^{-\frac{17}{20}}(mx)^{\frac{1}{60}}\right\}+\left\{\left(\sqrt{N}\right)^{\frac{41}{40}}(mx)^{-\frac{1}{60}}\right\},$$

而(3.15)右边第二项是

$$O\left(N^{-\frac{17}{40}}x^{\frac{1}{60}}\sum_{m\leqslant\sqrt{N}}m^{\frac{1}{60}}\right)+O\left(N^{-\frac{41}{80}}x^{-\frac{1}{60}}\sum_{m\leqslant\sqrt{N}}m^{-\frac{1}{60}}\right)$$
$$=O\left(N^{-\frac{14}{15}}x^{\frac{1}{60}}\right)+O\left(N^{\frac{241}{240}}x^{-\frac{1}{60}}\right).$$

因此

$$S=O\left(N^{-\frac{14}{15}}x^{\frac{1}{60}}\right)+O\left(N^{-\frac{41}{40}}x^{-\frac{1}{60}}\right).$$

用$e^{-\frac{1}{4}\pi i}$乘两边再取实部即得

$$\sum_{n=1}^{N}\tau(n)\cos\left\{4\pi\sqrt{nx}-\frac{1}{4}\pi\right\}$$
$$=O\left(N^{\frac{14}{15}}x^{\frac{1}{60}}\right)+O\left(N^{\frac{41}{40}}x^{-\frac{1}{60}}\right).$$

再用分部求和法, 从(3.14)可以得到

$$\Delta(x)=O\left(N^{\frac{14}{15}-\frac{3}{4}}x^{\frac{1}{4}+\frac{1}{60}}\right)+O\left(N^{\frac{41}{40}-\frac{3}{4}}x^{\frac{1}{4}-\frac{1}{60}}\right)$$
$$+O\left(N^{\varepsilon}\log T\right)+O\left(N^{a}\right)+O\left(N^{-\frac{1}{2}}x^{c-\frac{1}{2}}\right)$$
$$=O\left(N^{\frac{11}{60}}x^{\frac{4}{15}}\right)+O\left(N^{\frac{11}{40}}x^{\frac{7}{30}}\right)+O\left(N^{\varepsilon}\log T\right)$$
$$+O\left(N^{a}\right)+O\left(N^{-\frac{1}{2}}x^{c-\frac{1}{2}}\right).$$

取$a=\varepsilon, c=1+\varepsilon$及$N=\left[x^{\frac{14}{41}}\right]$, 则上面第一项与末项, 除去$\varepsilon$不算外, 其阶相等, 而

$$\Delta(x)=O\left(x^{\frac{27}{8}+\varepsilon}\right)$$ [证完]

用相仿的步骤可以得到

$$\Delta_3(x)=\frac{x^{\frac{1}{3}}}{\pi\sqrt{3}}\sum_{n<T^3/(8\pi^3 x)}\frac{\tau_3(n)}{n^{2/3}}\cos\left\{6\pi(nx)^{\frac{1}{3}}\right\}+O\left(\frac{x^{1+\varepsilon}}{T}\right).$$

从而

$$\alpha_3\leqslant\frac{37}{75}.$$

第十四章　二维的方法

§ 1. 二重三角积分

本章所要讨论的是 Van der Corput 方法的二维推广. 有许多数论问题(如除数问题与圆内整点问题)都引导到估计如下的二重三角和

$$\sum_{(m\ n)\in D} \mathrm{e}^{\mathrm{i}f(m,n)}, \tag{1.1}$$

式中 D 表示平面上的一个区域, $(m,n)\in D$ 表示 (m,n) 通过区域 D 内所含的一切格点. 如果我们用 Van der Corput 的一维方法估计这种三角和, 常常"吃亏"很多. 这件事实促使我们研究二维的方法. 首先发展二维方法的是 E. C. Titchmarsh.

我们知道, Van der Corput 方法的特点是用三角积分去逼近三角和, 因而在第二章讨论 Van der Corput 方法时, 首先讨论形如

$$\int_a^b \mathrm{e}^{\mathrm{i}f(x)}\mathrm{d}x$$

的三角积分. 在这里, 我们也先讨论一种二重积分, 即

$$\iint_D \mathrm{e}^{\mathrm{i}f(x,y)}\mathrm{d}x\mathrm{d}y, \tag{1.2}$$

其中 D 是一个区域而 $f(x,y)$ 是实函数, 我们称这种积分为二重三角积分.

引理 1.1 设 $f(x,y)$ 是 x 与 y 的实代数函数并且在矩形 $D: a\leqslant x\leqslant b$, $\alpha\leqslant y\leqslant\beta$ $\quad(b-a\leqslant l,\ \beta-\alpha\leqslant l)$ 内满足下面的条件:

(i) $B\leqslant|f_{xx}|<A$ ①, B, $r^2B^{-1}\leqslant|f_{yy}|<AB$, $|f_{xy}|<AB$;

(ii) $|f_{xx}f_{yy}-f_{xy}^2|>r^2$, $0<r\leqslant B$;

(iii) $|f_{xxx}|<AC$, $C<AB^{3/2}$, $Clr<AB^2$;

(iv) $|f_{xx}^2f_{xyy}-2f_{xx}f_{xy}f_{xxy}+f_{xy}^2f_{xxx}|<C_1B^2$, $B^{1/2}C_1\leqslant r^2/2$;

(v) 对于任意正整数 k 有

---

① 在本章中, A 表示正的常数, 在不同的地方出现时可以代表不同的值.

$$B^{k-1}C_1^{2k-1}l = O\left(r^{4k-3}\right),$$

或

$$B^{\frac{1}{2}-\frac{1}{2k}}C_1^{1-\frac{1}{2k}}l^{\frac{1}{2k}} = O\left(r^{2-\frac{3}{2k}}\right),$$

这里B, r, C, C_1是正数，在以上诸条件下，我们有

$$\int_a^b\int_\alpha^\beta \mathrm{e}^{2\pi \mathrm{i} f(x,y)}\mathrm{d}x\mathrm{d}y = O\left(\frac{1}{r}\right).$$

证 我们把区域D分成下面三部分:

$$D_1: \qquad f_x \geqslant B^{1/2}, \tag{1.3}$$

$$D_2: \qquad 0 \leqslant f_x < B^{1/2}, \tag{1.4}$$

$$D_3: \qquad f_x < 0, \tag{1.5}$$

并设

$$v = f_y - f_x\frac{f_{xy}}{f_{xx}},\quad u = f_x.$$

1) 先考虑D_1. 用分部积分可以得到

$$\begin{aligned}\iint\limits_{D_1} \mathrm{e}^{2\pi \mathrm{i} f(x,y)}\mathrm{d}x\mathrm{d}y &= \int \left[\frac{\mathrm{e}^{2\pi \mathrm{i} f(x,y)}}{2\pi \mathrm{i} f_x}\right]_{\chi(y)}^{\omega(y)}\mathrm{d}y + \frac{1}{2\pi \mathrm{i}}\iint\limits_{D_1}\frac{f_{xx}}{f_x^2}\mathrm{e}^{2\pi \mathrm{i} f(x,y)}\mathrm{d}x\mathrm{d}y \\ &= I_1 + I_2.\end{aligned} \tag{1.6}$$

这里$x = \omega(y)$和$x = \chi(y)$是区域D_1的边界.

甲 估计I_1: 我们只需要估计

$$\int \frac{\mathrm{e}^{2\pi \mathrm{i} f(\chi(y),y)}}{2\pi \mathrm{i} f_x(\chi(y),y)}\mathrm{d}y,$$

其中$\chi(y)$满足$f_x = B^{1/2}$或者是一个常数，先设$f_x(\chi(y),y) = B^{1/2}$，则$\frac{\mathrm{d}\chi(y)}{\mathrm{d}y} = -\frac{f_{xy}}{f_{xx}}$,所以

$$\frac{\mathrm{d}}{\mathrm{d}y}f\left(\chi(y),y\right)=f_y-f_x\frac{f_{xy}}{f_{xx}}=v.$$

由第二章的引理 1.1, 1.2 可得

$$\int\limits_{|v|\geqslant\frac{r}{B^{1/2}}}\mathrm{e}^{2\pi\mathrm{i}f(\chi(y),y)}\mathrm{d}y=O\left(\frac{B^{1/2}}{r}\right),$$

和

$$\int\limits_{|v|\geqslant\frac{r}{B^{1/2}}}\frac{\mathrm{e}^{2\pi\mathrm{i}f(\chi(y),y)}}{2\pi\mathrm{i}f_x\left(\chi(y),y\right)}\mathrm{d}y=O\left(\frac{1}{B^{1/2}}\cdot\frac{B^{1/2}}{r}\right)=O\left(\frac{1}{r}\right).\tag{1.7}$$

另一方面

$$\int\limits_{|v|<\frac{r}{B^{1/2}}}\frac{\mathrm{e}^{2\pi\mathrm{i}f(\chi(y),y)}}{2\pi\mathrm{i}f_x\left(\chi(y),y\right)}\mathrm{d}y=O\left(\frac{1}{B^{1/2}}\int_{-\frac{r}{B^{1/2}}}^{\frac{r}{B^{1/2}}}\left|\frac{\mathrm{d}y}{\mathrm{d}v}\right|\mathrm{d}v\right),$$

由于 $f_x=B^{1/2}$，所以

$$\begin{aligned}\frac{\mathrm{d}v}{\mathrm{d}y}&=\frac{\mathrm{d}}{\mathrm{d}y}\left(f_y-f_x\frac{f_{xy}}{f_{xx}}\right)=f_{yy}+f_{yx}\frac{d\chi(y)}{dy}-f_x\frac{d}{dy}\frac{f_{xy}}{f_{xx}}\\&=\frac{1}{f_{xx}}\left[\left(f_{xx}f_{yy}-f_{xy}^2\right)-f_x\frac{f_{xx}^2f_{xyy}-2f_{xx}f_{xy}f_{xxy}+f_{xy}^2f_{xxx}}{f_{xx}^2}\right].\end{aligned}$$

由条件(i), (ii), (iv)得到

$$\left|\frac{dv}{dy}\right|>A\frac{r^2-B^{1/2}C_1}{B}>A\frac{r^2}{B},$$

因此

$$\int\limits_{|v|<\frac{r}{B^{1/2}}}\frac{\mathrm{e}^{2\pi\mathrm{i}f(\chi(y),y)}}{2\pi\mathrm{i}f_x\left(\chi(y),y\right)}\mathrm{d}y=O\left(\frac{1}{B^{1/2}}\cdot\frac{r}{B^{1/2}}\cdot\frac{B}{r^2}\right)=O\left(\frac{1}{r}\right).\tag{1.8}$$

其次考虑 $\chi(y)=a$ (a 是常数)的情形. 这时由条件(i)的 $r^2B^{-1}\leqslant\left|f_{yy}\right|$ 并用第二章引理 1.4

$$\int \frac{\mathrm{e}^{2\pi i f(\chi(y),y)}}{2\pi i f_x(\chi(y),y)}\mathrm{d}y=\int \frac{\mathrm{e}^{2\pi i f(a,y)}}{2\pi i f_x(\chi(y),y)}\mathrm{d}y$$
$$=O\left(\frac{1}{B^{1/2}}\cdot\frac{1}{(r^2B^{-1})^{1/2}}\right)=O\left(\frac{1}{r}\right). \tag{1.9}$$

由估计式(1.7), (1.8), (1.9)可知

$$I_1=O\left(\frac{1}{r}\right). \tag{1.10}$$

乙　估计 I_2:对 I_2 再次用分部积分得

$$(2\pi i)^2 I_2=\int\left[\frac{f_{xx}}{f_x^3}\mathrm{e}^{2\pi i f(x,y)}\right]_{\chi(y)}^{\omega(y)}\mathrm{d}y-\int\mathrm{d}y\int\frac{f_{xxx}}{f_x^3}\mathrm{e}^{2\pi i f(x,y)}\mathrm{d}x+3\iint\frac{f_{xx}^2}{f_x^4}\mathrm{e}^{2\pi i f(x,y)}\mathrm{d}x\mathrm{d}y$$
$$=I_1'+I_2'+I_3'. \tag{1. 11}$$

完全类似于 I_1 的估计可以得到

$$I_1'=O\left(\frac{1}{r}\right). \tag{1.12}$$

而

$$I_2'=\iint\limits_{|v|\leqslant\frac{r}{B^{1/2}}}+\iint\limits_{|v|>\frac{r}{B^{1/2}}}\frac{f_{xxx}}{f_x^3}\mathrm{e}^{2\pi i f(x,y)}\mathrm{d}x\mathrm{d}y=I_{21}'+I_{22}'. \tag{1.13}$$

设 $x=\phi(y)=\phi(y,u)$ 是 $f_x(x,y)=u$ 的解, 则有

$$\frac{\mathrm{d}}{\mathrm{d}y}f(\phi(y),y)=f_y-f_x\frac{f_{xy}}{f_{xx}}=v, \tag{1.14}$$

故

$$\int\limits_{|v|>\frac{r}{B^{1/2}}}\mathrm{e}^{2\pi i f(\phi(y),y)}\mathrm{d}y=O\left(\frac{B^{1/2}}{r}\right). \tag{1.15}$$

因此由条件(i)和(iii)

$$I'_{22}=\int \mathrm{d}y\int \frac{f_{xxx}}{f_x^3}\mathrm{e}^{2\pi\mathrm{i}f(x,y)}\mathrm{d}x=\int \mathrm{d}y\int \frac{f_{xxx}}{f_{xx}}\mathrm{e}^{2\pi\mathrm{i}f(x,y)}\frac{\mathrm{d}u}{u^3}$$

$$=\int\limits_{u\geqslant B^{1/2}}\frac{\mathrm{d}u}{u^3}\int\limits_{|v|>\frac{r}{B^{1/2}}}\frac{f_{xxx}}{f_{xx}}\mathrm{e}^{2\pi\mathrm{i}f(\phi(y,u),y)}\mathrm{d}y=\int\limits_{u\geqslant B^{1/2}}\frac{C}{B}O\left(\frac{B^{1/2}}{r}\right)\frac{\mathrm{d}u}{u^3}$$

$$=O\left(\frac{C}{rB^{3/2}}\right)=O\left(\frac{1}{r}\right). \tag{1.16}$$

下面再估计 I'_{21}. 设 $u=f_x$, 而 $v=f_y-\dfrac{f_xf_{xy}}{f_{xx}}$, 因而

$$\begin{aligned}\frac{\partial(u,v)}{\partial(x,y)}&=\frac{\partial u}{\partial x}\frac{\partial v}{\partial y}-\frac{\partial u}{\partial y}\frac{\partial v}{\partial x}\\&=\left(f_{xx}f_{yy}-f_{xy}^2\right)-\frac{f_x}{f_{xx}^2}\left(f_{xx}^2f_{xyy}-2f_{xx}f_{xy}f_{xxy}+f_{xy}^2f_{xxx}\right).\end{aligned} \tag{1.17}$$

当 $|f_x|<r^2C_1^{-1}/2$ 时, 由条件(i), (ii), (iv)可知

$$\frac{\partial(u,v)}{\partial(x,y)}>Ar^2,$$

因而由条件(iii)

$$\left|\iint\limits_{\substack{|v|\leqslant r/B^{1/2}\\ B^{1/2}\leqslant u<r^2C_1^{-1/2}}}\frac{f_{xxx}}{f_x^3}c^{2\pi\mathrm{i}f(x,\,y)}\mathrm{d}x\mathrm{d}y\right|<AC\iint\limits_{\substack{|v|\leqslant r/B^{1/2}\\ B^{1/2}\leqslant u<r^2C_1^{-1/2}}}\frac{\mathrm{d}x\mathrm{d}y}{f_x^3}$$

$$=AC\cdot\int_{B^{1/2}}^{r^2C_1^{-1/2}}\frac{\mathrm{d}u}{u^3}\iint\limits_{|v|\leqslant r/B^{1/2}}\frac{\mathrm{d}v}{|\partial(u,v)/\partial(x,y)|}$$

$$\leqslant AC\cdot\frac{1}{\left(B^{1/2}\right)^2}\cdot\frac{r}{B^{1/2}}\cdot\frac{1}{r^2}=\frac{AC}{B^{3/2}}\cdot\frac{1}{r}=O\left(\frac{1}{r}\right).$$

同时用条件(iii)和(iv)可以得到

$$\left|\iint\limits_{\substack{|v|\leqslant r/B^{1/2}\\ u\geqslant r^2C_1^{-1/2}}}\frac{f_{xxx}}{f_x^3}\mathrm{e}^{2\pi\mathrm{i}f(x,y)}\mathrm{d}x\mathrm{d}y\right|<AC\iint\limits_{\substack{|v|\leqslant r/B^{1/2}\\ u\geqslant r^2C_1^{-1/2}}}\frac{\mathrm{d}x\mathrm{d}y}{f_x^3}$$

$$=AC\int\mathrm{d}y\int\limits_{v\geqslant r^2C_1^{-1/2}}\frac{\mathrm{d}u}{|f_{xx}|u^3}=O\left(\frac{C}{B}\cdot\frac{l}{\left(r^2C_1^{-1}\right)^2}\right)$$

$$=O\left(\frac{1}{r}\cdot\frac{Clr}{B^2}\cdot\frac{BC_1^2}{r^4}\right)=O\left(\frac{1}{r}\right).$$

因此

$$I_{21}'=O\left(\frac{1}{r}\right).\tag{1.18}$$

于是从(1.13)(1.16)(1.18)即得

$$I_2'=O\left(\frac{1}{r}\right).\tag{1.19}$$

把上面讨论的结果代入(1.11)式

$$(2\pi\mathrm{i})^2 I_2=O\left(\frac{1}{r}\right)+3\iint\limits_{D_1}\frac{f_{xx}^2}{f_\pi^4}\mathrm{e}^{2\pi\mathrm{i}f(x,y)}\mathrm{d}x\mathrm{d}y,$$

继续用分部积分重复上述对 I_2 的讨论不难得到

$$I_2=O\left(\frac{1}{r}\right)+O\left(\iint\limits_{D_1}\frac{f_{xx}^k}{f_x^{2k}}\mathrm{e}^{2\pi\mathrm{i}f(x,y)}\mathrm{d}x\mathrm{d}y\right).\tag{1.20}$$

我们用 J 表示上式中的二重积分, 类似于 I_2' 的估计将 J 分成二部分:

$$J=\int\limits_{|v|\leqslant\frac{r}{B^{1/2}}}+\iint\limits_{|e|>\frac{r}{B^{1/2}}}\frac{f_{xx}^k}{f_x^{2k}}\mathrm{e}^{2\pi\mathrm{i}f(x,y)}\mathrm{d}x\mathrm{d}y=J_1+J_2.\tag{1.21}$$

仿照估计 I_{22}' 的方法来估计 J_2,

$$J_2 = \int\limits_{v \geqslant B^{1/2}} \frac{\mathrm{d}u}{u^{2k}} \int\limits_{|v| > \frac{r}{B^{1/2}}} f_{xx}^{k-1} \mathrm{e}^{2\pi \mathrm{i} f(x,y)} \mathrm{d}y$$

$$= \int\limits_{v \geqslant B^{1/2}} B^{k-1} \cdot O\left(\frac{B^{1/2}}{r}\right) \frac{\mathrm{d}u}{u^{2k}} = O\left(\frac{1}{r} \cdot \frac{B^{k-1} \cdot B^{1/2}}{B^{(2k-1)/2}}\right) = O\left(\frac{1}{r}\right).$$

对 J_1 的估计仿照估计 I'_{21} 的步骤来进行. 由

$$\left| \iint\limits_{\substack{|v| \leqslant r/B^{1/2} \\ B^{1/2} \leqslant u < r^2 C_1^{-1/2}}} \frac{f_{xx}^k}{f_x^{2k}} \mathrm{e}^{2\pi \mathrm{i} f(x,y)} \mathrm{d}x \mathrm{d}y \right|$$

$$< AB^k \int_{B^{1/2}}^{r^2 C_1^{-1/2}} \frac{\mathrm{d}u}{u^{2k}} \int\limits_{|v| \leqslant r/B^{1/2}} \frac{\mathrm{d}v}{|\partial(u,v)/\partial(x,y)|}$$

$$= O\left(B^k \frac{1}{B^{(2k-1)/2}} \cdot \frac{r}{B^{1/2}} \cdot \frac{1}{r^2}\right) = O\left(\frac{1}{r}\right),$$

及

$$\left| \iint\limits_{\substack{|v| \leqslant r/B^{1/2} \\ u \geqslant\ /}} \frac{f_{xx}^k}{f_x^{2k}} \mathrm{e}^{2\pi \mathrm{i} f(x,y)} \mathrm{d}x \mathrm{d}y \right|$$

$$< AB^{k-1} \iint\limits_{\substack{|v| \leqslant r/B^{1/2} \\ u \geqslant r^2 C_1^{-1}/2}} \frac{|f_{xx}| \mathrm{d}x \mathrm{d}y}{f_x^{2k}} < AB^{k-1} \int \mathrm{d}y \int\limits_{u > r^2 C_1^{-1}/2} \frac{\mathrm{d}u}{u^{2k}}$$

$$= O\left(\frac{B^{k-1} l}{\left(r^2 C_1^{-1}\right)^{2k-1}}\right) = O\left(\frac{1}{r} \cdot \frac{B^{k-1} C_1^{2k-1} l}{r^{4k-3}}\right) = O\left(\frac{1}{r}\right),$$

得到

$$J_1 = O\left(\frac{1}{r}\right).$$

将上述结果代入(1.21)可知 $J = O\left(\dfrac{1}{r}\right)$, 再由(1.20)就有

$$I_2 = O\left(\frac{1}{r}\right). \tag{1.22}$$

(1.10)和(1.22)两式表明在区域 D_1 内引理已得到证明.

2) 考虑 D_2 :设 $u = f_x$, 则 $0 \leqslant u < B^{1/2}$. 把积分区域 D_2 分成两部分来分别估计.

$$\iint\limits_{D_2} e^{2\pi i f(x,y)} dx dy = \iint\limits_{\substack{D_2 \\ |v|>r/B^{1/2}}} + \iint\limits_{\substack{D_2 \\ |v|\leqslant r/B^{1/2}}} e^{2\pi i f(x,y)} dx dy.$$

应用(1.14)和第二章引理 1.4 估计右边第一个积分

$$\begin{aligned}\iint\limits_{\substack{D_2 \\ |v|>r/B^{1/2}}} e^{2\pi i f(x,y)} dx dy &= \int_0^{B^{1/2}} du \int \frac{e^{2\pi i f(x,y)}}{f_{xx}} dy \\ &= O\left(B^{1/2} \cdot \frac{1}{B} \cdot \frac{B^{1/2}}{r}\right) = O\left(\frac{1}{r}\right).\end{aligned}$$

后面一个积分应用(1.17)式和条件(ii), (iv)及 $|f_x| < B^{1/2}$, 可以得到下面的估计

$$\begin{aligned}\iint\limits_{\substack{D_2 \\ |v|\leqslant r/B^{1/2}}} e^{2\pi i f(x,y)} dx dy &\leqslant \iint\limits_{\substack{D_2 \\ |v|\leqslant r/B^{1/2}}} dx dy \\ &= \int_0^{B^{1/2}} \int_0^{r/B^{1/2}} \left|\frac{\partial(x,y)}{\partial(u,v)}\right| du dv \\ &= \int_0^{B^{1/2}} \int_0^{r/B^{1/2}} O\left(\frac{1}{r^2 - \frac{B^{1/2}}{B^2} \cdot C_1 B^2}\right) du dv \\ &= O\left(B^{1/2} \cdot \frac{r}{B^{1/2}} \cdot \frac{1}{r^2}\right) = O\left(\frac{1}{r}\right).\end{aligned}$$

3) 前面两节的讨论已经证明了对于 $f_x \geqslant 0$ 的区域引理成立. 对于 $f_x < 0$ 的区域可以类似地讨论. 因此引理获证.

引理 1.2　在引理 1.1 内我们把条件(i)改成

$$B \leqslant |f_{xx}| < AB, \quad |f_{xy}| < AB, \quad |f_{yy}| < AB, \quad f_{xx} f_{xy} > 0, \tag{1.23}$$

又设 D' 是用一个(或 $O(1)$个)方程如

$$x = g(y) \tag{1.24}$$

的曲线自 D 割下的部分，式中 $g(y)$ 是满足

$$\left|lf_{xx}g''(y)\right| < K_r \tag{1.25}$$

的代数函数(例如 $g(y) = ay + b$)，K 是充分小的常数，则

$$\iint_{D'} \mathrm{e}^{2\pi \mathrm{i} f(x,y)}\mathrm{d}x\mathrm{d}y = O\left(\frac{1+\left|\log l\right|+\left|\log B\right|}{r}\right).$$

证 1) 假如 $\left|f_{yy}\right| \geqslant \frac{B}{2}$. 这时把引理 1.1 中的 B 换以 $\frac{B}{2}$，则 $r \leqslant \frac{B}{2}$，即 $\frac{B}{2} \geqslant r^2\left(\frac{B}{2}\right)^{-1}$，因而 $\left|f_{yy}\right| \geqslant r^2\left(\frac{B}{2}\right)^{-1}$，于是条件(i)仍然成立.

设若 $\left|f_{yy}\right| < \frac{B}{2}$，我们设

$$x = \xi + \eta, \quad y = \eta,$$

则(用到 $f_{xx}f_{xy} > 0$)

$$\left|\frac{\partial^2}{\partial \xi^2}f(x,y)\right| = \left|f_{xx}\right| \geqslant B,$$

$$\left|\frac{\partial^2}{\partial \eta^2}f(x,y)\right| = \left|f_{xx} + 2f_{xy} + f_{yy}\right| > \frac{B}{2},$$

$$\left|\frac{\partial^2}{\partial \xi \partial \eta}f(x,y)\right| = \left|f_{xx} + f_{xy}\right| < AB,$$

于是又变成前面的情形，因此在上述变数变换下，条件(i)始终成立.

在上述变换下，条件(ii), (iii), (iv), (v)也是成立的，这是因为

$$\left|\frac{\partial^2 f}{\partial \xi^2}\frac{\partial^2 f}{\partial \eta^2} - \left(\frac{\partial^2 f}{\partial \xi \partial \eta}\right)^2\right| = \left|f_{xx}f_{yy} - f_{xy}^2\right|.$$

同样可以验证(iii), (iv)中不等式的左边也是上述变数变换下的不变量. 因此今后不妨假定引理 1.1 中的条件都成立.

2) 检查引理 1.1 的证明, 容易看到需要重新考虑的只有下列形式的积分

$$\int \frac{\mathrm{e}^{2\pi \mathrm{i} f(g(y),y)}}{f_x(g(y),y)}\mathrm{d}y \quad \left(|f_x| > B^{1/2}\right).$$

我们把积分区间分成三部分, 分别满足下列不等式:

i) $\left|f_x g'(y)+f_y\right| \geqslant \dfrac{r}{B^{1/2}}$;

ii) $\left|f_x g'(y)+f_y\right| < \dfrac{r}{B^{1/2}}, \left|f_{xx} g'(y)+f_{xy}\right| \geqslant \dfrac{r}{2}$;

iii) $\left|f_x g'(y)+f_y\right| < \dfrac{r}{B^{1/2}}, \left|f_{xx} g'(y)+f_{xy}\right| < \dfrac{r}{2}$.

由于 f 和 g 都是代数函数, 每一部分都只含有 $O(1)$个区间. 可对每个区间上的积分进行估计. 在第一部分的每一区间上

$$\int \frac{\mathrm{e}^{2\pi \mathrm{i} f(g(y),y)}}{f_x(g(y),y)}\mathrm{d}y = \int \frac{\mathrm{e}^{2\pi \mathrm{i}\xi}\mathrm{d}\xi}{f_x\left(f_x g'+f_y\right)} = O\left(\frac{1}{r}\right),$$

在第二部分的每一区间上, 若$|f_x| > lr$, 则显然有

$$\left|\int \frac{\mathrm{e}^{2\pi \mathrm{i} f(g(y),y)}}{f_x(g(y),y)}\mathrm{d}y\right| \leqslant \left|\int \frac{\mathrm{d}y}{f_x}\right| = O\left(\frac{1}{r}\right).$$

而$|f_x| \leqslant lr$ 时,

$$\begin{aligned}\left|\int \frac{\mathrm{e}^{2\pi \mathrm{i} f(g(y),y)}}{f_x(g(y),y)}\mathrm{d}y\right| &\leqslant \left|\int \frac{\mathrm{d}y}{f_x}\right| \\ &\leqslant \frac{2}{r}\left|\int \frac{f_{xx} g'(y)+f_{xy}}{f_x(g(y),y)}\mathrm{d}y\right| = \frac{2}{r}\left|\Big[\log f_x(g(y),y)\Big]_{y_1}^{y_2}\right| \\ &= O\left(\frac{1+|\log B|+|\log l|}{r}\right).\end{aligned}$$

在第三部分中取 $u = f_x g' + f_y$, 则由(1.24)

$$\begin{aligned}\frac{\mathrm{d}u}{\mathrm{d}y} &= f_{xx} g'^2 + 2 f_{xy} g' + f_{yy} + f_x g'' \\ &= f_{xx}^{-1}\left[\left(g' f_{xx} + f_{xy}\right)^2 + \left(f_{xx} f_{yy} - f_{xy}^2\right) + f_{xx} f_x g''\right].\end{aligned}$$

与前面一样，只需考虑$|f_x| \leqslant lr$的情形，由上式及(1.23)，(1.25)得出

$$\left|\frac{\mathrm{d}u}{\mathrm{d}y}\right| > A\frac{r^2}{B},$$

故

$$\int \frac{\mathrm{e}^{2\pi \mathrm{i} f(g(y),y)}}{f_x(g(y),y)}\mathrm{d}y = O\left(\frac{1}{B^{1/2}}\int\limits_{|u|<r/B^{1/2}}\left|\frac{\mathrm{d}y}{\mathrm{d}u}\right|\mathrm{d}u\right)$$

$$= O\left(\frac{r}{\left(B^{1/2}\right)^2}\cdot\frac{B}{r^2}\right) = O\left(\frac{1}{r}\right).$$

引理证毕.

在这一节的末了，要说一下怎样用二重三角积分去逼近二重三角和. 通常我们可以利用下面的引理:

引理 1.3 设 $f(x, y)$是定义于矩形$a \leqslant x \leqslant b, \alpha \leqslant y \leqslant \beta$中的可微实函数;又设当 y 一定时, $f_x(x, y)$是 x 的单调函数，而当 x 一定时, $f_y(x, y)$是 y 的单调函数，并且在上述矩形内,

$$|f_x| \leqslant \eta, |f_y| \leqslant \eta \quad (0 < \eta < 1).$$

最后设 D 或者是上述矩形的全体或者是用连续的曲线 $y = g(x)$($g(x)$是单调函数)自矩形割下的一部分. 在以上条件下,

$$\sum_{m,\ n\in D}\sum \mathrm{e}^{2\pi \mathrm{i} f(m,n)} = \iint\limits_D e^{2\pi \mathrm{i} f(x,y)}\mathrm{d}x\mathrm{d}y + O(l_1) + O(l_2),$$

其中$b - a \leqslant l_1, \beta - \alpha \leqslant l_2 \quad (l_1, l_2 \geqslant 1)$.

证 由第十二章定理 2.1 的推论,

$$\sum_{n=\alpha}^{\beta} \mathrm{e}^{2\pi \mathrm{i} f(m,n)} = \int_\alpha^\beta \mathrm{e}^{2\pi \mathrm{i} f(m,y)} dy + O(1),$$

而

$$\begin{aligned}\sum_{m=a}^{b}\sum_{n=\alpha}^{\beta}\mathrm{e}^{2\pi\mathrm{i}f(m,n)} &= \sum_{m=a}^{b}\int_{\alpha}^{\beta}\mathrm{e}^{2\pi\mathrm{i}f(m,y)}\mathrm{d}y+\sum_{m=a}^{b}O(1)\\ &= \int_{\alpha}^{\beta}\left(\sum_{m=a}^{b}\mathrm{e}^{2\pi\mathrm{i}f(m,y)}\right)\mathrm{d}y+O(l_1)\\ &= \int_{\alpha}^{\beta}\left\{\int_{a}^{b}\mathrm{e}^{2\pi\mathrm{i}f(x,y)}\mathrm{d}x+O(1)\right\}\mathrm{d}y+O(l_1)\\ &= \int_{\alpha}^{\beta}\mathrm{d}y\int_{a}^{b}\mathrm{e}^{2\pi\mathrm{i}f(x,y)}\mathrm{d}x+O(l_1)+O(l_2).\end{aligned}$$

以上证明了 D 是矩形全体的情形, 另一种情形也不难仿此证明.

§ 2. 关于二重三角和的不等式

关于二重三角和有许多不等式是要常常用到的, 首先我们要证明 Abel 引理的一个二维推广:

引理 2.1 用 $a_{m,n}$ 表示实数或复数, 并设

$$S_{m,n}=\sum_{\mu=1}^{m}\sum_{\upsilon=1}^{n}a_{\mu\upsilon} \tag{2.1}$$

及

$$|S_{m,n}|\leqslant G\quad(1\leqslant m\leqslant M,1\leqslant n\leqslant N). \tag{2.2}$$

用 $b_{m,n}$ 表实数, 满足 $0\leqslant b_{m,n}\leqslant H$, 并设下面三个式子

$$\begin{gathered}b_{m,n}-b_{m+1,n}-b_{m,n+1}+b_{m+1,n+1},\\ b_{m,n}-b_{m,n+1},b_{m,n}-b_{m+1,n}\end{gathered} \tag{2.3}$$

对于所要考虑的 m 及 n 而言, 符号保持不变.

在以上条件下,

$$\left|\sum_{m=1}^{M}\sum_{n=1}^{N}a_{m,n}b_{m,n}\right|\leqslant 5GH. \tag{2.4}$$

注意 1 若 $b_{m,n}=f(m,n)$ 而 $f(x,y)$ 有对 x 及 y 的一级偏导数 f_x, f_y, 并且有对 x 及 y 的二级偏导数 f_{xy}, 则当 f_x, f_y, f_{xy} 不变号时, (2.3)也不变号. 这是因为:

$$b_{m,n}-b_{m+1,n}-b_{m,n+1}+b_{m+1,n+1}=\int_m^{m+1}\{f_x(x,n+1)-f_x(x,n)\}\mathrm{d}x$$
$$=\int_m^{m+1}\int_n^{n+1}f_{xy}(x,y)\,\mathrm{d}x\mathrm{d}y,$$

而

$$b_{m,n}-b_{m,n+1}=-\int_n^{n+1}f_y(m,y)\,\mathrm{d}y,$$
$$b_{m,n}-b_{m+1,n}=-\int_m^{m+1}f_x(x,n)\,\mathrm{d}x.$$

注意 2 若(2.3)内各式有时变号，但变号次数不超过某一常数，那么，(2.4)右边应改成 $O(GH)$.

证 令 $S_{m,0}=0, S_{0,n}=0$，则

$$\begin{aligned}\sum_{m=1}^{M}\sum_{n=1}^{N}a_{m,n}b_{m,n}&=\sum_{m=1}^{M}\sum_{n=1}^{N}\left(S_{m,n}-S_{m,n-1}-S_{m-1,n}+S_{m-1,n-1}\right)b_{m,n}\\&=\sum_{m=1}^{M}\left\{\sum_{n=1}^{N-1}S_{m,n}\left(b_{m,n}-b_{m,n+1}\right)\right.\\&\quad\left.-\sum_{n=1}^{N-1}S_{m-1,n}\left(b_{m,n}-b_{m,n+1}\right)+S_{m,N}b_{m,N}-S_{m-1,N}b_{m,N}\right\}\\&=\sum_{m=1}^{M-1}\sum_{n=1}^{N-1}S_{m,n}\left(b_{m,n}-b_{m,n+1}-b_{m+1,n}+b_{m+1,n+1}\right)\\&\quad+\sum_{m=1}^{M-1}S_{m,N}\left(b_{m,N}-b_{m+1,N}\right)\\&\quad+\sum_{n=1}^{N-1}S_{M,n}\left(b_{M,n}-b_{M,n+1}\right)+S_{M,N}b_{M,N}.\end{aligned}$$

上式的绝对值不超过

$$\begin{aligned}&G\sum_{m=1}^{M-1}\sum_{n=1}^{N-1}\left|b_{m,n}-b_{m,n+1}-b_{m+1,n}+b_{m+1,n+1}\right|\\&+G\sum_{m=1}^{M-1}\left|b_{m,N}-b_{m+1,N}\right|+G\sum_{n=1}^{N-1}\left|b_{M,n}-b_{M,n+1}\right|+Gb_{M,N}\\&=G\left|b_{1,1}-b_{1,N}-b_{M,1}+b_{M,N}\right|+G\left|b_{1,N}-b_{M,N}\right|\\&\quad+G\left|b_{M,1}-b_{M,N}\right|+Gb_{M,N}\leqslant 5GH.\end{aligned}$$

[证完]

现在, 我们要证明一个与 Van der Corput 方法中步骤 A 相当的定理.

定理 2.1　设 $f(x, y)$是实函数, 并且

$$S=\sum\sum e^{2\pi i f(m,n)}, \tag{2.5}$$

其中(m, n) 通过区域 D 中一切格点, 而 D 被包含在矩形 $a\leqslant x\leqslant b, \alpha\leqslant y\leqslant \beta$ 中. 又设

$$S'=\sum\sum e^{2\pi i\{f(m+\mu,n+\upsilon)-f(m,n)\}}, \tag{2.6}$$

$$S''=\sum\sum e^{2\pi i\{f(m+\mu,n-\upsilon)-f(m,n)\}}, \tag{2.7}$$

其中 μ 与 υ 是整数, 而 S' 中的(m, n)通过一切使(m, n)及$(m+\mu, n+\upsilon)$ 都在 D 内的格点, S'' 中的(m, n)通过一切使(m, n)及$(m+\mu, n-\upsilon)$都在 D 内的格点. 最后设 ρ 是不超过 $b-a$ 的正整数, 而 ρ' 是不超过 $\beta-\alpha$ 的正整数. 在以上条件下,

$$\begin{aligned}S=&O\left\{\frac{(b-a)(\beta-\alpha)}{(\rho\rho')^{1/2}}\right\}+O\left[\left\{\frac{(b-a)(\beta-\alpha)}{\rho\rho'}\cdot\sum_{\mu=1}^{\rho-1}\sum_{\nu=0}^{\rho'-1}|S'|\right\}^{1/2}\right]\\&+O\left[\left\{\frac{(b-a)(\beta-\alpha)}{\rho\rho'}\cdot\sum_{\mu=0}^{\rho-1}\sum_{\nu=1}^{\rho'-1}|S''|\right\}^{1/2}\right].\end{aligned} \tag{2.8}$$

证　为便利计, 规定

$$e(x,y)=\begin{cases}e^{2\pi i f(x,y)}, & 当\quad (x,y)\in D,\\ 0, & 当\quad (x,y)\notin D,\end{cases}$$

则

$$S=\sum\sum e(m,n),\quad S'=\sum\sum e(m+\mu,n+\upsilon)\overline{e(m,n)},$$

及

$$S''=\sum\sum e(m+\mu,n-\nu)\overline{e(m,n)}.$$

在以上各式中, (m, n)通过一切格点. 显然,

$$S=\frac{1}{\rho\rho'}\sum_m\sum_n\sum_{\mu=0}^{\rho-1}\sum_{\nu=0}^{\rho'-1}e(m+\mu,n+\nu),$$

其中(m, n)的变化范围是使得(μ, ν)的二重和不为 0 (非每项为 0). 因此,

$$
\begin{aligned}
|S| &\leqslant \frac{1}{\rho\rho'}\sum_m\sum_n\left|\sum_\mu\sum_\nu e(m+\mu,n+\nu)\right| \\
&\leqslant \frac{1}{\rho\rho'}\left\{\sum_m\sum_n 1\sum_m\sum_n\left|\sum_\mu\sum_\nu e(m+\mu,\ n+\nu)\right|^2\right\}^{1/2} \\
&\leqslant \frac{A}{\rho\rho'}(b-a)^{1/2}(\beta-\alpha)^{1/2}\left\{\sum_m\sum_n\left|\sum_\mu\sum_\nu e(m+\mu,n+\nu)\right|^2\right\}^{1/2}.
\end{aligned}
\tag{2.9}
$$

上面最后一步的成立, 是因为 m 与 n 分别通过 $O(b-a)$个与 $O(\beta-\alpha)$个值. 但是

$$
\left|\sum_\mu\sum_\nu e(m+\mu,n+\nu)\right|^2=\sum_\mu\sum_\nu\sum_{\mu'}\sum_{\nu'}e(m+\mu,n+\nu)\overline{e(m+\mu',n+\nu')}.
$$

当$(m,\ n)$一定时共有 $\rho\rho'$ 项使得 $\mu=\mu'$ 与 $\nu=\nu'$, 而且每一项等于 1 或 0. 因此当$(m,\ n)$取所有可能的值时, 这种项的和是 $O\{(b-a)(\beta-\alpha)\rho\rho'\}$.

其次, 考虑对应于 $\mu>\mu'$ 及 $\nu\geqslant\nu'$ 的项. 当 $k,\ l,\ \kappa$ 与 λ 一定时, 可以得到

$$
f(m+\mu,n+\nu)-f(m+\mu',n+\nu')=f(k+\kappa,l+\lambda)-f(k,l),
$$

其中

$$
\begin{aligned}
&\mu'=0,1,\cdots,\rho-\kappa-1;\ \mu=\kappa,\kappa+1,\cdots,\rho-1;\\
&\nu'=0,1,\cdots,\rho'-\lambda-1;\ \upsilon=\lambda,\lambda+1,\cdots,\rho'-1;
\end{aligned}
$$

而 m 与 n 的值则随之而定, 这一共得出 $(\rho-\kappa)(\rho'-\lambda)$ 项, 其和为

$$
\sum_{\kappa=1}^{\rho-1}\sum_{\lambda=0}^{\rho'-1}(\rho-\kappa)(\rho'-\lambda)\sum_k\sum_l e(k+\kappa,\ l+\lambda)\,\overline{e(k,l)}.
$$

上式的绝对值不超过

$$
\rho\rho'\sum_{\kappa=1}^{\rho-1}\sum_{\lambda=0}^{\rho'-1}\left|\sum_k\sum_l e^{2\pi i\left[f(k+\kappa,l+\lambda)-f(k,l)\right]}\right|=\rho\rho'\sum_{\mu=1}^{\rho-1}\sum_{\upsilon=0}^{\rho'-1}|S'|.
$$

又对应于 $\mu<\mu',\upsilon\leqslant\upsilon'$ 的各项之和就是上面所考虑的和数的共轭值, 而对应于 $\mu\leqslant\mu',\nu>\nu'$ 或 $\mu\geqslant\mu',\nu<\nu'$ 的各项, 则像上面一样地可以归结到包含 S'' 的和数.

总结起来, 就得到

$$|S| < \frac{A}{\rho\rho'}(b-a)^{1/2}(\beta-\alpha)^{1/2}\left\{A(b-a)(\beta-\alpha)\rho\rho' + \rho\rho'\sum\sum|S'| + \rho\rho'\sum\sum|S''|\right\}^{1/2}.$$

这正是所要证明的结果.

在上定理中取 $\rho'=1$, 就得到

推论 若 $0<\rho\leqslant b-a$, 则

$$S = O\left\{\frac{(b-a)(\beta-\alpha)}{\rho^{1/2}}\right\} + O\left[\left\{\frac{(b-a)(\beta-\alpha)}{\rho}\cdot\sum_{\mu=1}^{\rho-1}|S'''|\right\}^{1/2}\right], \tag{2.10}$$

其中

$$S''' = \sum\sum e^{2\pi i\{f(m+\mu,n)-f(m,n)\}}. \tag{2.11}$$

§ 3. Titchmarsh 关于 $\zeta\left(\frac{1}{2}+\mathrm{i}t\right)$ 的估计

在本节里, 我们要证明 Titchmarsh 对于 $\zeta\left(\frac{1}{2}+\mathrm{i}t\right)$ 的一个估计. 这个估计虽然不是这方面最好的结果, 但是我们可以从中学习二维方法的运用. Titchmarsh 的原证包含一条错误的引理, 因而他的证明并不完全对. 本节将避免引用那个引理.

定理 3.1

$$\zeta\left(\frac{1}{2}+\mathrm{i}t\right) = O\left(t^{19/116}\log^{45/58} t\right).$$

证 首先考虑形如 $\sum n^{-\mathrm{i}t}$ 的和. 若 $F(n)$ 是实函数而 $\rho<b-a$, 则由第十二章定理 5.2 得到

$$\left|\sum_{n=a}^{b}\rho^{2\pi\mathrm{i}F(n)}\right| \leqslant \frac{1}{\rho}\left\{4(b-a)^2\rho + 4(b-a)\left|\sum_{r=1}^{\rho-1}(\rho-r)\sum_{m=a}^{b-r}\mathrm{e}^{2\pi\mathrm{i}\{F(m+r)-F(m)\}}\right|\right\}^{1/2} \tag{3.1}$$

取 $F(n) = -(2\pi)^{-1}t\log n$, 并应用第十二章定理 2.2′ 就得到

$$\sum_{r=1}^{\rho-1}(\rho-r)\sum_{m=a}^{b-r}\mathrm{e}^{2\pi\mathrm{i}f(r,m)}=\mathrm{e}^{-\frac{1}{4}\pi\mathrm{i}}\sum_{r=1}^{\rho-1}(\rho-r)\sum_{\alpha\leqslant\nu\leqslant\beta}\frac{\mathrm{e}^{2\pi\mathrm{i}\phi(r,\upsilon)}}{|f''(m_\upsilon)|^{1/2}}+O(a^{3/2}t^{-1/2}\rho^{3/2})$$
$$+O(\rho^2\log t)+O(a^{-2/5}t^{2/5}\rho^{12/5}),\tag{3.2}$$

其中

$$f(r,m)=-\frac{t}{2\pi}\log\frac{m+r}{m},\quad f_m(r,m_v)=v,$$
$$\phi(r,v)=f(r,m_v)-vm_v,$$
$$\alpha=f_m(r,b-r),\quad \beta=f_m(r,a),\quad b\leqslant 2a.$$

现在考虑

$$S=\sum_{x=R+1}^{R'}\sum_{y=N+1}^{N'}\mathrm{e}^{2\pi\mathrm{i}\phi(x,y)}\ (R<R'\leqslant\min(2R,\rho);$$
$$N<N'\leqslant\min(2N,\beta)).$$

如果 $\lambda^4\leqslant N'-N$，则连续应用定理 2.1 的推论,

$$S=O\left(\frac{RN}{\lambda^{1/2}}\right)+O\left\{\frac{R^{1/2}N^{1/2}}{\lambda^{1/2}}\left(\sum_{y_1=1}^{\lambda-1}|S_1|\right)^{1/2}\right\},\tag{3.3}$$

$$S_1=O\left(\frac{RN}{\lambda}\right)+O\left\{\frac{R^{1/2}N^{1/2}}{\lambda}\left(\sum_{y_2=1}^{\lambda^2-1}|S_2|\right)^{1/2}\right\},\tag{3.4}$$

$$S_2=O\left(\frac{RN}{\lambda^2}\right)+O\left\{\frac{R^{1/2}N^{1/2}}{\lambda^2}\left(\sum_{y_3=1}^{\lambda^4-1}|S_3|\right)^{1/2}\right\},\tag{3.5}$$

其中

$$S_1=\sum_{x=R+1}^{R'}\sum_{y=N+1}^{N'-y_1}\mathrm{e}^{2\pi\mathrm{i}\,\phi_1(x,y)},$$
$$\phi_1(x,y)=\phi(x,y+y_1)-\phi(x,y)$$
$$=\int_0^1\frac{\partial}{\partial t_1}\phi(x,y+y_1t_1)\,\mathrm{d}t_1,$$

$$S_2 = \sum_{x=R+1}^{R'} \sum_{y=N+1}^{N'-y_1-y_2} \mathrm{e}^{2\pi \mathrm{i}\, \phi_2(x,y)},$$

$$\begin{aligned}\phi_2(x,y) &= \phi_1(x,y+y_2) - \phi_1(x,y)\\ &= \int_0^1\int_0^1 \frac{\partial^2}{\partial t_1 \partial t_2} \phi(x, y + y_1 t_1 + y_2 t_2)\,\mathrm{d}t_1 \mathrm{d}t_2,\end{aligned}$$

而

$$S_3 = \sum_{x=R+1}^{R'} \sum_{y=N+1}^{N'-y_1-y_2-y_3} \mathrm{e}^{2\pi \mathrm{i}\, \phi(x,y)},$$

$$\begin{aligned}\phi(x,y) &= \int_0^1\int_0^1\int_0^1 \frac{\partial^3}{\partial t_1 \partial t_2 \partial t_3} \phi(x, y + y_1 t_1 + y_2 t_2 + y_3 t_3)\,\mathrm{d}t_1 \mathrm{d}t_2 \mathrm{d}t_3\\ &= y_1 y_2 y_3 \int_0^1\int_0^1\int_0^1 \frac{\partial^3}{\partial y^{*3}} \phi\left(x, y^*\right) \mathrm{d}t_1 \mathrm{d}t_2 \mathrm{d}t_3,\end{aligned} \tag{3.6}$$

这里

$$y^* = y + y_1 t_1 + y_2 t_2 + y_3 t_3.$$

下面求 $\phi(x,y)$ 的三级偏导数. 我们有

$$f(x,y) = -\frac{t}{2\pi} \log \frac{x+y}{y},$$

$$f_y(x,y) = -\frac{t}{2\pi}\left(\frac{1}{x+y} - \frac{1}{y}\right),$$

从 $f_y\left(x, m_y(x)\right) = y$ 解出

$$m_y(x) = -\frac{x}{2} + \frac{x}{2}\left(1 + \frac{2t}{\pi x y}\right)^{1/2}.$$

因而

$$\begin{aligned}\phi_y(x,y)&=\frac{\partial}{\partial y}\left[f\left(x,m_y\right)-ym_y\right]\\&=-m_y(x)=\frac{x}{2}-\frac{x}{2}\left(1+\frac{2t}{\pi xy}\right)^{1/2}\\&=\frac{x}{2}-\left(\frac{t}{2\pi}\right)^{1/2}x^{1/2}y^{-1/2}\left(1+O\left(\frac{xy}{t}\right)\right),\\\phi_{yyy}(x,y)&=-\frac{3}{4}\left(\frac{t}{2\pi}\right)^{1/2}x^{1/2}y^{-5/2}\left(1+O\left(\frac{xy}{t}\right)\right).\end{aligned}$$

设

$$\omega(y)=\phi_{yyy}(x,y),y'=y+\frac{y_1+y_2+y_3}{2}.$$

由 Taylor 展开

$$\begin{aligned}\omega\left(y^*\right)=&\ \omega(y)+(y_1t_1+y_2t_2+y_3t_3)\omega'(y)\\&+\frac{1}{2}(y_1t_1+y_2t_2+y_3t_3)^2\omega''(y)+\cdots,\end{aligned}$$

故

$$\begin{aligned}\phi(x,y)&=y_1y_2y_3\int_0^1\int_0^1\int_0^1\omega\left(y^*\right)\mathrm{d}t_1\mathrm{d}t_2\mathrm{d}t_3\\&=y_1y_2y_3\left\{\omega(y)+\frac{y_1+y_2+y_3}{2}\omega'(y)+\frac{1}{2}\left[\frac{y_1^2+y_2^2+y_3^2}{3}+\frac{y_1y_2+y_2y_3+y_3y_1}{2}\right]\right.\\&\quad\left.\cdot\,\omega''(y)+\cdots\right\}\\&=y_1y_2y_3\left\{\omega(y')+\frac{1}{2}\times\frac{y_1^2+y_2^2+y_3^2}{12}\omega''(y)+\cdots\right\}\\&=y_1y_2y_3\omega(y')\left(1+O\left(\frac{\lambda^8}{N^2}\right)\right)\\&=-\frac{3}{4}\left(\frac{t}{2\pi}\right)^{1/2}y_1y_2y_3x^{1/2}y'^{-5/2}\left(1+O\left(t^{-\varepsilon}\right)\right).\end{aligned}$$

最后一步假定了

$$\lambda^8N^{-2}=O\left(t^{-\varepsilon}\right),\tag{c$_1$}$$

$$RNt^{-1}=O\left(t^{-\varepsilon}\right).\tag{c$_2$}$$

由此

$$\begin{cases}\phi_{xx}=\dfrac{3}{16}\left(\dfrac{t}{2\pi}\right)^{1/2}y_1y_2y_3x^{-3/2}y'^{-5/2}\left(1+O\left(t^{-\varepsilon}\right)\right),\\ \phi_{xy}=\dfrac{15}{16}\left(\dfrac{t}{2\pi}\right)^{1/2}y_1y_2y_3x^{-1/2}y'^{-7/2}\left(1+O\left(t^{-\varepsilon}\right)\right),\\ \phi_{yy}=-\dfrac{105}{16}\left(\dfrac{t}{2\pi}\right)^{1/2}y_1y_2y_3x^{1/2}y'^{-9/2}\left(1+O\left(t^{-\varepsilon}\right)\right).\end{cases} \tag{3.7}$$

$$\left|\phi_{xx}\phi_{yy}-\phi_{xy}^2\right|=\frac{135}{64}\left(\frac{t}{2\pi}\right)y_1^2y_2^2y_3^2x^{-1}y'^{-7}\left(1+O\left(t^{-\varepsilon}\right)\right). \tag{3.8}$$

我们把 S_3 的求和区域分成边长为

$$l_1=C\frac{R^{3/2}N^{5/2}}{t^{1/2}y_1y_2y_3},\qquad l_2=C\frac{R^{1/2}N^{7/2}}{t^{1/2}y_1y_2y_3} \tag{3.9}$$

的矩形 Δn 或这种矩形的一部分. 如果 $a=O\left(t^{1/2}\right)$, 则

$$v=f_m\left(r,m_v\right)=\frac{tr}{2\pi m_v\left(m_v+r\right)}>\frac{Atr}{m_v^2}>Ar.$$

故 $R=O(N),l_1=O(l_2)$. 由微分中值定理, 只要 C 充分小, 则 ϕ_x 与 ϕ_y 在上述每一小矩形内的变动不会超过 $\dfrac{1}{2}$. 由引理 1.3 可以找到适当的整数 h_n,k_n 使得

$$\sum\sum_{\Delta n}\mathrm{e}^{2\pi\mathrm{i}\,\phi(r,v)}=\iint_{\Delta n}\mathrm{e}^{2\pi\mathrm{i}\{\phi(x,y)-h_nx-k_ny\}}\mathrm{d}x\mathrm{d}y+O(l_1)+O(l_2) \tag{3.10}$$

这里假定了 $l_1\geqslant 1,\ l_2\geqslant 1$. 令

$$\phi^*(x,y)=\phi(x,y)-h_nx-k_ny.$$

我们应用引理 1.2 来估计重积分 $\iint\limits_{\Delta n}\mathrm{e}^{2\pi\mathrm{i}\,\phi^*(x,y)}\mathrm{d}x\mathrm{d}y$, 在引理 1.2 中取

$$\begin{cases}B=At^{1/2}y_1y_2y_3R^{-3/2}N^{-5/2},\\ r=At^{1/2}y_1y_2y_3R^{-1/2}N^{-7/2},\end{cases} \tag{3.11}$$

由(3.7)得到

$$B < \phi_{xx}^* < AB,\ 0 < \phi_{xy}^* < AB\frac{R}{N},\ \left|\phi_{yy}^*\right| < AB\frac{R^2}{N^2}. \tag{3.12}$$

引理中的条件(i′), (ii)显然已满足, 假设条件(iii), (iv), (v)也得到满足, 就由引理的估计及(3.10)式可得①

$$\begin{aligned}\sum_{\Delta}\sum_{n} \mathrm{e}^{2\pi\mathrm{i}\,\phi(r,v)} &= O\left(\frac{R^{1/2}N^{7/2}}{t^{1/2}y_1y_2y_3}\log t\right)+O(l_1)+O(l_2)\\ &= O(l_2\log t),\end{aligned}$$

这种矩形 $\Delta\, n$ 的个数是 $O\left\{\left(\frac{R}{l_1}+1\right)\left(\frac{N}{l_2}+1\right)\right\}=O\left(\frac{RN}{l_1l_2}+1\right)$, 故

$$\begin{aligned}S_3 &= O\left\{\left(\frac{RN}{l_1}+l_2\right)\log t\right\}\\ &= O\left\{\left(\frac{t^{1/2}y_1y_2y_3}{R^{1/2}N^{3/2}}+\frac{R^{1/2}N^{7/2}}{t^{1/2}y_1y_2y_3}\right)\log t\right\}.\end{aligned}$$

当 $l_1 \geqslant 1,\ l_2 \geqslant 1$ 不成立时, 由于 $l_1 = O(l_2)$ 上式右边不小于 $O(RN)$, 因而上面的估计式依然成立. 把这个结果代入(3.5), 再把所得的结果顺次往前代入(3.4), (3.3), 最后得到

$$\begin{aligned}S &= O\left(RN\lambda^{-1/2}\right)+O\left(R^{13/16}N^{11/16}t^{1/16}\lambda^{7/8}\log^{1/8}t\right)\\ &\quad + O\left(R^{15/16}N^{21/16}t^{-1/16}\lambda^{-7/8}\log^{1/8}\lambda\log^{1/8}t\right).\end{aligned} \tag{3.13}$$

现在考虑引理 1.1 中的条件(iii), (iv), (v). 由(3.7)再次微分有

$$\phi_{xxx}^* = O\left(BR^{-1}\right),\ \phi_{xxy}^* = O\left(BN^{-1}\right),\ \phi_{xyy}^* = O\left(BRN^{-2}\right).$$

取 $C = ABR^{-1}, l = \min(N, l_2)$. 条件(iii)要求 $BR^{-1} < AB^{3/2}$ 和 $BR^{-1}Nr < AB^2$, 即 $R^{-2} < AB$ 和 $rN < ABR$. 由(3.11), 后一个不等式是显然的, 前面的不等式可代之以

$$R^{-1}N^5 = O(t). \tag{3.14}$$

---

① 以后我们讲取 $a = O\left(t^{1/2}\right)$, 因而不妨设 $R, N = O\left(t^{A}\right)$.

又

$$\left|\phi_{xx}^{*2}\phi_{xyy}^{*}-2\phi_{xx}^{*}\phi_{xy}^{*}\phi_{xxy}^{*}+\phi_{xy}^{*2}\phi_{xxx}^{*}\right|<B^{3}RN^{-2}.$$

取 $C_1=BRN^{-2}$，则条件(iv)就是 $B^{1/2}C_1\leqslant r^2/2$，而条件(v)是 $B^{1/2}C_1=O\left(r^2\cdot\left(\frac{lr^3}{BC_1}\right)^{-1/2k}\right)$. 因 $\frac{lr^3}{BC_1}\ll t^A$，所以只要 k 充分大，条件(iv)，(v)可以归结为更强的条件 $B^{1/2}C_1=O\left(r^2t^{-\varepsilon}\right)$. 不难验算此式成立只要

$$R^{-1}N^5=O\left(t^{1-\varepsilon}\right). \tag{c$_3$}$$

显然上式包含了(3.14)，所以条件(iii)，(iv)，(v)可以代之以(c_3).

取 λ 使(3.13)的右边前两项相等，就得到

$$\lambda=\left[\left(\frac{R^3N^5}{t\log^2 t}\right)^{1/22}\right], \tag{3.15}$$

把这个值代入(3.13)，得

$$S=O\left(R^{41/44}N^{39/44}t^{1/44}\log^{1/22}t\right). \tag{3.16}$$

这里假定了(3.13)内最后一项可以忽略，这只要

$$RN^5\log t=O\left(t\lambda^{14}\right)$$

就可以了. 利用(3.15)上式变成

$$R^{-5/2}N^5=O\left(t\log^{-25/4}t\right),$$

显然也可以包含于(c_3)之中.

现在回到(3.2)，我们不难看到；如果 S 这个和是取在上面矩形被两曲线 $\upsilon=\alpha$ 及 $\upsilon=\beta$ 或其中之一割下的部分上，上面的推理仍然是正确的. 实际上，这两条曲线的方程是

$$\upsilon=-\frac{t}{2\pi}\left(\frac{1}{b}-\frac{1}{b-r}\right),\quad \upsilon=-\frac{t}{2\pi}\left(\frac{1}{a+r}-\frac{1}{a}\right).$$

因此，沿着这两条曲线我们有 $\frac{\mathrm{d}^2r}{\mathrm{d}\upsilon^2}=O\left(\frac{a^3}{t^2}\right)$. 为了满足引理 1.2 内的条件(1.25)，

我们只要假定

$$\left|\phi_{xx}^{*}l_2a^3t^{-2}\right| < K\frac{t^{1/2}y_1y_2y_3}{R^{1/2}N^{7/2}}.$$

由于 l_2 的选择可知$\left|\phi_{xx}^{*}l_2\right| < NR^{-1}$. 因此上面的不等式可以用$a^3N^{9/2}R^{-1/2} < Kt^{5/2}$去代替. 利用$N = O\left(\frac{Rt}{a^2}\right)$这件事实, 又可以把这个不等式化成

$$tR^2 < Ka^3, \tag{c_4}$$

在这个条件下(3.16)仍然是成立的.

由于$\left|f_{yy}(r,y)\right| > Atra^{-3}$, 故有$\frac{\rho-r}{\left|f''(m_\upsilon)\right|^{1/2}} < A\rho^{1/2}t^{-1/2}a^{3/2}$. 由(3.16)并应用引理 2.1 就有

$$\begin{aligned}\sum_{r=1}^{\rho-1}(\rho-r)\sum_{\alpha<\upsilon\leqslant\beta}\frac{\mathrm{e}^{2\pi\mathrm{i}\phi(r,\upsilon)}}{\left|f''(m_\upsilon)\right|^{1/2}} &= O\left(\rho^{63/44}\beta^{39/44}a^{3/2}t^{-21/44}\log^{45/22}t\right)\\ &= O\left(\rho^{51/22}t^{9/22}a^{-3/11}\log^{45/22}t\right),\end{aligned}$$

最后一步用到$\beta = O\left(t\rho a^{-2}\right)$. 由(3.1)和(3.2),

$$\begin{aligned}\sum_{n=a}^{b}n^{-\mathrm{i}t} &= O\left(a\rho^{-1/2}\right)+O\left(a^{4/11}\rho^{7/44}t^{9/44}\log^{45/44}t\right)\\ &\quad+O\left(a^{5/4}\rho^{-1/4}t^{-1/4}\right)+O\left(a^{1/2}\log^{1/2}t\right)+O\left(a^{3/10}\rho^{1/5}t^{1/5}\right).\end{aligned}$$

为了使前二项相等, 可以取

$$\rho = \left[a^{28/29}t^{-9/29}(\log t)^{-45/29}\right], \tag{3.17}$$

于是

$$\begin{aligned}\sum_{n=a}^{b}n^{-\mathrm{i}t} &= O\left(a^{15/29}t^{9/58}\log^{45/58}t\right)+O\left(a^{117/116}t^{-5/29}\log^{45/116}t\right)\\ &\quad+O\left(a^{1/2}\log^{1/2}t\right)+O\left(a^{143/290}t^{4/29}\log^{-9/29}t\right).\end{aligned} \tag{3.18}$$

上面应用定理 2.1 的推论时要假定$\rho \leqslant b-a$, 其实若$\rho > b-a$, 结果仍然是成立的. 因为当$\rho > b-a$时, 和数是

$$O(b-a)=O(\rho)=O\left(a^{28/29}t^{-9/29}\right).$$

这比(3.18)内第二项的阶还小.

前面还假定了 $\lambda^4 \leqslant N'-N$, 事实上这个条件不满足时结果也是成立的. 因为这时

$$S=O\{R(N'-N)\}=O\left(R\lambda^4\right),$$

只要 $\lambda^9=O\left(N^2\right)$ 上式就不超过(3.3)内的第一项. 而 $\lambda^9=O\left(N^2\right)$ 相当于 $a=O\left(t^{2/3}\right)$.

在(3.18)内, 最后两项比第一项都小, 可以省略. 第二项当

$$a=O\left(t^{38/57-\delta}\right)(\delta>0)$$

时也可以省略. 我们假定 $a<At^{1/2}$, 则上面的条件都成立. 用分部求和法得出

$$\sum_{n=a}^{b}\frac{1}{n^{1/2+it}}=O\left(a^{1/58}t^{9/58}\log^{45/58}t\right). \tag{3.19}$$

上式是在条件(C_1), (C_2), (C_3), (C_4)下得到的. 这四个条件中, 由 $R=O(N)$, 显然(C_3)包含了(C_2). 而由(3.15)可知(C_1)等阶于 $R^3N^{-1/2}=O\left(t^{1-\varepsilon}\right)$, 因而也可以归结为$(C_3)$. 由 $N=O\left(\dfrac{Rt}{a^2}\right)$, (C_3)可代之以更强的条件

$$R^2t^2=O\left(a^5t^{-\varepsilon}\right) \tag{3.20}$$

(C_4)为 $R^2t^2=O\left(a^3t\right)$, 由 $a<At^{1/2}$ 可知这一条件也可由(3.20)取代. 总之我们在条件(3.20)下得到了(3.19).

用(3.17)可以把条件(3.20)化为

$$a>At^{40/89+\varepsilon},$$

取 $T=At^{40/89+\varepsilon}$, 则由(3.19)可以得到

$$\sum_{T<n<At^{1/2}}\frac{1}{n^{1/2+it}}=O\left(t^{19/116}\log^{45/58}t\right). \tag{3.21}$$

为了完成我们的证明, 还要用到下面已知的不等式. (参考第十二章定理 6.1 的证明.)

$$\sum_{n=N}^{N'}\frac{1}{n^{1/2+it}}=O\left(N'^{5/82}t^{11/82}\right)+O\left(N^{-17/328}t^{61/328}\right)\quad(\text{当} N>t^{11/36}),\tag{3.22}$$

$$\sum_{n=1}^{N}\frac{1}{n^{1/2+it}}=O\left(N^{3/14}t^{1/14}\right)\quad(\text{当} N\leqslant t^{4/9}),\tag{3.23}$$

取 $N'=T,N=\left[t^{25/58}\right]$, 则由上面二式可得

$$\sum_{n=1}^{T}\frac{1}{n^{1/2+it}}=O\left(t^{19/116}\right).\tag{3.24}$$

结合(3.21)和(3.24)就有

$$\sum_{n\leqslant At^{1/2}}\frac{1}{n^{1/2+it}}=O\left(t^{19/116}\log^{45/58}t\right).$$

运用第十二章定理 3.2 就得到我们的定理.

§4. 二重三角和的另一种估计方法

以上各节所述估计二重三角和的方法有一些缺点. 第一, 在应用引理 1.1 时, 条件比较多, 有时难以满足. 第二, 在运用这种方法时(参看 3.), 要把求和区域分成小块, 在每块中用重积分来逼近三角和, 这时产生的误差常常很大. 例如在(3.10)中有误差 $O\left(l_1\right)+O\left(l_2\right)$, 如果 l_1,l_2 之中有一个太大, 误差就不够小. 下面要采用另一种估计方法, 这个方法简单地说, 就是用累次求和代替二重和, 正像我们算定积分时用累次积分代替重积分一样. 尹文霖在证明除数问题中的误差项为 $O\left(x^{13/40+\varepsilon}\right)(\varepsilon>0)$ 时就用了这种估计方法. 在本节我们首先建立一个二重三角和的反转公式(定理 4.1), 然后在较强条件下给出几个推论. 至于应用到具体问题, 由于篇幅关系, 只能从略了.

定理 4.1 设

(i) D 是由不等式

$$y_1(x)\leqslant y\leqslant y_2(x),\ a\leqslant x\leqslant b$$

所确定的闭区域，式中 $y_1(x)$ 与 $y_2(x)$ 是次数不超过某一常数 k 的代数函数①，且当 $a \leqslant x \leqslant b$ 时，

$$c \leqslant y_1(x) \leqslant y_2(x) \leqslant d.$$

(ii) Δ 是由不等式

$$u_1(v) \leqslant u \leqslant u_2(v), \gamma \leqslant v \leqslant \delta$$

所确定的闭区域，式中 $u_1(v)$ 与 $u_2(v)$ 是次数不超过某一常数 k 的代数函数，且当 $\gamma \leqslant v \leqslant \delta$ 时，

$$u_1(v) \leqslant u_2(v).$$

(iii) $f(x,y)$ 是一个实函数，其一级偏导数都是次数不超过某一常数 k 的代数函数，而变换

$$u = f_x(x, y), \quad v = f_y(x, y)$$

建立了 D 与 Δ 之间一一对应，并且

$$\mu = f_x(m_{\mu v}, n_{\mu v}), \quad v = f_y(m_{\mu v}, n_{\mu v}),$$

即 $(\mu,\nu) \in \Delta$ 与 $(m_{\mu v}, n_{\mu v}) \in D$ 彼此对应.

(iv) $M = b-a, N = d-c, H(x,y) = f_{x^2}f_{y^2} - f_{xy}^2$，且

(a) $\dfrac{A_1}{r^2M^2N^2} < |H(x,y)| < \dfrac{A_2}{r^2M^2N^2}$,

(b) $\dfrac{A_3}{R} < |f_{yy}| < \dfrac{A_4}{R}$,

$|f_{y^3}| < \dfrac{A_5}{RU}, \quad |f_{y^2x}| < \dfrac{A_6}{RU'}, \quad U \geqslant 1, \quad U' \geqslant 1,$

(c) $|f_{xy}| < \dfrac{A_7}{R_1}, \quad |f_{x^2}| < \dfrac{A_8}{R_2}$,

(d) $\left| f_{x^3} - \dfrac{3f_{x^2y}f_{xy}}{f_{y^2}} + 3\dfrac{f_{y^2x}f_{xy}^2}{f_{y^2}^2} - \dfrac{f_{y^3}f_{xy}^3}{f_{y^2}^3} \right| < \dfrac{A_9R}{r^2M^2N^2U''}, \quad U'' \geqslant 1.$

---

① 若代数函数 $z = g(x, y)$ 系由 $P(x, y, z) = 0$ 所决定，其中 $P(x, y, z)$ 是 x, y, z 的 k 次不可分解的多项式，我们就说 $z = g(x, y)$ 是 k 次代数函数.

(v) $\varphi(x,y)$ 是次数不超过某一常数 k 的代数函数且

$$\left|\varphi(x,y)\right| < A_{10}K,\quad \left|\varphi_x(x,y)\right| < \frac{A_{11}K}{U'''},\quad \left|\varphi_y(x,y)\right| \leqslant \frac{A_{12}K}{U^{(4)}},\quad U''' \geqslant 1,\ U^{(4)} \geqslant 1.$$

(vi) $\alpha(x)=\min\Big(f_x\big(x,y_1(x)\big),\ f_x\big(x,y_2(x)\big)\Big),\quad \beta(x)=\max\Big(f_y\big(x,y_1(x)\big),\ f_y\big(x,y_2(x)\big)\Big).$

在以上条件下,

$$\begin{aligned}
&\sum_{(m,n)\in D}\varphi(m,n)\mathrm{e}^{2\pi\mathrm{i}f(m,n)}\\
&=\mathrm{e}^{\pi\mathrm{i}/2}\sum_{(\mu,\nu)}\sum_{\in\Delta}\frac{\varphi\left(m_{\mu\nu},n_{\mu\nu}\right)}{\sqrt{H\left(m_{\mu\nu},n_{\mu\nu}\right)}}\mathrm{e}^{2\pi\mathrm{i}\left(f\left(m_{\mu\nu},n_{\mu\nu}\right)-\mu m_{\mu\nu}-\upsilon n_{\mu\nu}\right)}\\
&+O\left\{K\sum_{a\leqslant m\leqslant b}\min\left[\sqrt{R},\max\left(\frac{1}{\langle\alpha(m)\rangle},\frac{1}{\langle\beta(m)\rangle}\right)\right]+KM\log\left(\frac{N}{R}+2\right)\right.\\
&+K\left(\frac{N}{R}+\frac{M}{R_1}\right)\sqrt{R}\log\left(\frac{N}{R_1}+\frac{M}{R_2}+2\right)\\
&+KM(N+R)\left(\frac{1}{U}+\frac{1}{U^{(4)}}\right)\\
&+K\left(\frac{N}{R}+\frac{M}{R_1}\right)\sqrt{R}\left(M+\frac{r^2M^2N^2}{R}\right)\\
&\cdot\left(\frac{1}{U}\frac{R}{R_1}+\frac{1}{U'}+\frac{1}{U''}+\frac{1}{U'''}+\frac{1}{U^{(4)}}\frac{R}{R_1}\right)\\
&\left.+K\left(rMN+\sqrt{R}\right)\left(\frac{N}{R}+\frac{M}{R_1}\right)\right\},
\end{aligned}\tag{4.1}$$

式中 $\sqrt{H}=\varepsilon\sqrt{|H|}$，而 $\varepsilon=1$ 或 i 视 $H>0$ 或 <0 而定.

证 1) 不妨设 $f_{yy}>0$. 令

$$S(x)=\sum_{y_1(x)\leqslant n\leqslant y_2(x)}\varphi(x,n)\mathrm{e}^{2\pi\mathrm{i}f(x,n)}\ (a\leqslant x\leqslant b),\tag{4.2}$$

则由第十二章定理 2.2.

$$
\begin{aligned}
S(x)=\mathrm{e}^{\pi \mathrm{i}/4} & \sum_{\alpha(x)\leqslant\nu\leqslant\beta(x)} b_\nu(x)\frac{\varphi(x,n_\nu)}{\sqrt{f_{yy}(x,n_\nu)}}\mathrm{e}^{2\pi\mathrm{i}(f(x,n_\nu)-\upsilon n_\nu)} \\
& +O\Big\{K\log\big(\beta(x)-\alpha(x)+2\big) \\
& +K\big(y_2(x)-y_1(x)+R\big)\left(\frac{1}{U}+\frac{1}{U^{(4)}}\right) \\
& +K\min\left[\sqrt{R},\max\left(\frac{1}{\langle\alpha(x)\rangle},\frac{1}{\langle\beta(x)\rangle}\right)\right]\Big\},
\end{aligned} \tag{4.3}
$$

式中$n_\nu=n_\nu(x)$是方程$f_y(x,n_\nu)=\nu$的解，而$\alpha(x)=f_y\big(x,y_1(x)\big)$，$\beta(x)=f_y\big(x,y_2(x)\big)$，$b_\nu(x)=\dfrac{1}{2}$或 1 视$\nu$与$\alpha(x),\beta(x)$之一相等与否而定. 因此

$$
\begin{aligned}
\sum_{(m,\,n)\in D}\sum\varphi(m,n)\mathrm{e}^{2\pi\mathrm{i}f(m,n)} &= \sum_{a\leqslant x\leqslant b}S(x) \\
&= \mathrm{e}^{\pi\mathrm{i}/4}\sum_{a\leqslant x\leqslant b}\ \sum_{\alpha(x)\leqslant\upsilon\leqslant\beta(x)} b_\upsilon(x)\frac{\varphi(x,n_\nu)}{\sqrt{f_{yy}(x,n_\nu)}} \\
&\quad\cdot\mathrm{e}^{2\pi\mathrm{i}(f(x,n_\nu)-\upsilon n_\nu)}+O\left\{KM\log\left(\frac{N}{R}+2\right)\right. \\
&\quad+KM(N+R)\left(\frac{1}{U}+\frac{1}{U^{(4)}}\right) \\
&\quad\left.+K\sum_{a\leqslant m\leqslant b}\min\left[\sqrt{R},\max\left(\frac{1}{\langle\alpha(m)\rangle},\frac{1}{\langle\beta(m)\rangle}\right)\right]\right\}.
\end{aligned} \tag{4.4}
$$

2) 用$\sum_0$代表(4.4)右边的二重和, 则得

$$
\sum{}_0=\sum_{\gamma\leqslant\nu\leqslant\delta}\ \sum_{x\in E_\nu} b_\nu(x)\frac{\varphi\big(x,n_\nu(x)\big)}{\sqrt{f_{yy}\big(x,n_\nu(x)\big)}}\mathrm{e}^{2\pi\mathrm{i}\left(f(x,n_\nu(x))-\upsilon n_\nu(x)\right)}, \tag{4.5}
$$

式中点集$E_\nu\subset[a,b]$系由$O(1)$个区间或孤立的点所组成(因$f_y(x,y)$及$y_1(x)$, $y_2(x)$都是代数函数). 设在变换$u=f_x(x,n_\nu(x))$下，E_ν变为E_ν^*，则E_ν^*相当于在变换(注意一一对应性)

$$
u=f_x(x,y),\qquad v=f_y(x,y)
$$

下，曲线 $f_y(x,y)=\nu$在 D 内部分的映像，这也就是 $v=\nu$在Δ内的部分:

$u_1(\nu) \leqslant u \leqslant u_2(\nu), v = \nu$.

先考虑

$$\sum^{(v)} = \sum_{x \in E_\nu} b_\nu(x) \frac{\varphi\left(x, n_\nu(x)\right)}{\sqrt{f_{yy}\left(x, n_\nu(x)\right)}} \mathrm{e}^{2\pi\mathrm{i}\left(f\left(x, n_\nu(x)\right) - v n_\nu(x)\right)}. \tag{4.6}$$

令

$$F(x) = f\left(x, n_\nu(x)\right) - \upsilon n_\nu(x), \varPhi(x) = \frac{\varphi\left(x, n_\nu(x)\right)}{\sqrt{f_{yy}\left(x, n_\nu(x)\right)}},$$

则

$$\begin{aligned} F'(x) &= f_x\left(x, n_\nu(x)\right) + f_y\left(x, n_\nu(x)\right) n_\nu'(x) - \upsilon n_\nu'(x) \\ &= f_x\left(x, n_\nu(x)\right), \\ F''(x) &= \frac{H(x, y)}{f_{y^2}} = f_{x^2} - \frac{f_{xy}^2}{f_{y^2}}, \\ F'''(x) &= f_{x^3} - 3\frac{f_{x^2y} f_{xy}}{f_{y^2}} + 3\frac{f_{y^2x} f_{xy}^2}{f_{y^2}^2} - \frac{f_{y^3} f_{xy}^3}{f_{y^2}^3}. \end{aligned}$$

因此, 由假设(iv),

$$\frac{A_{13} R}{r^2 M^2 N^2} \leqslant \left|F''(x)\right| \leqslant \frac{A_{14} R}{r^2 M^2 N^2}, \quad \left|F'''(x)\right| < \frac{A_9 R}{r^2 M^2 N^2 U''}. \tag{4.7}$$

又

$$\varPhi'(x) = -\frac{\varphi}{2\sqrt{f_{y^2}}}\left(\frac{f_{y^2x}}{f_{y^2}} - \frac{f_{y^3}}{f_{y^2}} \frac{f_{yx}}{f_{y^2}}\right) + \frac{1}{\sqrt{f_{y^2}}}\left(\varphi_x - \varphi_y \frac{f_{yx}}{f_{y^2}}\right),$$

故由假设(iv)及(v),

$$\begin{aligned} &\left|\varPhi(x)\right| < A_{15} K \sqrt{R}, \\ &\left|\varPhi'(x)\right| < A_{16} K \sqrt{R}\left(\frac{1}{U'} + \frac{1}{U}\frac{R}{R_1} + \frac{1}{U'''} + \frac{1}{U^{(4)}}\frac{R}{R_1}\right). \end{aligned} \tag{4.8}$$

由(4.7), (4.8)并利用第十二章定理 2.2 到 $\sum^{(\nu)}$ 就得到

$$\sum^{(\nu)} = \sum_{x\in E_\nu} \frac{\varphi\left(x, n_\nu(x)\right)}{\sqrt{f_{y^2}\left(x, n_\nu(x)\right)}} \mathrm{e}^{2\pi\mathrm{i}\left(f\left(x, n_\nu(x)\right) - \upsilon n_\nu(x)\right)} + O\left(K\sqrt{R}\right)$$

$$= \mathrm{e}^{\pi\mathrm{i}/4} \sum_{\mu\in E_\nu^*} \frac{\varphi\left(m_{\mu\nu}, n_{\mu\nu}\right)}{\sqrt{H\left(m_{\mu\nu}, n_{\mu\nu}\right)}} \mathrm{e}^{2\pi\mathrm{i}\left(f\left(m_{\mu\nu}, n_{\mu\nu}\right) - \mu n_{\mu\nu} - \mu n_{\mu\nu}\right)}$$

$$+ O\left\{K\sqrt{R}\log\left(\frac{N}{R_1} + \frac{M}{R_2} + 2\right)\right.$$

$$+ K\sqrt{R}\left(M + \frac{r^2M^2N^2}{R}\right)\left(\frac{1}{U}\frac{R}{R_1} + \frac{1}{U'} + \frac{1}{U''} + \frac{1}{U'''} + \frac{1}{U^{(4)}}\frac{R}{R_1}\right)$$

$$\left. + K\sqrt{R}\left(1 + \frac{rMN}{\sqrt{R}}\right)\right\}.$$

代入(4.5)得

$$\sum\nolimits_0 = \mathrm{e}^{\pi\mathrm{i}/4} \sum_{\gamma\leqslant\nu\leqslant\delta} \sum_{\mu\in E_\nu^*} \frac{\varphi\left(m_{\mu\nu}, n_{\mu\nu}\right)}{\sqrt{H\left(m_{\mu\nu}, n_{\mu\nu}\right)}} \mathrm{e}^{2\pi\mathrm{i}\left(f\left(m_{\mu\nu}, n_{\mu\nu}\right) - \mu m_{\mu\nu} - \upsilon n_{\mu\nu}\right)}$$

$$+ O\left\{K\sqrt{R}\left(\frac{N}{R} + \frac{M}{R_1}\right)\log\left(\frac{N}{R_1} + \frac{M}{R_2} + 2\right)\right.$$

$$+ K\sqrt{R}\left(\frac{N}{R} + \frac{M}{R_1}\right)\left(M + \frac{r^2M^2N^2}{R}\right)\left(\frac{1}{U}\frac{R}{R_1} + \frac{1}{U'} + \frac{1}{U''} + \frac{1}{U'''} + \frac{1}{U^{(4)}}\frac{R}{R_1}\right)$$

$$\left. + K\sqrt{R}\left(\frac{N}{R} + \frac{M}{R_1}\right)\left(1 + \frac{rMN}{\sqrt{R}}\right)\right\}.$$

把上式代入(4.4)就得到所需要的结果.　[证完]

容易从定理 4.1 导出下面的

推论 1　在定理 4.1 的条件下，设

$$\varphi(x, y) \equiv 1 \tag{4.9}$$

及

$$\frac{R}{N^2} = \frac{R_1}{MN} = \frac{R_2}{M^2} = r < 1, \tag{4.10}$$

$$U = N,\ U' = U'' = M, \tag{4.11}$$

则得

$$\sum_{(m,n)\in D} e^{2\pi i f(m,n)} = e^{\pi i/2} \sum_{(\mu,\nu)}\sum_{\in\Delta} \frac{e^{2\pi i\left(f\left(m_{\mu\nu},n_{\mu\nu}\right)-\mu m_{\mu\nu}-\mu n_{\mu\nu}\right)}}{\sqrt{H\left(m_{\mu\nu},n_{\mu\nu}\right)}} + O\left\{MN\sqrt{r} + M\log\left(\frac{1}{Nr}+2\right) + \frac{1}{\sqrt{r}}\log\left(\frac{2}{Mr}+2\right)\right\}. \tag{4.12}$$

推论 2 在定理 4.1 的条件下，设

$$\frac{\theta_1}{R_1} < \left|f_{xy}\right| < \frac{1}{R_1}$$

及

$$\left|f_{y^2} y_i'(x)\right| \leqslant \frac{\theta_2}{R_1} \quad (\theta_2 < \theta_1 < 1, i = 1,2),$$

则(4.1)右边 O 后括弧内第一项可以改成

$$\left(\frac{2M}{R_1}+1\right)\left(\sqrt{R} + R_1 \log(M+2)\right).$$

证 不妨假定 $f_{xy} > 0$，又由于相似性，我们不妨只考虑

$$\sum_{a\leqslant m\leqslant b} \min\left(\sqrt{R}, \frac{1}{\langle\alpha(m)\rangle}\right),$$

并设

$$\alpha(x) = f_y\left(x, y_1(x)\right).$$

我们有

$$\frac{1}{R_1} \ll \alpha'(x) = f_{yx} + f_{y^2} y_1'(x) < \frac{2}{R_1}.$$

因此，当 x 从 a 变到 b 时，$\alpha(x)$ 顶多通过 $\frac{2M}{R_1}+1$ 个整数. 我们把 a, b 及使 $\alpha(x)$ 为整数的点依次排列如下

$$a = x_0, x_1, x_2, \cdots, x_n = b.$$

考虑区间 $[x_i, x_i'](0 < i < n)$，其中 $x_i' < x_{i+1}$，并且 x_i' 是使得

$$\langle\alpha(x)\rangle = \alpha(x) - \alpha(x_i)$$

成立的最大实数. 由此得

$$\sum_{x_i+1\leqslant m\leqslant x_i'}\frac{1}{\langle\alpha(m)\rangle}=\sum_{x_i+1\leqslant m\leqslant x_i'}\frac{1}{\alpha(m)-\alpha(x_i)}$$
$$=\sum_{x_i+1\leqslant m\leqslant x_i'}\frac{1}{\alpha'(\xi_m)(m-x_i)}\ll R_1\log(M+2).$$

(注意当 $x_i'<x_i+1$ 时上面的和数为 0)仿此可考虑区间 $[x_i',x_{i+1}]\,(0\leqslant i<n)$. 当 x_1, ⋯, x_n 不存在的时候, 显然也可以找到两个整数 α,β 及在 $[a,\ b]$ 上的一个数 c, 使得

$$\langle\alpha(x)\rangle=\begin{cases}\alpha(x)-\alpha & (x\leqslant c),\\ \beta-\alpha(x) & (x>c).\end{cases}$$

因此我们可以仿前进行估计, 总之我们可以得到

$$\sum_{a\leqslant m\leqslant b}\min\left(\sqrt{R},\frac{1}{\langle\alpha(m)\rangle}\right)\leqslant\left(\frac{2M}{R_1}+1\right)\left(\sqrt{R}+R_1\log(M+2)\right).$$

读者可以试用本节的结果证明定理 3.1.

第十五章 Goldbach-Виноградов 定理

§1. 引 论

Goldbach 曾经猜测过：每一个大于 7 的奇数都可以表成三个奇素数之和. Hardy 与 Littlewood 借助一个至今还未证明的假设①证明了充分大的奇数都可以表成三个素数之和. 但在 1937 年 Виноградов 不用任何假设证明了同样的结果. 因此这个结果常称为 Goldbach-Виноградов 定理.

在 Виноградов 的证明中起着主要作用的是他对于形如

$$\sum_{p\leqslant v} e(px) \ \left(e(z)=\mathrm{e}^{2\pi\mathrm{i}x}\right) \tag{1.1}$$

(其中 v 是正数, x 是实数, 而 p 通过不超过 v 的素数)的三角和的估计. 本章的目的就是介绍 Виноградов 的方法. 在证明中要用到 Siegel 的一个很深刻的定理(引理 3.2).

§2. 证明的主要步骤

用 $r(n)$ 表示把自然数 n 表成三个素数和

$$n = p_1 + p_2 + p_3$$

的方法的个数, 那么, Goldbach-Виноградов 定理就等于说: 对于充分大的奇数 n 都有 $r(n)>0$. 实际上, 我们可以把 $r(n)$ 的渐近公式找出来, 从而推出 $r(n)>0$. 首先需要说明怎样利用形如(1.1)的三角和表出 $r(n)$.

设

$$f(x,v)=\sum_{p\leqslant v} e(px) \ \ (v\geqslant 0), \tag{2.1}$$

则

① 他们假定有实数 $\theta<\dfrac{3}{4}$ 存在, 使得所有 Dirichlet L 函数在 $\sigma>\theta$ 半面上都无零点.

$$
\begin{aligned}
f^3(x,n) &= \sum_{p_1 \leqslant n} \sum_{p_2 \leqslant n} \sum_{p_3 \leqslant n} e\{(p_1+p_2+p_3)x\} \\
&= \sum_{m=6}^{3n} r(m,n)e(mx),
\end{aligned}
$$

其中 $r(m,n)$ 是把 m 表成三个素数(每一个不超过 n)和的方法个数. 特别是 $r(n,n)=r(n)$, 因而对于任何实数 x_0 都有

$$r(n)=\int_{x_0}^{x_0+1} f^3(x,n)e(-nx)\mathrm{d}x. \tag{2.2}$$

摆在我们面前的是一个非常有趣的问题: 怎样把 $r(n)$ 的主要部分求出来. Hardy 与 Littlewood 首先观察到除去当 x 接近一个分母很小的有理数的时候以外, $|f(x,n)|$ 的值都是很小的; 而当 x 接近于那种有理数(例如 $\frac{h}{q}$)时, 则可以利用 $f\left(\frac{h}{q},n\right)$ 求出 $f(x,n)$ 的近似公式. 因此, 我们最好把积分区间(x_0, x_0+1)分成两部分, 记作 E_1 及 E_2, 其中 E_1 是区间中接近于分母很小的有理数的各数的集合,而 E_2 则包含区间内剩下的部分. 因此, E_1 包含着许多的小区间, 每一小区间包含一个分母很小的有理数. 所谓 "接近" 和 "很小" 的确切意义并不是很重要的. 为便利计, 我们取

$$x_0 = n^{-1}\log^{15} n, \tag{2.3}$$

并且把 "接近" 解释作 "距离不超过 x_0", 把 "很小" 解释作 "不超过 $\log^{15} n$". 我们通常称 E_1 为基本区间, E_2 为余区间. 于是由(2.2)

$$r(n)=\sum_{q\leqslant \log^{15} n}\ \sum_{\substack{0<h\leqslant q\\(h,q)=1}} J(h,q)+\int_{E_2} f^3(x,n)e(-nx)\mathrm{d}x=\Sigma+I, \tag{2.4}$$

其中

$$J(h,q)=\int_{h/q-x_0}^{h/q+x_0} f^3(x,n)e(-nx)\mathrm{d}x. \tag{2.5}$$

应该注意的是上面的 $\frac{h}{q}$ 是分母很小的分数, 并且当 n 大于某一常数 n_0 即

$$n>n_0 \tag{2.6}$$

时, 由 (2.3) 知道当 $q\leqslant \log^{15} n, 0<h\leqslant q, (h,q)=1$ 时, 各封闭小区间

$\left[\dfrac{h}{q}-x_0,\dfrac{h}{q}+x_0\right]$彼此不相重叠并且都包含在$(x_0,\ x_0+1)$内.

剩下要作的有两件事：其一是从 Σ 内提出 $r(n)$的主要部分，这当然等于从 $J(h,q)$ 内提出主要部分再求和；另一件是估计 I，这里要用到 Виноградов 的创造性的三角和估计方法. 我们先作较容易的第一件工作.

§ 3. 基本区间上的积分

前面曾经提过，当x接近于某一有理数$\dfrac{h}{q}$时，可以利用$f\left(\dfrac{h}{q},v\right)$求出$f(x,v)$的近似公式. 我们首先估计

$$f\left(\frac{h}{q},v\right)=\sum_{p\leqslant v}e\left(\frac{h}{q}p\right). \tag{3.1}$$

这里我们假定 q 比起 v 来相当的小(即$q\leqslant \log^{15} n$,而$v\leqslant n$). 为此，我们引进所谓 Ramanujan 和，即

$$C_m(h)=\sum_{\substack{1\leqslant l\leqslant m\\(l,m)=1}}e\left(\frac{hl}{m}\right). \tag{3.2}$$

我们有

引理 3.1 $C_m(h)=\sum\limits_{d|h,d|m}\mu\left(\dfrac{m}{d}\right)d.$

特别当$(h,\ q)=1$时，就得到

$$C_q(h)=\mu(q).$$

证 考虑 m 个分数

$$\frac{l}{m}(1\leqslant l\leqslant m), \tag{3.3}$$

其中每一个可以唯一地表成不可约分数，如

$$\frac{l}{m}=\frac{a}{d},$$

其中

$$d|m,\ 1\leqslant a\leqslant d,\ (a,d)=1. \tag{3.4}$$

反过来，每一个满足(3.4)的不可约分数 $\frac{a}{d}$ 必等于(3.3)中的一个．因此，对于任何函数 $F(x)$(特别是 $F(x)=e(hx)$)都有

$$\sum_{1\leqslant l\leqslant m} F\left(\frac{l}{m}\right)=\sum_{d\mid m}\sum_{\substack{1\leqslant a\leqslant d\\(a,d)=1}} F\left(\frac{a}{d}\right). \tag{3.5}$$

设

$$g(m)=\sum_{1\leqslant l\leqslant m} F\left(\frac{l}{m}\right),\quad f(m)=\sum_{\substack{1\leqslant l\leqslant m\\(l,m)=1}} F\left(\frac{l}{m}\right),$$

则(3.5)变成

$$g(m)=\sum_{d\mid m} F(d).$$

由 Möbius 反转公式①

$$f(m)=\sum_{d\mid m}\mu\left(\frac{m}{d}\right)g(d),$$

即

$$\sum_{\substack{1\leqslant l\leqslant m\\(l,m)=1}} F\left(\frac{l}{m}\right)=\sum_{d\mid m}\mu\left(\frac{m}{d}\right)\sum_{1\leqslant a\leqslant d} F\left(\frac{a}{d}\right). \tag{3.6}$$

令 $F(x)=e(hx)$，即得

$$f(m)=C_m(h),$$
$$g(m)=\sum_{1\leqslant l\leqslant m} e\left(\frac{lh}{m}\right)=\begin{cases} m & (m\mid h),\\ 0 & (m\nmid h).\end{cases}$$

于是(3.6)变成

$$C_m(h)=\sum_{d\mid m,d\mid h}\mu\left(\frac{m}{d}\right)d.$$

特别当$(m,h)=1$时即得

$$C_m(h)=\mu(m).$$

[证完]

① 见И. М. 维诺格拉陀夫著《数论基础》(裘光明译)，第二章问题 17c.

设

$$g(x,v)=\sum_{2\leqslant m\leqslant v}\frac{e(mx)}{\log m}(v\geqslant 2). \tag{3.7}$$

我们要证明可以用$\frac{\mu(q)}{\varphi(q)}g(0,v)$来很好的逼近$f\left(\frac{h}{q},v\right)$. 不过, 我们要用到第二篇第九章的定理 4.4. 现在把它写成一个引理如下:

引理 3.2 设正整数$m\geqslant 3,k\leqslant \log^u m$ (u是任意大的正数), 而$(k,l)=1$. 若用$\pi(m;k,l)$表示在算术级数 $kn+l$, $n=1,2,\cdots$内不超过 m 的素数个数, 则

$$\left|\pi(m;k,l)-\frac{Ism}{\phi(k)}\right|\leqslant Am\exp\left(-\frac{\sqrt{\log m}}{200}\right)(A\text{ 是常数}).$$

根据上面的引理我们容易证明:

引理 3.3 设$(h,q)=1$, $q\leqslant\log^{15}n,n>n_0$ (充分大), 则

$$\left|f\left(\frac{h}{q},v\right)-\frac{\mu(q)}{\phi(q)}g(0,v)\right|<2nq\log^{-100}n(0\leqslant v\leqslant n).$$

证 当$v\leqslant n^{1/2}$时上式显然成立. 因而不妨假定$n^{1/2}<v\leqslant n$, 由(2.1)

$$\left|f\left(\frac{h}{q},v\right)-\sum_{\substack{p\leqslant v\\ p\nmid q}}e\left(\frac{ph}{q}\right)\right|\leqslant\sum_{p|q}1<q.$$

又由引理 3.1 和引理 3.2,

$$\begin{aligned}\sum_{\substack{p\leqslant v\\ p\nmid q}}e\left(\frac{ph}{q}\right)&=\sum_{\substack{0<l\leqslant q\\ (l,q)=1}}e\left(\frac{lh}{q}\right)\sum_{\substack{p\leqslant v\\ p\equiv l(\bmod q)}}1\\&=\sum_{\substack{0<l\leqslant q\\ (l,q)=1}}e\left(\frac{lh}{q}\right)\pi([v];q,l)=\frac{Is[v]}{\phi(q)}C_q(h)+R,\end{aligned}$$

这里

$$|R|\leqslant Aqn\exp\left(-\frac{\sqrt{\log n}}{200}\right)<qn\log^{-100}n.$$

注意到$Is[v]=g(0,v)$及$C_q(h)=\mu(q)$, 从而得到

$$\left|f\left(\frac{h}{q},v\right)-\frac{\mu(q)}{\phi(q)}g(0,v)\right| \leqslant q+qn\log^{-100} n$$
$$< 2nq\log^{-100} n.$$

[证完]

进一步, 我们要估计 $f\left(\frac{h}{q}+y,n\right)$, 这要用到下面的引理.

引理 3.4　若

$$F(x,v)=\sum_{0<m\leqslant v} a_m e(mx),$$

则

$$F(x_1+x_2,v)$$
$$=e(vx_2)F(x_1,v)-2\pi \mathrm{i} x_2\int_0^v e(ux_2)F(x_1,u)\mathrm{d}u,$$

这很容易从第二篇第五章引理 2.1 推出来. [取 $\lambda_n=n$, $\Phi(x)=e(x_2x)$, $C_n=a_ne(x_1n)$, $x=v$.]

现在我们可以证明:

引理 3.5　设

$$q\leqslant \log^{15} n,|y|\leqslant x_0,(h,q)=1, \tag{3.8}$$

则当 $n>n_0$ (n_0 充分大)时

$$\left|f\left(\frac{h}{q}+y,n\right)-\frac{\mu(q)}{\phi(q)}g(y,n)\right|<n\log^{-69} n.$$

证　由引理 3.4

$$f\left(\frac{h}{q}+y,n\right)$$
$$=e(ny)f\left(\frac{h}{q},n\right)-2\pi \mathrm{i}y\int_0^n e(yv)f\left(\frac{h}{q},v\right)\mathrm{d}v,$$

$$g(y,n)=e(ny)g(0,n)-2\pi \mathrm{i}y\int_0^n e(yv)g(0,v)\,\mathrm{d}v.$$

故

$$\begin{aligned}\left|f\left(\frac{h}{q}+y,n\right)-\frac{\mu(q)}{\phi(q)}g(y,n)\right| &= \left|e(ny)\left\{f\left(\frac{h}{q},n\right)-\frac{\mu(q)}{\phi(q)}g(0,n)\right\}\right.\\ &\quad\left.-2\pi\mathrm{i}y\int_0^n e(vy)\left\{f\left(\frac{h}{q},v\right)-\frac{\mu(q)}{\phi(q)}g(0,v)\right\}\mathrm{d}v\right|\\ &\leqslant\left|f\left(\frac{h}{q},n\right)-\frac{\mu(q)}{\phi(q)}g(0,n)\right|+2\pi x_0\int_0^n\left|f\left(\frac{h}{q},v\right)-\frac{\mu(q)}{\phi(q)}g(0,v)\right|\mathrm{d}v.\end{aligned}$$

最后一步用到$|y|\leqslant x_0$.

我们记得$x_0=\dfrac{1}{n}\log^{15}n$ [见(2.3)], 故由引理 3.3, 当$n>n_0$时, 上式右边不超过

$$2n\log^{-85}n(1+2\pi x_0 n)<14n\log^{-70}n<n\log^{-69}n.$$ [证完]

进一步, 我们可以证明下面的引理:

引理 3.6 设

$$\rho(n)=\sum_{\substack{m_1+m_2+m_3=n\\ m_1\geqslant2,m_2\geqslant2,m_3\geqslant2}}\frac{1}{\log m_1\log m_2\log m_3},\tag{3.9}$$

则

$$\frac{1}{3}n^2\log^{-3}n<\rho(n)<n^2\quad(n\text{ 充分大}),\tag{3.10}$$

且在上引理的条件下

$$\left|J(h,q)-\frac{\mu(q)}{\phi^3(q)}\rho(n)e\left(-\frac{nh}{q}\right)\right|\leqslant 6n^2\log^{-54}n+n^2\phi^{-3}(q)\log^{-30}n.\tag{3.11}$$

证 1) (3.9)右边的项数是$\dfrac{1}{2}(n-4)(n-5)$, 而每一项在$\log^{-3}n$与1之间, 故(3.10)成立.

2) 当$|Z|\leqslant C,|W|\leqslant C$时, 易见

$$\left|Z^3-W^3\right|\leqslant 3C^2|Z-W|.$$

又显然$|f(x,n)|\leqslant n,|g(y,n)|\leqslant n$. 故由上引理立刻可以推出

$$\left|f^3\left(\frac{h}{q}+y,n\right)-\frac{\mu(q)}{\phi^3(q)}g^3(y,n)\right|\leqslant 3n^3\log^{-69}n.$$

3) 由 $J(h,q)$ 的定义(即(2.5)),

$$J(h,q)=e\left(-\frac{nh}{q}\right)\int_{-x_0}^{x_0}f^3\left(\frac{h}{q}+y,n\right)e(-ny)\,\mathrm{d}y,$$

故由 2) 及 $x_0=\frac{1}{n}\log^{15}n$,

$$\left|J(h,q)-\frac{\mu(q)}{\phi^3(q)}J_1e\left(\frac{-nh}{q}\right)\right|\leqslant 6n^2\log^{-54}n, \tag{3.12}$$

其中

$$J_1=\int_{-x_0}^{x_0}g^3(y,n)e(-ny)\,\mathrm{d}y.$$

4) 我们要证明可以用 $\rho(n)$ 去逼近 J_1. 用分项积分容易看出

$$\rho(n)=\int_{-\frac{1}{2}}^{\frac{1}{2}}g^3(y,n)e(-ny)\,\mathrm{d}y.$$

但

$$\left|\sum_{m=2}^{m_1}e(my)\right|\leqslant\frac{1}{|\sin\pi y|}\leqslant\frac{1}{2|y|}\left(m_1\geqslant 2,\ 0<|y|\leqslant\frac{1}{2}\right).$$

故由 Abel 引理

$$|g(y,n)|=\left|\sum_{2\leqslant m\leqslant n}\frac{e(my)}{\log m}\right|<|y|^{-1}\quad\left(0<|y|\leqslant\frac{1}{2}\right).$$

因此

$$|\rho(n)-J_1|\leqslant 2\int_{x_0}^{\frac{1}{2}}y^{-3}dy<x_0^{-2}=n^2\log^{-30}n.$$

而由上式及(3.12)容易得到

$$\left|J(h,q)-\frac{\mu(q)}{\phi^3(q)}\rho(n)e\left(\frac{-nh}{q}\right)\right|\leqslant 6n^2\log^{-54}n+\frac{n^2\log^{-30}n}{\phi^3(q)}.$$

[证完]

最后，我们回到 Σ 的估计:

引理 3.7 当 $n > n_0$ 时，

$$\left|\Sigma - \rho(n) \sum_{q \leqslant \log^{15} n} \frac{\mu(q)}{\phi^3(q)} C_q(n)\right| < 7n^2 \log^{-24} n.$$

证 由引理 3.6 及 $C_q(n)$ 的定义[见(3.2)]知道

$$\begin{aligned}&\left|\sum_{q \leqslant \log^{15} n} \sum_{\substack{0<h\leqslant q\\(h,q)=1}} J(h,q) - \rho(n) \sum_{q \leqslant \log^{15} n} \frac{\mu(q)}{\phi^3(q)} C_q(n)\right| \\ &\leqslant 6n^2 \log^{-24} n + n^2 \log^{-30} n \sum_{q \leqslant \log^{15} n} \phi^{-2}(q) \\ &< 6n^2 \log^{-21} n + n^2 \log^{-24} n \qquad (\text{当} n > n_0, n_0 \text{充分大}).\end{aligned}$$

最后一步可以利用 $\phi(q) \geqslant \pi(q) > \dfrac{Aq}{\log q}$ (A 是常数)得出来.

§ 4. 余区间上的积分

在这一节里面，我们要估计余区间上的积分. 首先让我们证明下面的引理:

引理 4.1 设

$$n \log^{-3} n < v \leqslant n, \log^{15} n < q \leqslant n \log^{-15} n (h,q) = 1, \tag{4.1}$$

则当 $n > n_0$ (充分大)时，

$$\left|f\left(\frac{h}{q}, v\right)\right| \leqslant n \log^{-3} n. \tag{4.2}$$

证 1)我们在下面用 j, m, l, L 及 ξ 表正整数, p 表素数. 令

$$b_1 = \sum_{\substack{m \leqslant v\\(m,a_1)=1}} e\left(\frac{mh}{q}\right), \tag{4.3}$$

其中

$$a_1 = \prod_{p \leqslant \sqrt{n}} p \qquad (p \text{通过素数}). \tag{4.4}$$

则 m 通过 1 及满足 $\sqrt{n} < p \leqslant v$ 的一切素数. 因此,

$$\left|f\left(\frac{h}{q},v\right)-b_1\right|\leqslant\sqrt{n}. \tag{4.5}$$

所以, 我们只要证明

$$|b_1|\leqslant\frac{2}{3}n\log^{-3}n\quad(n>n_0), \tag{4.6}$$

引理即随之成立.

2) 由于 $\sum\limits_{d|a}\mu(d)=1$ 或 0 看 $a=1$ 或 $a>1$ 而定, 故

$$\sum_{j|a_1,j|m}\mu(j)=\sum_{j(m,a_1)}\mu(j)=\begin{cases}1, & (m,a_1)=1,\\ 0, & (m,a_1)>1.\end{cases}$$

故

$$\begin{aligned}b_1&=\sum_{m\leqslant v}e\left(\frac{mh}{q}\right)\sum_{j|a_1,j|m}\mu(j)\\&=\sum_{j|a_1|}\sum_{k\leqslant\frac{v}{j}}\mu(j)e\left(\frac{hjk}{q}\right)=b_2+b_3,\end{aligned} \tag{4.7}$$

其中

$$b_2=\sum_{\substack{j|a_1\\ j\leqslant v\log^{-5}n}}\mu(j)\sum_{k\leqslant\frac{v}{j}}e\left(\frac{hjk}{q}\right), \tag{4.8}$$

$$b_3=\sum_{k<\log^5 n}\ \sum_{\substack{j|a_1\\ v\log^{-5}n<j\leqslant\frac{v}{k}}}\mu(j)\,e\left(\frac{hjk}{q}\right). \tag{4.9}$$

今先估计 b_2. 显然

$$|b_2|\leqslant\sum_{j\leqslant v\log^{-5}n}\left|\sum_{k\leqslant\frac{v}{j}}e\left(\frac{hjk}{q}\right)\right|=\sum_{-\frac{q}{2}<l\leqslant\frac{q}{2}}b_4(l), \tag{4.10}$$

其中

$$b_4(l)=\sum_{\substack{j\leqslant v\log^{-5}n\\ hj\equiv l(\bmod q)}}\left|\sum_{k\leqslant\frac{v}{j}}e\left(\frac{lk}{q}\right)\right|. \tag{4.11}$$

由(4.1)得

$$b_4(0)=\sum_{\substack{j\leqslant v\log^{-5}n\\ q|j}}\left[\frac{v}{j}\right]=\sum_{m\leqslant q^{-1}v\log^{-5}n}\left[\frac{v}{qm}\right]$$

$$\leqslant\frac{n}{q}\sum_{m\leqslant n}\frac{1}{m}\leqslant 2n\log^{-14}n\quad(n>n_0,\text{充分大}).\tag{4.12}$$

又若 $0<|l|\leqslant\dfrac{q}{2}$，则

$$\left|\sum_{k\leqslant\frac{v}{j}}e\left(\frac{lk}{q}\right)\right|=\left|\frac{e\left(l\left[\dfrac{v}{j}\right]/q\right)-1}{e\left(\dfrac{l}{q}\right)-1}\right|$$

$$\leqslant\frac{2}{\left|e\left(\dfrac{l}{q}\right)-1\right|}=\frac{1}{|\sin(\pi l/q)|}\leqslant\frac{q}{2|l|}.$$

代入(4.11)即得(注意$(h,q)=1$)

$$b_4(l)\leqslant\frac{q}{2|l|}\sum_{\substack{j\leqslant v\log^{-5}n\\ hj\equiv l(\operatorname{mod}q)}}1\leqslant\frac{1}{2|l|}\left(v\log^{-5}n+q\right).$$

故

$$\sum_{\substack{l\neq 0\\ -\frac{1}{2}q<l\leqslant\frac{1}{2}q}}b_4(l)\leqslant\left(v\log^{-5}n+q\right)\sum_{0<l\leqslant\frac{q}{2}}l^{-1}\leqslant 2n\log^{-4}n.$$

由上式及(4.12)得

$$|b_2|\leqslant 3n\log^{-4}n.\tag{4.13}$$

因此，由(4.7)知道只要证明

$$|b_3|\leqslant\frac{1}{3}n\log^{-3}n\quad(n>n_0),\tag{4.14}$$

即容易推出(4.6)，而引理即随之成立.

3) 现在要估计 b_3. 我们有

$$b_3 = \sum_{k<\log^5 n} \sum_{\substack{j|a_1 \\ v\log^{-5} n<j\leqslant \frac{v}{k}}} \mu(j)\, e\left(\frac{hjk}{q}\right) = \sum_{k<\log^5 n} b_5(k), \tag{4.15}$$

其中

$$b_5(k) = \sum_{\substack{j|a_1 \\ v\log^{-5} n<j\leqslant v/k}} \mu(j)\, e\left(\frac{hjk}{q}\right) \tag{4.16}$$

令

$$a_2 = \prod_{p\leqslant \log^{15} n} p, \tag{4.17}$$

则

$$b_5(k) = b_6 + b_7, \tag{4.18}$$

其中

$$b_6 = \sum_{\substack{j|a_2 \\ v\log^{-5} n<j\leqslant v/k}} \mu(j)\, e\left(\frac{hjk}{q}\right), \tag{4.19}$$

与(利用(4.4))

$$b_7 = \sum_{\substack{j|a_1, j\nmid a_2 \\ v\log^{-5} n<j\leqslant v/k}} \mu(j)\, e\left(\frac{hjk}{q}\right). \tag{4.20}$$

显然由(4.1)

$$|b_6| \leqslant \sum_{\substack{j|a_2 \\ n\log^{-8} n<j\leqslant n}} 1. \tag{4.21}$$

用 $\omega(m)$ 表 m 的不同素因数的个数，则由(4.17)，当 $j|a_2$ 时，

$$j \leqslant \left(\log^{15} n\right)^{\omega(j)}.$$

因 $\tau(j) = 2^{\omega(j)}$，故 $\tau(j) \geqslant j^{\log 2/15\log\log n}$. 当 $j > n\log^{-8} n$ 时，

$$\tau(j) \geqslant \left(n\log^{-8} n\right)^{\log 2/15\log\log n} > \log^{101} n\left(n > n_0\text{充分大}\right).$$

因此

$$
\begin{aligned}
|b_6|\log^{101} n &\leqslant \sum_{j\leqslant n}\tau(j)=\sum_{j\leqslant n}\sum_{L\backslash j}1 \\
&=\sum_{L\leqslant n}\sum_{\substack{j\leqslant n\\ L|j}}1=\sum_{L\leqslant n}\left[\frac{n}{L}\right]\leqslant n\sum_{L\leqslant n}\frac{1}{L}<n(1+\log n),
\end{aligned}
$$

故

$$
|b_6|\leqslant n\log^{-100} n \quad (n>n_0\text{充分大}). \tag{4.22}
$$

剩下只有去估计 b_7, 容易看出, 若能证明

$$
|b_7|\leqslant 10nk^{-\frac{1}{2}}\log^{-6} n\log\log n\left(k<\log^5 n, n>n_0\right), \tag{4.23}
$$

(4.14) 即随之成立, 因而引理成立.

4) 现在估计 b_7. 由(4.20),

$$
b_7=b_8\left(\frac{v}{k}\right)-b_8\left(v\log^{-5} n\right)\left(k<\log^5 n\right), \tag{4.24}
$$

其中

$$
b_8(x)=\sum_{\substack{j|a_1, j\nmid a_2\\ j\leqslant x}}\mu(j)e\left(\frac{hjk}{q}\right)\left(0<x\leqslant\frac{n}{k}\right). \tag{4.25}
$$

显然我们只要证明

$$
|b_8(x)|\leqslant 5nk^{-\frac{1}{2}}\log^{-6} n\log\log n\left(0<x\leqslant\frac{n}{k}\right), \tag{4.26}
$$

(4.23)即成立, 因而引理成立.

5) 现在考虑 $b_8(x)$. 设 $j|a_1$及$j\nmid a_2$. 由 a_1及 a_2的定义[(4.4)与(4.17)], j所包含超过$\log^{15} n$的素因数个数是$\omega\left\{\left(j,\frac{a_1}{a_2}\right)\right\}$. 若$j\nmid a_2$且$j\leqslant n$, 则

$$
1\leqslant\omega\left\{\left(j,\frac{a_1}{a_2}\right)\right\}\leqslant\log n.
$$

故由(4.25)

$$
b_8(x)=\sum_{m\leqslant\log n}b_9(m), \tag{4.27}
$$

其中

$$b_9(m) = \sum_{\substack{j|a_1, j\leqslant x \\ \omega\left\{\left(j, \frac{a_1}{a_2}\right)\right\}=m}} \mu(j) e\left(\frac{hjk}{q}\right). \tag{4.28}$$

因此

$$\begin{aligned} mb_9(m) &= \sum_{\substack{j|a_1, j\leqslant x \\ \omega\left\{\left(j, \frac{a_1}{a_2}\right)\right\}=m}} \mu(j) e\left(\frac{hjk}{q}\right) \sum_{p\left|\left(j, \frac{a_1}{a_2}\right)\right.} 1 \\ &= \sum_{p\left|\frac{a_1}{a_2}\right.} \sum_{\substack{pL|a_1, pL\leqslant x \\ \omega\left\{\left(pL, \frac{a_1}{a_2}\right)\right\}=m}} \mu(pL) e\left(\frac{hpLk}{q}\right) \\ &= -\sum_{p\left|\frac{a_1}{a_2}\right.} \sum_{\substack{L\left|\frac{a_1}{p}\right., L\leqslant \frac{x}{p} \\ \omega\left\{\left(L, \frac{a_1}{a_2}\right)\right\}=m-1}} \mu(L) e\left(\frac{hpLk}{q}\right). \end{aligned}$$

由 a_1 及 a_2 的定义[(4.4)与(4.17)], 条件 $p\left|\frac{a_1}{a_2}\right.$ 等价于 $\log^{15} n < p \leqslant \sqrt{n}$, 又在这条件成立时, 条件 $L\left|\frac{a_1}{p}\right.$ 可用 $L|a_1$ 及 $p \nmid L$ 两条件代替. 因此,

$$mb_9(m) = -b_{10} + b_{11}, \tag{4.29}$$

其中

$$b_{10} = \sum_{\log^{15} n < p \leqslant \sqrt{n}} \sum_{\substack{L|a_1, L\leqslant \frac{x}{p} \\ \omega\left\{\left(L, \frac{a_1}{a_2}\right)\right\}=m-1}} \mu(L) e\left(\frac{hpLk}{q}\right), \tag{4.30}$$

$$b_{11} = \sum_{\log^{15} n < p \leqslant \sqrt{n}} \sum_{\substack{L|a_1, p|L, L\leqslant \frac{x}{p} \\ \omega\left\{\left(L, \frac{a_1}{a_2}\right)\right\}=m-1}} \mu(L) e\left(\frac{hpLk}{q}\right). \tag{4.31}$$

显然

$$|b_{11}| \leqslant \sum_{p > \log^{15} n} \sum_{L \leqslant \frac{x}{p}, p | L} 1 = \sum_{p > \log^{15} n} \left[\frac{x}{p^2}\right] < 2x \log^{-15} n,$$

故

$$|b_{11}| \leqslant 2nk^{-1} \log^{-15} n \left(当\ x \leqslant \frac{n}{k}\right). \tag{4.32}$$

剩下只有去估计 b_{10}, 我们要证明

$$|b_{10}| \leqslant 3nk^{-\frac{1}{2}} \log^{-6} n \left(x \leqslant \frac{n}{k}\right). \tag{4.33}$$

假定上式成立, 则结合(4.32)即知[看(4.29)]

$$m|b_9(m)| \leqslant 4nk^{-\frac{1}{2}} \log^{-6} n \quad (n > n_0\ 充分大).$$

因而由(4.27)知道

$$|b_8(x)| \leqslant 5nk^{-\frac{1}{2}} \log^{-6} n \log\log n \quad (n > n_0\ 充分大),$$

而引理随之成立. 因此我们剩下的问题只需证明(4.33).

6) 现在考虑 b_{10}. 首先, 我们可以消去 k 与 q 的最大公因数(q, k). 设

$$\alpha = \frac{q}{(q,k)}, \quad \beta = \frac{kh}{(q,k)},$$

则由$(h, q) = 1$[看(4.1)], 可以知道

$$(\alpha, \beta) = 1. \tag{4.34}$$

又因 $\frac{q}{k} \leqslant \alpha \leqslant q$, 故由 $\log^{15} n < q \leqslant n \log^{-15} n$.[看(4.1)]可以推出

$$k^{-1} \log^{15} n < \alpha \leqslant n \log^{-15} n. \tag{4.35}$$

因此由(4.30),

$$b_{10} = \sum_{\log^{15} n<p\leqslant\sqrt{n}} \sum_{L\leqslant\frac{x}{p}} g(L)e\left(\frac{\beta pL}{\alpha}\right), \tag{4.36}$$

其中

$$g(L) = \begin{cases} \mu(L), & 当\ L|a_1\ 且\ \omega\left\{\left(L, \dfrac{a_1}{a_2}\right)\right\} = m-1, \\ 0, & 其他 \end{cases}$$

显然

$$|g(L)| \leqslant 1. \tag{4.37}$$

设用 λ 表示满足

$$2^{\lambda-1} < \sqrt{n}\log^{-15} n \leqslant 2^{\lambda} \tag{4.38}$$

的整数, 则由(4.36)

$$\begin{aligned} |b_{10}| &\leqslant \sum_{\log^{15} n<j\leqslant 2^{\lambda}\log^{15} n} \left|\sum_{L\leqslant\frac{x}{j}} g(L)e\left(\frac{\beta jL}{\alpha}\right)\right| \\ &= \sum_{\xi\leqslant\lambda} b_{12}(\xi), \end{aligned} \tag{4.39}$$

其中

$$b_{12}(\xi) = \sum_{2^{\xi-1}\log^{15} n<j\leqslant 2^{\xi}\log^{15} n} \left|\sum_{L\leqslant\frac{x}{j}} g(L)e\left(\frac{\beta jL}{\alpha}\right)\right|.$$

由 Schwarz-Буняковский 不等式

$$b_{12}^2(\xi) \leqslant 2^{\xi}\log^{15} n \sum_{2^{\xi-1}\log^{15} n<j\leqslant 2^{\xi}\log^{15} n} \left|\sum_{L\leqslant\frac{x}{j}} g(L)e\left(\frac{\beta jL}{\alpha}\right)\right|^2 = 2^{\xi}\log^{15} n\cdot b_{13}, \tag{4.40}$$

其中

$$\begin{aligned} b_{13} &= \sum_{2^{\xi-1}\log^{15} n<j\leqslant 2^{\xi}\log^{15} n} \sum_{L\leqslant\frac{x}{j}} \sum_{L'\leqslant\frac{x}{j}} g(L)\times g(L')e\left(\frac{\beta j(L-L')}{\alpha}\right) \\ &= \sum_{L<x_1} \sum_{L'<x_1} g(L)\times g(L') \sum_{x_2<j\leqslant x_3} e\left(\frac{\beta j(L-L')}{\alpha}\right), \end{aligned} \tag{4.41}$$

而

$$x_1 = x2^{1-\xi}\log^{-15} n,\ \ x_2 = 2^{\xi-1}\log^{15} n,$$
$$x_3 = \min\left(2^{\xi}\log^{15} n, \frac{x}{L}, \frac{x}{L'}\right). \tag{4.42}$$

因$\left|g(L)\right| \leqslant 1$ [看(4.37)], 故

$$b_{13} \leqslant \sum_{L<x_1}\sum_{L'<x_1}\left|\sum_{x_2<j\leqslant x_3} e\left(\frac{\beta j(L-L')}{\alpha}\right)\right|$$
$$= \sum_{-\frac{a}{2}<l\leqslant\frac{a}{2}} b_{14}(l), \tag{4.43}$$

其中

$$b_{14}(l) = \sum_{L<x_1}\sum_{\substack{L'<x_1\\ \beta(L-L')\equiv l(\operatorname{mod}\alpha)}}\left|\sum_{x_2<j\leqslant x_3} e\left(\frac{lj}{\alpha}\right)\right|. \tag{4.44}$$

由$(\alpha,\beta)=1$ [看(4.34)]知道

$$\sum_{\substack{L'<x_1\\ \beta(L-L')\equiv l(\operatorname{mod}\alpha)}} 1 < \frac{x_1}{\alpha}+1,$$

故

$$\sum_{L<x_1}\sum_{\substack{L'<x_1\\ \beta(L-L')\equiv l(\operatorname{mod}\alpha)}} 1 < x_1\left(\frac{x_1}{\alpha}+1\right). \tag{4.45}$$

由(4.45),(4.44)及(4.42)可立刻推出

$$b_{14}(0) < 2^{\xi}\log^{15} n\cdot x_1\left(\frac{x_1}{\alpha}+1\right) = 2x\left(\frac{x_1}{\alpha}+1\right). \tag{4.46}$$

又仿前容易证明[看紧接着(4.12)的几行]

$$\left|\sum_{x_2<j\leqslant x_3} e\left(\frac{lj}{\alpha}\right)\right| \leqslant \frac{\alpha}{2|l|}\quad\left(0<|l|\leqslant\frac{1}{2}\alpha\right),$$

故由(4.44)及(4.45),

$$b_{14}(l) \leqslant 2^{-1}|l|^{-1} x_1(x_1+\alpha)\quad\left(0<|l|\leqslant\frac{1}{2}\alpha\right). \tag{4.47}$$

代入(4.43)得

$$b_{13} \leqslant 2x\left(\frac{x_1}{\alpha}+1\right)+x_1(x_1+\alpha)(1+\log\alpha).$$

因 $0<x\leqslant\frac{n}{k}$[看(4.33)], $k^{-1}\log^{15}n<\alpha\leqslant n\log^{-15}n$ [看(4.35)]及 $x_1=x2^{1-\xi}\log^{-15}n$ [看(4.42)], 故当 n 充分大时,

$$\begin{aligned} b_{13} &\leqslant 2\frac{n}{k}\left(n2^{1-\xi}\log^{-30}n+1\right)\\ &\quad+\frac{n}{k}2^{1-\xi}\log^{-15}n\left(\frac{n}{k}2^{1-\xi}\log^{-15}n+n\log^{-15}n\right)\log n. \end{aligned}$$

因此, 由(4.40)及 $2^{\lambda-1}<\sqrt{n}\log^{-15}n\leqslant 2^{\lambda}$ [看(4.38)], 可以推出

$$\begin{aligned} b_{12}^2(\xi) &\leqslant 2\frac{n}{k}\left(2n\log^{-15}n+2^{\xi}\log^{15}n\right)+2\frac{n}{k}\log^{-14}n\left(\frac{n}{k}2^{1-\xi}+n\right)\\ &\leqslant 5n^2k^{-1}\log^{-14}n\,(\xi\leqslant\lambda). \end{aligned}$$

故由(4.39)及(4.38)

$$|b_{10}|\leqslant 3\lambda nk^{-\frac{1}{2}}\log^{-7}n\leqslant 3nk^{-\frac{1}{2}}\log^{-6}n\left(x\leqslant\frac{n}{k}\right).$$

这就是(4.33), 故引理成立. [证完]

现在可以进而估计 I 了. 我们还要用到下面已知的事实:

引理 4.2 任给实数 x 及 $y\geqslant 1$, 一定可以找到互素的整数 h 与 q, 使得 $q\leqslant y$ 与

$$|qx-h|<\frac{1}{y},$$

证明可以参考《数论基础》第一章 4, h. 现在要证明:

引理 4.3

$$|I|=\left|\int_{E_2}f^3(x,n)e(-nx)\,dx\right|\leqslant Cn^2\log^{-4}n,$$

其中 C 是一个常数.

证 设 $x\in E_2$, 则由上面引理, 可以找到互素的 h 与 q 使得[看(2.3)] $q\leqslant n\log^{-15}n$ 及

$$\left|qx-h\right|<n^{-1}\log^{15}n=x_0. \tag{4.48}$$

这里的 q 一定超过 $\log^{15}n$，这因为：否则由上式及 E_1 的定义就可以推出 $x\in E_1$ 了. 由此可知引理 4.1 里面的条件都满足了，所以根据那个引理及显然的不等式 $\left|f\left(\frac{h}{q},v\right)\right|\leqslant v$，可以看出

$$\left|f\left(\frac{h}{q},v\right)\right|\leqslant n\log^{-3}n\left(0<v\leqslant n\right). \tag{4.49}$$

令 $y=x-\frac{h}{q}$，则由(4.48)及 $q>\log^{15}n$ 可得 $\left|y\right|<n^{-1}$.

故由引理 3.4,

$$\begin{aligned}\left|f(x,n)\right|&=\left|e(ny)f\left(\frac{h}{q},n\right)-2\pi iy\int_0^n e(uy)\times f\left(\frac{h}{q},u\right)du\right|\\&\leqslant(1+2\pi)n\log^{-3}n\left(x\in E_2\right).\end{aligned} \tag{4.50}$$

从此立刻得到

$$\left|\int_{E_2}f^3(x,n)e(-nx)\,dx\right|\leqslant(1+2\pi)n\log^{-3}n\int_{E_2}\left|f(x,n)\right|^2\mathrm{d}x.$$

但

$$\begin{aligned}\int_{E_2}\left|f(x,n)\right|^2\mathrm{d}x&\leqslant\int_0^1\left|f(x,n)\right|^2dx\\&=\sum_{p\leqslant n}\sum_{p'\leqslant n}\int_0^1 e\left\{(p-p')x\right\}\mathrm{d}x=\sum_{p\leqslant n}1\\&=\pi(n)<\frac{An}{\log n}\quad（A\text{ 是常数}），\end{aligned}$$

故

$$\left|\int_{E_2}f^3(x,n)e(-nx)\,\mathrm{d}x\right|\leqslant Cn^2\log^{-4}n. \qquad [证完]$$

§ 5. $r(n)$的渐近公式

引理 5.1 当 $n>n_0$(n充分大)时,

$$\left|r(n)-S(n)\rho(n)\right|\leqslant C_1n^2\log^{-4}n,$$

其中 C_1 是常数而

$$S(n)=\prod_{p}\left(1-\frac{C_p(n)}{(p-1)^3}\right),$$

$$\rho(n)=\sum_{m_1+m_2+m_3=n}\frac{1}{\log m_1\log m_2\log m_3}.$$

证 把引理 4.3 及引理 3.7 的结果用到(2.4)立刻得到

$$r(n)-\rho(n)\sum_{q\leqslant\log^{15}n}\frac{\mu(q)}{\phi^3(q)}C_q(n)=O\left(n^2\log^{-4}n\right). \tag{5.1}$$

设

$$T(n)=\sum_{q=1}^{\infty}\frac{\mu(q)}{\phi^3(q)}C_q(n),$$

则(参看引理 3.7 的证明)

$$\left|T(n)-\sum_{q\leqslant\log^{15}n}\frac{\mu(q)}{\phi^3(q)}C_q(n)\right|\leqslant\sum_{q>\log^{15}n}\phi^{-2}(q)=O\left(\log^{-14}n\right).$$

结合上式及(5.1)并由(3.10)得

$$\left|r(n)-T(n)\rho(n)\right|\leqslant C_1n^2\log^{-14}n.$$

但因 $C_q(n)$ 是 q 的乘性函数, 故容易验证

$$T(n)=\prod_{p}\left(1-\frac{C_p(n)}{(p-1)^3}\right)=S(n).$$

引理证毕.

定理 5.1 (Goldbach-Виноградов) 有 $n_0>0$ 存在, 使得每一个大于 n_0 的奇数 n 都可以表成三个素数之和.

证 由上引理, 我们只要证明当 n 是充分大的奇数时,

$$S(n)\rho(n)>An^2\log^{-3}n\quad (A\text{ 是正的常数}). \tag{5.2}$$

由定义[看(3.2)]

$$C_p(n)=\sum_{1\leqslant l<p}e\left(\frac{nl}{p}\right)=\begin{cases}p-1, & p\mid n,\\ -1, & p\nmid n.\end{cases}$$

因此，当 n 是偶数时，$S(n)=0$，而当 n 是奇数时，

$$S(n)=2\prod_{p>2}\left(1-\frac{C_p(n)}{(p-1)^3}\right)\geqslant 2\prod_{p>2}\left\{1-(p-1)^{-2}\right\}\geqslant 2\prod_{m=2}^{\infty}\left(1-m^{-2}\right)=1.$$

又由引理 3.6，当 n 充分大时，$\rho(n)>\frac{1}{3}n^2\log^{-3}n$，故(5.2)成立，定理随之证明.

第十六章　Виноградов 的中值公式与三角和的估计

§1. 引　　论

Виноградов 估计三角和的方法是解析数论中最有力的方法之一. 所要估计的是如下的三角和：

$$S(q)=\sum_{a<n\leqslant a+q}\mathrm{e}^{2\pi \mathrm{i}f(n)},\tag{1.1}$$

式中

$$f(n)=\alpha_k n^k+\cdots+\alpha_1 n+\alpha_0\quad(k\geqslant 2)$$

是实系数多项式. 将来我们还要看到，当$f(n)$不是多项式而是满足适当条件的实函数时,也可以得到很好的估计.

Виноградов 估计三角和 $S(q)$的方法，其关键是首先考虑 $S(q)$的一种平均值

$$J(q,l)=\int_0^1\cdots\int_0^1\left|S(q)\right|^{2l}\mathrm{d}\alpha_1\cdots\mathrm{d}\alpha_k,\tag{1.2}$$

对此给予很好的估计，就得到一个中值公式；然后从此推出 $S(q)$的估计. 这个方法有些像Mordell对于有理型三角和的估计方法，但是在那里我们只需要考虑 $l=k$ 的情形，在这里则必须考虑一般情形，因而需要引进新的创造性的方法.

我们所以要考虑 $J(q,l)$是因为它有很好的算术意义. 显然

$$\left\{S(q)\right\}^l=\sum_{n_1,\cdots,n_l}\mathrm{e}^{2\pi\mathrm{i}\left\{\alpha_k\left(n_1^k+\cdots+n_l^k\right)+\cdots\right\}},$$

$$\left|S(q)\right|^{2l}=\sum_{m_1,\cdots,m_l;n_1,\cdots,n_l}\mathrm{e}^{2\pi\mathrm{i}\left\{\alpha_k\left(m_1^k+\cdots+m_l^k-n_1^k-\cdots-n_l^k\right)+\cdots\right\}},$$

因此像在本篇第十章 §3. 内一样，我们容易看到$J(q,l)$的算术意义就是下列方程组的解数:

$$m_1^h+\cdots+m_l^h=n_1^h+\cdots+n_l^h\quad(1\leqslant h\leqslant k),\tag{1.3}$$

其中

$$a < m_\upsilon \leqslant a+q,\ a < n_\upsilon \leqslant a+q\ \ (1 \leqslant \upsilon \leqslant l).$$

我们先考虑 $l = k$ 的情形. 在这个情形下, 当上面方程中的 $n_1, \cdots, n_k$ 一定时, $m_1, \cdots, m_k$ 只能是 $n_1, \cdots, n_k$ 的另一排列, 因此解答个数是 $O(q^k)$, 即

$$J(q, k) = O(q^k).$$

这个结果相当于第十一章的定理 1.2, 也是最好的结果. 但我们将来要用的是 $l > Ak^2$(A 是一个常数)的情形, 在这种情形下, 利用 $S(q) = O(q)$, 容易从(1.2)及上式推出

$$J(q, l) = O(q^{2(l-k)}q^k) = O(q^{2l-k}).$$

这个结果对于将来的应用来说是很不够用的.

为了得到合用的结果, 我们当然可以直接估计(1.3)的解数, 但当 $l > k$ 时, 这是非常困难的一件事. Виноградов 发现了：形如

$$m_1^h + \cdots + m_k^h - n_1^h - \cdots - n_k^h = N_h\ \ (h = 1, \cdots, k) \tag{1.4}$$

的方程组, 当未知数 $m_\upsilon, n_\upsilon, N_h$ 的变化范围分别受到了适当的不同的限制时, 整数解($m_1, \cdots, m_k$; $n_1, \cdots, n_k$)的个数是可以得到很好的上界的. 由于这一件事实, Виноградов 就把积分(1.2)内的 $2l$ 重和 $|S(q)|^{2l}$ 加以适当的分割, 使得可以利用前述事实得到形式如下的递推公式:

$$J(q,l) \leqslant A(k,l)q^{\frac{2(l-k)}{k}+\frac{3}{2}k-\frac{1}{2}} J\left(q^{1-\frac{1}{k}}, l-k\right),$$

其中 $l \geqslant k^2$ 而 $A(k,l)$ 只与 k 及 l 有关. 最后, 由此推出前面所提到的中值公式. 因此, 这个公式的证明很自然地可以分成三部分, 相当于下面的 §2.4 § 三节.

我们还应该注意到方程组(1.3)的解数 $J(q, l)$是与 a 无关的. 实际上, 令 $M_\nu = m_\nu - a, N_\nu = h_\nu - a$, 则(1.3)变成

$$\sum_{\nu=1}^{l}(M_\nu + a)^h = \sum_{\nu=1}^{l}(N_\nu + a)^h\ \ \ (h = 1, \cdots, k),$$

这等价于

$$\sum_{\nu=1}^{l} M_\nu^h = \sum_{\nu=1}^{l} N_\nu^h\ \ \ (h = 1, \cdots, k),$$

其中

$$0 < M_\nu \leqslant q, \quad 0 < N_\nu \leqslant q.$$

因而解数与 a 无关.

又由(1.3)可看出 $J(q, l)$是 q 的非减函数.

§ 2. 一个丢番图方程组

本节的目的是估计满足方程组

$$m_1^h + \cdots + m_k^h - n_1^k - \cdots - n_k^h = N_h \quad (h = 1, \cdots, k) \tag{2.1}$$

的整数解$(m_1, \cdots, m_k; n_1, \cdots, n_k)$的个数, 其中未知数 $m_\upsilon, n_\upsilon, N_h$ 都要给以适当的限制.

首先, 我们引进一个定义: 设 $1<G<q$, 而 $g_1, \cdots, g_k$是整数, 满足

$$1 < g_1 < \cdots < g_k \leqslant G, g_\nu - g_{\nu-1} > 1, \tag{2.2}$$

我们就称$(g_1, \cdots, g_k)$是在区间$[1, G]$上的佳位组.

现在假定 $g_1, \cdots, g_k$是佳位的, 且 $G = 2^m$, 我们限定 m_υ, n_υ 都落在区间

$$-a + (g_\nu - 1)2^{-m} q < x \leqslant -a + g_\nu 2^{-m} q \quad (\nu = 1, \cdots, k) \tag{2.3}$$

内, 并且

$$0 \leqslant N_h \leqslant 2(l-k) q^{h\left(1-\frac{1}{k}\right)} \quad (h = 1, \cdots, k). \tag{2.4}$$

为了很好的估计满足丢番图方程组(2.1)的解数, 我们先证明几个引理.

引理 2.1 设$(g_1, \cdots, g_k)$是区间$[1, G]$上的佳位组, 即

$$1 < g_1 < \cdots < g_k \leqslant G, g_\nu - g_{\nu-1} > 1. \tag{2.5}$$

设 m_ν, n_ν在区间

$$-a + (g_\nu - 1)\frac{q}{G} < x \leqslant -a + g_\nu \frac{q}{G} (0 \leqslant a < q) \tag{2.6}$$

内. 令 $n_\nu = m_\nu + \xi_\nu$, 且

$$s_h = m_1^k + \cdots + m_k^h, \quad s_h' = n_1^h + \cdots + n_k^h.$$

最后设

$$\left|s_h - s_h'\right| \leqslant q^{h-1} (h = 1, \cdots, k), \tag{2.7}$$

则

$$\left|\xi_k\right| \leqslant (2G)^{k-1}\prod_{\nu=1}^{k-1}\left(g_k - g_\nu - 1\right)^{-1}.$$

证 由(2.7),

$$n_1^h + \cdots + n_k^h - \left(m_1^h + \cdots + m_k^h\right) = \theta_{h-1}q^{h-1}\ (h = 1, \cdots, k),$$

亦即

$$\frac{(m_1+\xi_1)-m_1}{\xi_1}\xi_1 + \cdots + \frac{(m_k+\xi_k)-m_k}{\xi_k}\xi_k = \theta_0,$$

$$\frac{(m_1+\xi_1)^2-m_1^2}{2\xi_1}\xi_1 + \cdots + \frac{(m_k+\xi_k)^2-m_k^2}{2\xi_k}\xi_k = \frac{\theta_1}{2}q,$$

$$\cdots \qquad \cdots \qquad \cdots$$

$$\frac{(m_1+\xi_1)^k-m_1^k}{k\xi_1}\xi_1 + \cdots + \frac{(m_k+\xi_k)^k-m_k^k}{k\xi_k}\xi_k = \frac{\theta_{k-1}}{k}q^{k-1},$$

而$\left|\theta_\nu\right| \leqslant 1$. 将$\xi_1, \cdots, \xi_k$看作变数, 解上面的线性方程组, 得到

$$\Delta\xi_k - \Delta' = 0. \tag{2.8}$$

其中

$$\Delta = \begin{vmatrix} \dfrac{(m_1+\xi_1)-m_1}{\xi_1} & \cdots & \dfrac{(m_k+\xi_k)-m_k}{\xi_k} \\ \vdots & & \vdots \\ \dfrac{(m_1+\xi_1)^k-m_1^k}{k\xi_1} & \cdots & \dfrac{(m_k+\xi_k)^k-m_k^k}{k\xi_k} \end{vmatrix},$$

$$\Delta' = \begin{vmatrix} \dfrac{(m_1+\xi_1)-m_1}{\xi_1} & \cdots & \dfrac{(m_{k-1}+\xi_{k-1})-m_{k-1}}{\xi_{k-1}} & \theta_0 \\ \vdots & & \vdots & \vdots \\ \dfrac{(m_1+\xi_1)^k-m_1^k}{k\xi_1} & \cdots & \dfrac{(m_{k-1}+\xi_{k-1})^k-m_{k-1}^k}{k\xi_{k-1}} & \dfrac{\theta_{k-1}}{k}q^{k-1} \end{vmatrix},$$

等式(2.8)的左边把行列式按第一列展开就具有$f(m_1+\xi_1)-f(m_1)$的形式, 运用 Lagrange 中值公式可以写成$f'(m_1+\lambda_1\xi_1)\xi_1$. 仿此, 如按其他列展开就具有$f(m_\upsilon+\xi_\upsilon)-f(m_\upsilon)$的形式, 可以继续运用 Lagrange 中值公式, 最后得到

$$\Delta_k\xi_k - \Delta_k' = 0,$$

其中

$$\Delta_k = \begin{vmatrix} 1 & \cdots & 1 \\ x_1 & \cdots & x_k \\ \vdots & & \vdots \\ x_1^{k-1} & \cdots & x_k^{k-1} \end{vmatrix}, \quad \Delta_k' = \begin{vmatrix} 1 & \cdots 1 & \theta_0 \\ x_1 & \cdots x_{k-1} & \dfrac{\theta_1}{2}q \\ \vdots & & \vdots \\ x_1^{k-1} & \cdots x_{k-1}^{k-1} & \dfrac{\theta_{k-1}}{k}q^{k-1} \end{vmatrix}.$$

这里

$$x_\upsilon = m_\upsilon + \lambda_\upsilon \xi_\upsilon, \quad |\lambda_\upsilon| \leqslant 1.$$

比较 Δ_k 和 Δ_k'，将其按最末一列展开容易看出

$$\Delta_k' = \sum_{r=0}^{k-1} \frac{\theta_r q^r}{r+1} U_r.$$

式中 U_r是将 Δ_k 展成 x_k的多项式时 x_k^r 的系数. 但由 Vandermonde 行列式的性质可知 $\Delta_k = \Delta_{k-1}(x_k - x_1)\cdots(x_k - x_{k-1})$，故

$$U_r = D_{k-1-r}\Delta_{k-1}.$$

而 D_{k-1-r} 是 $-x_1,\cdots,-x_{k-1}$ 的第 $k-1-r$ 次初等对称函数

$$D_{k-1-r} = \sum(-x_1)\cdots(-x_{k-1-r}),$$

因此，由 $\Delta_k \xi_k - \Delta_k' = 0$ 可得

$$\begin{aligned} |(x_k - x_1)\cdots(x_k - x_{k-1})\xi_k| &= \left|\sum_{r=0}^{k-1} \frac{\theta_r q^r}{r+1} D_{k-1-r}\right| \\ &\leqslant \sum_{r=0}^{k-1} \frac{q'}{r+1} \sum |x_1 \cdots x_{k-1-r}| \\ &= \frac{1}{q}\int_0^q (x + |x_1|)\cdots(x + |x_{k-1}|)\,\mathrm{d}x \leqslant (2q)^{k-1}. \end{aligned}$$

由(2.6)，$-a + (g_\upsilon - 1)\dfrac{q}{G} < x_\upsilon \leqslant -a + g_\upsilon \dfrac{q}{G}$，故从上面不等式可得

$$\left\{\left(\frac{q}{G}\right)^{k-1}\prod_{\upsilon=1}^{k-1}(g_k-g_\upsilon-1)\right\}|\xi_k|\leqslant(2q)^{k-1}.$$

引理随之成立.

附注 显然用同样的方法可证

$$|\xi_\mu|\leqslant(2G)^{k-1}\prod_{\substack{\upsilon=1\\ \upsilon\neq\mu}}^{k}\left(|g_\mu-g_\upsilon|-1\right)^{-1}.$$

引理 2.2 设 $g_1,\cdots,g_k$ 满足(2.5)而 m_υ 在区间(2.6)内，则能使

$$s_h=m_1^h+\cdots+m_k^h\quad(h=1,\cdots k)$$

分别落在长度不超过 q^{h-1} 的区间内的整数组($m_1,\cdots,m_k$)的个数不超过

$$(2G)^{\frac{1}{2}k(k-1)}\prod_{\mu>\upsilon}(g_\mu-g_\upsilon-1)^{-1}.$$

证 若 $n_1,\cdots,n_k$ 是另一满足同样条件的整数组，而 $n_\upsilon=m_\upsilon+\xi_\upsilon$，则由引理 2.1,

$$|\xi_k|\leqslant(2G)^{k-1}\prod_{\upsilon=1}^{k-1}(g_k-g_\upsilon-1)^{-1}.\tag{2.9}$$

这说明 m_k所能取值的个数不超过(2.9)式的右端. 当 m_k一定时，即取 $n_k=m_k$时，根据引理 2.1(用 $k-1$ 代 k)可以得到

$$|\xi_{k-1}|\leqslant(2G)^{k-2}\prod_{\upsilon=1}^{k-2}(g_{k-1}-g_\upsilon-1)^{-1}.$$

依此类推，可知整数组($m_1,\cdots,m_k$)的个数不超过

$$(2G)^{(k-1)+\cdots+1}\prod_{\mu>\upsilon}(g_\mu-g_\upsilon-1)^{-1}=(2G)^{\frac{1}{2}k(k-1)}\prod_{\mu>\upsilon}(g_\mu-g_\upsilon-1)^{-1}.$$

引理 2.3 在引理 2.2 的条件下，能够使得 $s_h\,(h=1,\cdots,k)$ 分别落在长度不超过 $Cq^{h\left(1-\frac{1}{k}\right)}\,(C>1)$ 的区间内的整数组($m_1,\cdots,m_k$)的个数不会超过

$$(2C)^k (2G)^{\frac{1}{2}k(k-1)} q^{\frac{1}{2}(k-1)} \prod_{\mu>\upsilon}(g_\mu - g_\nu - 1)^{-1}.$$

证 我们可以先把 s_h 所落进的区间分成

$$1+\left[\frac{Cq^{h\left(1-\frac{1}{k}\right)}}{q^{h-1}}\right] \leqslant 2Cq^{1-\frac{h}{k}}$$

个长度不超过 q^{h-1} 的子区间, 从对应于每一个 h 的子区间中各取一个, 这样所得到的区间组的个数不超过

$$\prod_{h=1}^{k}\left(2Cq^{1-\frac{h}{k}}\right) = (2C)^k q^{\frac{1}{2}(k-1)}.$$

而每一组区间显然满足引理 2.2 的条件. 因此, 对应于每一组区间顶多有 $(2G)^{\frac{1}{2}k(k-1)} \prod_{\mu>\nu}(g_\mu - g_\nu - 1)^{-1}$ 个解. 引理随之成立.

现在可以证明下面的定理:

定理 2.1 设 $1 < 2^m < q$, 而 $(g_1, \cdots, g_k)$ 是区间 $[1, 2^m]$ 上的佳位组, 即

$$1 < g_1 < \cdots < g_k \leqslant 2^m, g_\nu - g_{\nu-1} > 1. \tag{2.10}$$

设 m_υ, n_υ 都落在区间

$$\begin{aligned}&-a + (g_\nu - 1)2^{-m} q < x \leqslant -a + g_\nu 2^{-m} q\\&(\nu = 1, \cdots, k)\end{aligned} \tag{2.11}$$

内, 而

$$0 \leqslant N_h \leqslant 2(l-k)q^{h\left(1-\frac{1}{k}\right)} (h = 1, \cdots, k). \tag{2.12}$$

在以上条件下方程组 (m_υ, n_υ, N_h 都是未知数)

$$m_1^h + \cdots + m_k^h - n_1^h - \cdots - n_k^h = N_h \quad (h = 1, \cdots, k) \tag{2.13}$$

的解数不超过

$$\{4(l-k)\}^k 2^{(m+1)\frac{1}{2}k(k-1)-mk} q^{\frac{3}{2}k-\frac{1}{2}} \prod_{\mu>\nu}(g_\mu - g_\nu - 1)^{-1}. \tag{2.14}$$

证 取 $G = 2^m$, 及 $C = 2(l-k)$, 则当 $n_1,\cdots,n_k$ 一定时, 由引理 2.3 知道整数组$(m_1,\cdots,m_k)$的个数不超过 $\{4(l-k)\}^k 2^{(m+1)\frac{1}{2}k(k-1)} q^{\frac{1}{2}(k-1)} \prod_{\mu>\upsilon}\left(g_\mu - g_\nu - 1\right)^{-1}$. 又$(n_1,\cdots,n_k)$顶多取 $2^{-mk}q^k$ 组值, 故定理成立.

定理 2.2 若加强条件(2.10)成

$$1 < g_1 < \cdots < g_k \leqslant 2^m, \qquad g_\upsilon - g_{\upsilon-1} \geqslant d > 1, \tag{2.15}$$

则(2.14)可改成

$$\mathrm{e}^{-\frac{1}{2}k^2\log k + \frac{3}{4}k^2 + O(k\log k)} (l-k)^k 2^{(m+1)\frac{1}{2}k(k-1) - mk} q^{\frac{3}{2}k - \frac{1}{2}} d^{-\frac{1}{2}(k-1)(k-2)}. \tag{2.16}$$

证 我们只需证

$$\prod_{\mu>\upsilon}\left(g_\mu - g_\upsilon - 1\right) > \mathrm{e}^{\frac{1}{2}k^2\log k - \frac{3}{4}k^2 + O(k\log k)} d^{\frac{1}{2}(k-1)(k-2)}.$$

实际上,

$$\begin{aligned}\prod_{\mu>\upsilon}\left(g_\mu - g_\upsilon - 1\right) &\geqslant \prod_{\mu=2}^{k}\prod_{\upsilon=1}^{\mu-1}(\upsilon d - 1) > \prod_{\mu=3}^{k}\prod_{\upsilon=1}^{\mu-2}(\upsilon d)\\ &= d^{1+2+\cdots+(k-2)}(k-2)!(k-3)!\cdots 2!1!\\ &= d^{\frac{1}{2}(k-1)(k-2)} S.\end{aligned}$$

其中

$$\begin{aligned}\log S &= \sum_{\upsilon=2}^{k-2}\log \upsilon! \geqslant \sum_{\upsilon=2}^{k-2}\int_1^{\upsilon}\log x\,\mathrm{d}x\\ &= \sum_{\upsilon=2}^{k-2}\left(\upsilon\log\upsilon - \upsilon + 1\right)\\ &\geqslant \int_1^{k-2} x\log x\,\mathrm{d}x - \frac{1}{2}(k-2)(k-3)\\ &= \frac{1}{2}(k-2)^2\log(k-2) - \int_1^{k-2}\frac{x}{2}\mathrm{d}x - \frac{1}{2}(k-2)(k-3)\\ &= \frac{1}{2}k^2\log k - \frac{3}{4}k^2 + O(k\log k).\end{aligned}$$

定理随之成立.

§ 3. 一个递推公式

本节的目的是利用前节的结果来证明在 § 1. 里面提到的递推公式. 首先, 考虑下列形式的方程组:

$$m_1^h+\cdots+m_k^h+m_1'^h+\cdots+m_{l-k}'^h=n_1^h+\cdots+n_k^h+n_1'^h+\cdots+n_{l-k}'^h, \tag{3.1}$$

其中 m_υ, n_υ 都落在区间

$$I_\upsilon: \qquad (g_\upsilon-1)2^{-m}q<x\leqslant g_\upsilon 2^{-m}q$$

内, 而 m_υ', n_υ' 则落在

$$I: \qquad a<x\leqslant a+q'\left(0\leqslant a<q, q'\leqslant q^{1-\frac{1}{k}}\right)$$

内. 容易看出上面方程组的解数就是

$$I=\int_0^1\cdots\int_0^1\left|Z_{m,g_1}\cdots Z_{m,gk}\right|^2\left|S(q')\right|^{2(l-k)}\mathrm{d}\alpha_1\cdots\mathrm{d}\alpha_k, \tag{3.2}$$

其中 $Z_{m,g_\upsilon}=Z_{m,g_\upsilon}^{(0)}, S(q')=S^{(a)}(q')$, 而

$$Z_{m,g_\upsilon}^{(c)}=\sum_{-c+(g_\upsilon-1)2^{-m}q<n\leqslant -c+g_\upsilon 2^{-m}q}\mathrm{e}^{2\pi\mathrm{i}f(n)},$$

$$f(n)=\alpha_k n^k+\cdots+\alpha_1 n,$$

$$S^{(a)}(q')=\sum_{a<n\leqslant a+q'}\mathrm{e}^{2\pi\mathrm{i}f(n)}.$$

像在 § 1 那样, 我们可以利用变数变换 $m_\upsilon=n_\upsilon^*+a$, $m_\upsilon'=m_\upsilon'^*+a$, $n_\upsilon=n_\upsilon^*+a$, $n_\upsilon'=n_\upsilon'^*+a$, 把区间 I 及 I_υ 分别换成

$$I^*: \qquad 0<x\leqslant q' \quad \left(q'\leqslant q^{1-\frac{1}{k}}\right),$$

及

$$I_v^*: \qquad -a+(g_\upsilon-1)2^{-m}q<x\leqslant -a+g_\upsilon 2^{-m}q \qquad (0\leqslant a<q).$$

利用定理 2.2 可以证明:

引理 3.1 设 $1<2^m<q$，而

$$1<g_1<\cdots<g_k\leqslant 2^m, \qquad g_\upsilon-g_{\upsilon-1}\geqslant d>1.$$

又设 $l>k, q'\leqslant q^{1-\frac{1}{k}}, 0\leqslant a<q$，而

$$I=\int_0^1\cdots\int_0^1\left|Z_{m,g_1}\cdots Z_{m,g_k}\right|^2\left|S(q')\right|^{2(l-k)}\mathrm{d}\alpha_1\cdots\mathrm{d}\alpha_k,$$

则

$$I\leqslant \mathrm{e}^{-\frac{1}{2}k^2\log k+\frac{3}{4}k^2+O(k\log l)}2^{(m+1)\frac{1}{2}k(k-1)-mk}q^{\frac{3}{2}k-\frac{1}{2}}d^{-\frac{1}{2}(k-1)(k-2)}J\left(q^{1-\frac{1}{k}},l-k\right). \tag{3.3}$$

证 利用本节开头所述变换容易得出

$$I=\int_0^1\cdots\int_0^1\left|Z_{m,g_1}^*\cdots Z_{m,g_k}^*\right|^2\left|S^*(q')\right|^{2(l-h)}\mathrm{d}\alpha_1\cdots\mathrm{d}\alpha_k,$$

其中

$$Z_{m,g_1}^*=Z_{m,g_1}^{(a)}, \qquad S^*(q')=S^{(0)}(q').$$

因此

$$\begin{aligned} I&=\sum_{N_1,\cdots,N_k}\varPsi(N_1,\cdots,N_k)\cdot\int_0^1\cdots\int_0^1\mathrm{e}^{2\pi\mathrm{i}(N_k\alpha_k+\cdots+N_1\alpha_1)}\left|S^*(q')\right|^{2(l-k)}\mathrm{d}\alpha_1\cdots\mathrm{d}\alpha_k\\ &\leqslant\sum_{N_1,\cdots,N_k}\varPsi(N_1,\cdots,N_k)\cdot\int_0^1\cdots\int_0^1\left|S^*(q')\right|^{2(l-k)}\mathrm{d}\alpha_1\cdots\mathrm{d}\alpha_k. \end{aligned} \tag{3.4}$$

上式里面的 $\varPsi(N_1,\cdots,N_k)$ 代表下列方程组的解数:

$$m_1^h+\cdots+m_k^h-n_1^h-\cdots-n_k^h=N_h \qquad (h=1,\cdots,k),$$

其中 m_υ, n_υ 在区间 $-a+(g_\upsilon-1)2^{-m}q<x\leqslant -a+g_\upsilon 2^{-m}q$ 内.

要想(3.4)右边的 k 重积分不是 0，必须使下列方程组有解:

$$N_h = n_1'^h + \cdots + n_{l-k}'^h - m_1'^h - \cdots - m_{l-k}'^h,$$

其中 m_υ', n_υ' 在区间 $0 < x \leqslant q'$ 内. 因此 N_h 的变动范围是长度不超过 $2(l-k)q^{h\left(1-\frac{1}{k}\right)}$ 的区间. 故由定理 2.2,

$$\sum_{N_1, \cdots, N_k} \varPsi(N_1, \cdots, N_k) \leqslant \mathrm{e}^{-\frac{1}{2}k^2 \log k + \frac{3}{4}k^2 + O(k\log l)} 2^{(m+1)\frac{1}{2}k(k-1) - mk} q^{\frac{3}{2}k - \frac{1}{2}} d^{-\frac{1}{2}(k-1)(k-2)}.$$

由于 $J(q, l)$ 是 q 的递增函数, 引理随之成立.

引理 3.2　设 m 的值是

$$M = \left[\frac{\log\left(qd^k k^k \mathrm{e}^{-\frac{3}{2}k}\right)}{k\log 2}\right],$$

则不论 g_υ 是否满足前引理中的条件, 其结论常成立.

证　显然 $\left|Z_{M,g_\upsilon}\right| \leqslant 2^{-M}q + 1$, 因而

$$\left|Z_{M,g_1} \cdots Z_{M,g_k}\right|^2 \leqslant \left(2^{-M}q + 1\right)^{2k}.$$

因此只要证明

$$\left(2^{-M}q + 1\right)^{2k} \leqslant \mathrm{e}^{-\frac{1}{2}k^2 \log k + \frac{3}{4}k^2 + O(k\log l)} 2^{(M+1)\frac{1}{2}k(k-1) - Mk} q^{\frac{3}{2}k - \frac{1}{2}} d^{-\frac{1}{2}(k-1)(k-2)}.$$

但上式左边不超过 $\mathrm{e}^{O(k\log k)} 2^{-2kM} q^{2k}$, 故又只需证明

$$q^{\frac{1}{2}(k+1)} \leqslant \mathrm{e}^{-\frac{1}{2}k^2 \log k + \frac{3}{4}k^2 + O(k\log l)} 2^{(M+1)\frac{1}{2}k(k-1) + Mk} d^{-\frac{1}{2}(k-1)(k-2)},$$

即

$$\begin{aligned}\frac{1}{2}(k+1)\log q \leqslant{} & \frac{1}{2}k(k+1)(M+1)\log 2 \\ & - \frac{1}{2}(k-1)(k-2)\log d - \frac{1}{2}k^2 \log k + \frac{3}{4}k^2 + O(k\log l).\end{aligned}$$

因此只需证明

$$k(M+1)\log 2 \geqslant \log q + k\log d + k\log k - \frac{3}{2}k,$$

引理随之成立.

现在我们要扩充佳位组的定义如下:

定义 设 $k < l$ 而 g_υ 是区间[1, G]上的整数. 如果从整数组 $(g_1,\cdots,g_l)$ 内至少能找到 k 个数 $g_1',\cdots,g_k'$ 使满足

$$1 < g_1' < \cdots < g_k' \leqslant G,\ g_\upsilon' - g_{\upsilon-1}' \geqslant d > 1,$$

则称 $(g_1,\cdots,g_l)$ 是[1, G]上面的 d 级佳位组.

引理 3.3 区间[1, G]上面的非 d 级佳位组 $(g_1,\cdots,g_l)$ 的个数不超过 $G^{k-1}(dk-d)^l \leqslant G^{k-1}(dk)^l$.

证 在 $g_1,\cdots,g_l$ 之中设 g_1' 是最小者; 设 g_2' 是超过 $g_1'+d-1$ 的最小者; g_3' 是超过 $g_2'+d-1$ 的最小者; …; 最后设 g_{k-1}' 是超过 $g_{k-2}'+d-1$ 的最小者. 因 $(g_1,\cdots,g_l)$ 为非佳位组, 每个 g_υ 一定不出于下面的数列:

$$g_1', g_1'+1,\cdots,g_1'+d-1;\ g_2', g_2'+1,\cdots,g_2'+d-1;\cdots;\ g_{k-1}', g_{k-1}'+1,\cdots,g_{k-1}'+d-1.$$

令 $g_1,\cdots,g_l$ 独立地通过上面的数, 即得 $(kd-d)^l$ 个整数组. 又令 $g_1',\cdots,g_{k-1}'$ 独立地通过区间[1, G]上各整数, 故总共得到不超过 $G^{k-1}(dk-d)^l$ 个整数组. 显然这里包含着一切非 d 级佳位组. 引理证毕.

定理 3.1 设 $k>2, l\geqslant k^2, q\geqslant l^k, A_0=\frac{3}{4}+\frac{3}{2}\log 2$, 而 $M=\left[\dfrac{\log\left(q2^k k^k e^{-\frac{3}{2}k}\right)}{k\log 2}\right]$,

则

$$J(q,l)\leqslant M\mathrm{e}^{A_0k^2+O(k\log l)}q^{\frac{q(l-k)}{k}+\frac{3}{2}k-\frac{1}{2}}J\left(q^{1-\frac{1}{k}}, l-k\right).$$

证 1) 取 μ 使 $2k\leqslant 2^\mu < 4k$ 并且把 $S(q)$ 分成分和如下:

$$S(q)=\sum_{g=1}^{2^\mu}\sum_{(g-1)2^{-\mu}q<n\leqslant g2^{-\mu}q}\mathrm{e}^{2\pi\mathrm{i}f(n)}=\sum_{g=1}^{2^\mu}Z_{\mu,g},$$

则

$$|S(q)|^l = \sum_{g_1,\cdots,g_l} Z_{\mu,g_1}\cdots Z_{\mu,g_l},$$

其中 g_v由 1 变到2^μ，故右边所包含的项数是

$$M_\mu = 2^{\mu l}. \tag{3.5}$$

考虑对应于佳位组$(g_1,\cdots,g_l)$[取 $d = 2$]的项

$$Z_{\mu,g_1}\cdots Z_{\mu,g_l},$$

并用Z'_μ表这种乘积的任一个，则Z'_μ的个数不超过$M_\mu = 2^{\mu l}$.

在其余各项[即$(g_1,\cdots,g_l)$非佳位组的项]内，我们把每一个因数Z_{μ,g_v}分成两个和如下：

$$Z_{\mu,g_v} = \sum_{(2g_v-1)2^{-\mu-1}q<n\leqslant(2g_v-1)2^{-\mu-1}q} e^{2\pi i f(n)} + \sum_{(2g_v-1)2^{-\mu-1}q<n\leqslant 2g_v\cdot 2^{-\mu-1}q} e^{2\pi i f(n)}.$$

把任一项乘开后就得到2^l个形如

$$Z_{\mu+1,g_1}\cdots Z_{\mu+1,g_l}$$

的乘积，其中每一个 g 落在区间$[1,2^{\mu+1}]$上．用$M_{\mu+1}$表示由各项(对应于非佳位组的项)得出的这种乘积的总数，则由引理 3.3(取$G = 2^\mu, d = 2$)，

$$M_{\mu+1} \leqslant 2^{\mu(k-1)+l}(2k)^l. \tag{3.6}$$

今用$Z'_{\mu+1}$表示这$M_{\mu+1}$项内对应于佳位组$(g_1,\cdots,g_l)$的一般项．对其余各项则再加以分割．如此进行，直到Z'_M．这里Z'_M表示所有的乘积，不论它是否对应于佳位组．总之，我们得到

$$\{S(q)\}^l = \sum_{m=\mu}^{M}\sum Z'_m,$$

因而

$$|S(q)|^{2l} \leqslant M\sum_{m=\mu}^{M}\left|\sum Z'_m\right|^2 \leqslant M\sum_{m=\mu}^{M} M_m\sum|Z'_m|^2. \tag{3.7}$$

式中 M_m是$\sum Z'_m$所包含的项数．由引理 3.3(取$G = 2^{m-1}$)，

$$M_m \leqslant 2^{(m-1)(k-1)+l}(2k)^l \, (m>\mu). \tag{3.8}$$

2) 现在以 $\sum\left|Z'_\mu\right|^2$ 为例加以讨论. 我们知道变更因数的次序可以把 Z'_μ 写成

$$Z'_\mu = Z_{\mu,g_1}\cdots Z_{\mu,g_l},$$

其中 $(g_1,\cdots,g_l)$ 是区间 $[1,\ 2^\mu]$ 上的佳位组. 利用几何平均不大于算术平均这件事实, 显然可得

$$\left|Z_{\mu,g_{k+1}}\cdots Z_{\mu,g_l}\right|^2 \leqslant \frac{1}{l-k}\sum_{\upsilon=k+1}^{l}\left|Z_{\mu,g_\upsilon}\right|^{2(l-k)}.$$

把这里的 Z_{μ,g_υ} 分成(用到 $2^\mu \geqslant 2k > 2, q \geqslant l^k > 4$)

$$\left[\frac{2^{-\mu}q}{q^{1-\frac{1}{k}}-1}\right]+1 \leqslant 2^{-\mu}q^{\frac{1}{k}}\left(1+2^{\mu+1}q^{-\frac{1}{k}}\right)$$

个分和, 使每一分和内变数变动的区间长度不超过 $q^{1-\frac{1}{k}}-1$, 则由 Hölder 不等式

$$\left|Z_{\mu,g_\upsilon}\right|^{2(l-k)} \leqslant \left\{2^{-\mu}q^{\frac{1}{k}}\left(1+2^{\mu+1}q^{-\frac{1}{k}}\right)\right\}^{2(l-k)-1}\sum\left|S(q')\right|^{2(l-k)},$$

式中 $S(q')$ 表示一般的分和而 $q' \leqslant q^{1-\frac{1}{k}}$. 因此,

$$\sum\left|Z'_\mu\right|^2 \leqslant \frac{1}{l-k}\left\{2^{-\mu}q^{\frac{1}{k}}\left(1+2^{\mu+1}q^{-\frac{1}{k}}\right)\right\}^{2(l-k)-1}\sum\left|Z_{\mu,g_1}\cdots Z_{\mu,g_k}\right|^2\sum_{\upsilon=k+1}^{l}\sum\left|S(q')\right|^{2(l-k)}.$$

两边取 k 重积分, 由引理 3.1

$$\begin{aligned}\int_0^1\cdots\int_0^1\sum\left|Z'_\mu\right|^2\mathrm{d}\alpha_1\cdots\mathrm{d}\alpha_k \leqslant{}& \left(2^{-\mu}q^{\frac{1}{k}}\right)^{2(l-k)}\left(1+2^{\mu+1}q^{-\frac{1}{k}}\right)^{2(l-k)}\\ &\cdot M_\mu \mathrm{e}^{-\frac{1}{2}k^2\log k+\frac{3}{4}k^2+O(k\log l)}2^{(\mu+1)\frac{1}{2}k(k-1)-\mu k}\\ &\cdot 2^{-\frac{1}{2}(k-1)(k-2)}q^{\frac{3}{2}k-\frac{1}{2}}J\left(q^{1-\frac{1}{k}},l-k\right).\end{aligned}$$

3) 用同样方法可以讨论 Z'_m. 因此由(3.7)得

$$
\begin{aligned}
J(q,l) \leqslant M\sum_{m=\mu}^{M} 2^{m\left\{\frac{1}{2}k(k+1)-2l\right\}}\left(1+2^{m+1}q^{-\frac{1}{k}}\right)^{2(l-k)} M_m^2 \\
\cdot \mathrm{e}^{-\frac{1}{2}k^2\log k+\frac{3}{4}k^2+O(k\log l)} q^{\frac{2(l-k)}{k}+\frac{3}{2}k-\frac{1}{2}} J\left(q^{1-\frac{1}{k}}, l-k\right).
\end{aligned} \tag{3.9}
$$

由(3.5)及(3.8)

$$
\begin{aligned}
&\sum_{m=\mu}^{M} 2^{m\left\{\frac{1}{2}k(k+1)-2l\right\}}\left(1+2^{m+1}q^{-\frac{1}{k}}\right)^{2(l-k)} M_m^2 \\
&\leqslant 2^{\mu\left\{\frac{1}{2}k(k+1)-2l\right\}}\left(1+2^{\mu+1}q^{-\frac{1}{k}}\right)^{2(l-k)} 2^{2\mu l} + \sum_{m=\mu+1}^{M} 2^{m\left\{\frac{1}{2}k(k+1)-2l\right\}} \\
&\quad \cdot\left(1+2^{m+1}q^{-\frac{1}{k}}\right)^{2(l-k)} 2^{2(m-1)(k-1)+2l}(2k)^{2l}.
\end{aligned} \tag{3.10}
$$

因 $q \geqslant l^k$ 及 $2^\mu < 4k$, 上式右边第一项不大于

$$
2^{\mu\cdot\frac{1}{2}k(k+1)+O(k)} \leqslant (2k)^{\frac{1}{2}k(k+1)}\, 2^{\frac{1}{2}k(k+1)+O(k\log k)}.
$$

又(3.10)右边和数可分成

$$
\sum_{m=\mu+1}^{M} = \sum\nolimits_1 + \sum_{\substack{m=\mu+2\\ 2^{m+1}\leqslant q^{1/k}}}^{M} + \sum_{\substack{m=\mu+2\\ 2^{m+1}> q^{1/k}}}^{M} = \sum\nolimits_1 + \sum\nolimits_2 + \sum\nolimits_3,
$$

因 $2^{\mu+2}q^{-\frac{1}{k}} \leqslant \dfrac{16k}{l}$, 故 $\left(1+2^{\mu+2}q^{-\frac{1}{k}}\right)^{2(l-k)} = e^{O(k)}$. 又因 $2k \leqslant 2^\mu < 4k$, 故

$$
\begin{aligned}
\sum\nolimits_1 &\leqslant 2^{(\mu+1)\left\{\frac{1}{2}k(k+5)-2l\right\}+2l}(2k)^{2l}\,\mathrm{e}^{O(k)} \\
&\leqslant (2k)^{\frac{1}{2}k(k+1)}\, 2^{\frac{1}{2}k(k+1)}\,\mathrm{e}^{O(k\log k)}.
\end{aligned}
$$

其次, 因 $2^\mu \geqslant 2k, 2l \geqslant 2k^2 > \dfrac{1}{2}k(k+5)$ (此处用到 $k>2$),

$$\sum{}_2 \leqslant \sum_{m=\mu+2}^{M} 2^{m\left\{\frac{1}{2}k(k+5)-2l\right\}} 2^{2(l-k)+2l}(2k)^{2l}$$

$$\leqslant (2k)^{\frac{1}{2}k(k+5)} 2^{k(k+5)} \sum_{m=0}^{M-\mu-2} 2^{m\left\{\frac{1}{2}k(k+5)-2l\right\}}$$

$$\leqslant (2k)^{\frac{1}{2}k(k+1)} 2^{k(k+1)} \mathrm{e}^{O(k\log k)}.$$

最后，因$2^M \leqslant q^{\frac{1}{k}}\left(2e^{-\frac{3}{2}}k\right), q \geqslant l^k$及$l \geqslant k^2$，故

$$\sum{}_3 \leqslant \sum_{m=\mu+2}^{M} 2^{m\left\{\frac{1}{2}k(k+5)-2l\right\}}\left(2^{m+2}q^{-\frac{1}{k}}\right)^{2(l-k)} 2^{2l}(2k)^{2l}$$

$$\leqslant \sum_{m=\mu+2}^{M} 2^{m\cdot\frac{1}{2}k(k+1)+6l}(2k)^{2l} q^{-\frac{2(l-k)}{k}}$$

$$\ll 2^{M\frac{1}{2}k(k+1)+6l}(2k)^{2l} q^{-\frac{2(l-k)}{k}}$$

$$\ll \left(q^{\frac{1}{k}} 2e^{-\frac{3}{2}}k\right)^{\frac{1}{2}k(k+1)} 2^{8l}k^{2l}q^{\frac{-2(l-k)}{k}}$$

$$=\left(q^{\frac{1}{k}}\right)^{\frac{1}{2}k(k+1)-2(l-k)} 2^{8l+\frac{1}{2}k(k+1)} \mathrm{e}^{-\frac{3}{4}k(k+1)} k^{2l+\frac{1}{2}k(k+1)}$$

$$\ll \mathrm{e}^{-\left\{2l-\frac{1}{2}k(k+1)\right\}\log l+2k\log l+2l(\log k+4\log 2)+\frac{1}{2}k(k+1)(\log k+\log 2)} \mathrm{e}^{-\frac{3}{4}k(k+1)}$$

$$\ll \mathrm{e}^{-\frac{1}{2}l\log k+O(l\log k)} = O(1).$$

因此，(3.10)右边不大于

$$(2k)^{\frac{1}{2}k(k+1)} 2^{k(k+1)} \mathrm{e}^{O(k\log k)}.$$

代入(3.9)即得

$$J(q,l) \leqslant Me^{\left(\frac{3}{4}+\frac{3}{2}\log 2\right)k^2+O(k\log l)} q^{\frac{2(l-k)}{k}+\frac{3}{2}k-\frac{1}{2}} J\left(q^{1-\frac{1}{k}}, l-k\right).$$

§ 4. 中 值 公 式

从上节定理 3.1, 很容易推出下面的中值公式:

定理 4.1　设 $k \geqslant 5$, 而 $l \geqslant \frac{1}{4}k^2 + \frac{1}{4}k + kr \quad (r \geqslant 0)$, 则

$$J(q,l) \leqslant K^r \log^r q \cdot q^{2l - \frac{1}{2}k(k+1) + \delta_r}, \tag{4.1}$$

式中

$$K = \mathrm{e}^{A_0 k^2 + O(k \log l)} \left[A_0 = 3\left(\frac{1}{4} + \frac{1}{2}\log 2 \right) \right],$$

$$\delta_r = \frac{1}{2}k(k+1)\left(1 - \frac{1}{k}\right)^{r - \frac{1}{3}k \log l}.$$

证　设 $r \leqslant \frac{1}{3}k\log l$, 则 $\delta_r \geqslant \frac{1}{2}k(k+1)$, 故由显然的事实 $J(q,l) \leqslant q^{2l}$, 知道(4.1)成立. 今假定 $r > \frac{1}{3}k\log l$, 则易证 $l \geqslant k^2$. 若 $q<l^k$, 则

$$q^{\frac{1}{2}k(k+1)} \leqslant l^{\frac{1}{2}k^2(k+1)} = \mathrm{e}^{\frac{1}{2}k^2(k+1)\log l},$$

而

$$K^r \geqslant \mathrm{e}^{\frac{1}{3}A_0 k^3 \log l + O\left(k^2 \log^2 l\right)} > q^{\frac{1}{2}k(k+1)}.$$

故(4.1)仍成立. 今假定(4.1)当 r 换成 $r-1$ 时成立, 且 $q \geqslant l^k$. 由定理 3.1

$$J(q,l) \leqslant MKq^{\frac{2(l-k)}{k} + \frac{3}{2}k - \frac{1}{2}} J\left(q^{1-\frac{1}{k}}, l-k\right)$$

$$\leqslant MKq^{\frac{2(l-k)}{k} + \frac{3}{2}k - \frac{1}{2}} K^{r-1} \log^{r-1} q \cdot q^{\left\{2(l-k) - \frac{1}{2}k(k+1) + \delta_{r-1}\right\}\left(1 - \frac{1}{k}\right)},$$

其中

$$\delta_{r-1} = \frac{1}{2}k(k+1)\left(1 - \frac{1}{k}\right)^{r-1-\frac{1}{3}k\log(l-k)} < \frac{1}{2}k(k+1) \times \left(1 - \frac{1}{k}\right)^{r-1-\frac{1}{3}k\log l}.$$

又 $M \leqslant \dfrac{\log q}{k \log 2} + \dfrac{\log\left(2ke^{-\frac{1}{2}}\right)}{\log 2} < \log q$ (因 $q \geqslant l^k$), 定理随之成立.

§ 5. 三角和的估计

在本节里面，我们要讨论怎样利用上节证明的中值公式来估计形式如下的三角和

$$S(q)=\sum_{a<n\leqslant a+q}\mathrm{e}^{2\pi \mathrm{i}f(n)}.$$

首先，我们要证明几个引理，这几个引理把上面的三角和与前节的 $J(q,l)$ 联系到一起.

引理 5.1 设 $2\leqslant m\leqslant M$，而

$$S=\sum_{n=P+1}^{P+M}\mathrm{e}^{2\pi \mathrm{i}\phi(n)}\quad(\phi(n)\text{是实函数})$$

及

$$T=T(y)=\sum_{x=1}^{m}\mathrm{e}^{2\pi \mathrm{i}\{\phi(x+y)-\phi(y)\}}\quad(P<y\leqslant P+M-m),$$

则当 l 是任意正整数时，

$$|S|^{2l}\leqslant 2^{2l-1}\left\{m^{-2l}M^{2l-1}\sum_{n=P+1}^{P+M-m}|T(n)|^{2l}+m^{2l}\right\}.$$

证

$$\begin{aligned}m|S|&=\left|\sum_{x=1}^{m}\sum_{n=P+1}^{P+M}\mathrm{e}^{2\pi \mathrm{i}\phi(n)}\right|\\&\leqslant\left|\sum_{x=1}^{m}\sum_{n=P+x+1}^{P+M-m+x}\mathrm{e}^{2\pi \mathrm{i}\phi(n)}\right|+\sum_{x=1}^{m}m\\&\leqslant\left|\sum_{x=1}^{m}\sum_{n=P+1}^{P+M-m}\mathrm{e}^{2\pi \mathrm{i}\phi(x+n)}\right|+m^2=\left|\sum_{n=P+1}^{P+M-m}\sum_{x=1}^{m}\mathrm{e}^{2\pi \mathrm{i}\phi(x+n)}\right|+m^2\\&\leqslant\sum_{n=P+1}^{P+M-m}|T(n)|+m^2,\end{aligned}$$

即

$$|S| \leqslant \frac{1}{m} \sum_{n=P+1}^{p+M-m} |T(n)| + m.$$

由 Hölder 不等式

$$|S|^{2l} \leqslant 2^{2l-1} \left\{ m^{-2l} M^{2l-1} \sum_{n=P+1}^{p+M-m} |T(n)|^{2l} + m^{2l} \right\}.$$

引理 5.2 设$\phi(x)$是实函数, 并且在区间

$$P+1 \leqslant x \leqslant P+M \quad (P,\ M \text{是整数},\ M > 1)$$

上有一级到 $k+1$ 级连续导数, 且

$$\frac{1}{Q} \leqslant \left| \frac{\phi^{(k+1)}(x)}{(k+1)!} \right| \leqslant \frac{2}{Q} \quad (P+1 \leqslant x \leqslant P+M).$$

又设

$$T_1 = \sum_{x=1}^{m} \mathrm{e}^{2\pi\mathrm{i}\left(\alpha_1 x + \cdots + \alpha_k x^k\right)} \ (2 \leqslant m \leqslant M)$$

及

$$T = T(y) = \sum_{x=1}^{m} \mathrm{e}^{2\pi\mathrm{i}\{\phi(x+y) - \phi(y)\}} \ (P < y \leqslant P+M-m).$$

最后设

$$A_r = A_r(y) = \frac{\phi^{(r)}(y)}{r!}, \quad r = 1, \cdots, k,$$

而Q_y系由不等式

$$|\alpha_r - A_r| \leqslant \frac{1}{2} m^{-r} \left(\frac{m^{k+1}}{Q} \right), \quad r = 1, \cdots, k$$

所确定的 k 维区域, 其体积显然是

$$V = \left\{ m^{\frac{1}{2}k(k+1)} \left(\frac{Q}{m^{k+1}} \right)^k \right\}^{-1}.$$

在以上条件下, 我们有不等式

$$\left|T(y)\right|^{2l} \leqslant 2^{2l-1}\left\{\frac{1}{V}\int_{\Omega_y}\cdots\int\left|T_1\right|^{2l} \mathrm{d}\alpha_1\cdots\mathrm{d}\alpha_k + \left(\frac{\pi(k+4)m^{k+2}}{Q}\right)^{2l}\right\}.$$

注意: 当$Q<\pi(k+4)m^{k+1}$时, 上面的不等式无价值.

证 当$1\leqslant x\leqslant m$ 时,

$$\phi(x+y)-\phi(y)=A_1x+A_2x^2+\cdots+A_kx^k+\frac{2\theta}{Q}m^{k+1} \quad (0<\theta<1).$$

假如$(\alpha_1,\cdots,\alpha_k)$这一点落在$\Omega_y$上, 则当$1\leqslant x\leqslant m$ 时,

$$\begin{aligned}\left|\phi(x+y)-\phi(y)-\left(\alpha_1x+\cdots+\alpha_kx^k\right)\right| &\leqslant \sum_{r=1}^{k}\left|\alpha_r-A_r\right|x^r+\frac{2m^{k+1}}{Q}\\ &\leqslant \frac{1}{2}\frac{m^{k+1}}{Q}\sum_{r=1}^{k}\left(\frac{x}{m}\right)^r+\frac{2m^{k+1}}{Q}\\ &\leqslant \frac{m^{k+1}}{Q}\left(\frac{1}{2}k+2\right),\end{aligned}$$

而

$$\begin{aligned}\left|\mathrm{e}^{2\pi\mathrm{i}\{\phi(x+y)-\phi(y)\}}-\mathrm{e}^{2\pi\mathrm{i}\left(\alpha_1x+\cdots+\alpha_kx^k\right)}\right| &\leqslant \left|\mathrm{e}^{\pi\mathrm{i}(k+4)m^{k+1}/Q}-1\right|\\ &=2\left|\sin\frac{\pi(k+4)m^{k+1}}{2Q}\right|\\ &\leqslant \frac{\pi(k+4)m^{k+1}}{Q},\end{aligned}$$

故

$$\left|T(y)-T_1\right|\leqslant\frac{\pi(k+4)m^{k+2}}{Q},$$

即

$$\left|T(y)\right|\leqslant\left|T_1\right|+\frac{\pi(k+4)m^{k+2}}{Q}.$$

由 Hölder 不等式

$$T(y)\big|^{2l}\leqslant 2^{2l-1}\left\{\left|T_1\right|^{2l}+\left(\frac{\pi(k+4)m^{k+2}}{Q}\right)^{2l}\right\}.$$

把两边在 Ω_y 上积分, 并用 V 去除, 就得到所需要的结论.

引理 5.3　设 $\phi(y)$ 是定义在下列整数上的实函数：

$$y = P,\cdots,P+Y-1 \quad (Y>1).$$

又设 $R \geqslant 2C \geqslant 2$ 而

$$\frac{1}{R} \leqslant \phi(y+1)-\phi(y) \leqslant \frac{C}{R} \quad (y = P,\cdots,p+Y-2).$$

最后设 $W \geqslant 1$, 并用 H 表示满足

$$\|\phi(y)\| \leqslant WR^{-1} \, (P \leqslant y \leqslant P+Y-1) \tag{5.1}$$

的整数 y 的个数. (式中 $\|x\|$ 表从 x 到最近整数的距离.) 在以上条件下

$$H < \left(YCR^{-1}+1\right) \, (2W+1),$$

注意: 当 $W<1$ 或者 $R<2C$ 时, 上面的结论无价值.

证　满足(5.1)的 y 的个数 H 就是满足

$$\phi(y)-\left[\phi(y)\right] \leqslant WR^{-1}$$

或

$$\phi(y)-\left[\phi(y)\right]-1 \geqslant -WR^{-1}$$

的 y 的总个数.

因此 H 不超过满足

$$-WR^{-1} \leqslant \phi(y)-h \leqslant WR^{-1} \tag{5.2}$$

的整数对(y, h)的个数.

由本引理的假设, 当实数 α 及整数 h 一定时, 顶多有 y 的一个值能满足

$$\alpha+h < \phi(y) \leqslant \alpha+h+R^{-1},$$

也就是说满足

$$\alpha < \phi(y)-h \leqslant \alpha+R^{-1}$$

的整数对的个数 G 不能超过使上面不等式有解(对 y 而言)的 h 的个数. 因此 $G \leqslant h_2-h_1+1$, 其中 h_2 与 h_1 分别表示能使上面不等式有解的 h 的最大值与最小

值. 但显然

$$\phi(P) \leqslant \alpha + R^{-1} + h_1, \alpha + h_2 < \phi(P+Y-1),$$

故

$$h_2 - h_1 - R^{-1} < \phi(P+Y-1) - \phi(P) \leqslant CR^{-1}(Y-1),$$

而(因 $C \geqslant 1$)

$$G < CR^{-1}(Y-1) + R^{-1} + 1 \leqslant YCR^{-1} + 1.$$

最后把 $\left(-WR^{-1}, WR^{-1}\right)$ 分成 $[2W+1]$ 个小区间, 使得每一个的长度小于 R^{-1}, 就可以看出满足(5.2)的整数对(y, h)的个数小于($2W+1$)($YCR^{-1}+1$).

引理 5.4 设 $k \geqslant 3$, 则在引理 5.2 的条件下,

$$\sum_{y=P+1}^{p+M-m} |T(y)|^{2l} \leqslant 2^{2l-1}\left\{\frac{3km}{V}\int_0^1 \cdots \int_0^1 |T_1|^{2l} \mathrm{d}\alpha_1 \cdots \mathrm{d}\alpha_k + M\left(\frac{\pi(k+4)m^{k+2}}{Q}\right)^{2l}\right\}.$$

证 设

$$I(y) = \int \cdots \int_{\Omega y} |T_1|^{2l} \mathrm{d}\alpha_1 \cdots \mathrm{d}\alpha_k,$$

则由引理 5.2, 我们只需证明

$$\sum_{y=P+1}^{p+M-m} I(y) \leqslant 3km\int_0^1 \cdots \int_0^1 |T_1|^{2l} \mathrm{d}\alpha_1 \cdots \mathrm{d}\alpha_k. \tag{5.3}$$

如果把 Ω_y 沿各分量都是整数的矢量平移到 Ω_y^*, 则 Ω_y 与 Ω_y^* 之间, 对应两点的每一个坐标之差都是一定的整数. 我们称 Ω_y^* 是与 Ω_y 相合(mod 1)的. 不难看出, 如果把积分区域 Ω_y 换成和它相合(mod 1)的 Ω_y^* 之后, 积分 $I(y)$ 的值不变.

假定 y, y' 是区间

$$P < x \leqslant P + M - m$$

内任意二整数, 并设 $\Omega_y, \Omega_{y'}$ 是分别对应于 y 及 y' 的区域(看引理 5.2). 考虑一切与 $\Omega_{y'}$ 相合(mod 1)的区域所组成的集合 F. 不难看出 Ω_y 与 F 内某一个区域有交点的一个必要条件是

$$\left\|A_k(y)-A_k(y')\right\| \leqslant m^{-k}\left(\frac{m^{k+1}}{Q}\right)=\frac{m}{Q}. \tag{5.4}$$

式中 $\|x\|$ 表从 x 到最近整数的距离(注意 $m \leqslant M \leqslant Q$).

设 $\phi(y)=A_k(y)-A_k(y')$，则

$$\phi(y+1)-\phi(y)=\frac{1}{k!}\left\{\phi^{(k)}(y+1)-\phi^{(k)}(y)\right\}$$

$$=(k+1)\frac{\phi^{(k+1)}(y+\theta)}{(k+1)!}\quad(0<\theta<1).$$

在引理 5.3 内取 $C=2, R=\dfrac{Q}{k+1}$，则引理中的条件都是满足的. 再取 $W=\dfrac{m}{k+1}$，则在区间

$$P<y\leqslant P+M-m$$

上能够使得(5.4)有解的 y 的个数 H 满足下列不等式

$$\begin{aligned}H &\leqslant\left(\frac{2m(k+1)}{Q}+1\right)\left(\frac{2m}{k+1}+1\right)\\ &\leqslant(2k+3)\left(\frac{2m}{k+1}+1\right)\leqslant 3km\quad(m\geqslant 2, k\geqslant 3).\end{aligned}$$

由于上式右边与 y 无关, 故

$$\sum_{y=P+1}^{p+M-m} I(y)\leqslant 3km\int_0^1\cdots\int_0^1\left|T_1\right|^{2l}\mathrm{d}\alpha_1\cdots\mathrm{d}\alpha_k.$$

引理 5.5　若 $\phi(x)$ 满足引理 5.2 的条件，且 $k\geqslant 3, 2\leqslant m\leqslant M$，则(看引理 5.1)

$$\begin{aligned}|S|^{2l}\leqslant 2^{4l-2}\Bigg\{&M^{2l-1}m^{\frac{1}{2}k(k+1)-2l}\left(\frac{Q}{m^{k+1}}\right)^k 3km\\ &\cdot\int_0^1\cdots\int_0^1\left|T_1\right|^{2l}\mathrm{d}\alpha_1\cdots\mathrm{d}\alpha_k+M^{2l}\left(\frac{\pi(k+4)m^{k+1}}{Q}\right)^{2l}+2^{-2l+1}m^{2l}\Bigg\}.\end{aligned}$$

证　把引理 5.4 的结果代入引理 5.1 的不等式, 即得本引理.

现在可以证明下面的定理了：

定理 5.1 设 $k \geqslant 5$ 而 $\phi(x)$ 是一个实函数, 并且在区间

$$P+1 \leqslant x \leqslant P+L \quad (P,L \text{ 是整数}, \ L \geqslant 1)$$

内有一级到 $k+1$ 级的连续导数. 又设

$$\frac{1}{Q} \leqslant \left|\frac{\phi^{(k+1)}(x)}{(k+1)!}\right| \leqslant \frac{2}{Q} \quad (P+1 \leqslant x \leqslant P+L), \tag{5.5}$$

并且

$$Q^{\frac{1}{4}} \leqslant M \leqslant Q, \quad L \leqslant M \quad (M \text{ 是整数}). \tag{5.6}$$

在以上条件下,

$$\max_{1\leqslant L'\leqslant L}\left|\sum_{n=P+1}^{P+L'} \mathrm{e}^{2\pi \mathrm{i}\phi(n)}\right| \leqslant A\mathrm{e}^{\frac{A_0 k}{2}+O(\log k)} M^{1-\rho}\log M, \tag{5.7}$$

而

$$\rho = \left(Ck^2 \log k\right)^{-1},$$

其中 $A_0 = \frac{3}{4}+\frac{3}{2}\log 2$ 而 C 及 A 是充分大的常数.

证 1) 首先让我们把所要作的工作化简一些. 我们可以扩充 $\phi^{(k+1)}(x)$ 的定义范围到区间 $[P,\ P+M]$ 上, 这只要定义

$$\phi^{(k+1)}(x) = \begin{cases} \phi^{(k+1)}(P+1) & (P \leqslant x \leqslant P+1), \\ \phi^{(k+1)}(P+L) & (P+L \leqslant x \leqslant P+M). \end{cases}$$

定义了 $\phi^{(k+1)}(x)$ 之后, 就可以用逐次积分的方法来定义 $\phi^{(k)}(x),\cdots,\phi'(x)$ 一直到 $\phi(x)$. 至于积分常数的选择则须使所得函数都是连续的. 这样, 我们就推广了 $\phi(x)$ 的定义范围到区间 $[P,\ P+M]$. 于是在 $[P,\ P+M]$ 内恒有

$$\frac{1}{Q} \leqslant \left|\frac{\phi^{(k+1)}(x)}{(k+1)!}\right| \leqslant \frac{2}{Q}. \tag{5.8}$$

现在我们要说明: 只要在条件

$$Q^{\frac{1}{5}} \leqslant M \leqslant Q \tag{5.9}$$

之下，能够证明

$$\left|\sum_{n=P+1}^{P+M} e^{2\pi i\phi(n)}\right| \leqslant Ae^{\frac{A_0k}{2}+O(\log k)} M^{1-\rho}\log M, \tag{5.10}$$

就可以推出(5.7)来.

理由是这样：假定我们能从(5.8)与(5.9)推出(5.10)，则当 $Q^{\frac{1}{5}} \leqslant L'$ 时，可以用 L' 代替(5.10)中的 M，再利用 $L'^{1-\rho}\log L' \leqslant M^{1-\rho}\log M$ 就推出了(5.7). 另一方面，如果 $L' < Q^{\frac{1}{5}}$，则

$$\left|\sum_{n=P+1}^{P+L'} e^{2\pi i\phi(n)}\right| \leqslant L' < Q^{\frac{1}{5}} \leqslant M^{\frac{4}{5}} \leqslant M^{1-\rho},$$

仍得(5.7).

因 $\phi^{(k+1)}(x)$ 是连续的，我们还可以假定在 $[P,\ P+M]$ 内 $\phi^{(k+1)}(x)>0$.

2) 设 $l=\frac{1}{4}k(k+1)+rk$，则由定理 4.1,

$$\int_0^1\cdots\int_0^1 |T_1|^{2l}\mathrm{d}\alpha_1\cdots\mathrm{d}\alpha_k \leqslant K^r\log^r m\cdot m^{2l-\frac{1}{2}k(k+1)+\delta},$$

式中

$$\delta=\frac{1}{2}k(k+1)\left(1-\frac{1}{k}\right)^{r-\frac{1}{3}k\log l},$$

$$K=e^{A_0k^2+O(k\log l)},\qquad A_0=3\left(\frac{1}{4}+\frac{\log 2}{2}\right).$$

因此根据引理 5.5 得(设 $2\leqslant m\leqslant M$)

$$\begin{aligned}|S|^{2l} &\leqslant 2^{4l}\left\{e^{A_0k^2r+O(kr\log l)}\left(\frac{Q}{m^{k+1}}\right)^k M^{2l-1}\log^r M\cdot m^{1+\delta}\right.\\ &\quad\left.+M^{2l}\left(\frac{\pi(k+4)m^{k+1}}{Q}\right)^{2l}+2^{-2l+1}m^{2l}\right\}\\ &\leqslant 2^{4l}e^{A_0kl+O(l\log l)}\left\{\left(\frac{Q}{m^{k+1}}\right)^k M^{2l-1}\log^r M\cdot m^{1+\delta}+M^{2l}\left(\frac{m^{k+1}}{Q}\right)^{2l}+m^{2l}\right\}.\end{aligned}$$

取

$$m=\left[Q^{\frac{1-\sigma}{k+1}}\right]+1\ \ (0<\sigma<1),$$

则因 $k\geqslant 5$，故当 M 充分大时，$2\leqslant m\leqslant M$．又因 $Q^{\frac{1}{5}}\leqslant M\leqslant Q$，故

$$|S|^{2l}\ll 2^{4l}\mathrm{e}^{A_0kl+O(l\log l)}\left\{M^{2l-1+5k\sigma+\frac{5(1+\delta)}{k+1}}\log^r M+M^{2l(1-\sigma)}\right\}.$$

因此，根据不等式 $(a+b)^{\frac{1}{2l}}\leqslant a^{\frac{1}{2l}}+b^{\frac{1}{2l}}\ \ (a\geqslant 0, b\geqslant 0)$，得

$$|S|\ll \mathrm{e}^{\frac{A_0k}{2}+O(\log l)}\left\{M^{1-\frac{1}{2l}\left\{1-5k\sigma-\frac{5(1+\delta)}{k+1}\right\}}+M^{1-\sigma}\right\}\log^{\frac{r}{2l}}M.$$

取 $\sigma=\dfrac{1}{2l+5k}\left(1-\dfrac{5(1+\delta)}{k+1}\right)$，则得

$$|S|\ll \mathrm{e}^{\frac{A_0k}{2}+O(\log l)}M^{1-\sigma}\log^{\frac{1}{2k}}M.$$

再取 $r=\lambda k\log k$，则 $l=\dfrac{1}{4}k(k+1)+\lambda k^2\log k$．而当 λ 充分大时

$$\begin{aligned}\log\delta &= 2\log k+\log\frac{1}{2}\left(1+\frac{1}{k}\right)+\Big[\lambda k\log k-\frac{2}{3}k\log k-\frac{1}{3}k\\ &\quad\cdot\log\left\{\frac{1}{4}\left(1+\frac{1}{k}\right)+\lambda\log k\right\}\Big]\log\left(1-\frac{1}{k}\right)\\ &<\left(\frac{8}{3}-\lambda\right)\log k+O(\log k)<\log\frac{1}{6}.\end{aligned}$$

因此,

$$\sigma>\frac{1}{3\lambda k^2\log k}\left(1-\frac{5\frac{5}{6}}{6}\right)>\frac{1}{Ck^2\log k}.$$

定理随之成立.

值得在这里提一下的是：读者不难自己进行计算，为 $\boldsymbol{C}$ 或 $\boldsymbol{A}$ 求出确定的值，也不难定出(5.7)式右边 $O(\log k)$所隐含的常数.

附 录 Виноградов 的中值公式

在第十六章中已经介绍了 Виноградов 的证明方法, 这里将给出 A. A. Карацуба 与 H. M. Коробов 的新的更简单的证明.

设

$$N_k(P)=\int_0^1\cdots\int_0^1\left|S(P)\right|^{2k}\mathrm{d}\alpha_1\cdots\mathrm{d}\alpha_n, \tag{1}$$

其中 k 是正整数,

$$S(P)=\sum_{0\leqslant x\leqslant P-1}\mathrm{e}^{2\pi\mathrm{i}f(x)}, \tag{2}$$

而

$$f(x)=\alpha_n x^n+\cdots+\alpha_1 x+\alpha_0 \tag{3}$$

是实系数多项式. 在证明中值公式之前, 首先估计一个同余式组的解数.

引理 设 $m\geqslant 1,\mu_1,\cdots,\mu_n$ 是整数. $p>n$ 是素数, 而 T 是同余式组

$$x_1+\cdots+x_n=\mu_1(\bmod p), \tag{4}$$

$$\cdots\cdots$$

$$\begin{gathered}x_1^n+\cdots+x_n^n\equiv\mu_n(\bmod p^n),\\ 0\leqslant x_j\leqslant mp^n-1, j=1,2\cdots,n\end{gathered} \tag{5}$$

的解数, 其中 $x_i\not\equiv x_j(\bmod p)(i\neq j)$. 那么我们有如下的估计:

$$T\leqslant n!m^n p^{n(n-1)/2}. \tag{6}$$

证 我们可以把 x_j 写成

$$x_j=x_{j_1}+px_{j_2}+\cdots+p^n x_{j_{n+1}}(j=1,\cdots,n),$$

其中, $0\leqslant x_{j_\upsilon}\leqslant p-1(\upsilon=1,2,\cdots,n)$ 而 $0\leqslant x_{j_{n+1}}\leqslant m-1$. 根据引理中对于 x_j 的限制, 可以看出当 $i\neq j$ 时, $x_{i_i}\neq x_{j_1}$. 显见 $x_{11},\cdots,x_{n1}$ 满足同余式组

$$\left.\begin{array}{c} x_{11}+\cdots+x_{n1}\equiv\mu_1,\\ \cdots\cdots\\ x_{11}^n+\cdots+x_{n1}^n\equiv\mu_n. \end{array}\right\}(\bmod p)$$

用 T_1 表示这同余式组的解数，如若 $\sigma_1,\cdots,\sigma_n$ 是 $x_{11},x_{21},\cdots,x_{n1}$ 的初等对称函数，并设 $f(x)=x^n-\sigma_1x^{n-1}+\cdots+(-1)^n\sigma_n$，则所有满足同余式组的 $x_{11},\cdots,x_{n1}$ 都是 $f(x)\equiv 0 \pmod p$ 的解. 但后面这个同余式的解的个数不大于 n，因而 $T_1\leqslant n!$. 取定一组解并代入同余式组(4)，又取 p^2 为模，就得到

$$\left.\begin{array}{c} (x_{11}+px_{12})^2+\cdots+(x_{n1}+px_{n2})^2\equiv\mu_2,\\ \cdots\cdots\\ (x_{11}+px_{12})^n+\cdots+(x_{n1}+px_{n2})^n\equiv\mu_n. \end{array}\right\}(\bmod p^2)$$

由此，利用前一同余式组，通过明显的变换，我们就得到关于 $x_{12},x_{22},\cdots,x_{n2}$ 的 $n-1$ 个线性同余式组：

$$\left.\begin{array}{c} x_{11}x_{12}+\cdots+x_{n1}x_{n2}\equiv\mu_2',\\ \cdots\cdots\\ x_{11}^{n-1}x_{12}+\cdots+x_{n1}^{n-1}x_{n2}\equiv\mu_n'. \end{array}\right\}(\bmod p) \tag{7}$$

因 $x_{11},\cdots,x_{n1}$ 互异，故其中至少有 $n-1$ 个异于 0. 设 $x_{11},\cdots,x_{n-11}$ 异于 0，则有

$$\begin{vmatrix} x_{11} & \cdots x_{n-1\ 1}\\ \vdots & \vdots\\ x_{11}^{n-1} & \cdots x_{n-1\,1}^{n-1} \end{vmatrix}=x_{11}\cdots x_{n-1\ 1}\prod_{1\leqslant i<j\leqslant n-1}(x_{i1}-x_{j1})\not\equiv 0\ (\bmod p).$$

因此，当 x_{n2} 任意给定时，$x_{12},\cdots,x_{n-1\ 2}$ 就由同余式组(7)唯一决定. 因而，若以 T_2 表示同余式组(7)的解数，则 $T_2=p$.

进一步考虑对于模 p^3 的同余式组，我们就得到关于 $x_{13},\cdots,x_{n3}$ 的 $n-2$ 个线性同余式组，类似地讨论可得到它的解数 $T_3=p^2$. 仿此有 $T_4=p^3,\cdots$, $T_n=p^{n-1}$ 和 $T_{n+1}=m^n$. 这里的 T_{n+1} 是不同的 $(x_{1\ n+1},\cdots,x_{n\ n+1})$ 的组数. 最后，利用 $T\leqslant T_1\cdots T_{n+1}$ 就得到引理中的结论：

$$T\leqslant n!\,p^{1+2+\cdots+(n-1)}m^n=n!\,m^np^{n(n-1)/2}. \qquad \text{[证完]}$$

前面引进的平均值 $N_k(P)$ 有很好的算术意义. 我们用 $N_k^{(P)}(\lambda_1,\cdots,\lambda_n)$ 表示方

程组

$$\begin{gathered} x_1^{\upsilon}+\cdots+x_R^{\upsilon}=y_1^{\upsilon}+\cdots+y_k^{\upsilon}+\lambda_{\upsilon}, \\ 0 \leqslant x, y \leqslant P-1(\upsilon=1,2,\cdots,n) \end{gathered} \tag{8}$$

的解数, 式中 $\lambda_1,\cdots,\lambda_n$ 表任意给定的整数, 则不难看出:

$$N_k(P)=N_k^{(P)}(0,\cdots,0).$$

现在设 $n \geqslant 2, P \geqslant (2n)^{2n\left(1+\frac{1}{n-1}\right)^{\tau}}, P_0=P$ 与 $(2n)^{-2(n-1)}<\theta \leqslant 1$. 当 $\upsilon=1,2,\cdots,\tau$ 时, 依下式定义整数 P_{υ} 与素数 P_{υ}:

$$\frac{1}{1+\theta} P_{\upsilon-1}^{1/n} \leqslant p_{\upsilon} \leqslant P_{\upsilon-1}^{1/n}, P_{\upsilon}=\left[P_{\upsilon-1} p_{\upsilon}^{-1}\right]+1. \tag{9}$$

选取 θ 时, 要保证上式中每一区间内都找得到素数. 容易验证下面的估计成立:

$$n^2<p_{v}, P_{v-1}<p_{v} P_{v}, P_{v}<(1+2\theta)^n P^{\left(1-\frac{1}{n}\right)^{\upsilon}}. \tag{10}$$

现在来证明下面的中值公式.

定理 1 当 $\tau \geqslant 1, k \geqslant n^2+n\tau$ 时,

$$N_k(P)<\left(3k^{2n}\right)^{\tau}(1+2\theta)^{2k(n+\tau)} P^{2k-\frac{n(n+1)}{2}+\frac{n(n+1)}{2}\left(1-\frac{1}{n}\right)^{\tau}}. \tag{11}$$

证 1) 按定义 $P=P_0<P_1 p_1$, 因而 $N_k(P) \leqslant N_k(P_1 p_1)$, 其中 $N_k(P_1 p_1)$ 是方程组

$$\begin{gathered} (x_1+p_1 z)^{\upsilon}+\cdots+(x_k+p_1 z_k)^{\upsilon} \\ =(y_1+p_1 t_1)^{\upsilon}+\cdots+(y_k+p_1 t_k)^{\upsilon}(\upsilon=1,\cdots,n), \\ 0 \leqslant x_j, y_j \leqslant p_1-1,0 \leqslant z_j, t_j \leqslant P_1-1 \end{gathered} \tag{12}$$

的解数.

我们把含有 k 个元素的集合 $\{u_1,\cdots,u_k\}$ 分成两类. 如果能够在集合中找到 n 个互异的 u_j, 我们就把它归入第一类, 否则就归入第二类. 显然

$$N_k(P_1 p_1)=N_k^{(1)}+N_k^{(2)},$$

其中 $N_k^{(1)}$ 是限定 $x_1,\cdots,x_k$ 和 $y_1,\cdots,y_k$ 都属于第一类时方程(12)的解数, 而 $N_k^{(2)}$ 是当

$x_1,\cdots,x_k$ 和 $y_1,\cdots,y_k$ 之中至少有一个属于第二类时方程组(12)的解数.

2) 我们用 $(x_1,\cdots,x_n)x_{n+1},\cdots,x_k$ 表示这样的集合，其中 $x_1,\cdots,x_n$ 各不相同而 $x_{n+1},\cdots,x_k$ 是任意的. 如果集合中不相同的 x_j 不是前 n 个而是任意的 n 个，这样的集合称为前者的一个置换.

由于第一个第一类的集合都是 $(x_1,\cdots,x_n)x_{n+1},\cdots,x_k$ 的一个置换，所以 $N_k^{(1)}$ 不超过带有变量 $(x_1,\cdots,x_n)x_{n+1},\cdots,x_k$ 和 $(y_1,\cdots,y_n)y_{n+1},\cdots,y_k$ 的方程组(12)的解数的 $\left(C_k^n\right)^2$ 倍. 令

$$S(x)=\sum_{z=0}^{P_1-1}\mathrm{e}^{2\pi\mathrm{i}f(x+p_1z)},\qquad f(x)=\alpha_1x+\cdots+\alpha_nx^n,$$

则

$$N_k^{(1)}\leqslant\left(C_k^n\right)^2\int_0^1\cdots\int_0^1\left|\sum_{(x_1,\cdots,x_n)x_{n+1},\cdots,x_k}S(x_1)\cdots S(x_k)\right|^2\mathrm{d}\alpha_1\cdots\mathrm{d}\alpha_n.$$

由 Hölder 不等式从上式得到

$$N_k^{(1)}\leqslant\left(C_k^n\right)^2p_1^{2k-2n-1}\int_0^1\cdots\int_0^1\left|\sum_{(x_1,\cdots,x_n)}S(x_1)\cdots S(x_n)\right|^2\sum_{x=0}^{n_1-1}\left|S(x)\right|^{2k-2n}\mathrm{d}\alpha_1\cdots\mathrm{d}\alpha_n.$$

这个不等式右边的积分显然等于方程组

$$\begin{aligned}&(x_1+p_1z_1)^\upsilon+\cdots+(x_n+p_1z_n)^\upsilon-(y_1+p_1t_1)^\upsilon-\cdots-(y_n+p_1t_n)^\upsilon\\=&(x+p_1z_{n+1})^\upsilon+\cdots+(x_1+p_1z_k)^\upsilon-(x+p_1t_{n+1})^\upsilon-\cdots-(x+p_1t_k)^\upsilon\\&(\upsilon=1,\cdots,n)\end{aligned}$$

的解数，也就是方程组

$$\begin{aligned}&(x_1-x+p_1z_1)^\upsilon+\cdots+(x_n-x+p_1z_n)^\upsilon-(y_1-x+p_1t_1)^\upsilon-\cdots-(y_n-x+p_1t_n)^\upsilon\\=&p_1^\upsilon\left(z_{n+1}^\upsilon+\cdots+z_k^\upsilon-t_{n+1}^\upsilon-\cdots-t_k^\upsilon\right)(\upsilon=1,\cdots,n)\end{aligned}\tag{13}$$

的解数，其中 $0\leqslant x,x_j,y_j\leqslant p_1-1,0\leqslant z_j,t_j\leqslant P_1-1$，并且 $x_i\neq x_j,y_i\neq y_j\,(i\neq j)$.

我们在未知数受到上述限制的情况下，考虑方程组

$$
\begin{aligned}
&(x_1 - x + p_1 z_1)^{\upsilon} + \cdots + (x_n - x + p_1 z_n)^{\upsilon} - (y_1 - x + p_1 t_1)^{\upsilon} \\
&- \cdots - (y_n - x + p_1 t_n)^{\upsilon} = \lambda_{\upsilon} p_1^{\upsilon} \\
&\quad (\upsilon = 1, 2, \cdots, n).
\end{aligned} \tag{14}
$$

其中 $\lambda_1, \cdots, \lambda_n$ 是任意的整数, 同时考虑同余式组

$$
\begin{aligned}
&(x_1 - x + p_1 z_1)^{\upsilon} + \cdots + (x_n - x + p_1 z_n)^{\upsilon} - (y_1 - x \\
&+ p_1 t_1)^{\upsilon} - \cdots - (y_n - x + p_1 t_n)^{\upsilon} \equiv 0 \left(\bmod p_1^{\upsilon}\right) \\
&\quad (\upsilon = 1, \cdots, n).
\end{aligned} \tag{15}
$$

我们用 $N_k', N_n'\left(\lambda_1 p_1, \cdots, \lambda_n p_1^n\right)$ 和 T' 分别表示(13)、(14)和(15)的解数, 就得到(注意 $N_{k-n}^{(P_1)}(\lambda_1, \cdots, \lambda_n) \leqslant N_{k-n}(P_1)$)

$$
\begin{aligned}
N_k' &= \sum_{\lambda_1, \cdots, \lambda_n} N_n'\left(\lambda_1 p_1, \cdots, \lambda_n p_1^n\right) N_{k-n}^{(P_1)}(\lambda_1, \cdots, \lambda_n) \\
&\leqslant N_{k-n}(P_1) \sum_{\lambda_1, \cdots, \lambda_n} N_n'\left(\lambda_1 p_1, \cdots, \lambda_n p_1^n\right) = T' N_{k-n}(P_1),
\end{aligned}
$$

其中 $\sum\limits_{\lambda_1, \cdots, \lambda_n}$ 是在 $|\lambda_1| \leqslant kP_1, \cdots, |\lambda_n| \leqslant kP^n$ 内求和.

在同余式组(15)中, 给定 x, y_j, t_j 时就可以用引理估计 $x_j + p_1 z_j, j = 1, \cdots, n$ 的解数(取 $m = \left[P_1 p_1^{-n+1}\right] + 1$)①, 因此得到

$$
\begin{aligned}
T' &\leqslant p_1 (p_1 P_1)^n n! \left(\left[P_1 p_1^{-n+1}\right] + 1\right)^n p_1^{n(n-1)/2} \\
&\leqslant n! 2^n P_1^{2n} p_1^{-\frac{n(n+1)}{2} + 2n + 1}.
\end{aligned}
$$

所以

$$
N_k^{(1)} \leqslant \left(C_k^n\right)^2 p_1^{2k-2n-1} \leqslant 2k^{2n} P_1^{2n} p_1^{2k - \frac{n(n+1)}{2}} N_{k-n}(P_1). \tag{16}
$$

3) 现在我们来估计 $N_k^{(2)}$. 显然

---

① 当 $x_j \geqslant x$ 或 $z_j > 0$ 时, $0 \leqslant x_j - x + p_1 z_j \leqslant p_1 P_1 - 1 - x \leqslant m p_1^n - 1 - x$; 当 $x_j < x$ 且 $z_j = 0$ 时, 可用 $x_1 - x + m p_1^n$ 代替 $x_1 - x$, 则仍满足引理的条件.

$$N_k^{(2)}=\int_0^1\cdots\int_0^1\left[\sum_{x_1,\cdots,x_k,y_1,\cdots,y_k}S(x_1)\cdots S(x_k)\overline{S(y_1)\cdots S(y_k)}\right]\mathrm{d}\alpha_1\cdots\mathrm{d}\alpha_n,$$

其中 $x_1,\cdots,x_k,y_1,\cdots,y_k$ 的变动要使得 $x_1,\cdots,x_k$ 与 $y_1,\cdots,y_k$ 之中至少有一个属于第二类. 由于第二类集合最多只有 $n-1$ 个不同的数, 因此第二类的个数不超过 $n^k p_1^{n-1}$, 故

$$\begin{aligned}&\sum_{x_1,\cdots,x_k,y_1,\cdots,y_k}S(x_1)\cdots S(x_k)\overline{S(y_1)\cdots S(y_k)}\\&\leqslant n^k p_1^{k+n-1}\sum_{x=0}^{p_1-1}\left|S(x)\right|^{2k}\\&\leqslant n^k P_1^{2n}p_1^{k+n-1}\sum_{x=0}^{p_1-1}\left|S(x)\right|^{2k-2n},\end{aligned}$$

于是

$$\begin{aligned}N_k^{(2)}&\leqslant n^k P_1^{2n}p_1^{k+n-1}\int_0^1\cdots\int_0^1\sum_{x=0}^{p_1-1}\left|S(x)\right|^{2k-2n}\mathrm{d}\alpha_1\cdots\mathrm{d}\alpha_n\\&=n^k P_1^{2n}p_1^{k+n}N_{k-n}(P_1).\end{aligned}$$

因为 $n<p_1^{1/2}$ 及 $k\geqslant n^2+n$, 所以 $n^k p_1^{k+n}\leqslant n^{2n}p_1^{2k-\frac{n(n+1)}{2}}$. 因此,

$$N_k^{(2)}\leqslant n^{2n}P_1^{2n}p_1^{2k-\frac{n(n+1)}{2}}N_{k-n}(P_1).$$

由此, 根据(16)得到

$$N_k(P)\leqslant N_k^{(1)}+N_k^{(2)}\leqslant 3k^{2n}P_1^{2n}p_1^{2k-\frac{n(n+1)}{2}}N_{k-n}(P_1).$$

连用这个不等式 τ 次就得到

$$\begin{aligned}N_k(P)\leqslant&\left(3k^{2n}\right)^\tau\left(P_1\cdots P_\tau\right)^{2n}\left(p_1\cdots p_\tau\right)^{2k-\frac{n(n+1)}{2}}\\&\cdot\left(p_2p_3^2\cdots p_\tau^{\tau-1}\right)^{-2n}N_{k-n\tau}(P_\tau).\end{aligned}\tag{17}$$

用估计式(10)不难证明

$$P_1 \cdots P_\tau \leqslant p_2 p_3^2 \cdots p_\tau^{\tau-1} P_\tau^\tau,$$

$$p_1 \cdots p_\tau \leqslant (1+2\theta)^\tau P^{1-\left(1-\frac{1}{n}\right)^\tau}.$$

把这两个估计式代入(17), 并利用显然的估计 $N_{k-n\tau}(P_\tau) \leqslant P_\tau^{2k-2n\tau}$, 就得到定理的结论:

$$N_k(P) \leqslant \left(3k^{2n}\right)^\tau P_\tau^{2k} (P_1 \cdots P_\tau)^{2k-\frac{n(n+1)}{2}}$$

$$\leqslant \left(3k^{2n}\right)^\tau (1+2\theta)^{2k(n+\tau)} P^{2k-\frac{n(n+1)}{2}+\frac{n(n+1)}{2}\left(1-\frac{1}{n}\right)^\tau}.$$

由 Bertrand 假设, 在上定理中可以取 $\theta = 1$. 由初等数论较深刻的结果可以知道 θ 的值随 n 的增大而减小, 当 $n \geqslant 11$ 时可取 $\theta = \dfrac{1}{3\log 2n}$, 同时更加精细地估计 $N_{k-n\tau}(P_\tau)$, 就可以得到下面的定理:

定理 2　存在绝对常数 α 和 C, 使得在 $n > 11, 1 \leqslant \tau \leqslant 2n\log(n+1)+1$, $k \geqslant 2n^2 + n\tau, P \geqslant n^{\alpha n\left(1-\frac{1}{1-n}\right)^\tau}$ 时有

$$N_k(P) \leqslant CP^{2k-\frac{n(n+1)}{2}+\frac{n(n+1)}{2}\left(1-\frac{1}{n}\right)^\tau}.$$

可以证明：若取 $\alpha = 86$, 则可以得到 $C \leqslant 1$.

跋

相隔22年之后，我国著名数学家、我们的导师、北京大学教授闵嗣鹤同志的重要遗著——《数论的方法》一书的下册终于出版了. 这是值得高兴的；但十分不幸的是:闵嗣鹤教授已于一九七三年十月十日与世长辞了，终年仅六十岁. 闵嗣鹤教授过早地去世，是我国数学界的一个重大损失!

闵嗣鹤教授早年毕业于北京师范大学. 他在学生时代就有论文发表，因有创见而获得奖励. 他毕业后在清华大学和西南联大任教. 四十年代他去英美留学，解放前夕怀着强烈的爱国热忱回到祖国，先后任清华大学、北京大学教授. 他数十年从事于数学教学与研究工作，为发展我国的数学事业作出了很大的贡献，其中对数论的贡献尤为卓著. 他在三角和理论、Riemann ζ 函数理论以及二次代数整数环理论等方面有重要贡献. 六十年代前后，他从事广义解析函数及将数论方法应用于积分近似计算的研究，也有所贡献. 他很重视理论联系实际，常与工程技术工作者密切合作、给予指导，并深入现场掌握第一手研究资料；在对有关石油勘探及一些工程力学中的重要数学问题的研究中，为社会主义建设事业作出了贡献，深为数学和工程技术工作者所钦佩和赞颂. 他也十分关心中学的数学教育，经常对中学教师和学生进行指导. 特别令人尊敬和永远值得我们怀念的是：闵嗣鹤教授不分亲疏、满腔热情、忘我地为社会主义新中国培养年轻的数学工作者. 解放以来，我国数论方面的一些工作者所取得的重要成果是与他呕心沥血、循循善诱的正确指导和具体帮助分不开的. 对于陌生人的登门求教，他总是亲切接待、解释疑难、给予关心和指点，并从中发现和培养人才. 长期的劳累使他的健康状况日益恶化，但他想到了工作、想到了青年、想到了社会主义祖国，仍然不肯休息，坚持工作，鞠躬尽瘁战斗到生命的最后一息. 他的许多动人事迹，至今仍历历在目、为人传颂，并将永远深深地铭刻在人们的记忆之中. 闵嗣鹤教授热爱祖国、热爱党、坚持社会主义道路，他踏踏实实、勤勤恳恳、不为名利、埋头工作，把自己的一生献给了事业和理想. 他的这种精神是特别值得我们学习的.

本书是闵嗣鹤教授以他在北京大学多次讲授数论专门化的讲义为基础，加以补充整理而成，其中也包括了作者及其学生的一些研究成果. 本书(包括上册)介绍了解析数论的一些最重要、最基本的方法：初等方法——密率和筛法，解析方法——复变积分法和函数论方法以及三角和方法，其中特别是二维三角和方法，迄今为止，国内外似乎还没有讲述这方面内容的教科书或专著. 下册出版前，清华大学戚鸣皋同志做了大量的工作，他根据闵教授的另一些讲义及近年来的有关进展对本书作了一些补充并增加了一个附录, 以供读者参考.

本书虽然是廿多年前所写, 但今天看来仍然是一本比较全面的解析数论入门书. 我们相信, 本书的出版, 对学习解析数论的同志必将有很大的帮助.

尹文霖　邵品琮　潘承洞

1980 年 4 月于济南